머리말

소재·부품·장비(소부장) 산업은 국가 산업 경쟁력 강화에 있어 중추적인 역할을 하고 있다. 특히 공작기계의 핵심 부품인 CNC 컨트롤러 시장은 대부분 일본의 화낙(FANUC)이 장악하고 있으며 미쓰비시전기오토메이션, 지멘스, 하이덴하인 등의 해외 기업들이 그 나머지 시장을 차지하는데, 국내 공작기계 현황에서는 CNC 시스템의 95% 이상을 일본과 독일 시스템에 의존하는 실정이라 핵심기술과 부품의 국산화가 시급한 과제로 대두되고 있다. 이러한 상황에서 국내 기업들이 시장에 도전하고 있으며 기술적인 측면에서 일부 기능은 선진국 제품과 유사한 수준에 도달하고 있지만 정부 차원의 관심과 지원 없이는 뿌리내리기가 어려운 현실이다.

국내 CNC 컨트롤러 기술은 정부의 지속적인 지원을 통해 발전해왔지만, 사용자들의 신뢰 부족과 기존 사용하던 외산 시스템에 대한 선호로 인해 국내 개발 시스템의 보급이 어려운 실정이다. 이는 기술 격차뿐만 아니라 신뢰성 확보와 사용자 인식 개선이 중요한 과제로 남아있음을 의미한다.

본 교재를 기획한 이유는 기존 재직자들이 최신 국산 기술과 시스템에 대한 견해를 갖추어 경쟁력을 강화할 수 있도록 교육을 통해 지원하고자 함이다. 데이터 취득을 위한 센서 제어와 5축가공 운영 교육을 통해 세계 시장에서의 경쟁력과 국내 제조업의 기술 자립도 향상할 수 있도록 기업 재직자 대상 교육 및 실습 내용을 담고 있다.

2024년 저자 일동

차 례

Chapter 1

이송가공기구 PLC제어

1.1 실습 목표 및 범위

1.1.1 실습 목표

제조산업에서 PLC를 활용한 자동화제어 기술은 필수요소 기술로 사용되고 있다. PLC에 대한 정의 및 특성을 이해하고 설계 제작으로 완성된 이송가공기구에 대해 PLC제어 구성을 적용하여 실습하고 설계, 가공제작, 제어, 보전에 필요한 다양한 실무 기술을 융합하여 실습하고자 한다.

PLC제어 기본모듈 프로그램 개발이란 PLC의 기본적인 I/O및 명령어를 사용하여 기계장비 및 시스템을 제어할 수 있다.

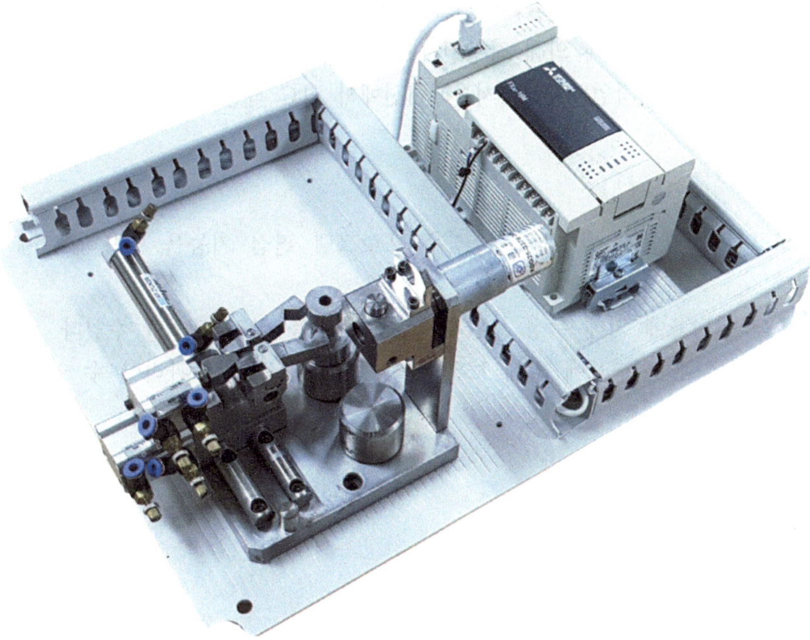

설계 제작으로 완성된 이송가공기구에 액추에이터 요소를 적용 PLC모듈을 활용하여 자동화제어 모듈을 제작 완성하도록 한다.

1.1.2 실습 범위

(1) PCL 기본 프로그래밍하기

① 제어 대상 기계의 작동 순서에 따라 작업내용의 공정도 작성할 수 있다.
② 입력기기와 출력기기의 종류와 수량을 결정할 수 있다.
③ 내부 릴레이, 타이머, 카운터 등의 데이터 메모리를 할당할 수 있다.
④ 입출력 배선도를 작성할 수 있다.
⑤ PLC 프로그램 작성 규칙에 따라 에러 없는 프로그램을 작성할 수 있다.
⑥ PLC 명령어 매뉴얼에 의해 각 모듈의 인터록 상황을 결정할 수 있다.

(2) 시뮬레이션하기

① 입출력 할당표에 의해 시뮬레이션을 이용하여 입출력번지 지정을 확인할 수 있다.
② 시퀀스와 래더 규칙에 의해 작성된 PLC 프로그램의 에러 유무를 판단할 수 있다.
③ PLC 프로그래밍 작업완료 후 시뮬레이션에서 PLC 작동 이상 유무를 판단할 수 있다.

(3) 프로그램 수정보완하기

① 프로그램에 이상이 발견되었을 경우 프로그램 편집 기능을 이용하여 재 작성할 수 있다.
② 입출력 할당표에 의해 수정 보완시 입출력번지를 비교 확인할 수있다.
③ PLC 프로그램 이력표에 의해 보완 및 개선 이력을 작성 관리할 수 있다.

(4) 요구지식(Knowledge)

① 논리회로
② 시퀀스제어의 순서흐름도
③ 프로그램 언어 종류 및 기기 특성

(5) 필요기술(Skill)

① 제어 프로그래밍
② PLC 프로그램 디버깅
③ 입출력 할당표 분석

(6) 수행태도(Attitude)

① 제어대상의 회로를 숙지

1.2 GX Works2 프로그램 작성

1.2.1 GX Works2 실행

- 바탕화면 “GX Works2” 아이콘을 더블 클릭 프로그램을 실행한다.

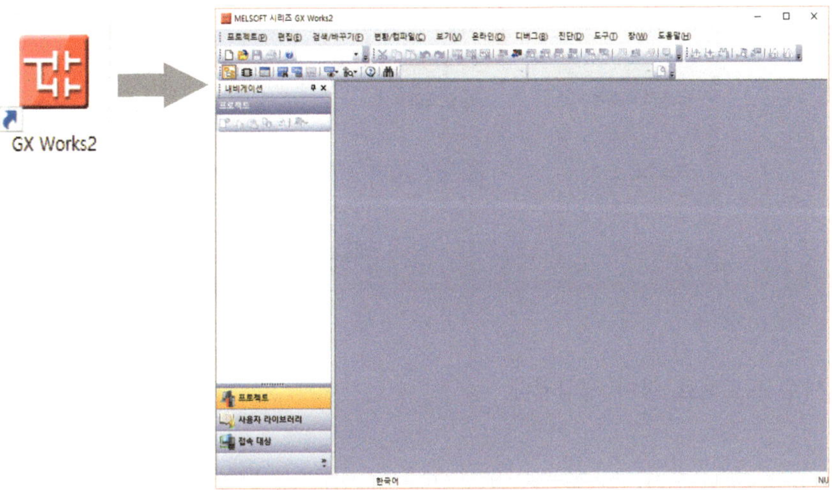

1.2.2 프로젝트 새로 만들기

- [프로젝트] → [새로 만들기 ] 클릭한다.

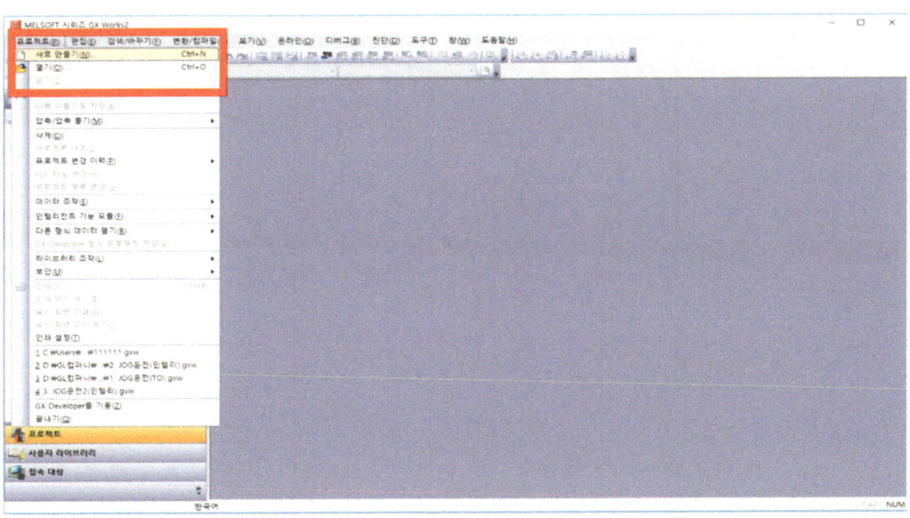

- PLC의 시리즈 및 기종을 선택하며 프로그램 언어는 래더를 선택한다.

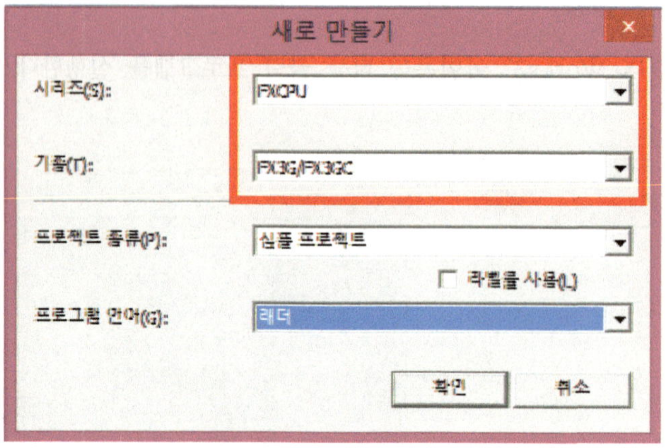

- 새로 프로젝트 창이 생성된다.

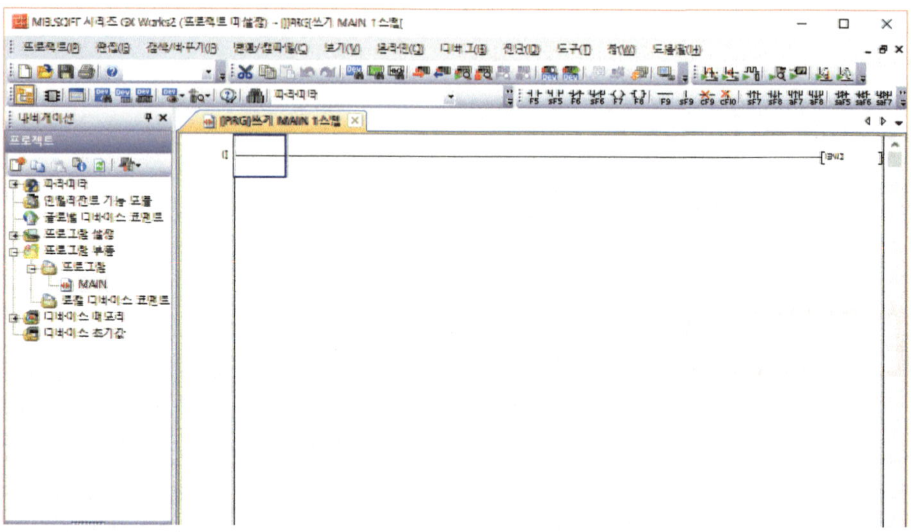

1.2.3 컴퓨터 -> PLC 통신 설정

- PLC CPU에 액세스할 때의 접속 대상을 설정한다.
- 네비게이션 윈도우의 뷰 선택 영역에서 접속대상 뷰를 클릭한다.

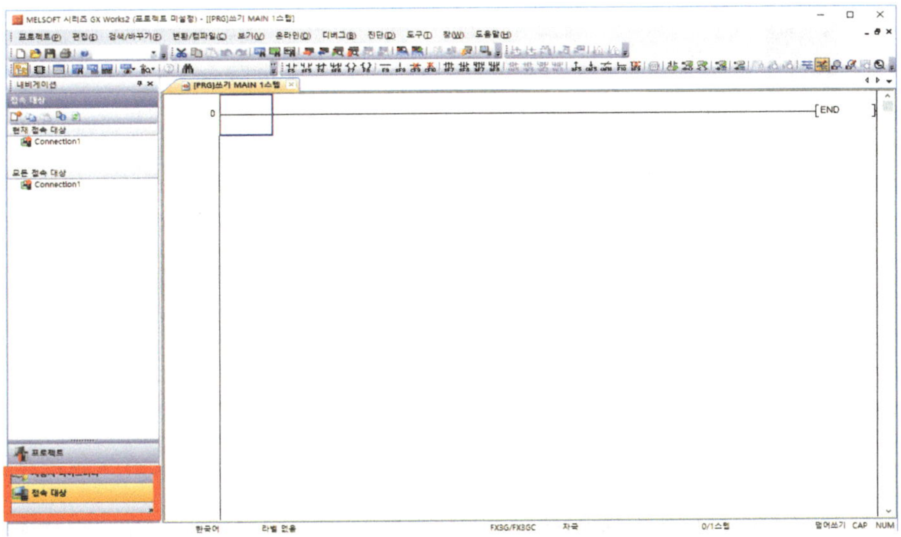

- 접속 대상 설정 Connection1 창의 추측 통신 테스트(T)실행 PC와 PLC 통신을 테스트 한다.

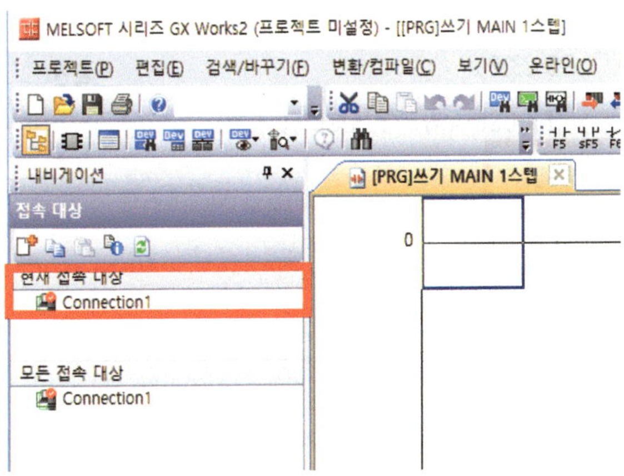

- PC측 I/F의 "Serial USB"를 더블 클릭한다.

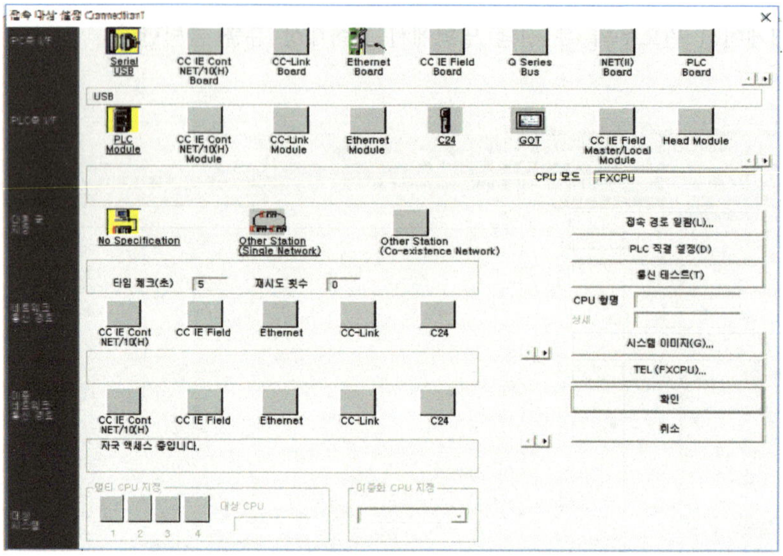

- PC측 I/F 시리얼 상세 설정 대화상자가 표시되면, "USB"에 체크 표시 후 확인 버튼을 클릭한다.

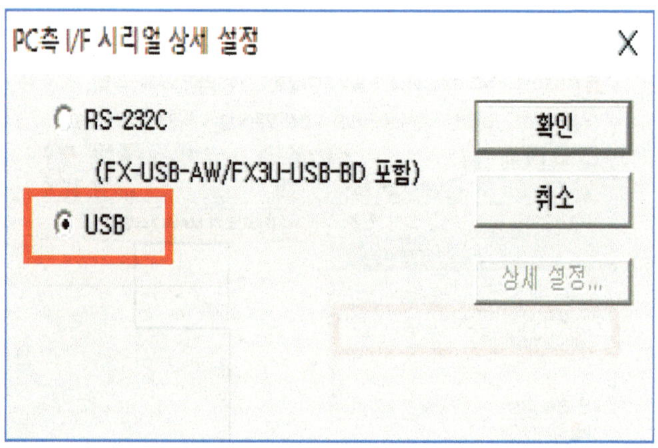

※ 초기 통신 설정 시 USB 드라이브 설치를 실행하여야 하며 USB 드라이브 설치파일 폴더 경로는 “C:\Program Files (x86)\MELSOFT\Easysocket\USBDrivers”를 참고한다.

- 접속 대상 설정 Connection1 창의 우측하단 통신 테스트(T)실행 PC와 PLC 통신을 테스트 한다.
- 통신 설정 및 테스트 완료 후 확인 버튼을 클릭한다.

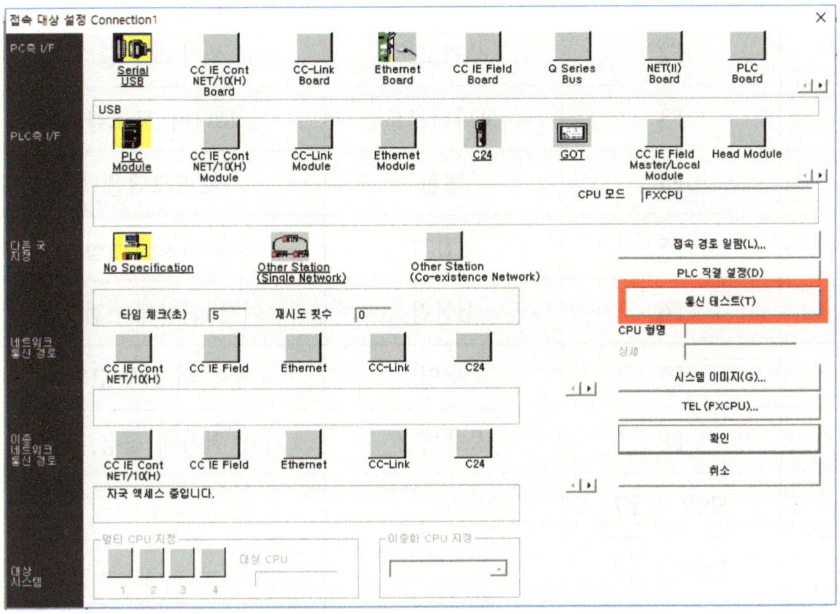

1.2.4 기본 프로그램 작성

(1) 단축키 구성

아이콘	단축키	대응하는 메뉴	개요
	F2	쓰기모드	쓰기 모드를 실행한다.
	F3	모니터모드	모니터 모드를 실행한다.
	F4	변환	프로그램을 변환한다.
	F5	a접점	커서 위치에 a접점을 씁니다.
	F6	b접점	커서 위치에 b접점을 씁니다.
	F7	코일	커서 위치에 코일을 씁니다.
	F8	응용명령	커서 위치에 응용 명령을 씁니다.
	Shift + F7	-	-
	Shift + F8	-	-
-	Shift + Insert	행 삽입	커서의 위치에 행을 삽입합니다.
-	Shift + Delete	행 삭제	커서 위치에 행을 삭제합니다.
-	Ctrl + Insert	열 삽입	커서의 위치에 열을 삽입합니다.
-	Ctrl + Delete	열 삭제	커서 위치에 열을 삭제합니다.
-	Ctrl + →	오른쪽 방향으로 가로선 입력/삭제	커서 위치에서 오른쪽 방향으로 가로선을 입력/삭제합니다.
-	Ctrl + ←	왼쪽 방향으로 가로선 입력/삭제	커서 위치에서 왼쪽 방향으로 가로선을 입력/삭제합니다.
-	Ctrl + ↓	아래 방향으로 세로선 입력/삭제	커서 위치에서 아래 방향으로 세로선을 입력/삭제합니다.
-	Ctrl + ↑	위 방향으로 세로선 입력/삭제	커서 위치에서 위 방향으로 세로선을 입력/삭제합니다.

(2) 프로그램 작성 방법

- 단축키 F5실행 하면 래더 입력 창이 표시된다.
- 래더 입력창에 "X00"을 입력한 후 확인을 클릭한다.

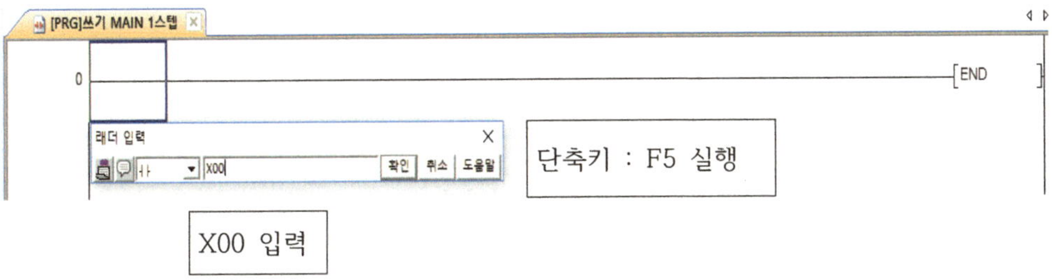

- 단축키 F7실행 하면 래더 입력 창이 표시된다.
- 래더 입력창에 "Y00"을 입력한 후 확인을 클릭한다.

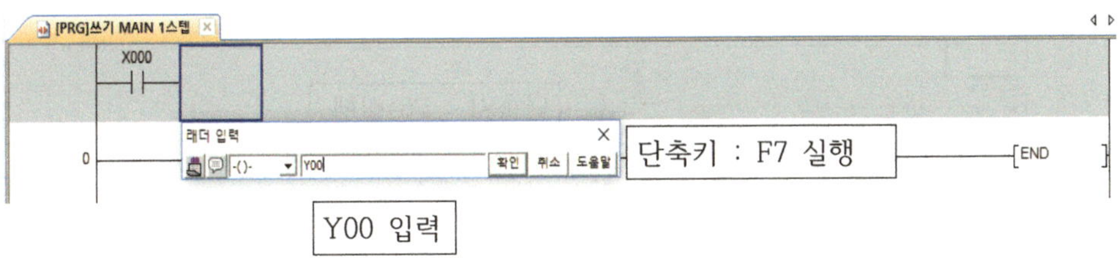

- 단축키 F6실행 하면 래더 입력 창이 표시된다.
- 래더 입력창에 "X01"을 입력한 후 확인을 클릭한다.

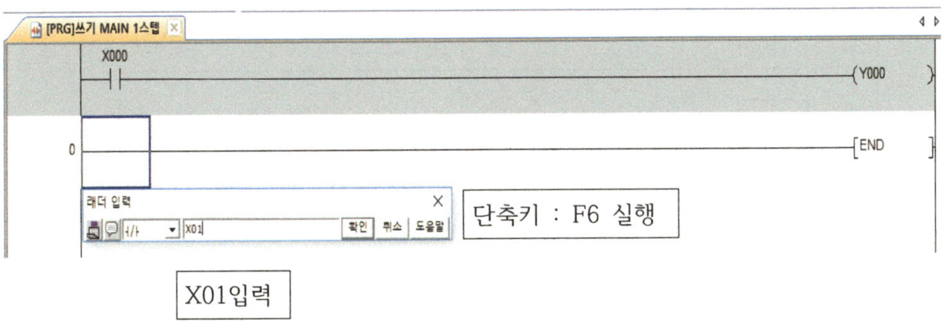

- 단축키 F7실행 하면 래더 입력 창이 표시된다.
- 래더 입력창에 "Y00"을 입력한 후 확인을 클릭한다.

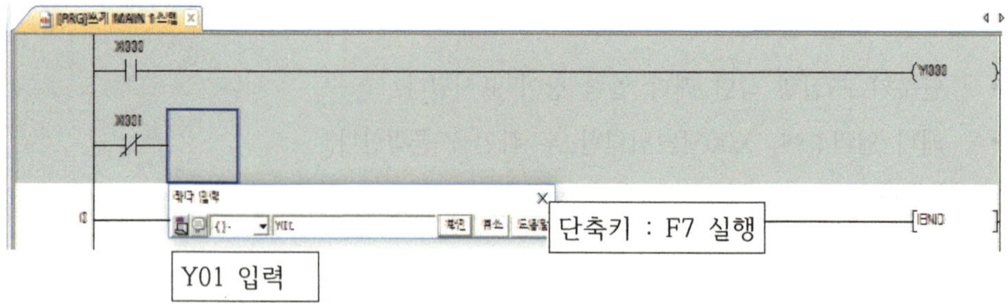

- 단축키 F5실행 하면 래더 입력 창이 표시된다.
- 래더 입력창에 “X02”을 입력한 후 확인을 클릭한다.

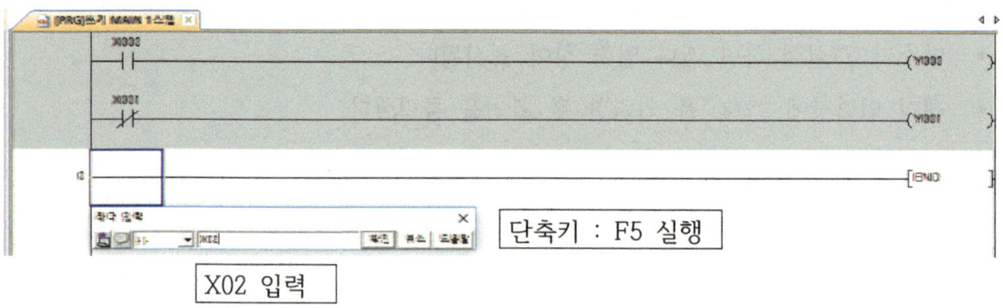

- 단축키 F7실행 하면 래더 입력 창이 표시된다.
- 래더 입력창에 “T1 K30”을 입력한 후 확인을 클릭한다.

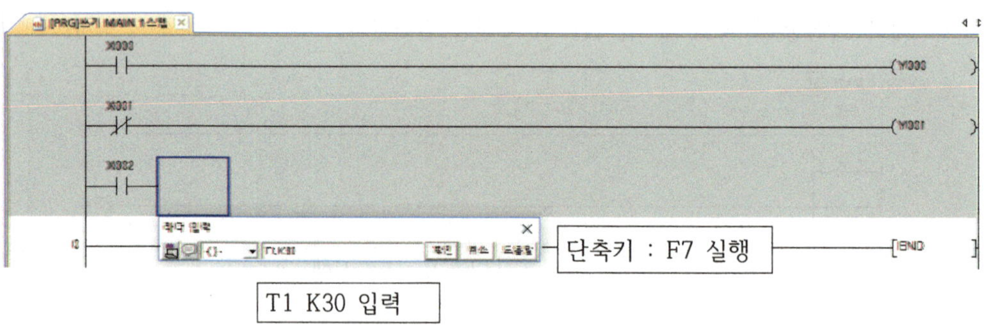

※ T1 K30 이란?

- T : 타이머를 나타내는 문자 1 : 타이머 번호
- K : 상수를 의미함 30 : 3초를 의미함(설정 시간)

- 단축키 F5실행 하면 래더 입력 창이 표시된다.
- 래더 입력창에 “T01”을 입력한 후 확인을 클릭한다.

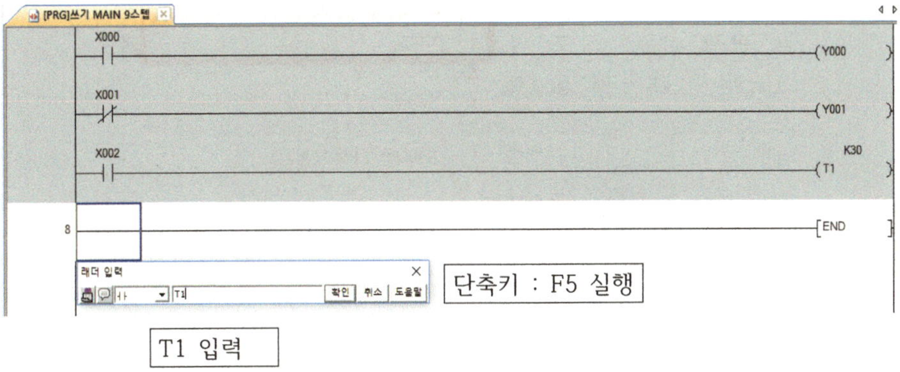

- 단축키 F7실행 하면 래더 입력 창이 표시된다.
- 래더 입력창에 “Y02”을 입력한 후 확인을 클릭한다.

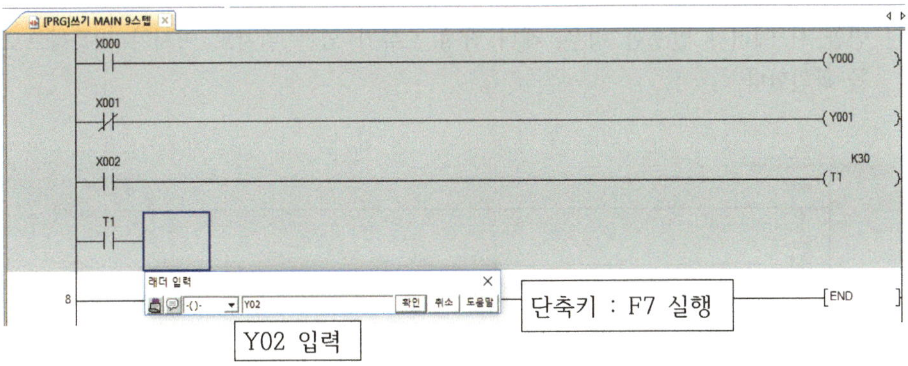

- 아래 그림과 같이 프로그램 작성을 완료 한다.

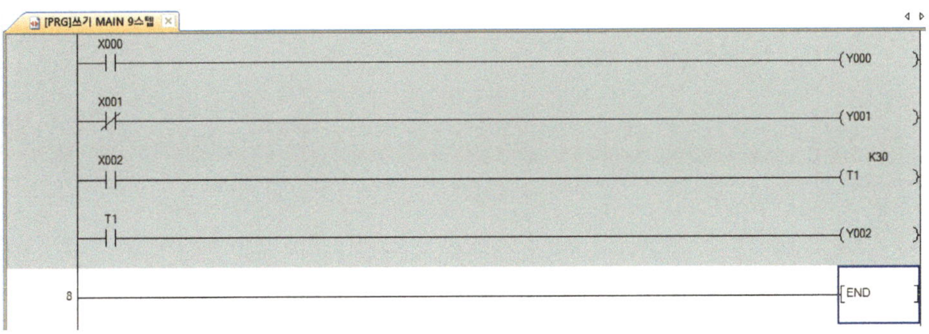

- 래더 작성이 완료 되면 메뉴 툴바 [변환/컴파일(C)] - [변환(F4)]를 클릭한다.

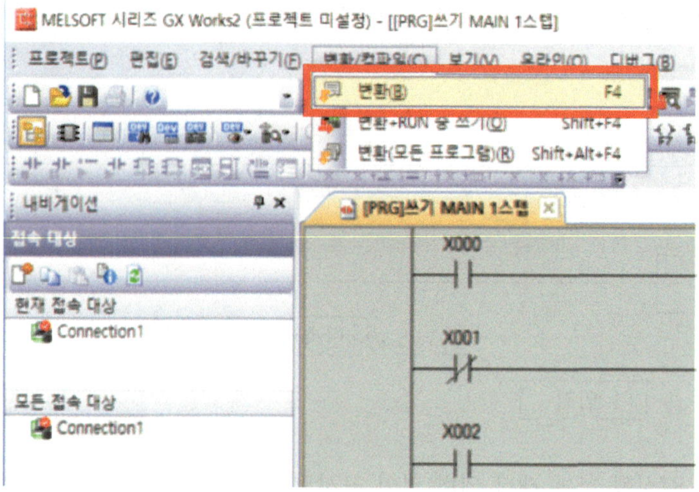

- 아래 그림과 같이 래더가 변환된다.
- 변환 시 에러가 발생한 경우, 래더 작성 오류가 있는 위치로 커서가 이동하므로 래더를 확인한다.

- 메뉴 바에서 PLC 쓰기 아이콘 또는 [온라인] → [PLC 쓰기]를 클릭한다.

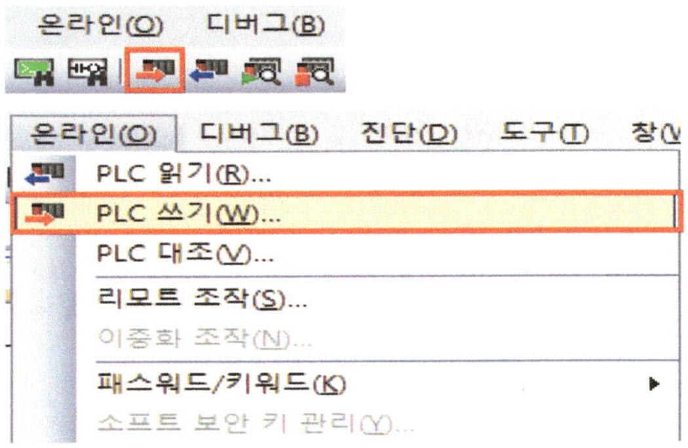

- 파라미터+프로그램 버튼 클릭 후 실행버튼을 클릭한다.

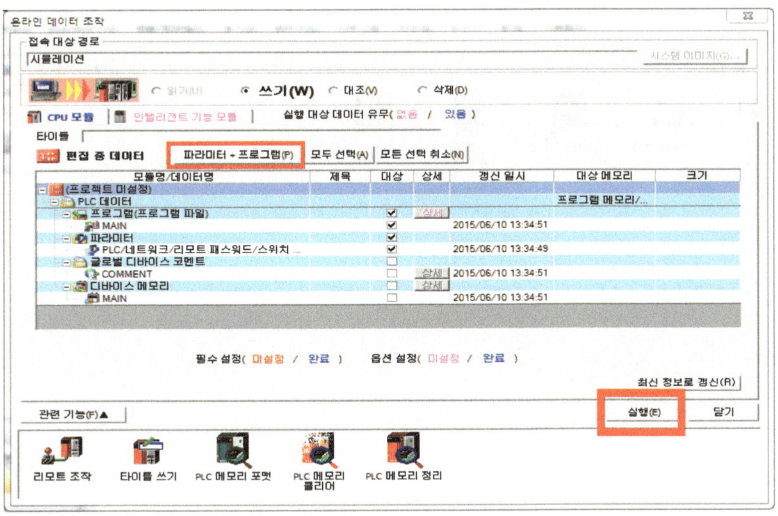

- 파라미터+프로그램 버튼 클릭한 후 실행버튼을 눌러 PLC 쓰기를 시작한다. (실행 도중에 메시지 창이 뜨면 "예" 또는 "모두 예"를 클릭한다.

- PLC쓰기가 완료가 되면 위와 같이 완료 창이 나타난다.

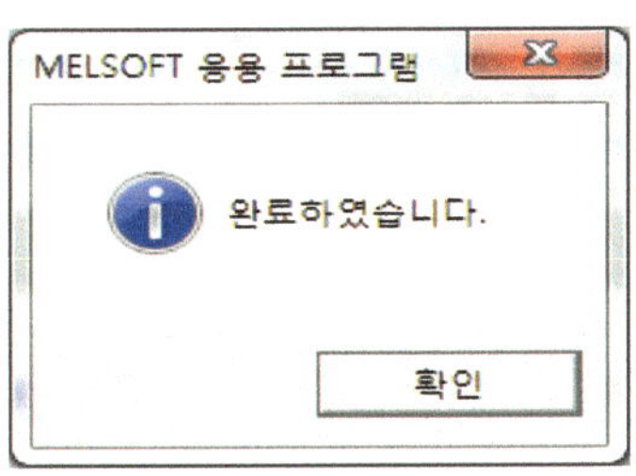

- PLC 쓰기 완료 후 닫기 버튼을 클릭한다.

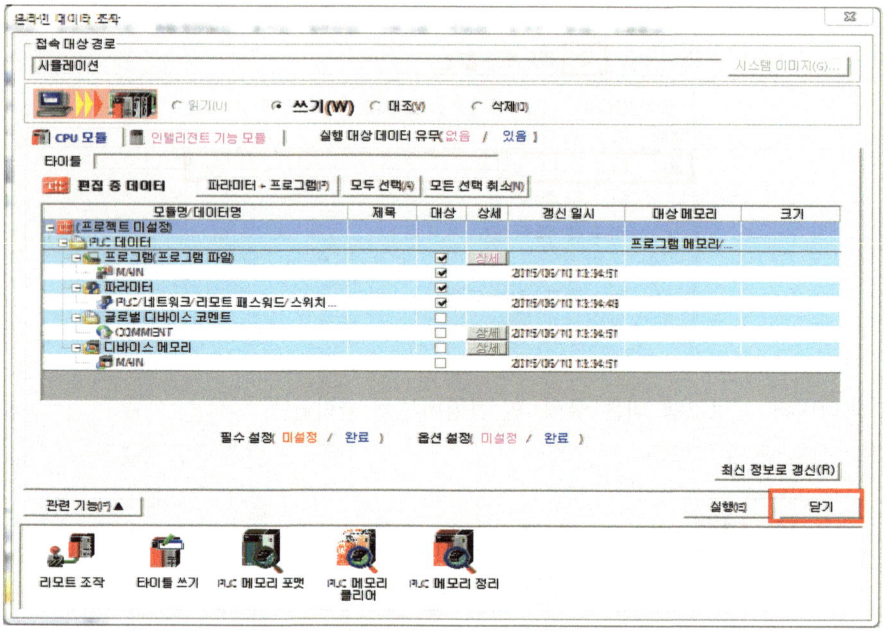

1.3 이송가공기구 PLC제어 프로그램

1.3.1 장비 구성

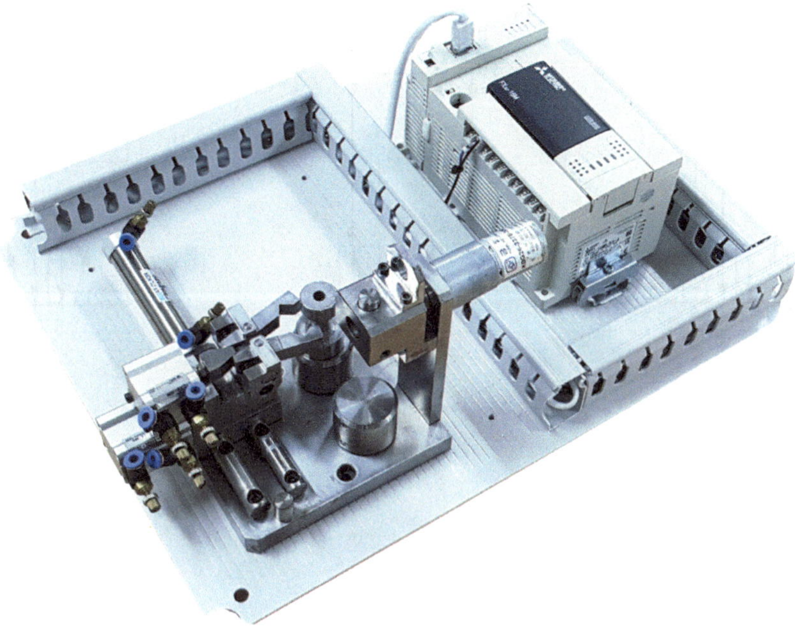

1.3.2 PLC I/O 할당

PLC입력		PLC 출력	
INPUT	설명	설명	OUTPUT
X00	PB1	모터	Y00
X01	실린더A 후진감지센서	실린더A 전진SOL	Y01
X02	실린더A 전진감지센서	실린더A 후진SOL	Y02
		실린더B 전진SOL	Y03
		실린더C 전진SOL	Y04

1.3.3 공압 회로도

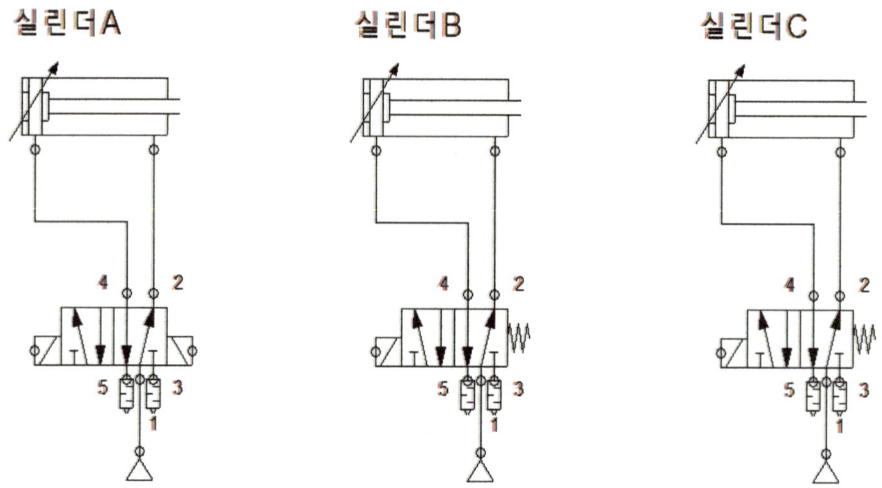

1.3.4 PLC I/O 배선도

+24V 0V

입 력		출 력	
ADRESS	NAME	NAME	ADRESS
X00	PB 1	모터	Y00
X01	실린더A 후진감지센서	실린더A 전진 SOL	Y01
X02	실린더A 전진감지센서	실린더A 후진 SOL	Y02
		실린더B 전진 SOL	Y03
		실린더C 전진 SOL	Y04
COM			COM

+24V 0V

1.3.5 프로그램 동작 설명

(1) PB1을 ON/OFF하면 실습장비 1회 운전 후 종료한다.

- 실린더A가 후진되어있는 상태에서 PB1을 ON/OFF하면 실린더B가 전진한다.
- 1초 후 실린더C가 전진한다.
- 1초 후 실린더B가 후진한다.
- 1초 후 실린더A가 전진한다.
- 실린더A가 전진되어있는 상태에서 1초 후 실린더 B가 전진한다.
- 1초 후 모터가 5초 동안 동작한다.
- 모터가 정지하면 실린더B가 후진한다.
- 1초 후 실린더A가 후진한다.
- 1초 후 실린더B가 전진한다.
- 1초 후 실린더C가 후진한다.
- 1초 후 실린더B가 후진한다.

(2) 편솔 Stepper회로 구성

➤ **편솔방식**

$$K_{start} = [(\text{Start signal} \cdot \text{Check back signal}) + K_n] \cdot \overline{K_{n-1}}$$

$$K_n = (\text{Check back signal} + K_n) \cdot K_{n-1}$$

$$K_{end} = \text{Check back signal} \cdot K_{n-1}$$

- Start signal = 외부 프로그램 동작 신호
- Check back signal = 이전 동작 물리적 확인 신호
- Kn = 현재 동작 내부 릴레이
- Kn-1 = 현재 릴레이 이전 내부 릴레이 신호

1.3.6 PLC 프로그램 작성

① GX-Works2를 실행하여 프로젝트를 생성하고 PLC통신을 확인한다.
② PLC I/O 할당 및 결선도를 참고하여 동작에 맞는 PLC래더 프로그램을 작성한다.
③ PLC 프로그램 작동유무를 검사하고 오류발생 시 프로그램을 디버깅한다.

1.3.7 이송가공기구 PLC프로그램 설명

(1) 제어

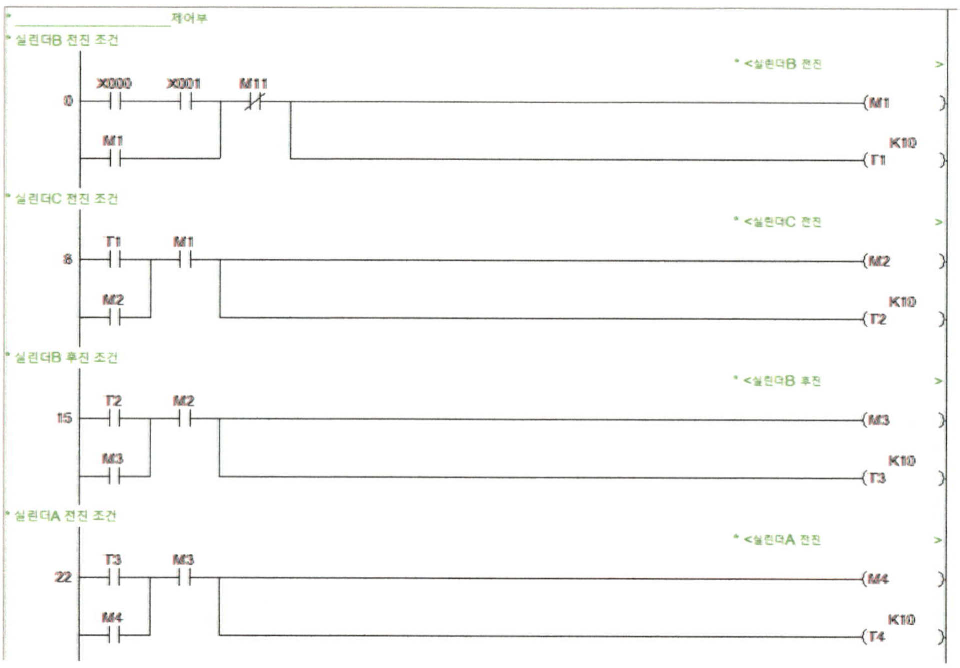

0	X00(PB1), X01(실린더A 후진감지센서)이 ON되면 M1이 ON되어 자기유지 된다. M1이 자기유지 되어 T1이 1초 후 ON된다. (M1 -> 실린더B 전진 신호) M11이 ON되면 M1의 자기유지가 OFF된다.
8	T1이 ON되면 M2가 ON되어 자기유지 된다. M2가 자기유지 되면 T2가 1초 후 ON된다. (M2 -> 실린더C 전진 신호)
15	T2가 ON되면 M3이 ON되어 자기유지 된다. M3이 자기유지 되면 T3이 1초 후 ON된다. (M3 -> 실린더B 후진 신호)
22	T3이 ON되면 M4가 ON되어 자기유지 된다. M4가 자기유지 되면 T4가 1초 후 ON된다. (M4 -> 실린더A 전진 신호)

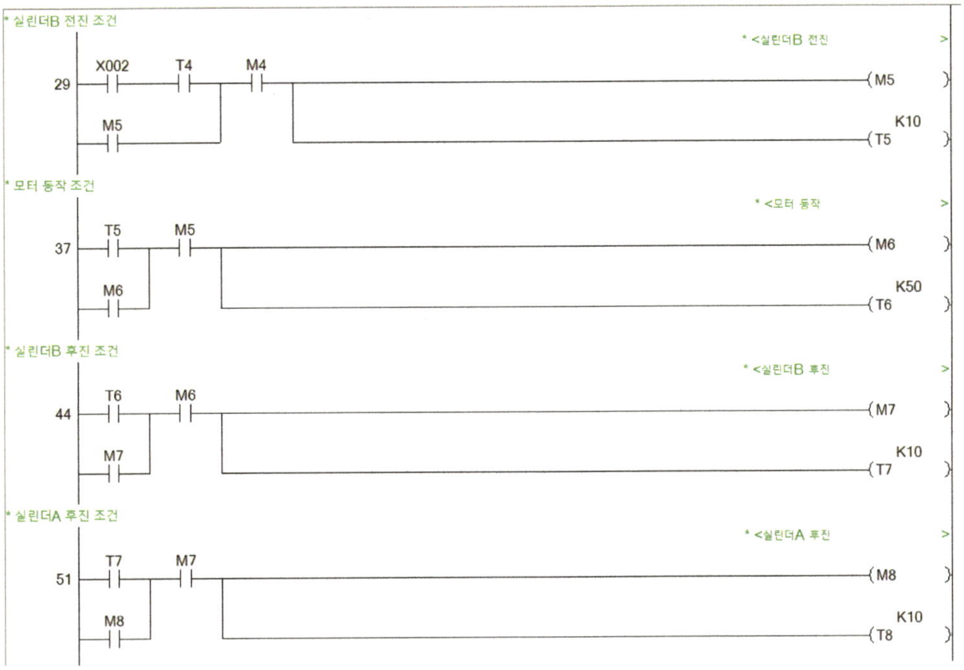

29	X02(실린더A 전진감지센서), T4가 ON되면 M5가 ON되어 자기유지 된다. M5가 자기유지 되어 T5가 1초 후 ON된다. (M5 -> 실린더B 전진 신호)
37	T5가 ON되면 M6이 ON되어 자기유지 된다. M6이 자기유지 되면 T6이 5초 후 ON된다. (M6 -> 모터 동작 신호)
44	T6이 ON되면 M7이 ON되어 자기유지 된다. M7이 자기유지 되면 T7이 1초 후 ON된다. (M7 -> 실린더B 후진 신호)
51	T7이 ON되면 M8이 ON되어 자기유지 된다. M8이 자기유지 되면 T8이 1초 후 ON된다. (M8 -> 실린더A 후진 신호)

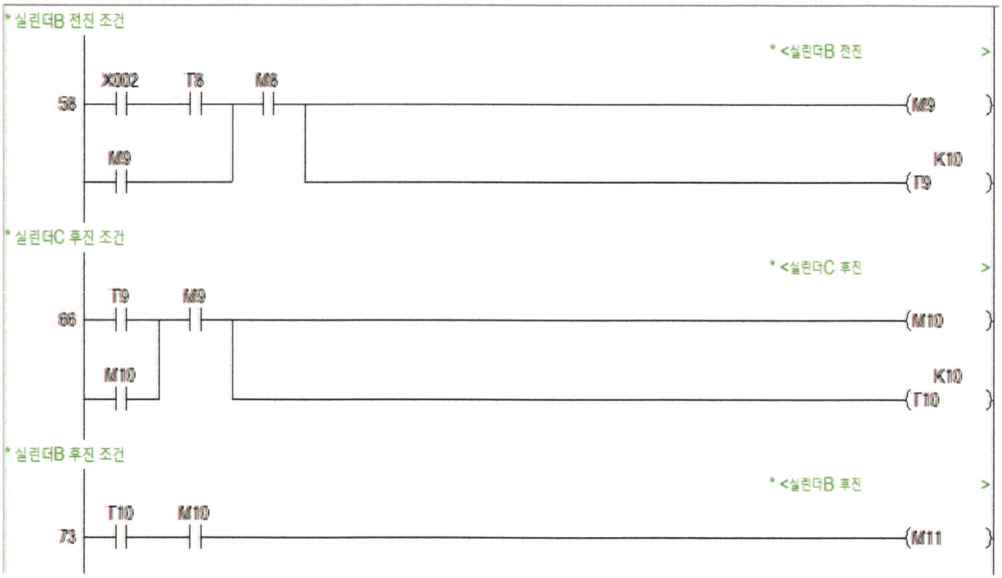

58	X02(실린더A 전진감지센서), T8이 ON되면 M9가 ON되어 자기유지 된다. M9가 자기유지 되어 T9가 1초 후 ON된다. (M9 -> 실린더B 전진 신호)
66	T9가 ON되면 M10이 ON되어 자기유지 된다. M10이 자기유지 되면 T10이 1초 후 ON된다. (M10 -> 실린더C 후진)
73	T10이 ON되면 M11이 ON된다.

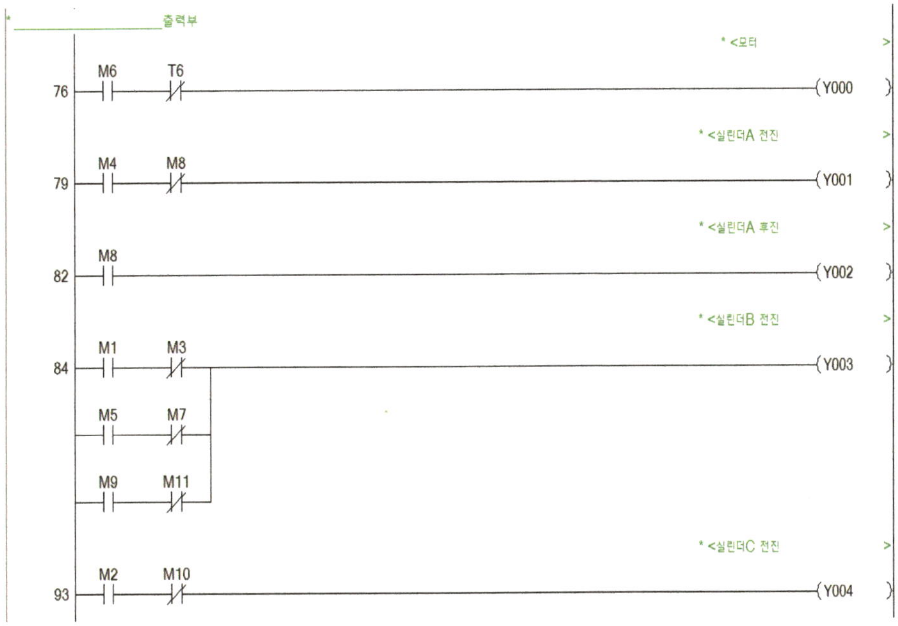

76	M6이 ON되면 Y00이 ON된다. T6이 ON되면 Y00이 OFF된다.
79	M4가 ON되면 Y01이 ON된다. M8이 ON되면 Y01이 OFF된다.
82	M8이 ON되면 Y02가 ON된다.
84	M1이 ON되면 Y03이 ON된다. M3이 ON되면 Y03이 OFF된다. M5가 ON되면 Y03이 ON된다. M7이 ON되면 Y03이 OFF된다. M9가 ON되면 Y03이 ON된다. M11이 ON되면 Y03이 OFF된다.
93	M2가 ON되면 Y04가 ON된다. M10이 ON되면 Y04가 OFF된다.

Chapter 2

모니터링 실무

2.1 실습 목표 및 범위

2.1.1 실습 목표

- 산업현장에서는 다양한 측정장비를 활용하여 기계설비를 진단업무를 수행하고 있다. 설비보전 진단에 대한 이론을 이해하고 소음·진동 측정기를 활용하여 설비상태를 진단 분석하는 실습을 진행하며 설계, 가공제작, 제어 보전에 필요한 다양한 실무 기술을 융합하여 실습하고자 한다.

- 진동 측정기를 활용하여 기계설비에 대한 진단 데이터를 작성하고 이를 분석하여 기계설비보전 기술을 이해한다.

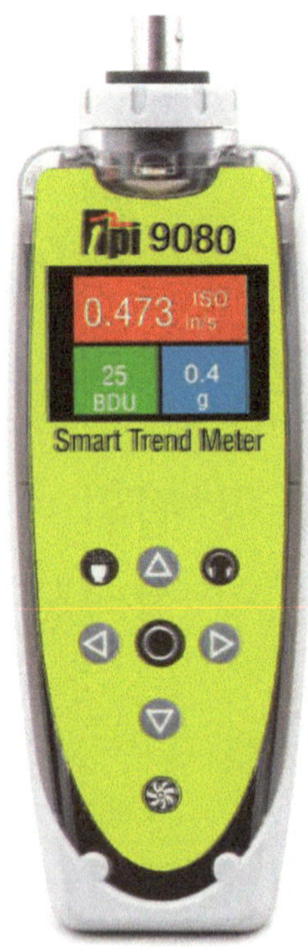

- 진동 측정 방법에 적합한 장비를 선정하여, 대상 진동을 측정할 수 있다.

2.1.2 실습 범위

(1) 진동 장비 운용하기

① 진동측정 대상과 측정방법에 따라 진동을 측정할 수 있다.
② 진동측정 계획에 따라 대상진동 및 배경진동을 측정할 수 있는 환경조건을 확인할 수 있다.
③ 진동관련 법규 및 기준에 따라 대상 진동을 측정할 수 있다.

(2) 요구지식(Knowledge)

① 진동관리법
② 진동공정시험기준
③ 진동공정시험기준, KS, ISO 등 관련 시험규격
④ 진동 기초이론
⑤ 진동측정장비 매뉴얼

(3) 필요기술(Skill)

① 측정방법의 이해능력3
② 측정 장비 특성을 파악하는 능력
③ 국내·외 법규 및 기준 파악능력
④ 수행태도(Attitude)
⑤ 측정대상 및 목적을 정확히 파악하고자 하는 노력
⑥ 측정 장비의 사용범위를 파악하는 노력
⑦ 다각적인 측면에서 측정장비를 비교·평가하려는 태도

2.2 진동 개요 및 설비진단

2.2.1진동 이론

진동이라는 것은 어느 구조물이 “앞 뒤로” 움직이는 현상이다. 또는 어느 기준점을 기점으로 “반복적인” 움직임으로도 표현될 수가 있다. 어떤 시간 간격을 두고 계속 반복되는 운동을 진동이라고 하며, 진자의 흔들림과 인장력을 받고 있는 현의 운동 등이 진동의 전형적인 예이다. 진동을 측정하는 이유는 다음과 같다.

설비의 상태(특히, 최우선으로 베어링)를 평가한다. 가장 효과적인 방법을 통해 부품 약화로 인하여 고장까지 진행된 것을 사전에 방지하는 것이다. 어떤 과도한(파괴적인) 진동에 대한 근본 원인을 진단한다. 과도 진동 증상의 발생 원인이 되는 피로항력 및 응력을 받는 베어링 또는 다른 부품 등의 수명을 연장할 수 있다. 따라서 진동 프로그램을 잘 운영하여, 설비를 잘 감시하고 또한 결함을 감지해서, 문제를 교정함으로써 설비관리에 도움이 되고 있다.

진동을 이해하기 위해서는 기본적으로 진동의 3요소에 대해서 이해해야 한다. 진폭, 주파수, 위상을 위 진동의 3요소로 정하며 내용은 아래와 같다.

진폭은 진동이 얼마나 심하게 떨리는지를 나타내는 척도로써 진동의 크기를 나타낸다. 그림과 같이 회전축이 흔들릴 때 최저점에서 최고점까지의 차이를 생각하면 된다. 주파수는 그림과 같이 물체가 얼마나 빨리 흔들리는 것을 나타내는 것으로 물체의 흔들리는 빈도수를 의미한다. 마지막 위상은 두 개 이상의 신호가 있을 경우만 확인할 수 있는 요소로서 두 신호의 시간 차이를 의미한다.

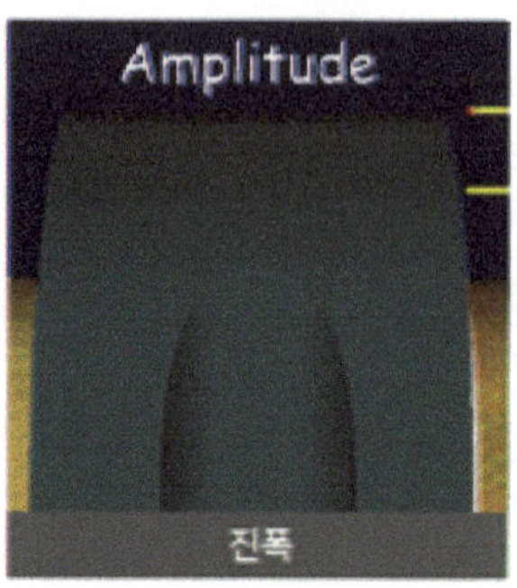

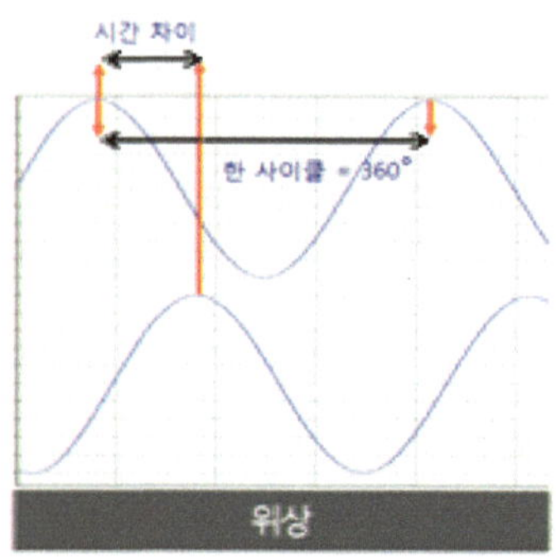

2.3 진동 측정

진동 측정에는 목적에 따라 여러 가지 측정 방법과 필요한 측정기기가 달라 질 수 있다. 목적에 따른 진동 측정 종류와 방법에 대해서 알아보고 진동 측정의 특징에 대해서 알아본다.

2.3.1 진동 측정의 종류

진동 측정이란 설비 또는 구조물에 발생하는 진동의 특성을 확인하기 위한 방법으로 진동의 발생을 확인 할 수 있는 물리량을 센서를 통하여 계측하는 행위를 의미한다. 진동 측정의 개념은 아래 그림과 같이 진동을 일으키는 설비나 구조물이 있다면 진동센서를 통하여 변위, 속도, 가속도, 힘 등 진동을 확인 할 수 있는 물리량을 계측한다. 계측된 데이터는 전기적인 신호로 데이터 수집장치로 이동 및 저장되고 그 이후에 여러 가지 소프트웨어를 이용하여 진동 데이터를 분석하게 된다.

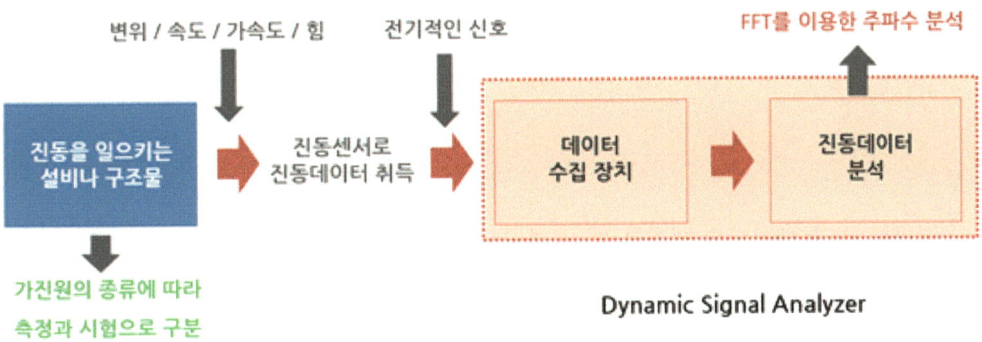

2.3.2 설비의 진동측정

설비의 진동측정은 설비의 상태를 확인하기 위한 방법으로 진동측정을 통하여 설비의 상태를 진단하게 된다. 설비의 진동을 측정할 때는 다음과 같은 측정기기 들이 필요하다.

우선 진동을 측정할 센서와 케이블이 필요하며 데이터를 처리할 수 있는 데이터 수집기와 PC 소프트웨어가 필요하다. 진동계와 같이 간이 측정기는 소프트웨어는 필요하지 않으며 지정된 측정 기능만을 사용할 수 있다.

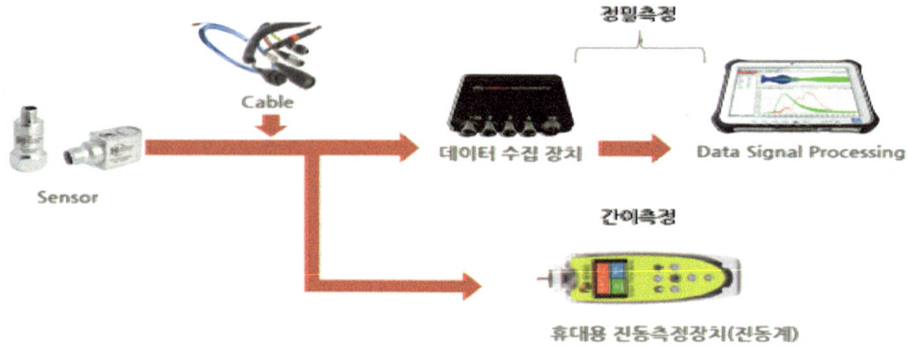

설비의 진동을 측정하였다면 설비의 진동 데이터를 확인 할 수 있다. 시간에 따른 진동값이 나타나는 시간파형, 주파수에 따른 진동값이 나타나는 스펙트럼이다.

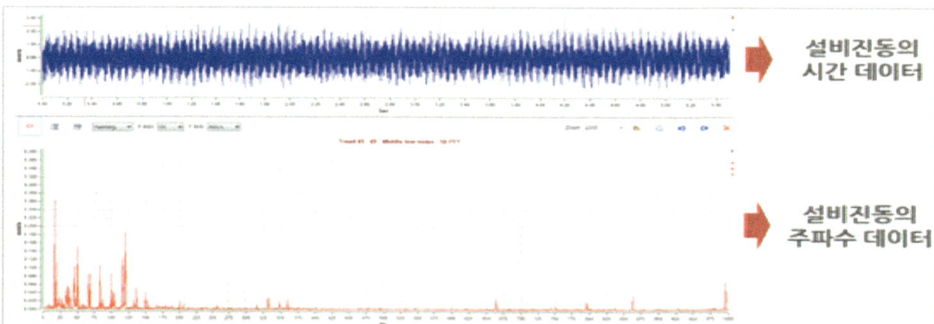

이러한 측정 데이터를 가지고 여러 가지 분석방법을 이용하여 설비의 이상 유무를 판단하게 된다.

2.4 설비진단

기업은 공장의 설비보전을 위하여 여러 방식의 정비Tool을 가지고 설비의 유지보수를 수행하고 있다. 일반적인 장비Tool은 아래와 같이 크게 예방정비와 사후정비로 나뉜다. 사후정비는 사고가 터진 이후에 하는 정비로 큰 의미가 없는 정비 방법이며, 이 경우 기업의 피해가 심각하다. 예방정비는 설비의 고장사고 발생 전 수행하는 정비로 기간계획정비와 상태감시정비가 있다. 기간계획정비는 일정한 기간 간격을 가지고 의무적으로 설비를 정비하는 것으로 과잉정비의 기능설이 있다. 그에 반에 상태감시 정비는 설비의 상태를 주기적으로 감시하여 설비의 상태에 따라 정비를 하는 방법으로서 비용과 시간적인 측면에서 우수한 장점을 가지고 있다.

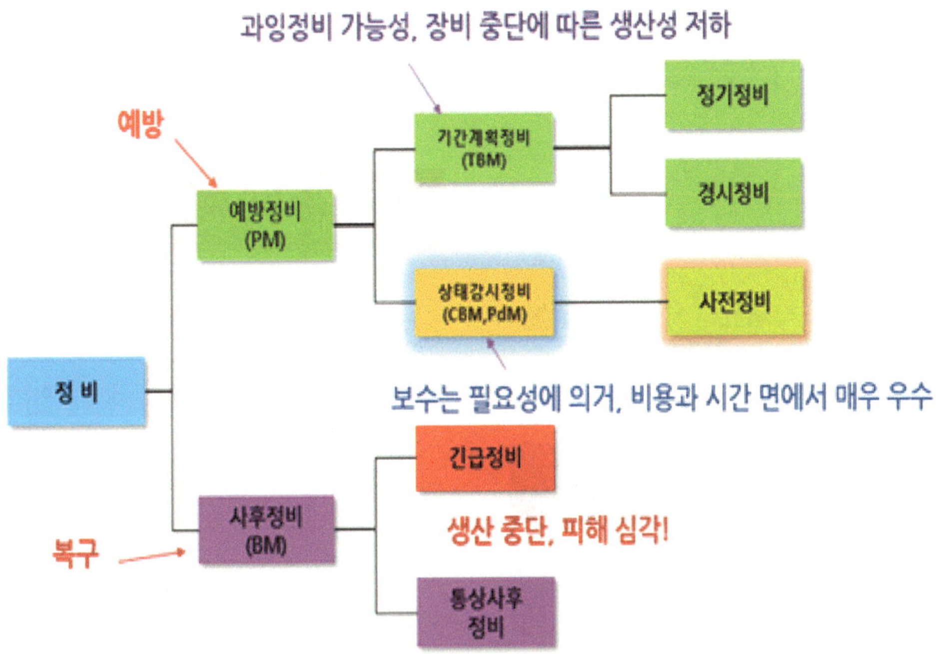

상태감시정비를 위해서는 설비에 이상 유무가 있는지 진단을 해야한다. 설비의 진단요소로는 진동, 윤활, 소음, 열이 대표적이다. 그 중에 주로 소음/진동을 가장 많이 사용하며 그 이유는 기계인 설비들이 고장징후가 발생하면 시스템의 특성이 바뀌어 이상진동특성을 나타내기 때문이다. 설비진단의 과정을 살펴보면 아래 그림과 같이 점검 및 상시 감시를 통하여 간이진단을 수행하고 정상일 경우 지속적인 점검과 상시 감시를 수행하고 이상이 있으면 정밀진단과 정밀진단 결과에 따라서 정비활과 대책을 수립한다. 설비의 일반적인 진단 주기는 고속회전기기의 경우 매일 수행하며, 일반적인 회전기기의 경우 매주 수행 한다. 진단 주기는 설비의 특성과 기업의 설비 규칙에 따라 달라질 수 있다.

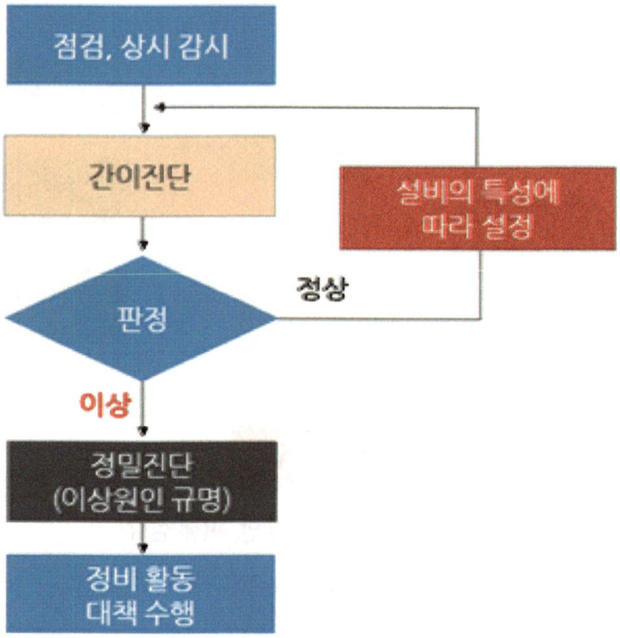

설비의 진단기술은 설비의 열화 상태 확인, 고장 원인과 영향성 예측, 고장 대책 정비 기술을 모색하는 것으로 설비진단 기술 엔지니어는 설비의 의사에 해당한다. 설비의 진단법은 설비가 내보내는 응답에 기인하게 된다. 설비는 기본적으로 정상상태 응답과 이상 발생 시 발생하는 이상 응답이 있다. 여기서 이상 응답을 고장 전조현상이라고 부른다. 정상상태 응답은 설비의 구동 주파수와 출력 응답 주파수가 일치하면서 진폭의 크기가 크지 않다. 반면 설비의 이상 응답으로 정상상태와는 다른 응답신호를 내보내며, 진동의 진폭이 지나치게 크다. 또한, 예상치 못한 성분들이 검출 될 수 있으며 이를 위의 소음 진동 기법을 통하여 검출하고 판단한다.

2.5 진동측정기 운영기술 개요

Smart Trend Meter 9080은 진동 모니터링과 분석을 간편하게 할 수 있는 장비이다. 산업 현장의 일장 진동뿐만 아니라 언발란스(Unbalance), 미스얼라이먼트(Misalignment), 헐거움(Loseness)등도 간편하게 측정 가능하며 펌프나, 모터, 팬, 베어링 등의 진동 측정을 손쉽게 할 수 있도록 디자인 되었다.

Smart Trend Meter 9080은 또한 스토로브스코프를 이용하여 회전수의 측정이 가능하며 블루투스 커넥터 헤드폰을 이용하여 베어링 진동의 청음 기능도 가능하다.

2.5.1 컨트롤 버튼(장비 중앙)

<table>
<tr><th></th><th>아이콘</th><th>기능설명</th></tr>
<tr><td rowspan="6">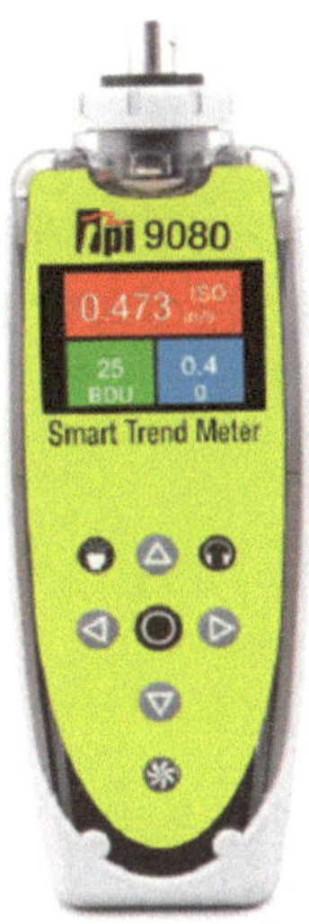
</td><td></td><td>1. 전원 ON (△ 또는 ▽ 버튼을 길게 누르면 Off)
2. Configuration menu (길게 2초간 누름)
3. 선택 기능(메뉴에서)</td></tr>
<tr><td>◁ 또는 ▷</td><td>1. 속도 <=> 변위 표시 단위 변경 (측정 중)
2. 커서 기능 (스펙트럼에서)
3. 전단계, 다음단계(메뉴에서)</td></tr>
<tr><td>△ 또는 ▽</td><td>1. 차수별 진동, 스펙트럼 선책 (측정 중)
2. 메뉴 선택 (메뉴에서)
3. 선택한 값 변경 (메뉴에서)</td></tr>
<tr><td></td><td>Route 기능(데이터 저장)</td></tr>
<tr><td></td><td>청음 기능(블루투스 헤드폰-옵션)</td></tr>
<tr><td></td><td>회전 수 측정(외부 스트로프 스코프 장착-옵션)</td></tr>
</table>

2.5.2 배터리 교체

Smart Trend Meter 9080은 두 개의 AA 배터리로 작동 된다. 배터리의 교체는 아래 그림과 같이 뒷면에 6개의 나사로 고정되어 있는 커버를 열고 교체할 수 있다. 배터리는 한번 교체하면 보통 50시간 정도 사용할 수 있다.

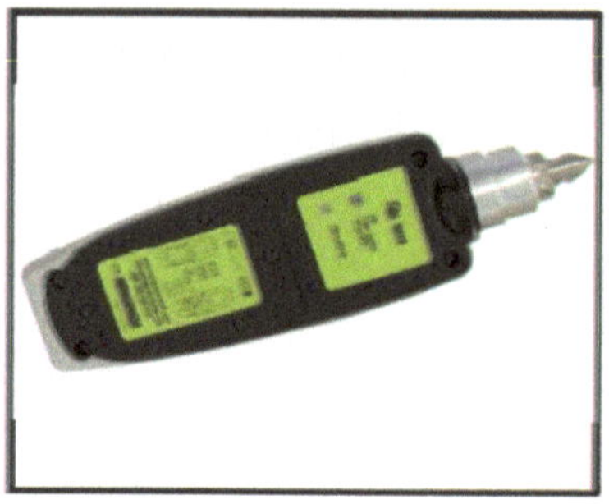

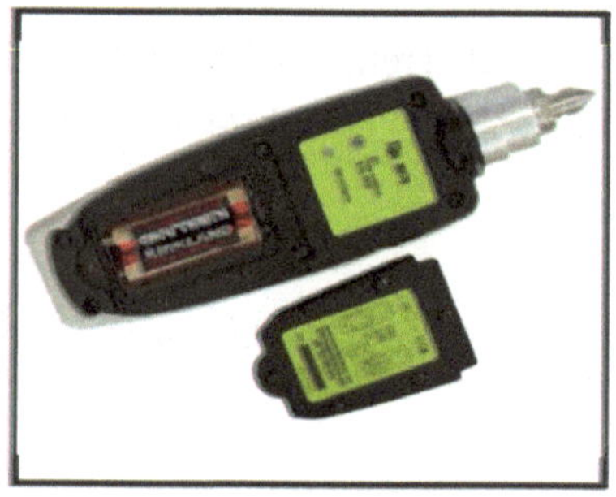

2.5.3 센서의 연결

Smart Trend Meter 9080은 일체형 케이블로 연결된 진동센서(감도 100 mV/g)가 같이 공급되며 케이블의 끝은 BNC 커넥터로 되어 있다.

Smart Trend Meter 9080은 IEPE(Integrated electronic piezoelectric) 타입의 가속도 센서를 사용할 수 있습니다. 또한 장비 내에서 센서의 감도를 변경할 수 있으며 100 mV/g ~ 1000 mV/g까지 감도를 가진 가속도 센서를 사용할 수 있다.

2.6 측정하기

측정하려면 가운데 ◎버튼을 누릅니다. 한번더 측정하려면 ◎를 다시한번 누르면 된다. 측정 버튼을 누르고 측정이 끝나면 아래와 같이 3가지 값이 화면에 표시된다.

- ISO 기준에 의한 측정 값, Velocity(mm/sec 또는 Inch/sec)
- Bearing Noise in BDU(Bearing Damage Units)
- Total G(Acceleration)

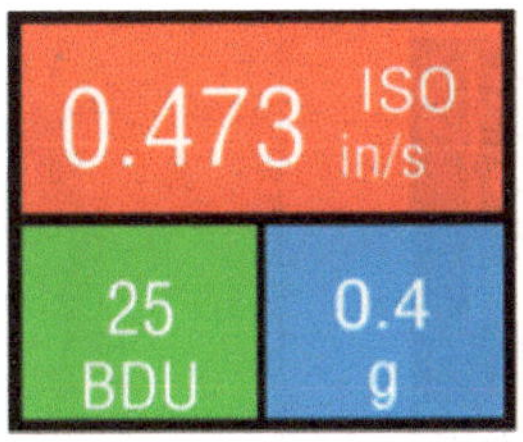

2.6.1 Bearing Noise(BDU)

화면 왼쪽 아래에 보면 Bearing Noise(High frequency vibration)의 측정값인 BDU(Bearing Damage Units)값이 표시 된다. 1KHz이상의 주파수 범위에서 100BDU는 1g RMS(Average)의 진동 값과 같다. BDU(Bearing Damage Units)값이 높을 수록 베어링의 손상이 나쁨을 의미한다. 100 BDU 이상이 되면 BDU가 표시된 박스의 배경 색은 빨간색으로 변하며 50~100 BDU 사이의 측정값에서는 노란색, 50BDU 이하의 측정값에서는 녹색으로 배경 화면색이 변경된다. 이 BDU 알람 레벨은 Manual Setup 메뉴에서 변경할 수 있다.

2.6.2 Toral Acceleration(g)

이 측정 값은 주파수 범위 2 Hz ~ 10 KHz 내에서 측정된 가속도의 Overall(RMS) 값을 의미한다. 이 측정 값은 중력 가속도의 단위인 g로 표시된다. (1g=9.8 m/s)

2.6.3 Displacement(변위 측정)

◁ 버튼 또는 ▷버튼을 누르면 현재 측정된 값을 변위(Displacement) 값으로 변경항녀 볼 수 있다.

2.6.4 Vibration Analysis

▽버튼을 누르면 아래와 같은 화면이 표시되는데 이는 기계의 회전 스피드(Run Speed)의 1차, 2차, 3차 성분 값을 의미한다. 예를 들면 아래 그램은 1450 PRM에서의 1차, 2차, 3차 값을 화면에 표시하고 있다. 이 1차, 2차, 3차 성분 값의 정확한 측정을 위해서는 측정 전 기계의 회전수를 정확히 알고 있는 것이 중요하다. 만약 모른다면 스트로브스코프(옵션)나 타코메터를 이용하여 회전 수를 측정할 수 있다.

	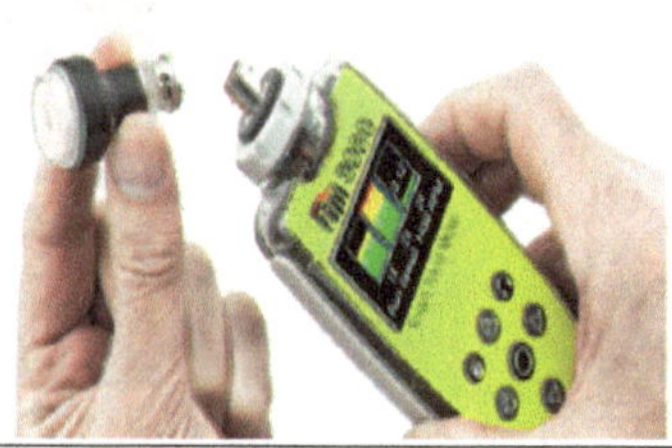
1차, 2차, 3차 성분의 진동 값 표시	스트로브스코프 장착 모습
차수 성분	의미
1X = Unbalance	언발란스(질량 불평형)
2X = Misalignment	미스얼라이먼트(정렬문제)
3X = Lossness	헐거움

2.6.5 주파수 스펙트럼

▽ 버튼을 한번더 누르면 아래와 같이 측정된 진동 주파수 스펙트럼이 나타납니다. 주파수 범위는 0 ~ 1 KHz입니다.

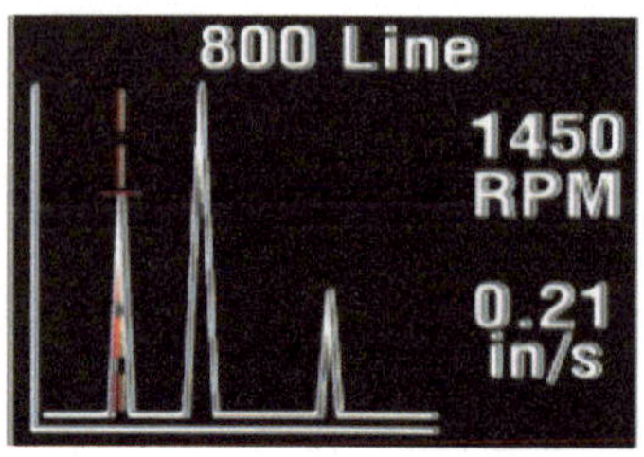

◁버튼 또는 ▷버튼을 이용하여 빨간색 부분의 커서를 이용하여 선택 된 주파수(Hz) 또는 회전수(RPM)에서의 진동 값을 확인할 수 있습니다. 또한 ▽ 버튼을 한번 더 누르면 주파수 분해를 100 Line(10 Hz 또는 600 RPM 간격)에서 800 Line(1.25 Hz 또는 75 RPM 간격)으로 늘려서 보다 좋은 분해능으로 진동 값을 확인할 수 있습니다.

2.6.6 실시간 진동 측정 모드(Live Update Mode)

이 모드를 선택하게 되면 현재 측정되고 있는 진동 값을 1초 간격으로 화면에 표시해 줍니다. 이 모드로 변경하려면 장비 가운데 ◎ 버튼을 길게 약 2초 동안 누른 뒤 “Live Update”모드를 선택하여 측정 합니다. 만일 멈추고 싶으면 ◎ 버튼을 다시 한 번 누르면 됩니다.

2.7 Configuration menus

- 버튼을 길게 약 2초 동안 누르면 아래와 같이 4가지 메뉴가 나타납니다.

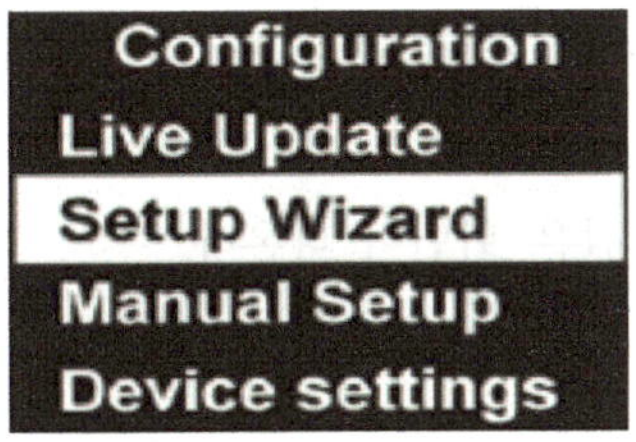

Confiduration menus	설명	
Live Update	실시간 진동 측정 모드	
Setup Wizard	ISO 알람 레벨에 맞는 셋팅치 설정	
Manual Setup	1. BDU alarm setting	BDU 알람 값 설정
	2. Run Speed	회전수 설정
	3. Sensor mV/g	가속도센서 감고 값 입력 1 mV/g ~ 1000 mV/g 까지 변경 가능
Device settings	1. Auto Off Time	자동 꺼짐 기능 간격 설정 1분 ~ 60분 단위로 변경 가능
	2. Brightness	화면 밝기 설정 1 ~ 10 단계로 설정 가능
	3. Languages	언어 선택(현재 영어만 가능)
	4. Factory Reset	단위계 선택 1. Metric : mm 2. Imperial : inch
	5. Graph Mode	스펙트럼에서 표시되는 타입 설정 1. Bar 2. Line
	6. Colour Scheme	화면 컬러 속성 설정 1. 컬러 2. 흑백(검정 바탕에 하얀색 글자로 표시) 3. 흑백(하얀 바탕에 검정색 글자로 표시)
	7. Time and date	현재 시간 설정
	8. Units	1. Velocity Units(mm/s 또는 inch/s) 2. Run Speed Units(RMS 또는 Peak) 3. Velocity Type(RMS 또는 Peak) 4. Displacement Type(RMS 또는 Peak)
	9. Information	현재 버전 정보 시리얼 넘버 확인

2.8 Asset management

장비 맨 아래 팬 모양의 아이콘을 누르면 Asset management 기능을 선택할 수 있다. Asset management를 활성화하기 위해서는 Vib Trend 소프트웨어에서 데이터베이스를 생성해야한다. 먼저 장비 구입 시 제공된 CD에 Vib Trend 소프트웨어를 PC에 인스톨한다.

설치하고 실행하면 다음과 같은 화면이 나온다.

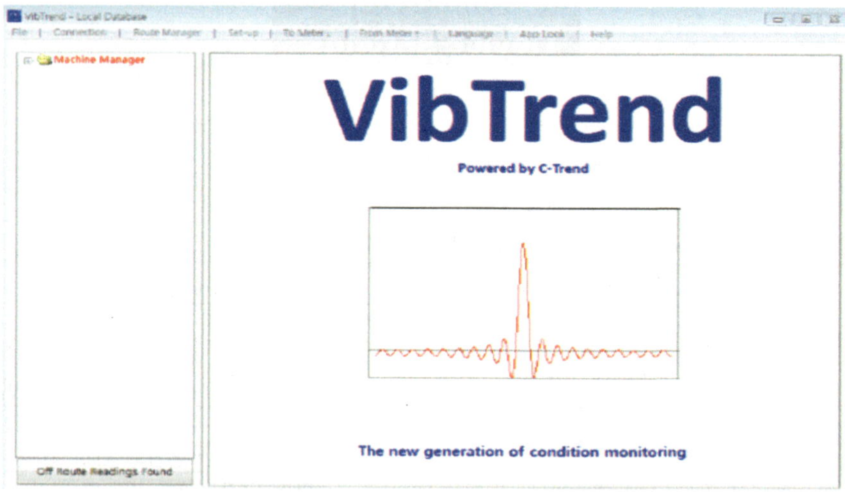

왼쪽 트리 메뉴에 보면 Machine Manager가 있고 오른쪽 마우스를 클릭하면 아래와 같은 창이 나타난다. 그러면 Add:Machine을 클릭.

그러면 아래와 같은 창이 나타나는데 여기서 이름(Name)에 Fan001을 입력한 후 맨 밑에 있는 Add를 클릭한다.

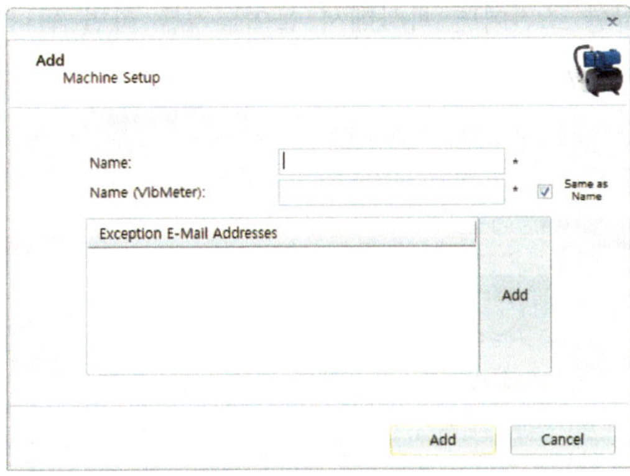

왼쪽 트리 메뉴에 Fan 001이 나타납니다. 다시 Fan 001에 오른쪽 마우스를 클릭하면

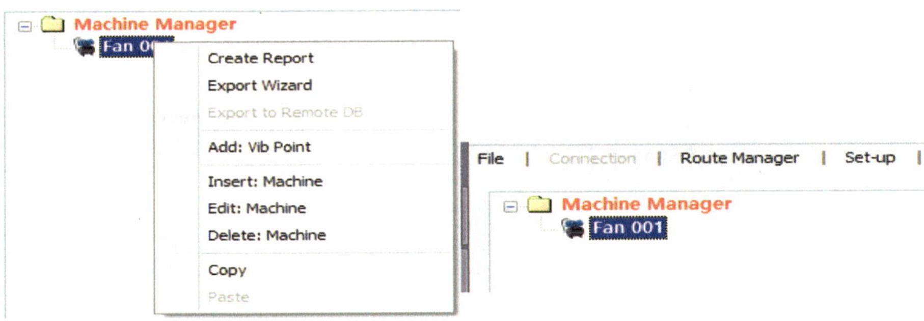

위와 같은 메뉴 창이 표시됩니다. 여기서 Add Vib Point를 선택한다. 여기에 측정 포인트를 입력한 후 Add를 클릭한다.

예) Motoer NDE Hor 여기에 RPM전보, 알람치를 입력 및 설정할 수 있다.

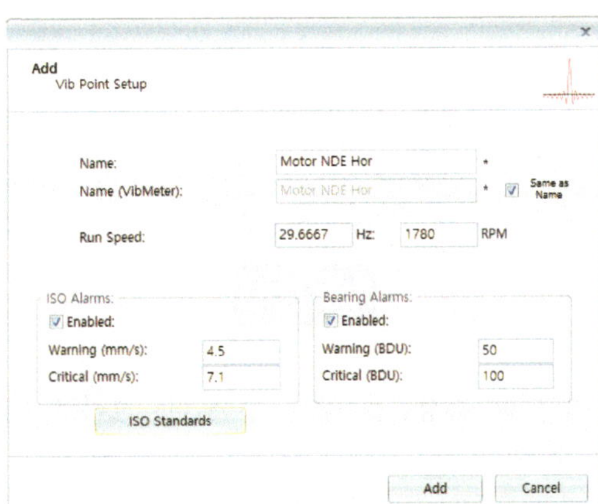

측정 포인트가 동일한 조건이면 복사해서 붙여넣기를 하면 됩니다.

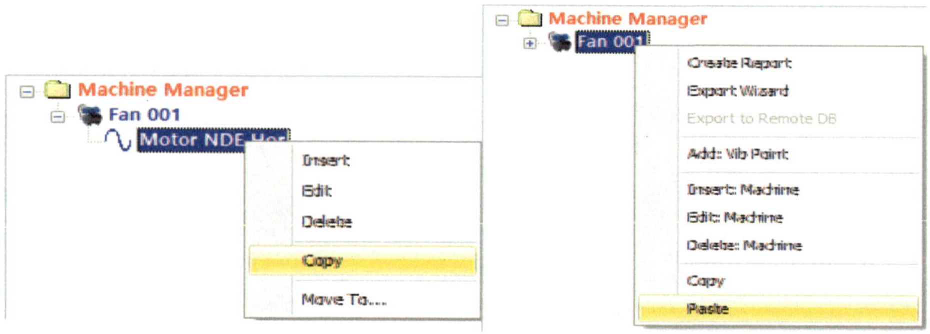

Motor NDE Hoe을 선택하고 오른쪽 마우스를 클릭하고 Copy를 실행한다. 복사하고자 하는 설비를 클릭하여 선택한 후 오른쪽 마우스를 클릭하고 paste를 실행한다.

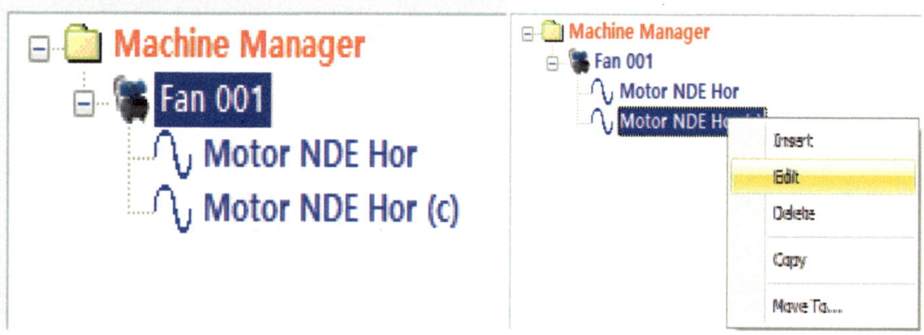

이름은 바꾸고자 하는 측정점에서 오른쪽 마우스를 클릭해서, Edit 메뉴를 실행하여 변경하면 되며 변경 후 Update를 클릭한다.

아래와 같이 바뀐 이름인 측정점이 생성되어져 있다.

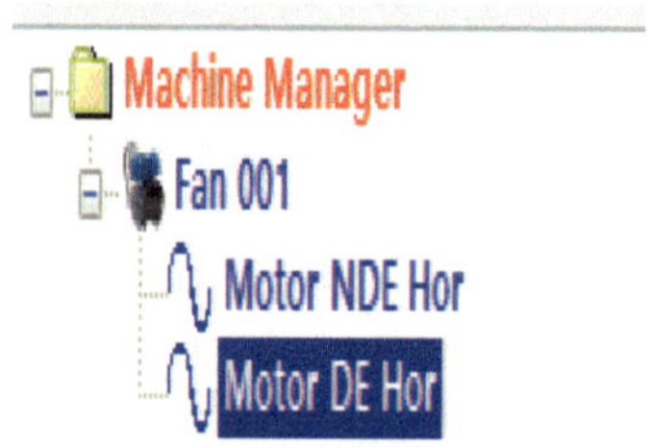

이런 방법 Fam001에 대한 측정점을 만들 수 있다. 그리고 이와 동일한 방법으로 Fan 002, Fan 003을 만들 수 있다.

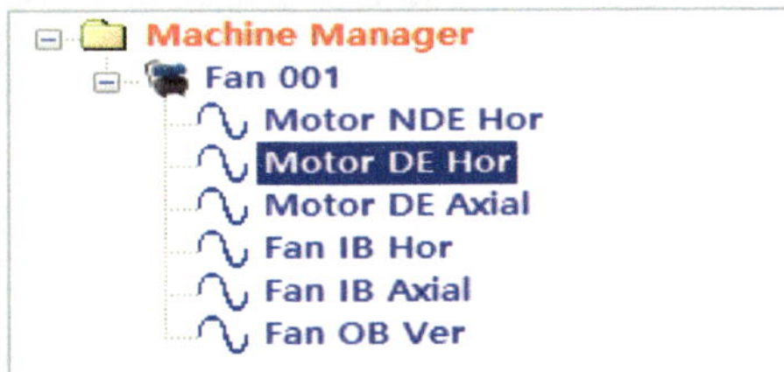

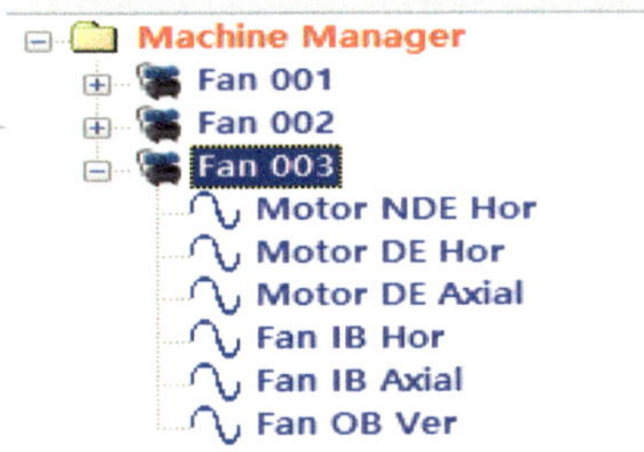

2.8.1 Route 만들기

Route Manager 메뉴를 실행합니다. 화면 왼쪽에 List of outes 아래 Add Route를 클릭한다.

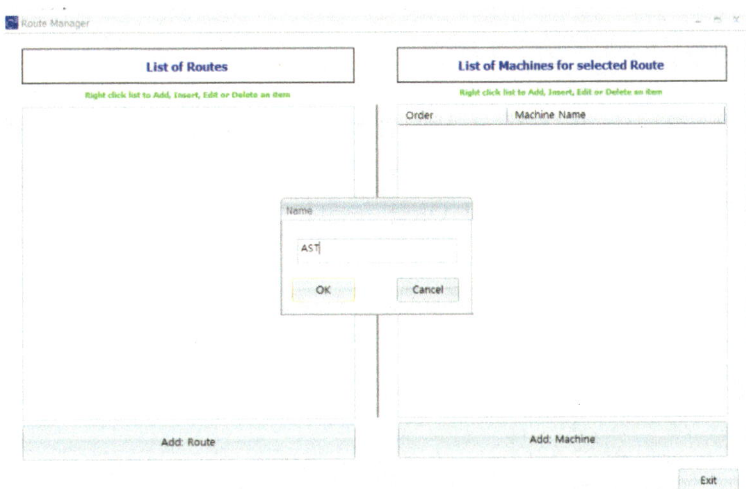

예를 들어 업체명 : AST를 입력한 후, OK를 클릭한다.

(주로 담당자 이름, 측정하는 날짜나 요일 또는 주를 입력한다.)

오른쪽 메뉴에 선택된 route 여기서는 AST(업체명)로 측정할 설비를 설정할 수 있다. 예로 Fan 001과 Fan 003을 설정하려면 오른 쪽 메뉴 창에서 Add machine을 클릭하고 Fan 001을 선택하고 OK 다시 Add Machine을 누르고 Fan 003을 선택하고 OK 또는 더블 클릭한다.

설비 선택이 완료되었으면 하단의 Exit로 빠져나옵니다. 위와 같이 여러 route를 만들어서 진동계로 전송할 수 있다.

2.8.2 Route를 진동계로 보내기

동계를 Docking Cradle(도킹 크래들) 위에 ㅣ우고, 전원을 ON 한 상태에서 화면 상단 메뉴의 To Meter를 누른다. 어떤 route를 진동계로 보낼 것인지 메뉴 창이 표시된다. 여기서는 AST route(루트)를 선택하고 OK를 누른다.

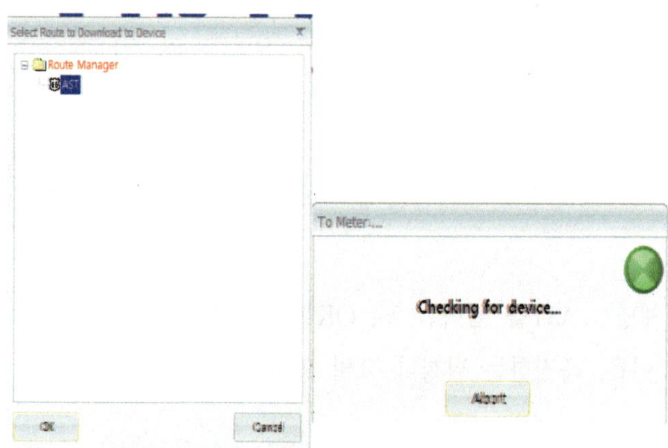

그러면 진동계를 찾는 메시지가 나온다. 진동계가 연결되면 진동계에서 PC와 연결되었다 라는 메시지가 표시되고 곧바로 route를 전송한다.

만일 진동계와 PC 연결이 안 되면 아래와 같은 메시지가 표시된다.

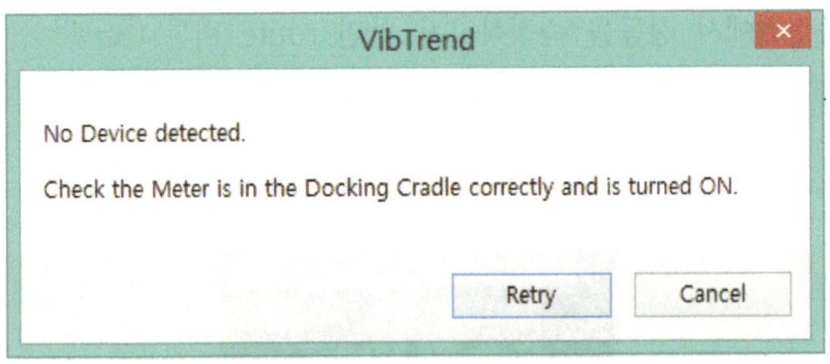

2.8.3 데이터 취득(수집)

진동계에서 route 버튼()을 눌러서 Route 모드로 들어갑니다. 아래와 같이 현재 루트 내의 설비가 나타난다.

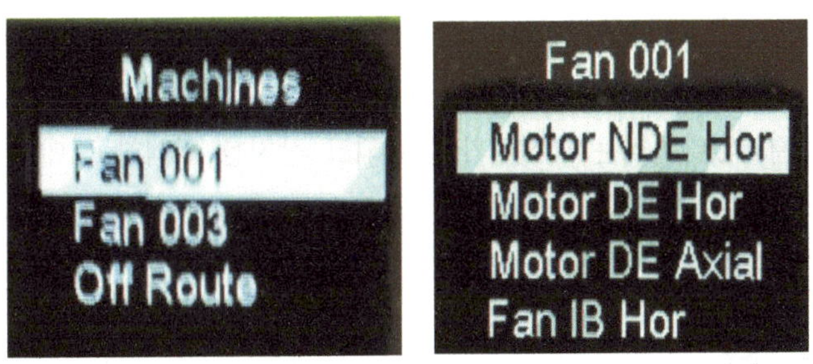

원형 버튼을 눌러서 설비 내의 측정점을 표시한다. Moter NDE Hor 측정점에서 진동 데이터를 수집하기 위해서는 측정하고자 하는 위치에 진동 센서를 견고하게 부착시킨 후 진동계의 원형 버튼을 누른다.

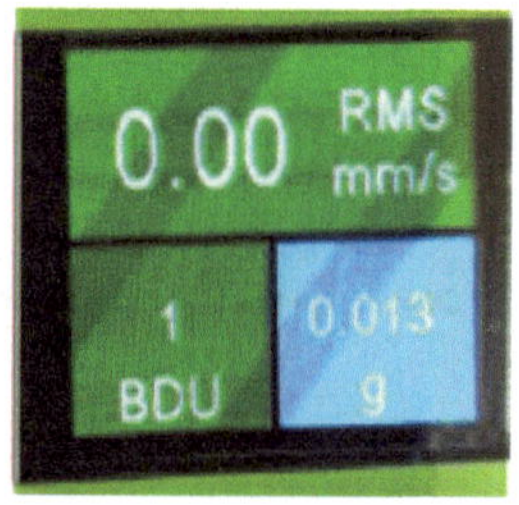

Take Reading의 원형 버튼을 눌러서 데이터 취득(측정)을 개시한다. (측정 시간은 약 1 ~ 2초 소요됨)

다시 다른 측정점에서 진동을 측정하고자 하면 route 버튼 ()을 누르면

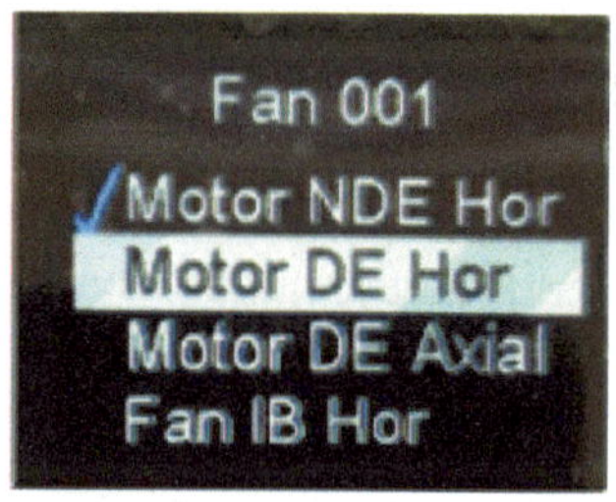

위와 같은 화면이 표시되는데 체크 표시된 것은 이미 측정된 데이터가 있다라는 표시다. 그 아래인 Motor DE Hor에 위치시키고, 실제로 진동 센서를 그 위치에 부착되어져 있는지 확인하고 앞과 같은 방법으로 원형 버튼을 눌러서 측정을 한다. 화살표 버튼을 이용하여 설비 또는 측정점을 이동해서 선택할 수 있다.

2.8.4 측정된 데이터 PC로 올리기

진동계를 PC에 연결하고(전원 ON상태에서) 상단 메뉴에서 From Meter를 클릭한다. "진동계에 PC와 연결되었다" 라는 메시지가 표시되고 장치를 검색하고 데이터 업로드 된다.

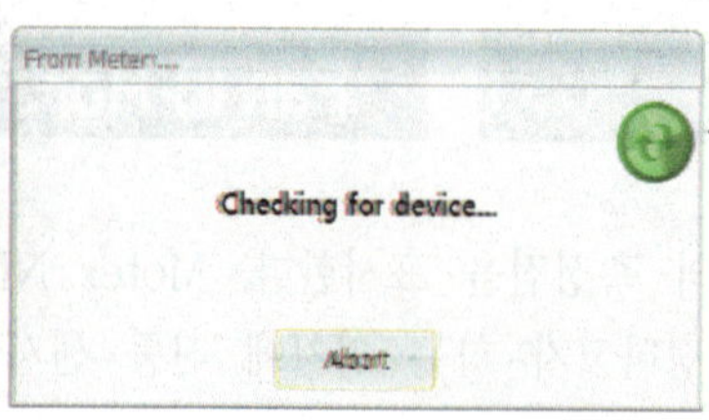

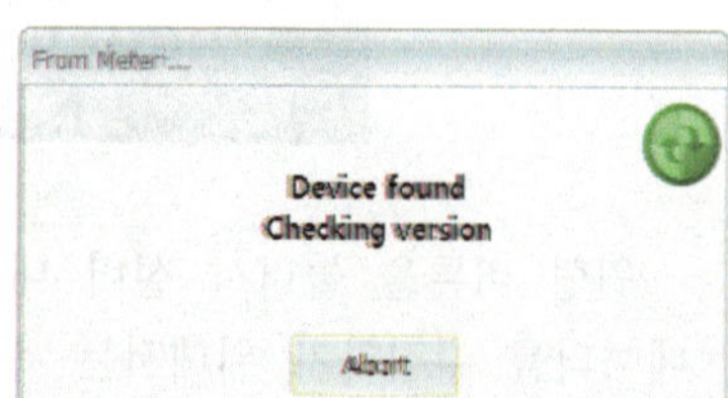

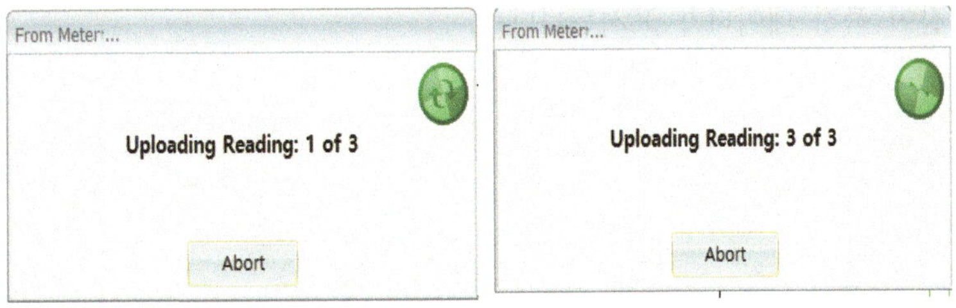

업로드가 완료되면 진동계는 PC와의 통신을 끊고 측정 상태로 되돌아갑니다.

2.8.5 측정된 데이터 보기

Route로 측정된 데이터를 Tree 창에서 보고자 하는 설비를 선택한다. 여기서는 Fan 001을 선택하였다.

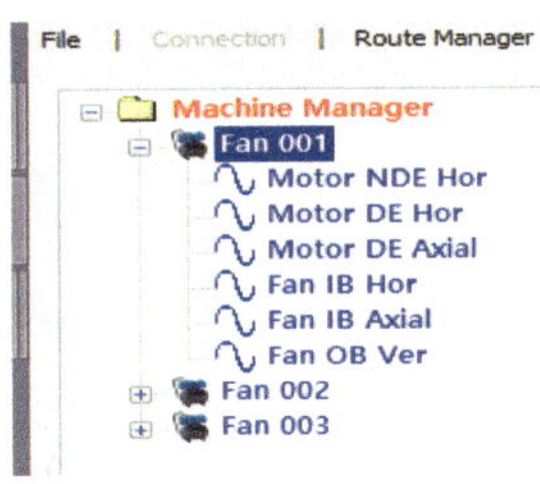

오른쪽 창에 현재 측정된 데이터를 아래와 같이 표로 표시된다.

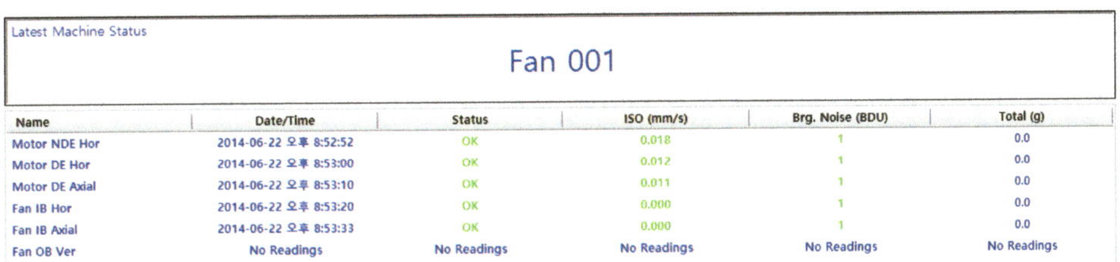
Latest Machine Status

Fan 001

Name	Date/Time	Status	ISO (mm/s)	Brg. Noise (BDU)	Total (g)
Motor NDE Hor	2014-06-22 오후 8:52:52	OK	0.018	1	0.0
Motor DE Hor	2014-06-22 오후 8:53:00	OK	0.012	1	0.0
Motor DE Axial	2014-06-22 오후 8:53:10	OK	0.011	1	0.0
Fan IB Hor	2014-06-22 오후 8:53:20	OK	0.000	1	0.0
Fan IB Axial	2014-06-22 오후 8:53:33	OK	0.000	1	0.0
Fan OB Ver	No Readings	No Readings	No Readings	No Readings	No Readings

측정점, 마지막 측정 날짜 & 시간, 상태, 속도 및 가속도 진동량 그리고 BDU(베어링 손상 정도를 표시하는 단위) 등을 확인할 수 있다.

측정점을 클릭하여 선택하면,

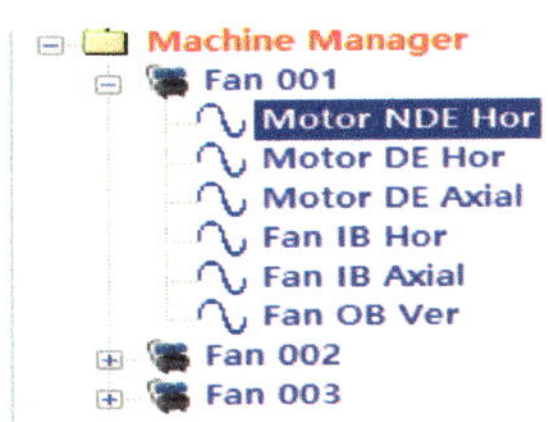

다음과 같이 측정 데이터가 표시됩니다.

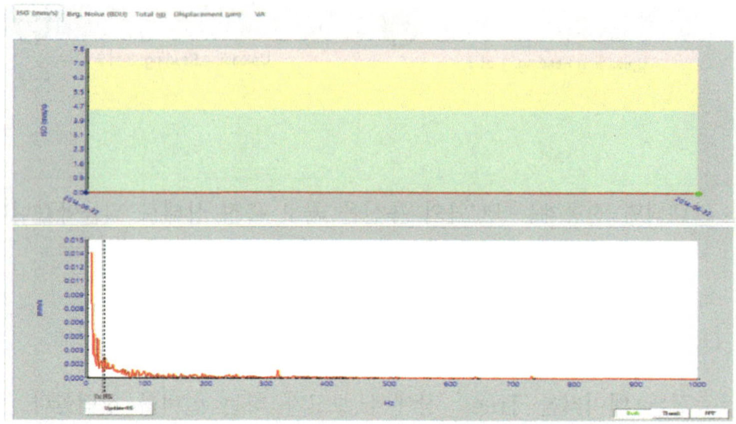

데이터 표시 창 상단 멩뉴를 클릭하면 해당하는 데이터가 표시된다.

여기서 ISO(mm/s)는 ISO 10816-3 규격 적용 속도 데이터, Brg.Noise(BDU)는 베어링 손상 단위 Total(g) 가속도 데이터 Displacement(um)은 변위 단위, VA는 진동 분석 기능으로 1x, 2x, 3x를 분리하여 분석할 수 있다.

ISO(mm/s)를 선택하면 아래와 같은 화면이 표시되며 아래 3가지로 표시할 수 있다.

- Both(경향 데이터 및 스펙트럼 데이터 동시 표시)
- Trend(경향 데이터만 표시)
- FFT(스펙트럼 만 표시)

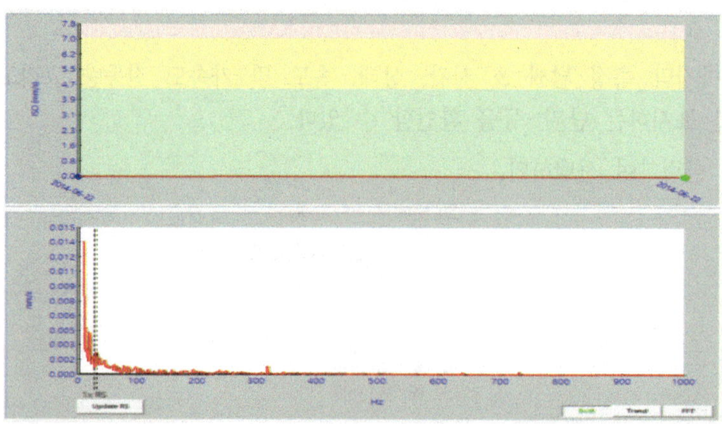

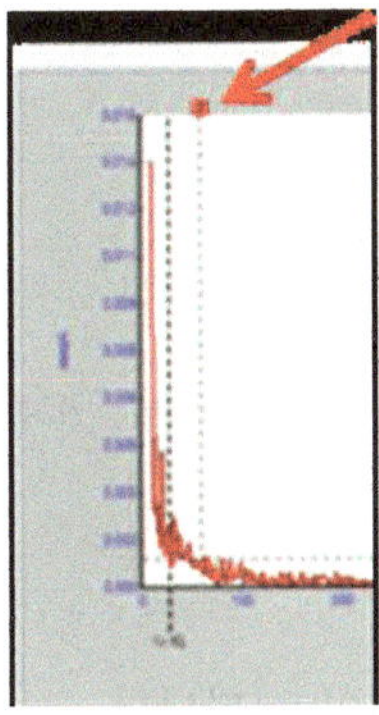

또한 좌측에 Updates RS(Running Speed - 회전 속도)를 눌러서 커 서(화살표 표시)를 이동시켜 운전 속도 (즉, 1x 위치)에 위치시키고, Update 버튼을 누르면 운전 속도가 변경된다.

2.8.6 프로그램 기본 기능(주파수 분석 및 Waterfall)

스펙트럼에서 다른 기능을 사용하려면, 오른쪽 마우스를 클릭하면 아래와 같은 화면이 나타난다.

Cursor Type : 커서 종류를 선택

Simple : 하나의 커서 표시

harmonic : 조화 성분 표시 (배수 표시)

예로, harmonic을 선택하고 다시 바로 밑에 있는 Add:Harmonic을 선택하면 아래와 같이 커서가 표시되고 좌측에 표로도 표시된다.

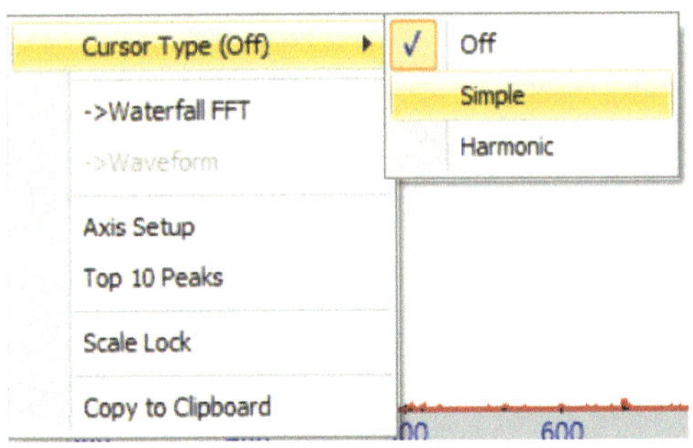

Hatmonic 커서를 지울 때는 Minus : Hatmonic을 클릭합니다. -> Waterfall FFT를 선택하면

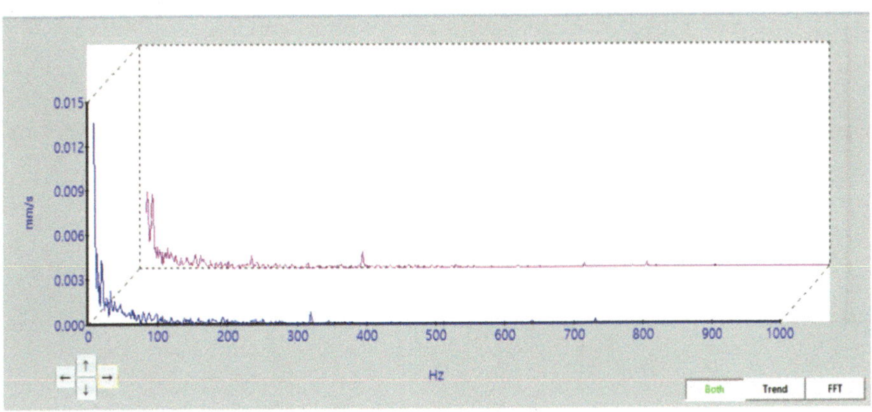

스펙트럼을 3차원으로 표시합니다. 좌측 아래에 있는 화살표 버튼을 이용하여 그래프의 각도,. 간격 등을 조정할 수 있다.

Axis Setup : X축, Y축 설정

Top 10 Peak : 진폭이 큰 순으로 10개 피크 표시

Scale Lock : 다른 측정점의 데이터를 볼 때도 Y축의 크기가 변하지 않음 (보통 자동으로 설정되어져 있음)

Copy to Clipboard : 클립보드에 복사

시간파형(경향 데이터)에서 오른쪽 마우스를 클릭하면 아래와 같은 화면이 나타난다.

- Trend Line : 경향 라인
- Zoom Date/Time Axis : 어느 구간 데이터만 표시
- Copy to Clipboard : 클립보드에 복사

위와 같이 데이터 표시 기능은 Brg.Noise, Total(g), Displacement(um), VA에서 거의 동일하다.

화면에서 일부 구간을 확대 표시하려면 왼쪽 마우스로 사각형을 만들면 이 부분이 확대된다. 그리고 원래 상태로 복원하려면 왼쪽 마우스를 두 번 클릭하면 된다.

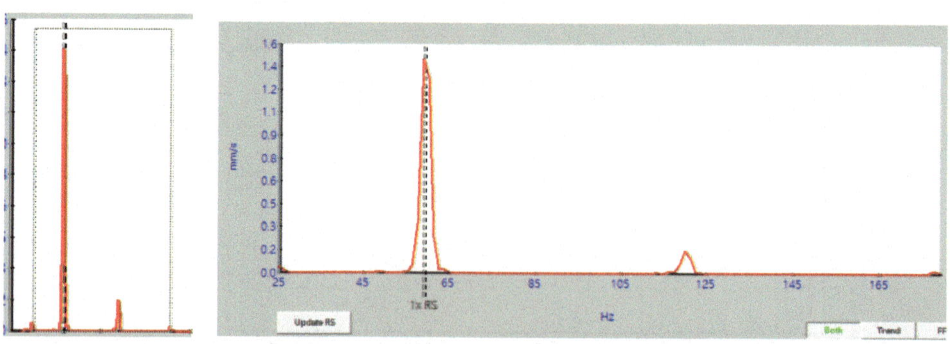

2.8.7 프로그램 기본 기능(Set-up 기능)

상단 메뉴에서 Set-up 기능에 대한 간단한 설명이다. Set-up을 선택하면 다음과 같은 메뉴가 표시됩니다. Units를 선택하면 X축과 Y축을 설정하는 메뉴가 나타난다.

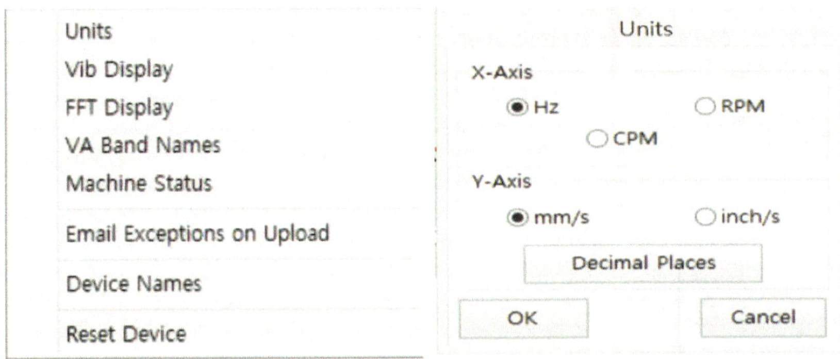

여기서 Decimal Places는 소수점 자리수를 설정할 수 있다. Vib Display에서는 화면에 경향 데이터만 또는 스펙트럼만 아니면 둘 다 표시할 것을 설정할 수 있다.

FFT Display에서는 스펙트럼을 어떻게 표시할 것인지를 설정할 수 있다. 또한, VA에서는 차수 밴드별 이름을 정할 수 있다. 예를 들면 1x를 질량 불평형으로 설정하면 다음과 같이 그래프에서도 변경된 이름으로 표기된다.

Machine Status는 설비 상태를 표시할 항목을 설정하는 기능으로 보통 ISO, Bar Noise(베어링 손상 척도) 가속도 총 진동으로 설정되어져 있다. (최대 3대까지) 설비를 클릭하면 오른쪽에 색상으로 설비 상태가 표시된다.

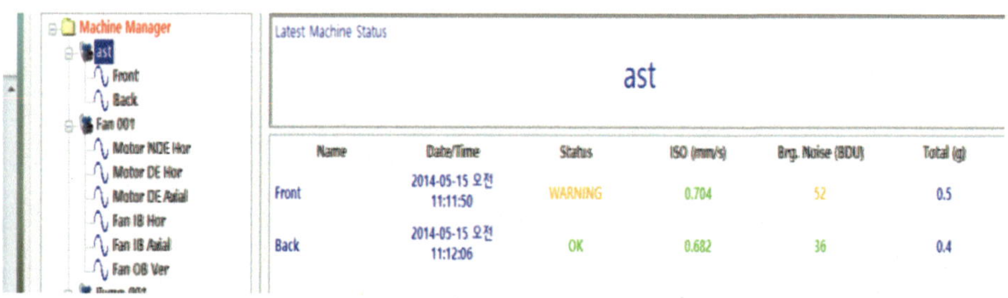

측정 데이터가 없는 경우, No Readings로 표시된다. Email Exception on Upload를 체크한 상태에서 설비 데이터베이스(tree)를 만들면 설비를 생성시킬 때 이메일 주소를 입력하도록 되어져 있는데 측정 데이터를 프로그램으로 업로드 할 때 설비 상태가 좋지 않으면 이 결과가 등록된 이메일 주소로 전송된다. 따라서 통산 체크를 해제하는 것이 좋다.

Device Names로 사용하는 진동계의 이름을 정할 수 있으며 여러 대의 진동계를 사용하는 경우에는 편리하게 사용할 수 있다. Reset Devices 기능으로 진동계를 초기화 시킬 수 있다. (단, 진동계를 연결한 상태에서만 가능)

2.8.9 프로그램 기본 기능(Help 기능)

설명서 (User Guide) ISO 규격(Standards)프로그램 등록은 Activation을 선택해서 Activate를 클릭하여 Product key 번호를 입력하고 active를 클릭하여 등록한다. 등록이 완료되면 설비 댓수를 1000개 까지 사용할 수 있다. (Proffesional 버전)

2.9 보고서 생성

설비를 선택한 다음 오른쪽 마우스를 클릭하면 아래와 같은 메뉴 창에서 Create Report를 선택하면 보고서 종류를 선택할 수 있다.

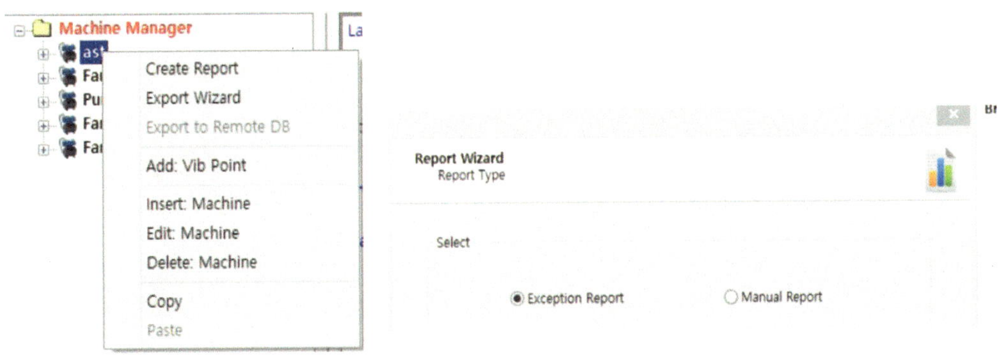

Exception : 문제가 있는 내용 위주로 보고서를 자동으로 생성시킨다.

Manual : 사용자가 선택해서 보고서를 만들 수 있는 기능이다.

어떤 설비를 선택할 것인지 어느 날짜를 기준으로 할 것인지 어떤 함수를 표시할 것인지 설정하면 마지막으로 word파일로 보고서가 생성된다.

2.9.1 데이터 내보내기(Export Wizard)

측정된 데이터 중에서 필요한 부분을 export하여 다른 사용자에게 송부할 경우에 사용하는 기능입니다.

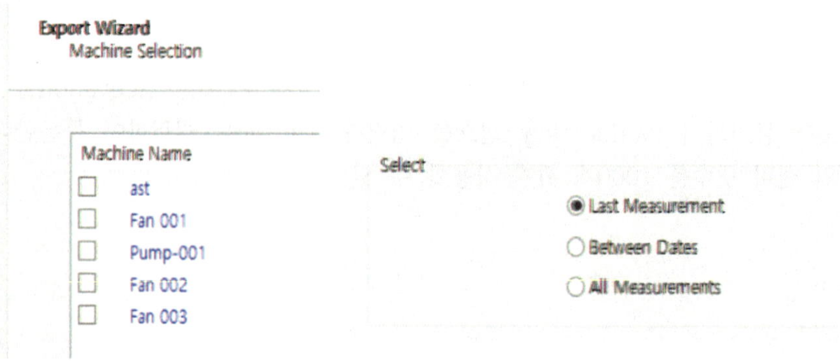

Export할 설비의 선택

어느 날짜에 해당하는 데이터를 설정하면 확장자가 vtd인 파일 이름으로 저장할 수 있습니다. 이 파일을 File 메뉴에서 Restore Data로 불러내어 볼 수 있습니다.

Chapter 3

자동화센서 개요

3.1 센서의 개요

3.2 센서의 특성 및 활용

3.3 자동화센서 종류 및 원리

3.1 센서의 개요

3.1.1 센서의 정의

1960년대 처음 센서라는 말이 사용되기 시작하였다. 하지만 현재까지도 체계적으로 통일된 정의는 없지만 다음과 같이 대부분의 사람들은 정의하고 있다. 간단한 의미로 "측정 대상물로부터 감지 또는 측정하여 그 측정량을 전기적인 신호로 변환하는 장치"로 정의된다. 세부적으로는 물리량이나 화학량의 변화 또는 파장의 강도를 감지하여 신호로 변환하는 장치"로 정의한다.

(1) 센서의 정의

일반적	특정 대상물로부터 해당 정보를 감지 특정 대상물을 측정하여 그 측정량을 전기적인 신호로 변환하는 장치
세부적	온도, 압력, 조도, 자기, 유량, 가스의 농도, pH 등과 같은 물리량이나 화학량의 절대치나 변화 또는 소리나 전파의 강도를 검지하여 유용한 신호로 변환하는 장치
종합적	물리량의 절대값 또는 변화를 감지하여 이를 사용 가능한 전기신호로 변환하는 장치

기계 장치나 측정 대상물의 센서를 동물의 감각 기관에 비교하면, 동물의 감각 기관은 외부로부터 주어지는 다양한 자극 빛, 소리, 냄새, 맛, 촉각 등을 신호로 변환하고, 신경계를 통해 이 신호를 뇌에 전달하여 복잡한 정보로 처리하고 해석한다.

이에 비해 센서는 외부로부터 받은 물리적 또는 화학적 작용을 에너지 형태의 신호로 변환하고, 신호 전송로를 이용하여 정보 처리 장치인 컴퓨터나 제어 시스템에 전달하여 제어나 감시에 사용되는 정보로 변환하여 출력한다. 따라서 센서도 동물의 오감과 같이 측정 대상물의 특성을 나타내는 물리량이나 화학량인 온도, 압력, 습도, 화학 성분 등을 전기적인 신호로 변환하여 이용이 가능한 정보를 제공하는 중요한 기능을 가진다.

(2) 감각 기관과 센서의 대비

동물의 오감	기관	센서의 종류	센서 소자 예
시각	눈	광 센서	공도전소자, 이미지 센서, 포토 다이오드
청각	귀	음향 센서	마이크로폰, 압전 소자, 진동자
촉각	피부	압력 센서	변형, 게이지, 반도체 압력 센서
온도		온도 센서	서미스터, 백금
기타		진동 센서	마이크로폰, 다이어그램
미각	혀	바이오 센서	백금, 산화물, 반도체, 가스센서, 입자 센서
후각	코	가스 센서	바이오케미컬 소자, 지르코니아 센서
오감이 아닌 센서			중력센서, 자기센서

(3) 감각 기관과 센서의 비교

동물의 감각 기관은 외부 환경에서 오는 다양한 자극을 감지하여 신경 신호로 변환하고, 이를 뇌로 전달하여 정보로 처리한다. 이는 생존과 적응에 필수적인 역할을 한다. 반면에 센서는 기계나 시스템에서 외부의 물리적 또는 화학적 변화를 감지하여 전기 신호로 변환하고, 이 신호를 컴퓨터나 제어 장치로 전달하여 시스템의 제어나 감시에 활용한다. 이처럼 감각 기관과 센서는 모두 외부 자극을 감지하고 신호로 변환하여 정보 처리에 사용된다는 공통점을 가지고 있다.

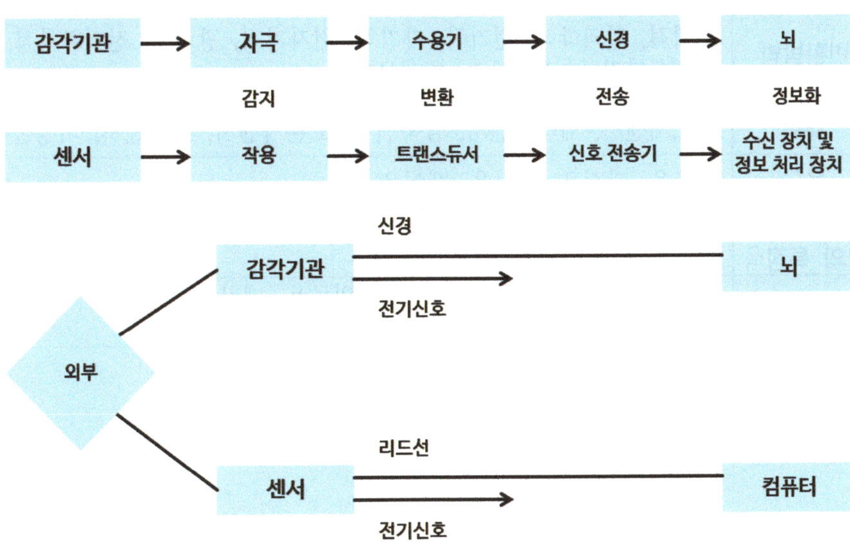

3.1.2 센서의 분류

센서는 공식 표준으로 규정된 분류방법은 없으며, 다양한 관점에서 센서를 구분할 수 있다.

(1) 센서의 기본 분류

분류기준	센서구분
구성	기본센서 : 광, 음향, 가스, 압력, 온도, 습도, 바이오 조립센서 : 유량, 유속, 속도, 거리, 위치, 변위, 중량, 가속도, 회전수, 회전각, 레벨, 두께 응용센서 : 로봇용, 자동차용, 우주탐사선용, 방제용, 사무기기용
기구	기구형(또는 구조형), 물성형, 기구·물성혼합형
기능	전기센서, 속도센서, 습도센서, 자기센서, 가속도센서, 광센서, 변위센서, 유량센서, 방사선센서, 압력센서, 유속센서, 분석센서, 진동센서, 진공도센서, 바이오센서, 음향센서, 온도센서
원리, 방식	물리센서, 화학센서, 생물센서
효과, 현상	압력센서, 초전센서, 광전센서
검출신호	아날로그센서, 디지털센서, 주파수형센서, 2진신호형센서
검지기능	공간량, 역학량, 열역학량, 전자기학량, 공학량, 화학량, 시각, 촉각
변환방법	역학적, 열역학적, 전기적, 자기적, 전자기적, 광학적, 전기화학적, 촉매화학적, 효소화학적, 미생물학적
재료	반도체센서, 세라믹센서, 금속센서, 고분자센서, 효소센서, 미생물센서 등
용도	계측용, 감시용, 검사용, 제어용 등
구성·기능의 특징	다차원센서, 다기능센서
응용분야	산업용, 사무자동화용, 농수산용, 의료용, 메카트로닉스용, 우주·군사용 등

(2) 센서의 측정, 검출량에 따른 분류

구분	감지대상	센서	주요효과
역학센서	변위/길이	차동트랜스, 스트레인게이지, 이미지센서, 콘덴서변위계	
	속도/가속도	회전형속도계, 동전형가속도계	
	회전수/진동	엔코더, 리졸버, 스코프, 압전형검출기	
	압력	다이어프램, 로드 셀, 수정압력계	
	힘/토크	저울, 천칭, 토션 바	
물리센서	온도	열전대, 서미스터, 온도계	
	빛/색	광도전, 광결합형, 이미지센서, 포토다이오드	광전도, 패러데이, 필터
	자기	홀소자, 자기저항소자	홀, 조센슨
	전류	분류기, 변류기	전류의 크기 변화
	자외선/방사선	조도계, 광량계, GM(Geiger Muller) 계수기	
화학센서	습도	세라믹 센서, 결로 센서, 고분자막 센서	저항, 유전율의 변화
	가스	매연 센서, 반도체 가스 센서, 지르코니아 산소 센서	저항변화, 기전력의 변화
	이온	pH전극센서, 이온 선택 전극 센서	기전력, 저항

3.2 센서의 특성 및 활용

(1) 센서의 요구특성

자동화된 시스템에서 프로세서는 정확하고 실시간의 데이터를 필요로 한다. 이는 공정 처리를 최적화하고 품질을 향상시키기 위해 필수적이다. 물리적인 값들은 온도, 압력, 유량, 위치, 진동 등 다양하며, 이러한 값들을 정확하게 측정하고 전달하는 것이 센서의 핵심 역할이다. 센서는 주변 환경이나 장비의 상태 변화를 감지하고, 이를 전기적 신호나 디지털 데이터로 변환하여 프로세서에게 전달한다. 이를 통해 프로세서는 현재 상태를 분석하고 적절한 제어 명령을 실행할 수 있다.

센서의 정확도와 민감도는 시스템 전체의 성능에 직접적인 영향을 미친다. 따라서 센서는 높은 신뢰성과 내구성을 가져야 하며, 환경 조건에 따라 안정적으로 동작해야 한다. 또한, 센서의 응답 속도는 실시간 제어에 있어서 매우 중요하다. 빠른 응답 속도를 통해 프로세서는 즉각적인 조치를 취할 수 있어 시스템의 안전성과 효율성을 높일 수 있다. 마지막으로, 센서의 설치와 유지보수 또한 고려해야 할 중요한 요소로서, 접근성과 호환성이 좋아야 시스템 운영에 차질이 없다.

(2) 센서에 요구되는 특성

특성	내용
성능	검출범위, 최소 검출 감도, 응답속도, 선택성, 구조의 간략화 과부하 보호, 복합화/기능화, 정밀도
신뢰성	내환경성, 재현성, 수명, 경시 변화
보수성	호환성, 보존성, 보수성
생산성	제조 산출율, 제조원가

(3) 센서의 구비조건

<table>
<tr><td rowspan="5">기본요건</td><td rowspan="3">3S</td><td>감도(Sensitivity)</td></tr>
<tr><td>선택도(Selectivity)</td></tr>
<tr><td>안정도(Stability)</td></tr>
<tr><td rowspan="2">2R</td><td>복귀도(Reversibility)</td></tr>
<tr><td>신뢰도(Reliability)</td></tr>
<tr><td>요구특성</td><td colspan="2">호환성, 기능성, 적응성, 규격성, 생산성,
정확성, 보존성, 경제성, 특성의 저편차 등등</td></tr>
</table>

3.2.1 센서의 목적

산업현장에서 생산성의 향상 및 근로환경의 개선 작업에 자동화 기술을 많이 적용하고 있으며, 이처럼 자동화가 이루어지기 위해서는 개별 시스템의 상태 정보가 제공되어야 하는데, 이를 위해서는 어떤 형태로든 계측이 이루어져야 한다. 생산 공정의 자동화는 그 과정에서 물리적, 화학적 계측이 요구에 맞게 행해지고 이를 제어 기능과 연결시킴으로서 이루어지는데, 여기서 계측의 중요한 역할을 담당하는 것이 센서다. 이 센서의 사용 목적은 다음과 같이 3가지로 요약 할 수 있다.

정보의 수집	- 계량·계측 : 과학 연구에 있어서 계측·관측이나 제조나 상거래에 필요한 계량에서는 측정에 의한 정확한 정량적 수치 정보를 제공한다. - 탐지·탐사 : 특정의 목적을 위해서 측정 대상물의 상태를 탐지하여 정보화 한다. 대부분의 경우 원격 계측에 해당된다. - 감시·경보·보호 : 시스템이나 장치에 대해 상태를 감시하여 이상의 검출, 위험의 예고 또는 이상, 위험시의 경보 신호 및 보호 장치를 가동시키는 신호를 발생함으로써 운전 및 안전관리가 가능하게 한다. - 검사·진단 : 생산 제품 특성의 적합성 또는 인체의 이상정도 등의 판정에 필요한 계측을 한다.
정보의 변환	- 문자·기호, 코드 등의 형식으로 종이나 필름 등에 기록된 정보를 컴퓨터, 팩시밀리 등에 이용 할 수 있는 신호로 변환한다. - 각종 정보 매체에 기록된 정보를 해독할 수 있도록 변환한다.
제어정보의 취급	- 제어 대상 장치, 제어 장치 등이 설치되어 있는 환경의 제어 정보를 검출하여 이들 장치의 상태를 안전하게 제어하거나 변화하는 목표 값에 접근하도록 한다.

3.2.2 센서의 특성

센서의 특성은 먼저 정적특성은 입력이 시간적으로 변하지 않을 때의 특성으로 정밀도, 분해능, 반복성, 히스테리시스, 선형성, 감도가 있다. 동적 특성은 입력 시간에 따라 변할 때의 특성으로 상승시간, 시정수, 무응답시간, 세틀링 시간, 주파수 응답이 있다.

정적특성 : 입력이 시간에 따라 변하지 않을 때의 특성	
정밀도 (Accuracy)	히스테리시스(Hysteresis)
분해능 (Resolution)	선형성 (Linearity)
반복성 (Repeatibility)	감도 (Sensitivity)
동적특성 : 입력이 시간에 따라 변할 때의 특성	
상승시간 (Rising time)	세틀링 시간
시정수 (Time constant)	주파수 응답
무응답시간 (Dead time)	

3.2.3 센서의 활용효과

센서는 다양한 과학, 기술 분야에서 사용되고 있으며, 사용목적에 따라 센서들이 사용되고 있다. 산업현장 설비에는 범용성의 센서가 가장 많이 사용된다. 따라서 센서를 잘 활용함으로써 높은 효과 및 높은 이익으로는 설비 이상 진단 및 예방 보전에 있어서 많은 이익을 기대할 수 있고 품질 관리의 자동화, 산업 공정의 최적화, 생산의 유연화, 작업 환경의 쾌적화 등의 경우 어느 정도 이상의 효과를 기대할 수 있다.

(1) 자동화센서 사용기준

① 생산 원가 절감 가능
② 생산 설비 자동화
③ 생산 공정 합리화
④ 생산 체재 유연성
⑤ 작업자 보호 및 안전

(2) 자동화센서 사용이유

① 자동화 시스템의 고장여부 진단 가능
② 고장 발생 개소의 진단 및 표시
③ 공구의 수명 계측 및 검출 가능
④ 제어 및 조정에 의한 생산 공정 최적화에 요구되는 측정값 제공
⑤ 품질 제어 관련 자동화 작업
⑥ 자재 관리 및 물류 작업
⑦ 유연 자동화 생산 체재에서 제품의 판별 가능

3.3 자동화센서 종류 및 원리

3.3.1 근접센서

자동화 기계에서 사용되고 있는 물체 검출을 위한 근접 센서는 위치 센서 또는 변위 센서의 일종으로, 접근하는 물체의 위치를 검출하기 위한 센서이다. 이는 근접 스위치로도 불리는데, 근접 스위치는 기계적으로 동작하는 리밋 스위치나 마이크로 스위치 대신, 비접촉식으로 스위칭 동작을 하는 센서를 말한다.

(1) 근접 센서 장점

① 비접촉 감지 동작으로 기계적 마모가 없다.
② 비접촉 감지 동작으로 기계적 작동력이 필요 없다.
③ 비교적 수명이 길고, 신뢰성이 높다.
④ 접점부의 밀봉으로 내환경성(물, 기름, 먼지)이 우수하다.
⑤ 빠른 스위칭 주기를 갖는다.
⑥ 센서의 설치가 용이하다.

또한 근접 센서는 그 동작 원리에 따라 유도형(고주파 발진형), 정전 용량형, 자기형, 광전형, 초음파형 등으로 분류된다. 일반적으로 근접 센서라 하면 유도형과 정전 용량형을 의미하며, 자기형은 리드 스위치로, 광전형은 광전 스위치로 구별한다.

(2) 유도형 근접센서

유도형 근접 센서란 센서의 검출면에 접근하는 물체, 혹은 주위에 존재하는 물체의 유무를 자계의 에너지를 이용하여 기계적 접촉 없이 검출하는 센서를 말한다.

1) 구조 및 동작원리

유도형 근접 센서의 주요 구성 요소에는 발진 회로, 변조 회로, 트리거 회로, 출력 회로를 포함하고 있다.

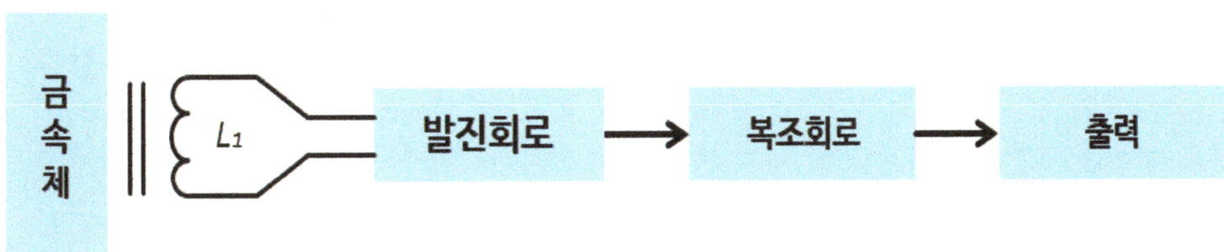

센서에 전원이 공급되면 LC 발진 회로에 의한 고주파의 자장이 검출면에서 발진이 시작되고 이를 위한 일정 크기의 전류가 흐르게 된다. 이때 검출면에 전기적 도체가 접근하면 전자 유도에 의한 와전류가 도체 내에 발생되고, 이 영향으로 근접 센서의 발진 에너지는 감소하게 된다. 이 발진 감쇠 현상을 변조 회로가 포착하여 트리거 회로를 통해 2진 신호 형태의 출력을 낸다.

(3) 용량형 센서

용량형 근접센서는 전계 중에 존재하는 물체 내의 전하 이동, 분리에 따른 정전 용량의 변화를 검출하는 것으로 절연물과 액체도 검출이 가능하다.

1) 구조 및 동작원리

용량형 근접센서의 검출 회로는 고주파 발진 회로이며, 검출면에 전극이 배치되어 있다. 물체의 이동에 따른 발진 신호는 변조 회로에 의해 검파되고 트리거 회로를 거쳐 출력 회로에 의해 출력된다.

센서에 전원이 공급되면 대지와 센서 전극 사이에 약한 전계가 형성된다. 이때 충전전하를 Q, 전극에 가해지는 전압을 V, 정전 용량 C 사이의 관계는 $Q = C \cdot V$로 표현된다. 검출물체가 센서에 접근하면 충전전하 Q가 증가하게 되는데 C가 증가하는 것과 같다. 센서 전극의 정전 용량은 검출의 크기, 두께, 유전율과 관계가 있다. 따라서 센서의 검출 거리에 영향을 미치는 인자로는 검출면과 검출물체 사이의 거리, 검출물체의 크기, 검출물체의 유전율 등을 들 수 있다.

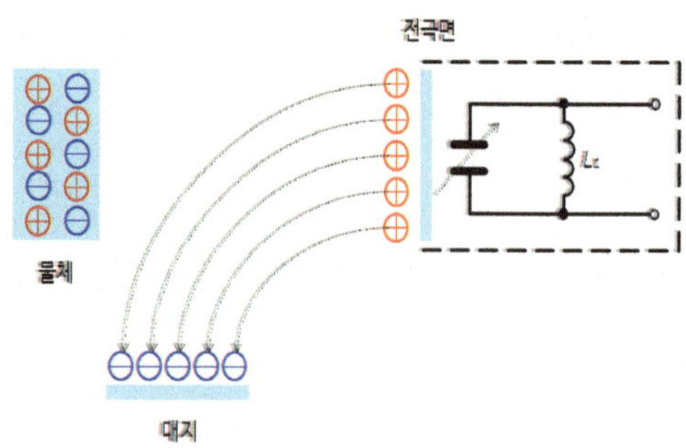

정전용량형 근접센서 동작 전

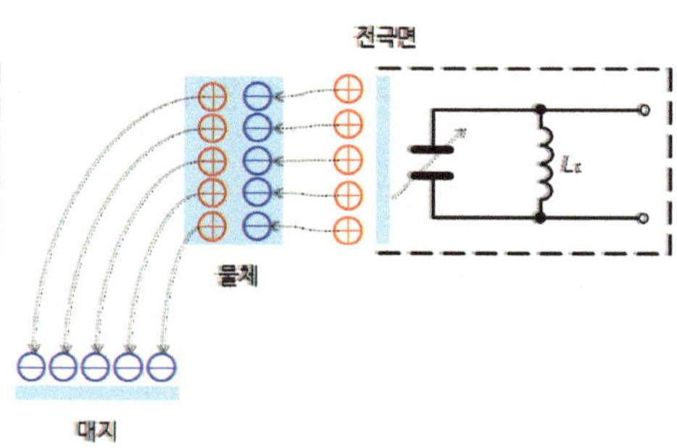

정전용량형 근접센서 동작 전

(4) 광전 스위치

광 센서는 접촉하지 않고 광전 효과에 의해 검출하려는 대상에서 반사되는 반사광 또는 복사광을 검출하거나, 정지 위치 결정 및 정위치 결정 대상 물체에 의한 빛의 차단을 전기적인 변화로 변환하여 검출 출력을 접점 또는 무접점의 스위치 출력의 기능으로 출력한다. 광 센서는 광전자 센서 또는 광전 센서라고 불리며, 일반적으로 검출용 스위치는 물체 검출기로서의 센서 기능과 스위치로서의 개폐 기능을 갖추고 있다. 통상적으로 센서 기능을 중심으로 한 것을 광 센서, 개폐 기능을 중심으로 한 것을 광전 스위치라 구분하기도 한다.

1) 구조 및 동작원리

광전 스위치의 기본적인 구성에는 발광부와 수광부가 있다. 여기에 필요에 따라 반사경과 광섬유 케이블을 추가할 수도 있다. 발광부와 수광부가 한 몸체로 구성된 확산 반사형 센서와 회귀 반사형 센서, 서로 다른 몸체로 구성된 투과형 센서가 있다. 확산 반사형을 반사형, 회귀 반사형을 리플렉터형이라고도 한다.

발광부는 적색광 또는 적외광을 방출하는데, 이들 빛은 직진, 굴절, 투과, 간섭, 반사, 산란과 같은 광학적 현상을 갖는다. 수광부는 이들 빛을 외란 광과 분리하여 받아들인다. 센서는 내부적으로 실드에 고정되어 있으나 몸체와는 분리되어 있다. 센서를 구성하는 전자 부품들은 캡슐화 되어 있으며, 대개의 경우 센서의 감도를 조절할 수 있는 퍼텐쇼미터가 부착되어 있다. 또한 센서의 출력 상태를 나타내는 LED가 부착되어, 센서의 기능적 시험시 활용할 수 있다.

2) 검출 방식에 따른 분류

투과형 센서와 회귀 반사형 센서의 스위칭 동작에는 입광 스위칭 동작과 차광 스위칭 동작이 있다. 입광 스위칭 동작은 빛이 검출물체에 의해 차단되지 않을 때 출력이 나타나는 것이다. 차광 스위칭 동작은 빛이 검출물체에 의해 차단될 때 출력이 나타나는 것이다.

확산 반사형 센서의 스위칭 동작에도 입광 스위칭 동작과 차광 스위칭 동작이 있다. 입광 동작은 검출물체가 검출 영역 내에 들어왔을 때 출력이 차단된다. 차광 스위칭 동작은 검출물체가 검출 영역 내에 들어왔을 때 출력이 나타난다.

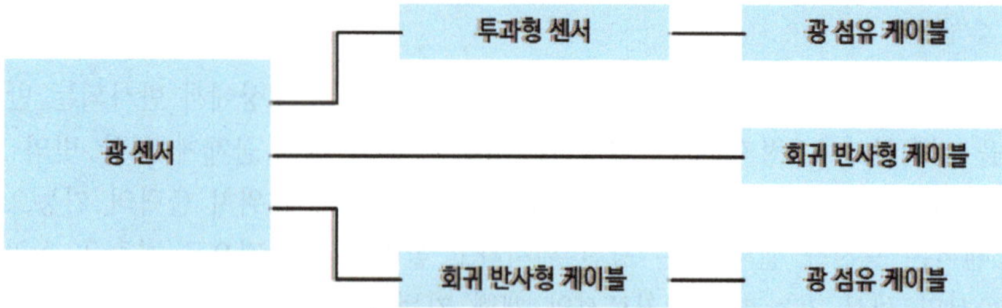

검출 방식에 따른 분류

① 투과형 센서

투과형 센서는 발광부와 수광부가 분리된 구조로 비교적 넓은 감지 범위를 갖는다. 검출물체가 발광부와 수광부 사이의 빛을 차단하는 경우 센서는 출력을 낸다. 따라서 물체의 통과, 안전, 침입 방지 등에 사용된다.

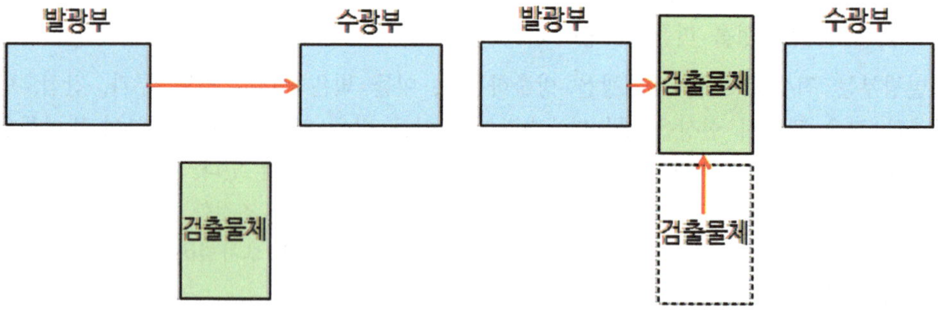

투과형 센서의 검출 원리

② 회귀 반사형 센서

발광부와 수광부가 한 몸체로 구성되고 반사경에 의한 빛이 검출물체에 의해 차단되는 경우 출력을 낸다. 이때, 검출물체가 투명체이거나 표면이 반사를 잘하는 경우, 센서는 오동작이 발생할 수 있다. 그러므로 회귀 반사형 센서의 경우는 거울과 같이 표면반사가 잘 되는 반사체를 검출하고자 할 때는 반사광이 수광부에 도달하지 않도록 검출 각도를 조절하여야 한다. 다른 센서에 비해 회귀 반사형 센서의 감지 거리가 길다.

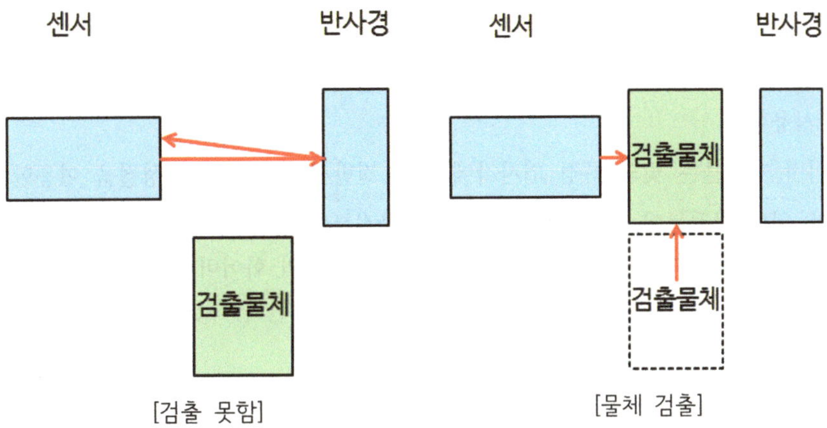

회귀 반사형 센서의 검출 원리

③ 확산 반사형

확산 반사형 센서는 발광부와 수광부가 한 몸체로 구성되고, 발광부에 의한 빛이 검출물체에서 반사되어 수광부에 도달할 때 출력을 낸다. 또한 감지 거리는 검출물체의 반사율에 따라 달라진다. 검출물체의 크기, 모양, 표면의 광택 정도, 색깔, 광축과 놓아지는 각도 등에 다양한 경우에 따라 감지 거리가 변화한다. 검출물체의 배경은 빛을 흡수하거나 난반사를 일으키도록 하므로 센서의 오동작을 방지하도록 주의하여야 한다.

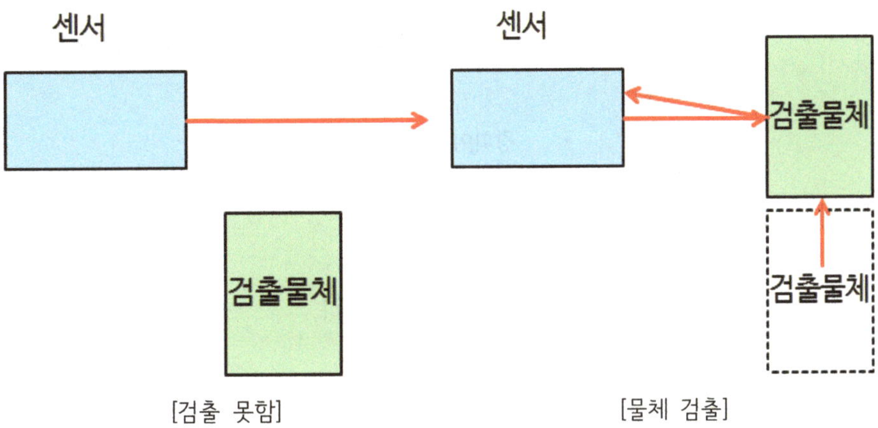

확산 반사형 센서의 검출 원리

④ **광화이버**

- 광화이버 케이블은 유리 또는 플라스틱 재질을 사용하며, 빛의 통로를 곡선으로 유지시키거나 광 센서의 수광부 또는 외부에 노출시켜 설치 공간을 확보하기 어려운 경우에 사용한다.
- 화이버 케이블은 빛의 특정 입사각에 대해 전반사를 나타내는 성질을 이용한다.
- 이를 위해 굴절률이 높은 중심의 코어를 굴절률이 낮은 클래딩이 감싸는 구조를 갖는다. 광화이버 케이블은 단일 광화이버 또는 여러 개의 화이버 다발을 갖기도 하며, 외부에는 이들을 보호하기 위한 플라스틱 재질 또는 유연한 금속성 튜브 재질로 싸여져있다.

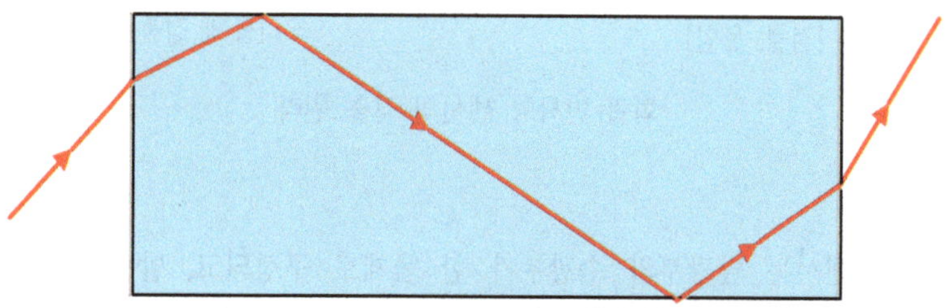

[코어에서의 빛의 전반사]

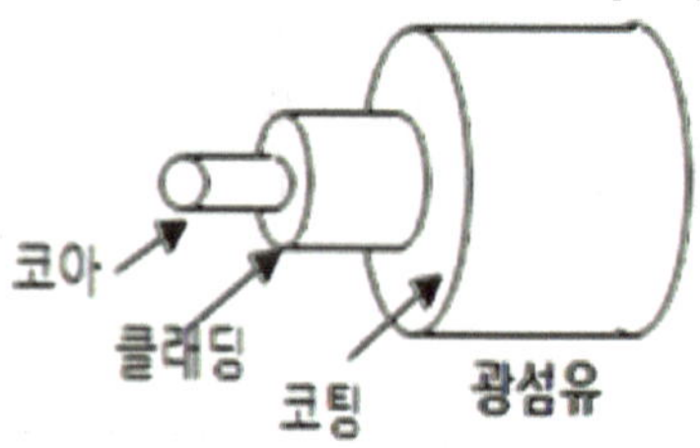

[케이블 구조]

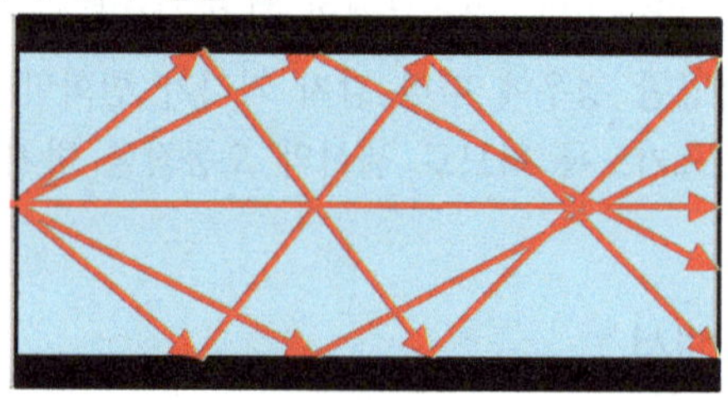

[빛의 전파]

광화이버 특성

⑤ **광센서의 사용 장점**

- 제한된 공간에서의 검출이 가능하다.
- 검출물체가 작은 경우에도 정확한 검출이 가능하다.
- 센서의 부착 시 진동에 대해 무관하다.

3.3.2 광 센서

(1) 광 센서 개요

광 센서는 일반적으로 외부에 의한 광 에너지를 전기적 신호로 변환하는 장치이다. 수광부의 응답은 파장의 종류에 따라 달라진다. 전자파의 파장 중 가시광의 영역은 보라색에서 빨간색까지 좁은 부분임을 나타내고 있다.

주파수 영역은 1015[Hz] 범위에 있다. 따라서 광 센서의 감도는 입사광의 파장에 의존하는 것으로 그 특성은 광 센서의 물질 재료에 따라 변화한다. 이러한 입사광의 파장에 대한 광 센서의 감도 특성을 분광 감도라 한다.

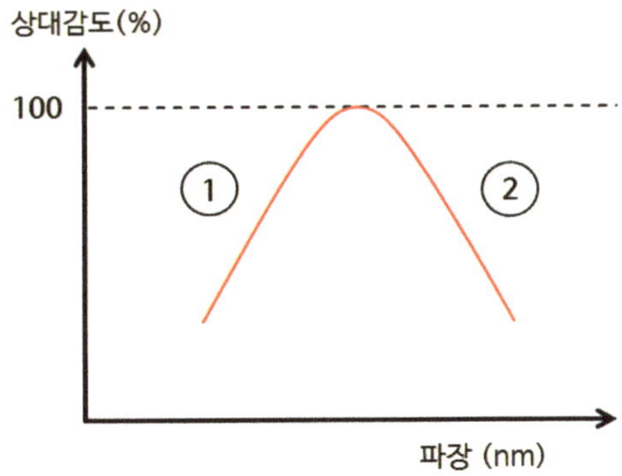

광 센서의 분광 감도

(2) 광전 효과

광 에너지와 물질 사이에는 물리적인 상호 작용이 있어 물질이 광 에너지(광자)를 흡수하고 그 결과 전자를 방출하는 현상이 있다. 이를 광전 효과라 하며, 광 센서에는 광기전력 효과, 광도전 효과, 광전자 방출 효과 등의 광전 효과가 이용되고 있다.

(3) 포토트랜지스터

포토트랜지스터는 포토다이오드에 증폭 기능을 더한 소자이다. 구조는 보통의 NPN(또는 PNP) 접합 구조를 갖지만 광전류를 많이 발생시키기 위해 p형이 크게 만들어져 있다.

1) 기본 회로

포토트랜지스터는 포토다이오드와 트랜지스터를 조합시킨 것으로 신호 출력도 크지만, 특히 이것을 증폭하는 경우의 기본 회로 예를 [그림 10]에 나타내었다. 그림 (a)는 입사광이 들어가면 전압 VO가 Low 레벨로 되고, (b)는 반대로 High 레벨이 된다. 이와 같은 2

단자의 포토트랜지스터는 베이스가 전기적으로 공백이기 때문에 광바이어스에 의해 귀환이 걸리지 않고 이미터 폴로워 동작은 하지 않는다. 따라서 (a), (b)가 동시에 전압 VO의 극성이 반전할 뿐 기본 동작은 같다.

그러나 (a)의 전압 VO가 포토트랜지스터 P.Tr1의 ON 전압 VCE(ON)과 다음 단의 트랜지스터 Tr1의 ON 전압 VCE(ON)의 2개의 전압으로 결정되는 것에 반하여 (b)에서 VO는 RB와 RL의 값에 따라서 변화시킬 수가 있다.

따라서 (b)가 트랜지스터 Tr1의 스위칭 레벨을 가변시켜 회로 설계의 자유도가 크게된다. 특히, SN비를 향상시키기 위해서 포토트랜지스터의 후단에 슈미트 트리거 회로를 접속하였고, 그림 (c)와 같이 포토트랜지스터의 부하로서 FET에 의한 정전류 회로를 사용한 것도 있다.

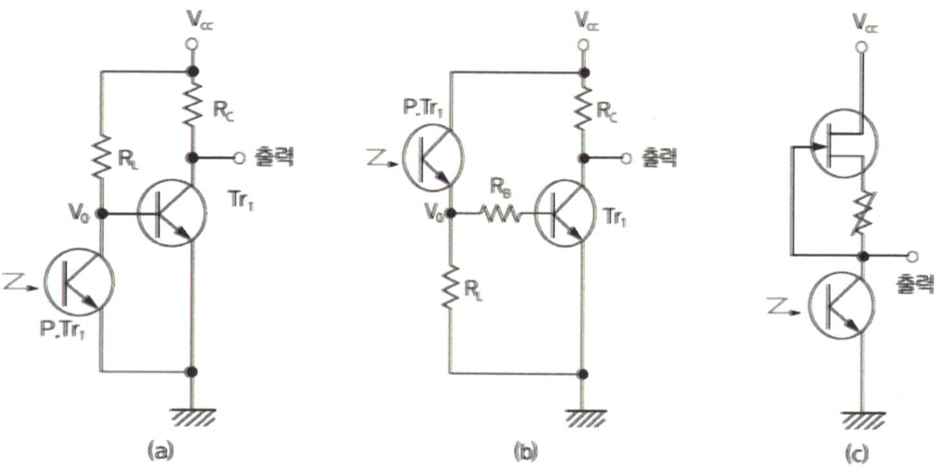

[반전 증폭] [슈미트 회로] [FET 정전류]

포토트랜지스터의 기본회로

3.3.3 온도 센서

온도라는 것은 원자 또는 분자가 갖고 있는 운동 또는 진동 에너지의 크기를 나타내는 것으로 이 에너지가 열이다. 즉, 온도는 물리적 상태량의 일종이지만 이것을 직접 계측할 수는 없고, 변위, 압력, 저항, 전압, 주파수 등의 다른 물리량으로 변환하여 계측하여야 한다.

보통의 재료나 전자 소자는 온도에 따라 전기 특성이 변화하기 때문에 모두 온도 센서가 될 수 있는 것이지만, 검출 온도 영역, 정밀도, 온도 특성, 신뢰성, 양산성, 가격 등의 면에서 사용 목적에 적합한 것이 사용되고 있다. 온도의 계측은 온도 센서를 측정 대상물과 열적으로 접촉시켜 양자의 온도를 같게 하는 접촉식 계측이 있다. 이 방법은 센서 자체가 측정 대상 온도를 견디며 소정의 동작을 해야 한다. 반면에 센서와 대상물을 접촉시키지 않고 열방사를 이용한 비접촉식 계측이 있다. 이때의 센서는 가시 또는 적외의 방사 검출기이고, 센서 자체의 온도와 측정 대상물의 온도와는 관계가 없다.

(1) 서미스터

온도 변화에 따라 전기 저항이 크게 변화하는 반도체 감온 소자를 서미스터라 한다. 특히 온도에 대하여 안정적이고 온도 특성의 재현성이 좋은 것을 서미스터 온도 센서로 사용한다. 사용되고 있는 대부분의 서미스터는 세라믹 서미스터이다. 기본 특성에 따라서 분류하면 온도가 상승함에 따라 전기 저항이 지수 함수적으로 감소하는 부(-)의 온도 계수를 갖는 NTC 서미스터, 반대로 비직선적으로 전체저항이 증가하는 정(+)의 온도 계수를 갖는 PTC 서미스터, 또는 NTC와 동일 특성을 갖지만 어떤 온도 경계에서 전기 저항이 갑자기 감소하는 급변 서미스터 CTR의 3가지가 있다. 단순히 서미스터라고 부를 때는 NTC 서미스터를 가리키는 경우가 많다. PTC,CTR은 넓은 온도 범위의 온도 센서로서는 사용할 수 없으나 온도가 특정한 온도를 초과하는가의 여부를 검출하는 데에 사용하면 편리하다. 예를 들면 PTC에 전류를 흘리면 발열하고 급변 온도를 초과하면 저항이 크게 되어 전류가 감소해서 발열하지 않게 되므로 전자 보온 밥솥에 부착하여 내부 온도를 일정하게 유지하거나 건조기나 드라이어에 부착해서 온도 스위치를 동작시킬 수 있다.

종류	온도 범위	특성	비고
NTC 부의 온도 계수	-50 ~ +400[℃]	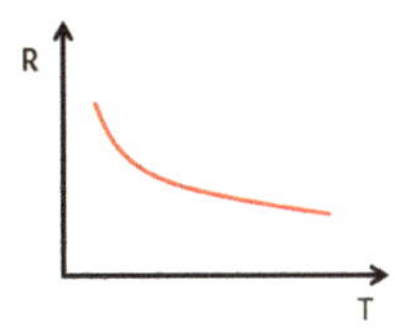	각종 온도 측정
PTC 정의 온도 계수	-50 ~ +150[℃]	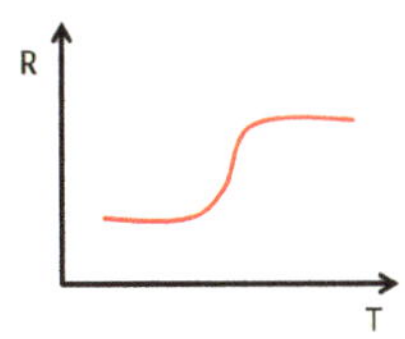	온도 스위치
CTR 부의 온도 계수	0 ~ +150[℃]	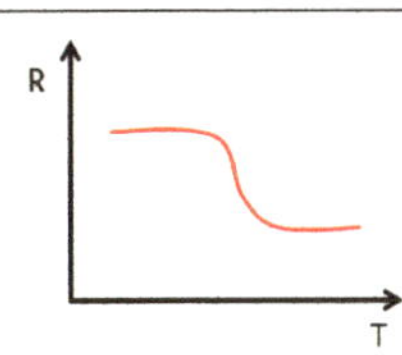	온도 경보

각종 서미스터의 온도 특성

(2) 측온 저항체

일반적으로 물질의 전기 저항이 온도에 따라 변화하는 사실은 잘 알려져 있다. 금속은 온도에 거의 비례하여 전기 저항이 증가하는 이른바 양(+)의 온도 계수를 가지고 있으며, 금속의 순도가 높을수록 이 온도 계수는 커진다.

금속의 저항률ρ는 온도 t에 거의 비례한다. 이를 식으로 표시하면 $\rho \propto \alpha t$이 된다. 여기서 α를 저항 온도 계수라 하며, 온도 0[° C]에서의 저항률을$\rho 0$로 할 수 있다.

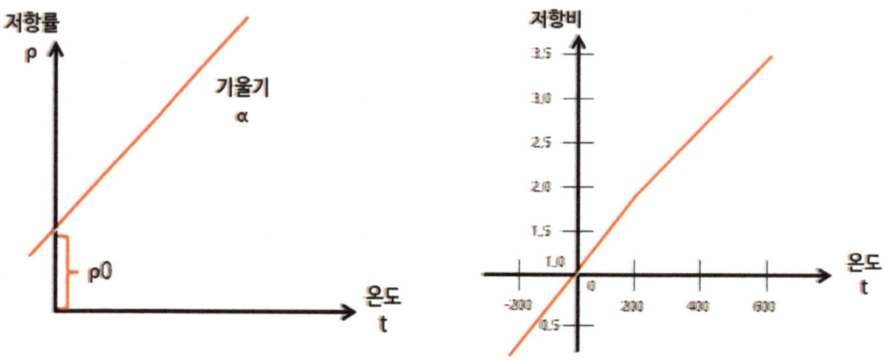

(a) 저항률 (b) 저항

금속 저항체의 온도 변화

(3) 측온 저항체의 종류

측온 저항체는 접촉식 온도 센서로서 열전대나 서미스터와 함께 널리 사용되고 있다. 저항체로는 백금, 니켈, 구리 등의 순수 금속을 사용하며, 표준 온도계나 공업 계측에 널리 이용되고 있는 것은 고순도(99.999[%]이상)의 백금이다.

1) 백금 측온 저항체

- 장점

① 안전성이 높다.
② 온도 범위가 넓다.
③ 정확도가 높다.

- 단점

① 저항 소자의 구조가 복잡하다.
② 형상이 크다.
③ 응답이 느리다.
④ 충격 또는 진동에 약하다.

2) 구리 측온 저항체

- 장점

① 가격이 저렴하다.
② 안정된 소자이다.

- 단점

① 구리의 고유 저항이 작다.
② 형상이 크다.
③ 고온에 산화하기 쉽다.
④ 사용온도 범위가 좁다.

3) 니켈 측온 저항체

- 장점

① 가격이 저렴하다.
② 저항계수가 크다.

- 단점

① 340(° C) 부근에서 온도계수의 변곡점이 발견된다.
② 불순물에 의한 온도 저항값 특성이 분산된다.
③ 호환성 있는 니켈선을 얻기 어렵다.

(4) 측온 저항체의 배선 방법

측온 저항체의 온도에 의한 저항값 변화는 휘스톤 브리지 회로를 기본으로 한 저항-전압 변환 회로에 의해 전압 신호로 변환된다. 또한 측온 저항체는 인출선에 따라 2선식, 3선식, 4선식으로 나눌 수 있다.

1) 2선식 측정 회로

측온 저항체에서 측정 회로까지의 배선은 대부분 구리선이 사용된다. 구리선의 저항 $R\ell$이 측온 저항값 Rt에 가산되므로 도선 저항이 측정 오차로 작용한다. 구리선 영향에 의한 오차를 보상하기 위해 보상 저항을 사용한다. 그러나 도선 주위온도 변화에 따르는 오차는 제거할 수 없으므로 도선 저항이 충분히 작은($Rt \gg R\ell$) 것을 선택한다. 이 조건을 만족할 수 없는 경우에는 3선식 또는 4선식의 방법을 적용할 수 있다.

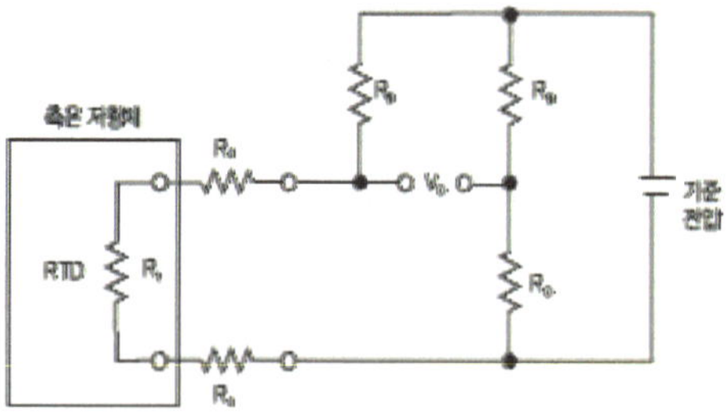

[2선식 배선의 등가회로]

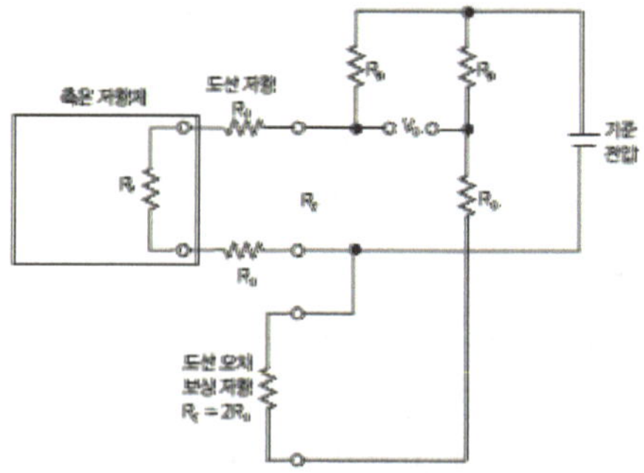

[도선 저항을 보상한 2선식 배선]

2선식 배선 회로

2) 3선식 측정 회로

도선 저항의 영향을 없애기 위해 3선식 배선을 사용한다. 여기서 Rℓ1 = Rℓ2 = Rℓ3 = Rℓ이라 하면, 도선 저항이 브리지의 양변에 분배되어 상쇄되므로 도선 저항에 의한 오차는 거의 무시된다. 그러나 실제의 측온 저항체 Rt는 온도에 따라 변화하므로 도선ℓ1과 ℓ2에 흐르는 전류에 차이가 발생 브리지의 출력은 비직선 오차를 일으킨다.

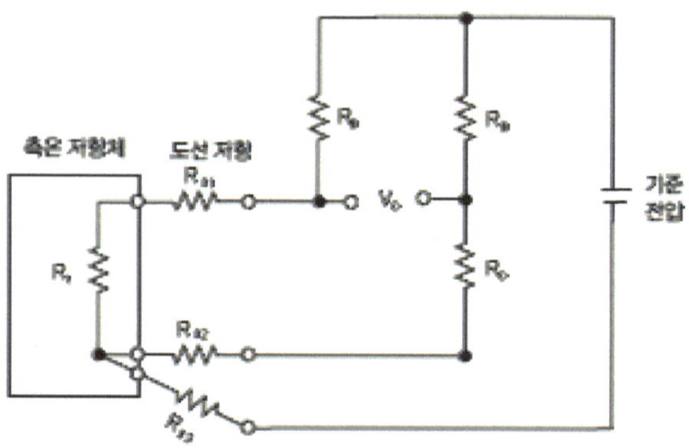

3선식 배선의 등가회로

3) 정전류 브리지의 3선식 배선

이 때, Rℓ1 = Rℓ2가 되면, 도선 저항이 브리지 출력 전압에 미치는 영향은 없어지게 된다. 즉, Rt가 온도에 따라 변화해도 도선의 전류는 정전류로 일정하며, Rt의 저항값 변화에 비례한 출력 전압을 얻을 수 있다.

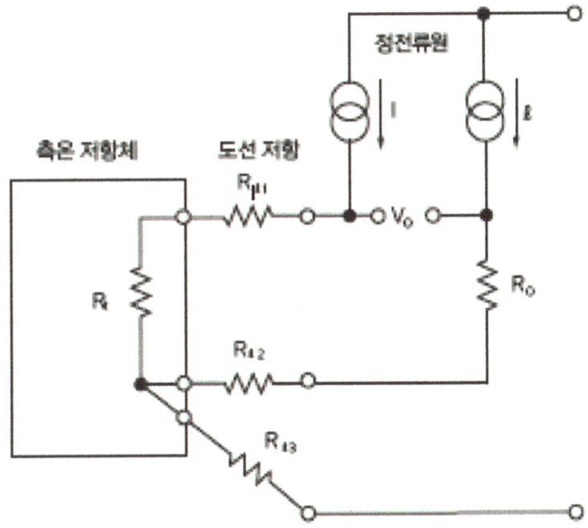

정전류 브리지의 3선식 배선

4) 4선식 측정 회로

3선식에서는 각 도선의 저항값과 그 온도 계수 및 도선의 온도 분포가 고르지 않으면 오차가 발생한다. 이 방법은 전류 단자와 측정용 전압 단자가 구분되어 있다. 전류단자에는 일정한 전류를 흘리고, 전압 단자의 전압을 높은 입력 임피던스를 갖는 계기로 측정하면, 도선 저항에 의한 오차를 제거할 수 있다.

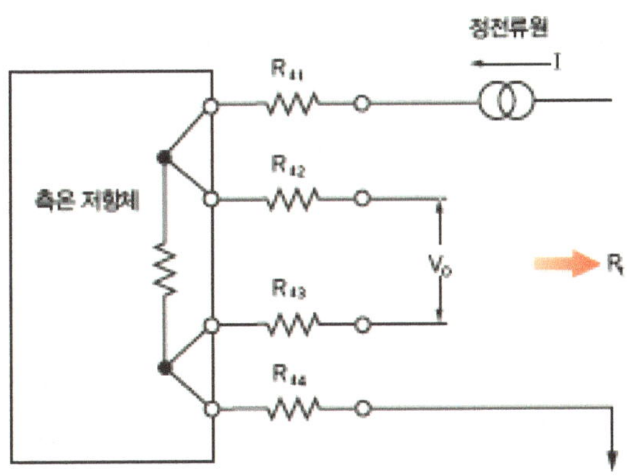

정전류 브리지의 4선식 배선

3.3.4 초음파 센서

(1) 초음파 센서 개요

초음파란 보통 20[㎑]이상의 주파수를 갖는 음파를 말하며, 사람이 들을 수 있는 가청 음파(20[㎐]~20[㎑])와 같이 매질 중의 탄성파이다. 또한 보통의 음파와 본질적으로 아무 차이가 없으나 매질, 주파수, 강도의 면에서 많은 차이를 나타내며 음파에서는 다양한 현상이 나타난다. 즉 초음파는 기체, 액체, 고체 등의 매질 중에서도 모두 사용이 가능하고, 주파수가 높은 관계로 방향성이 있는 음속을 얻을 수 있다. 그리고 강도가 매우 높은 특징을 이용할 수 있으므로 전기, 전자, 기계, 화학, 섬유, 의학 분야 등 다양한 분야에 이용되고 있다.

초음파는 빛이나 전파와 같이 파동 에너지이지만 전파 속도가 늦고, 반사하기 쉬운 특징 때문에 각종 거리 계측, 진단장치 등에 이용되고 있다. 또한 큰 음향 에너지를 전송할 수 있어 각종 가공 기기, 세정 기기 등에 이용되고 있다. 이것은 초음파의 진동 에너지를 동력적으로 응용하는 것이며, 기타 해충 구제, 살균, 동물의 포획 등 다양한 방면에 이용되고 있다.

(2) 초음파 센서의 종류

1) 공중용 초음파 센서

공중에 방출되어 있는 초음파 에너지를 검출하는 것으로 스스로 초음파를 방사하여 그 반사파를 검출하는 능동형과 오로지 수신전용인 수동형이 있다.

① 능동형 : 초음파 거리계, 두께계, 어군 탐지, 측심기, 의료용 진단장치 등에 사용

② 수동형 : 배관 가스 누출, 수도관 누수, 절연 불량, 코로나 방전, AE파 검출 등에 사용

2) 수중용 초음파 센서

수중을 장거리 전파하는 음파는 전파 중에 감쇄하여 감쇠 비율은 거의 주파수의 제곱에 비례하여 증가하기 때문에 장거리의 음파 전파에서는 저주파가 유용하다. 하지만 측정 정밀도와 거리의 균형적 측면으로 볼 때, 이 영역의 주파수가 비교적 많이 선택되고 있다.

① 고주파 : 계측정밀도를 향상시키기 위해서 사용

② 저주파 : 원거리 계측하기 위해서는 저주파 사용

3) 고체용 초음파 센서

센서초음파 탐상법은 부품, 재료의 내부에 존재하는 결함을 비파괴적으로 검사하는 탐상용 초음파 방법의 하나로서 특히 철강재의 내부 결함이나 용접부의 갈라짐의 검출 등은

가장 큰 특징을 발휘하는 분야이다.

4) 생체용 초음파 센서

센서의 기본적 구성 원리는 수중용 센서와 크게 다르지 않다. 그러나 피검사체가 생체라는 특수성이 있다. 초음파 진단장치는 초음파 펄스를 생체 내에 발사하고, 생체 내부로부터 반사파를 검출하여 초음파 전반 경로상의 반사체 정보를 얻는 것을 기본 동작으로 한다. 현재는 이 초음파 빔을 2차원 평면상에 주사시켜 생체의 단층상을 표시하는 단층장치가 주로 사용되고 있다.

Chapter 4

아날로그센서 PLC제어 실습

4.1 로드-셀 PLC제어 실습

4.1.1 학습목표

① 로드-셀의 정의와 특성에 대해서 설명할 수 있다.
② 로드-셀의 특성을 설명할 수 있다.
③ PLC제어에 필요한 배선도를 작성하고 결선할 수 있다.
④ PLC를 활용하여 로드-셀 PLC제어 프로그램을 작성할 수 있다.

4.1.2 안전 및 유의사항

① 실습장비 전압을 확인하여 조건에 맞는 전원을 인가한다.
② 실습장비의 이동과 전원을 인가할 시에는 지도교수 지시에 따른다.
③ 실습 시 사용 기구에 대한 취급방법을 숙지한 후 사용한다.
④ 실습 중에는 불필요하게 이동하거나 장난하지 않는다.
⑤ 실습 후에는 컴퓨터와 실습장비 전원을 OFF 한다.
⑥ 실습 후에는 연결케이블을 정리한다.
⑦ 감전 사고에 특히 주의 한다.
⑧ 물이나 땀이 젖은 손은 깨끗이 닦은 후 실습한다.
⑨ 실습 회로를 구성한 후 전원 인가 전에 철저히 회로를 확인한다.

4.1.3 프로그래밍 준비하기

(1) 기능 명세서 작성하기

1) 동작 시나리오

① 로드-셀의 측정 데이터를 D100에 저장한다.
② 특정 값이 되면 LAMP1가 점등된다.
③ 특정 값이 되면 LAMP1이 점멸된다.

2) 기능 명세서

<table>
<tr><td rowspan="3">CPME</td><td colspan="2">기계소프트웨어 개발 설계서
- PLC제어 기본 모듈 프로그램 개발</td><td>프로젝트명</td><td>로드-셀
데이터를 활용하여
PLC제어</td></tr>
<tr><td>문서종류</td><td>기능명세서</td><td>작 성 일</td><td>2025/01/01</td></tr>
<tr><td>문서번호</td><td>CPME20250101-19</td><td>작 성 자</td><td>창원폴리텍
기계시스템과</td></tr>
</table>

구분	기능명	기능설명	비고
센서 감지	아날로그센서 프로그래밍	로드-셀 데이터를 측정할 수 있는 환경 구성	
	로드-셀 초기상태	초기상태의 로드-셀 측정 데이터를 확인한다.	
	로드-셀 무게 증가	로드-셀에 추를 1개 추가하여 로드-셀의 데이터를 확인한다.	
	로드-셀 데이터 확인	특정 데이터값이되면 LAMP1 에 점등이 되도록 프로그래밍	
	로드-셀 무게 증가	로드-셀에 추를 1개 추가하여 로드-셀의 데이터를 확인한다.	
	로드-셀 데이터 확인	특정 데이터값이되면 LAMP1 에 점멸이 되도록 프로그래밍	
의견			

4.1.4 기본 프로그래밍 하기

(1) 구성요소

번호	요소 명	외형	규격	비고
1	파워서플라이모듈	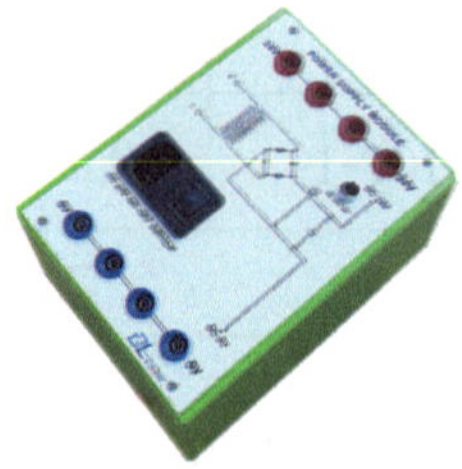	입력 : AC220 V 출력 : DC24 V 정격출력전류 : 6 A	
2	부저램프모듈	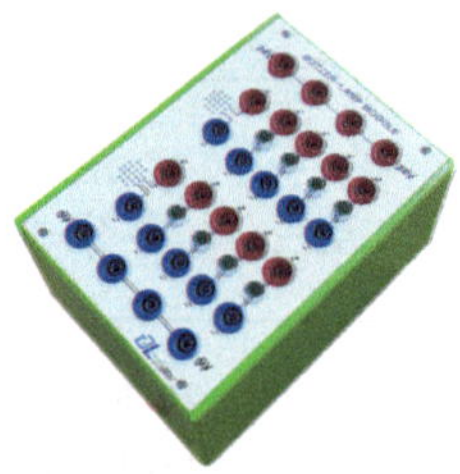	부저 : 2개 램프 : 8개	
3	PLC 트레이닝모듈	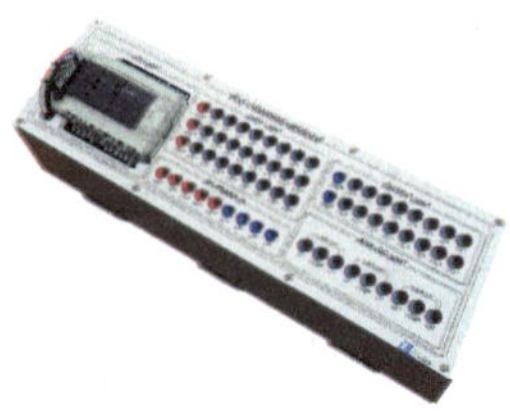	입력 16접점 출력 16접점 아날로그입력 2 아날로그출력 1	
4	로드-셀		입력 : DC24 V	
5	4 mm케이블		길이 : 1 m	

(2) 부품배치

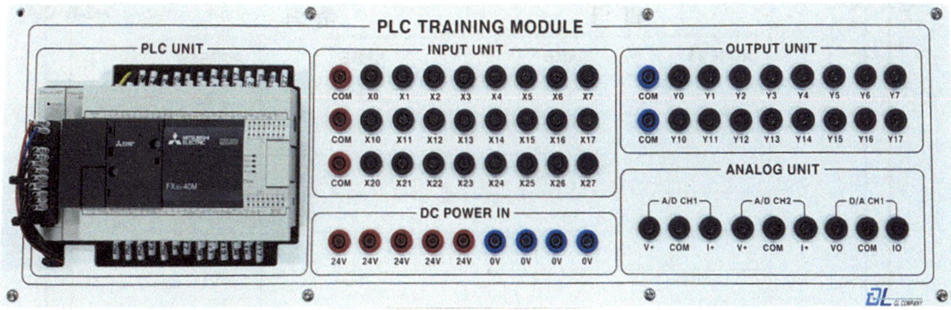

PLC 트레이닝 모듈

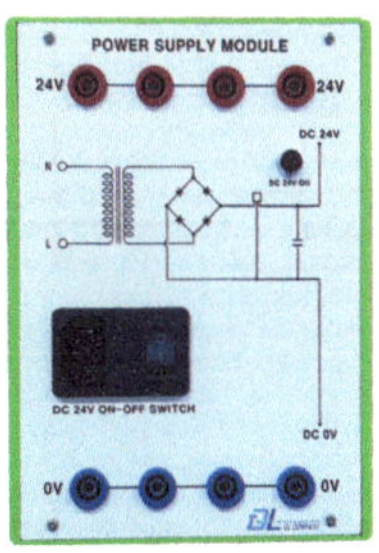

파워서플라이모듈

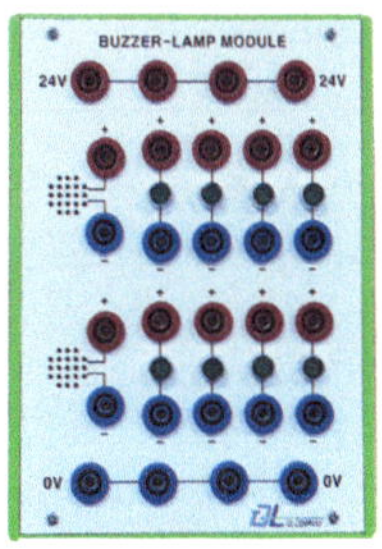

부저램프모듈

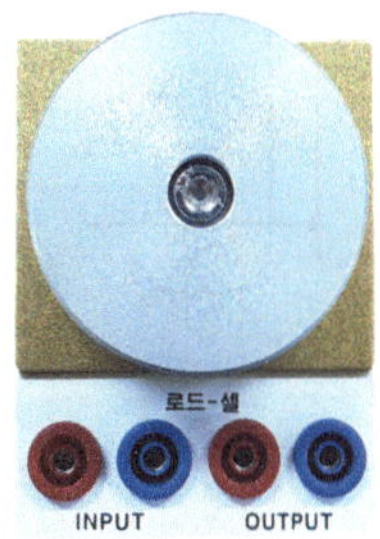

로드-셀

(3) PLC I/O 할당

PLC입력		PLC 출력	
INPUT	설명	설명	OUTPUT
		LAMP 1	Y00

(4) PLC I/O 배선도

입 력		출 력	
ADRESS	NAME	NAME	ADRESS
		LAMP 1	Y00
COM			COM

(5) 전기적 배선

① 파워서플라이모듈 24 V와 DC POWER IN 24 V단자(적색)를 연결한다.

② 파워서플라이모듈 0 V와 DC POWER IN 0 V단자(청색)를 연결한다.

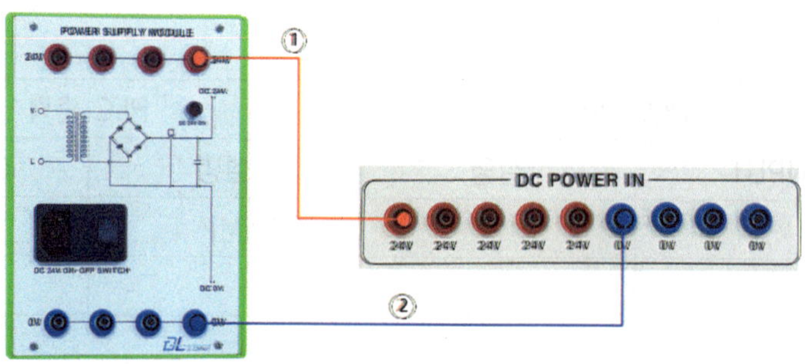

③ DC POWER IN 24 V와 부저램프모듈 +단자(적색)를 연결한다.
④ 부저램프모듈 -단자와 OUTPUT UNIT Y00단자(흑색)를 연결한다.
⑤ OUTPUT UNIT Y00단자와 DC POWER IN 0 V단자(청색)를 연결한다.

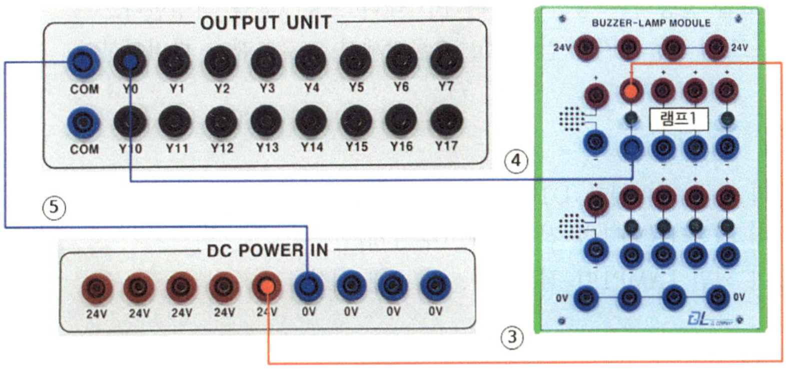

⑥ DC POWER IN 24 V와 로드-셀 INPUT +단자(적색)를 연결한다.
⑦ DC POWER IN 0 V와 로드-셀 INPUT -단자(청색)를 연결한다.
⑧ 로드-셀 OUTPUT +단자와 ANALOG UNIT AD/CH1 V+(적색)를 연결한다.
⑨ 로드-셀 OUTPUT -단자와 ANALOG UNIT AD/CH1 COM(흑색)을 연결한다

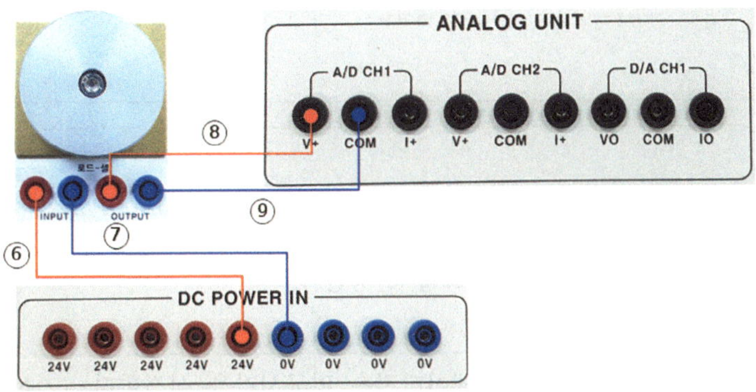

4.1.5 시뮬레이션 하기

(1) 프로그램 작성

① GX Works2을 실행하여 프로젝트를 생성하고 PLC통신을 확인한다.
② PLC I/O표를 활용하여 동작에 맞는 PLC래더 프로그램을 작성한다.
③ PLC 프로그램 작동유무를 검사하고 오류발생시 프로그램을 디버깅한다.

(2) 로드-셀 PC제어 실습

① 로드-셀의 측정 데이터를 D100에 저장한다.
② 특정 값이 되면 LAMP1이 점등된다. (추 1개)
③ 특정 값이 되면 LAMP1이 점멸된다. (추 2개 이상)

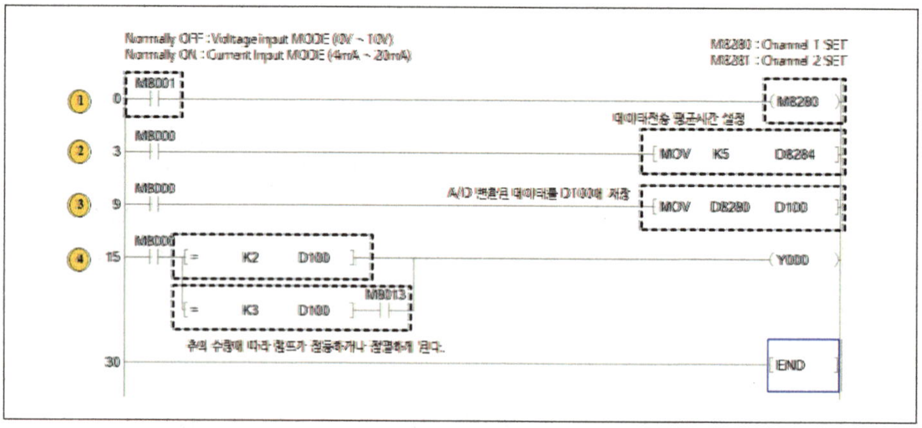

①	M8280 - Channel 1을 세팅한다. / M8281 - Channel 2를 세팅한다. M8000(Normally ON), M8001(Normally OFF)의 선택에 따라 Channel의 전압, 전류 모드를 설정한다.
②	M8284 - Channel 1의 데이터전송 평균시간을 설정한다. (기본세팅은 5) M8285 - Channel 2의 데이터전송 평균시간을 설정한다. (기본세팅은 5)
③	A/D 변환된 데이터를 Channel 1의 D100에 저장한다.
④	추의 수량에 따라 달라진 로드-셀의 측정 값에 의해 램프의 소등, 점등, 점멸을 나타낸다.

(3) 체크리스트 작성

<table>
<tr><td rowspan="3">CPME</td><td colspan="2">동작 결과보고서</td><td>프로젝트명</td><td colspan="5">PLC를 활용한 센서제어</td></tr>
<tr><td>문서종류</td><td>1차 동작결과</td><td>작 성 일</td><td colspan="5">2025/01/01</td></tr>
<tr><td>문서번호</td><td>CPME20250101-20</td><td>작 성 자</td><td colspan="5">창원폴리텍 기계시스템과</td></tr>
<tr><td>구분</td><td colspan="3">수행 준거</td><td colspan="5">점수</td></tr>
<tr><td rowspan="2">PLC 기본 프로그래밍 준비하기</td><td colspan="3">PLC의 하드웨어와 소프트웨어의 구성과 원리를 파악할 수 있다.</td><td>①</td><td>②</td><td>③</td><td>④</td><td>⑤</td></tr>
<tr><td colspan="3">PLC 프로그래밍 작업에 필요한 설명서와 관련 제어기 사용 설명서를 확인 할 수 있다.</td><td>①</td><td>②</td><td>③</td><td>④</td><td>⑤</td></tr>
<tr><td rowspan="6">PLC 기본 프로그래밍 하기</td><td colspan="3">제어 대상 기계의 작동 순서에 따라 작업내용의 공정도 작성할 수 있다.</td><td>①</td><td>②</td><td>③</td><td>④</td><td>⑤</td></tr>
<tr><td colspan="3">입력기기와 출력기기의 종류와 수량을 결정할 수 있다.</td><td>①</td><td>②</td><td>③</td><td>④</td><td>⑤</td></tr>
<tr><td colspan="3">내부 릴레이, 타이머, 카운터 등의 데이터 메모리를 할당할 수 있다.</td><td>①</td><td>②</td><td>③</td><td>④</td><td>⑤</td></tr>
<tr><td colspan="3">입출력 배선도를 작성할 수 있다.</td><td>①</td><td>②</td><td>③</td><td>④</td><td>⑤</td></tr>
<tr><td colspan="3">상기 내용을 바탕으로 PLC 프로그램 작성 규칙에 따라 에러 없는 프로그램을 작성할 수 있다.</td><td>①</td><td>②</td><td>③</td><td>④</td><td>⑤</td></tr>
<tr><td colspan="3">PLC 명령어 매뉴얼에 의해 각 모듈의 인터록 상황을 결정할 수 있다.</td><td>①</td><td>②</td><td>③</td><td>④</td><td>⑤</td></tr>
<tr><td rowspan="6">시뮬레이션 및 수정/보완 하기</td><td colspan="3">입출력 할당표에 의해 시뮬레이션을 이용하여 입출력번지 지정을 확인할 수 있다.</td><td>①</td><td>②</td><td>③</td><td>④</td><td>⑤</td></tr>
<tr><td colspan="3">시퀀스와 래더 규칙에 의해 작성된 PLC 프로그램의 에러 유무를 판단할 수 있다.</td><td>①</td><td>②</td><td>③</td><td>④</td><td>⑤</td></tr>
<tr><td colspan="3">PLC 프로그래밍 작업완료 후 시뮬레이션에 의해 PLC 작동유무를 검사하고 이상 유무를 판단할 수 있다.</td><td>①</td><td>②</td><td>③</td><td>④</td><td>⑤</td></tr>
<tr><td colspan="3">프로그램에 이상이 발견되었을 경우 프로그램 편집 기능을 이용하여 재 작성할 수 있다.</td><td>①</td><td>②</td><td>③</td><td>④</td><td>⑤</td></tr>
<tr><td colspan="3">입출력 할당표에 의해 수정 보완시 입출력번지를 비교 확인할 수 있다.</td><td>①</td><td>②</td><td>③</td><td>④</td><td>⑤</td></tr>
<tr><td colspan="3">PLC 프로그램 이력표에 의해 보완 및 개선 이력을 작성 관리할 수 있다.</td><td>①</td><td>②</td><td>③</td><td>④</td><td>⑤</td></tr>
</table>

4.2 PLC활용한 압력센서 제어

4.2.1 학습목표

① 압력센서의 정의와 특성에 대해서 설명할 수 있다.
② 압력센서의 검출거리 특성을 설명할 수 있다.
③ PLC제어에 필요한 배선도를 작성하고 결선할 수 있다.
④ PLC를 활용하여 압력센서제어 프로그램을 작성할 수 있다.

4.2.2 안전 및 유의사항

① 실습장비 전압을 확인하여 조건에 맞는 전원을 인가한다.
② 실습장비의 이동과 전원을 인가할 시에는 지도교수 지시에 따른다.
③ 실습 시 사용 기구에 대한 취급방법을 숙지한 후 사용한다.
④ 실습 중에는 불필요하게 이동하거나 장난하지 않는다.
⑤ 실습 후에는 컴퓨터와 실습장비 전원을 OFF 한다.
⑥ 실습 후에는 연결케이블을 정리한다.
⑦ 감전 사고에 특히 주의 한다.
⑧ 물이나 땀이 젖은 손은 깨끗이 닦은 후 실습한다.
⑨ 실습 회로를 구성한 후 전원 인가 전에 철저히 회로를 확인한다.

4.2.3 프로그래밍 준비하기

(1) 기능 명세서 작성

1) 동작 시나리오

① 압력센서의 측정 데이터를 D100에 저장한다.
② 특정 값이 되면 LAMP1가 점등된다.
③ 특정 값이 되면 LAMP1이 점멸된다.

2) 기능 명세서

<table>
<tr><td rowspan="3">CPME</td><td colspan="2">기계소프트웨어 개발 설계서
- PLC제어 기본 모듈 프로그램 개발</td><td>프로젝트명</td><td>압력센서
데이터를 활용하여
PLC제어</td></tr>
<tr><td>문서종류</td><td>기능명세서</td><td>작 성 일</td><td>2025/01/01</td></tr>
<tr><td>문서번호</td><td>CPME20250101-21</td><td>작 성 자</td><td>창원폴리텍 기계시스템과</td></tr>
</table>

구분	기능명	기능설명	비고
센서 감지	아날로그센서 프로그래밍	압력센서 데이터를 측정할 수 있는 환경 구성	
	압력센서 초기상태	초기상태의 압력센서 데이터를 확인한다.	
	압력증가	압력을 증가하여 압력센서의 데이터를 확인한다.	
	압력센서 데이터 확인	특정 압력 이상이되면 LAMP1 에 점등이 되도록 프로그래밍	
	압력증가	압력을 증가하여 압력센서의 데이터를 확인한다.	
	압력센서 데이터 확인	특정 압력 이상이되면 LAMP1 에 점멸이 되도록 프로그래밍	
의견			

4.2.4 기본 프로그래밍 하기

(1) 구성요소

번호	요소 명	외형	규격	비고
1	파워서플라이모듈	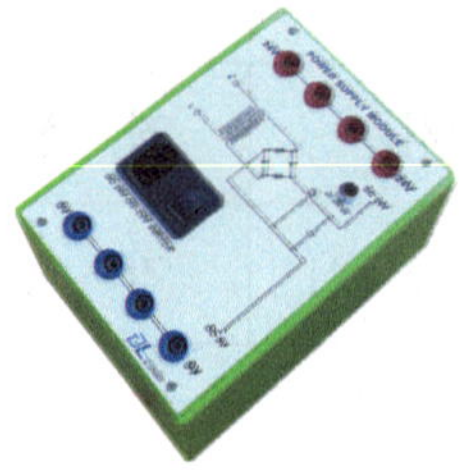	입력 : AC220 V 출력 : DC24 V 정격출력전류 : 6 A	
2	부저램프모듈	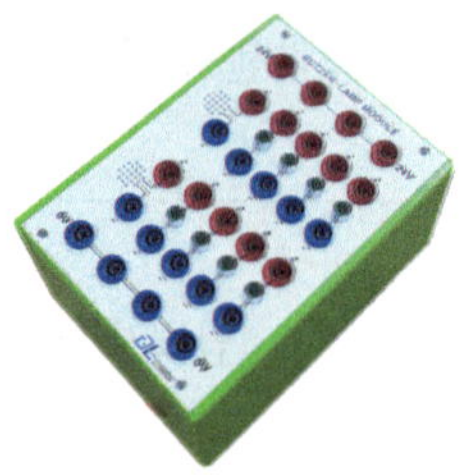	부저 : 2개 램프 : 8개	
3	PLC 트레이닝모듈	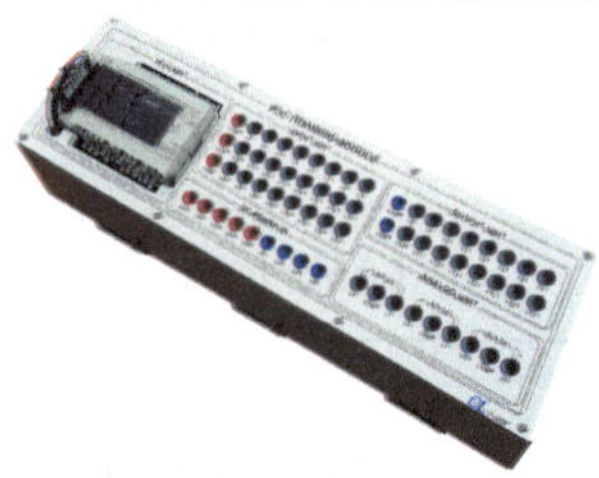	입력 16접점 출력 16접점 아날로그입력 2 아날로그출력 1	
4	압력센서	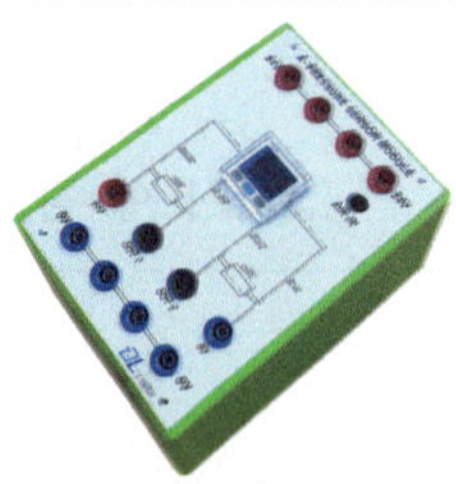	입력전원 : DC24 V	
5	4 mm케이블		길이 : 1 m	

(2) 부품배치

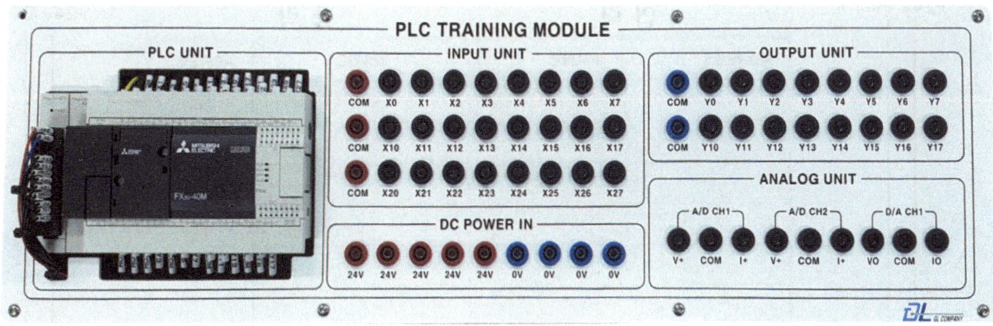

PLC 트레이닝 모듈

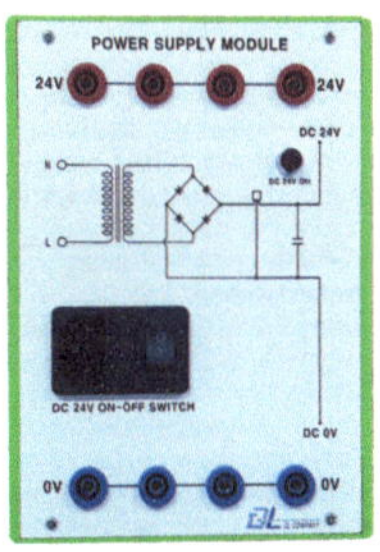

파워서플라이모듈

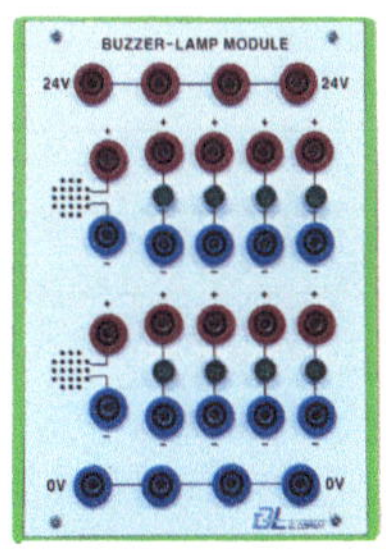

부저램프모듈

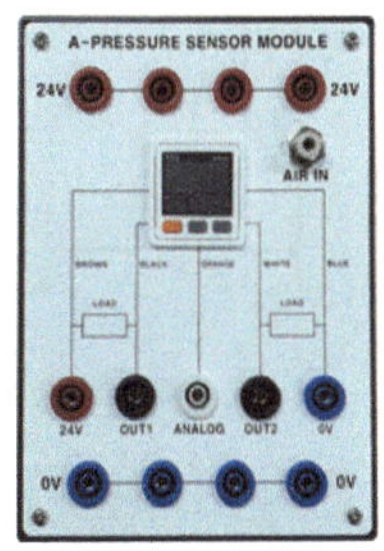

압력센서

(3) PLC I/O 할당

PLC입력		PLC 출력	
INPUT	설명	설명	OUTPUT
		LAMP 1	Y00

(4) PLC I/O 배선도

+24V 0V

입 력		출 력	
ADRESS	NAME	NAME	ADRESS
		LAMP 1	Y20
COM			COM

+24V 0V

(5) 전기적 배선

① 파워서플라이모듈 24 V와 DC POWER IN 24 V단자(적색)를 연결한다.
② 파워서플라이모듈 0 V와 DC POWER IN 0 V단자(청색)를 연결한다.

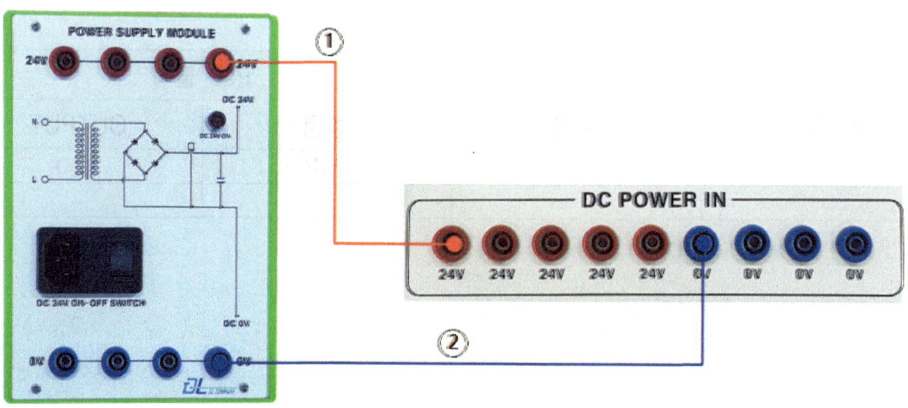

③ DC POWER IN 24 V와 부저램프모듈 +단자(적색)를 연결한다.
④ 부저램프모듈 -단자와 OUTPUT UNIT Y00단자(흑색)를 연결한다.
⑤ OUTPUT UNIT Y00단자와 DC POWER IN 0 V단자(청색)를 연결한다.

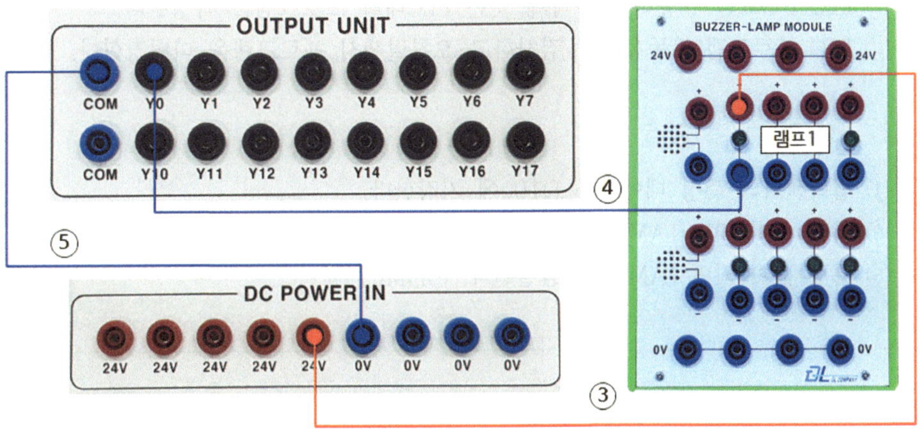

⑥ DC POWER IN 24 V와 압력센서모듈 INPUT 24 V단자(적색)를 연결한다.
⑦ DC POWER IN 0 V와 압력센서모듈 INPUT 0 V단자(청색)를 연결한다.
⑧ 압력센서모듈 ANALOG 단자와 ANALOG UNIT AD/CH1 V+(적색)를 연결한다.
⑨ DC POWER IN 0 V와 ANALOG UNIT AD/CH1 COM(흑색)을 연결한다.

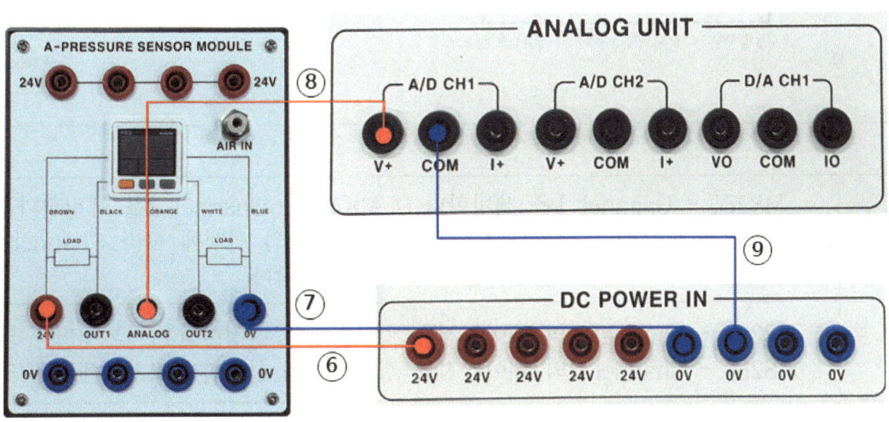

4.2.5 시뮬레이션 하기

(1) 프로그램 작성

① GX Works2을 실행하여 프로젝트를 생성하고 PLC통신을 확인한다.
② PLC I/O표를 활용하여 동작에 맞는 PLC래더 프로그램을 작성한다.
③ PLC 프로그램 작동유무를 검사하고 오류발생시 프로그램을 디버깅한다.

(2) 압력센서 PC제어 실습

① 압력센서의 측정 데이터를 D100에 저장한다.
② 특정 값이 되면 LAMP1이 점등된다. (0.1MPa↑)
③ 특정 값이 되면 LAMP1이 점멸된다. (0.3MPa↑)

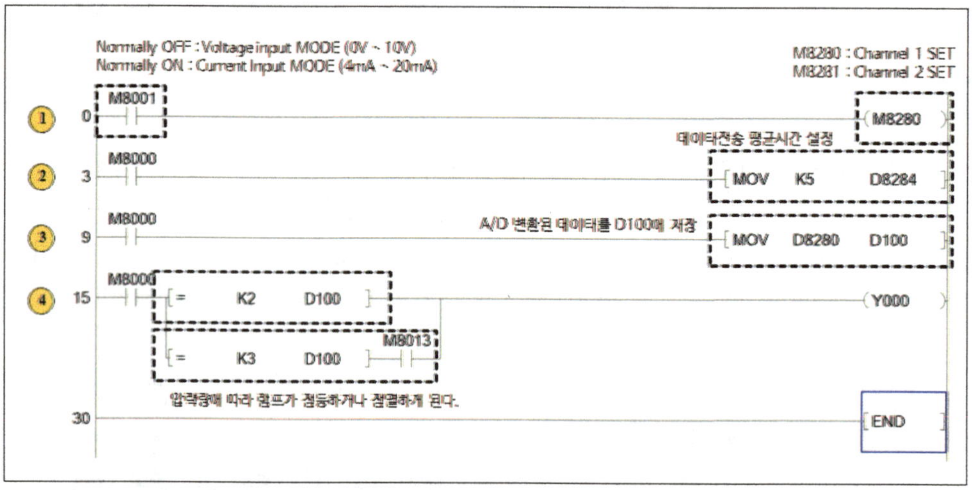

①	M8280 - Channel 1을 세팅한다. / M8281 - Channel 2를 세팅한다. M8000(Normally ON), M8001(Normally OFF)의 선택에 따라 Channel의 전압, 전류 모드를 설정한다.
②	M8284 - Channel 1의 데이터전송 평균시간을 설정한다. (기본세팅은 5) M8285 - Channel 2의 데이터전송 평균시간을 설정한다. (기본세팅은 5)
③	A/D 변환된 데이터를 Channel 1의 D100에 저장한다.
④	압력량에 따라 달라진 압력센서의 측정 값에 의해 램프의 소등, 점등, 점멸을 나타낸다.

4.2.6 체크리스트 작성

<table>
<tr><td rowspan="3">CPME</td><td colspan="2">동작 결과보고서</td><td>프로젝트명</td><td>PLC를 활용한 센서제어</td></tr>
<tr><td>문서종류</td><td>1차 동작결과</td><td>작 성 일</td><td>2025/01/01</td></tr>
<tr><td>문서번호</td><td>CPME20250101-22</td><td>작 성 자</td><td>창원폴리텍 기계시스템과</td></tr>
</table>

구분	수행 준거	점수				
PLC 기본 프로그래밍 준비하기	PLC의 하드웨어와 소프트웨어의 구성과 원리를 파악할 수 있다.	①	②	③	④	⑤
	PLC 프로그래밍 작업에 필요한 설명서와 관련 제어기 사용 설명서를 확인할 수 있다.	①	②	③	④	⑤
PLC 기본 프로그래밍 하기	제어 대상 기계의 작동 순서에 따라 작업내용의 공정도 작성할 수 있다.	①	②	③	④	⑤
	입력기기와 출력기기의 종류와 수량을 결정할 수 있다.	①	②	③	④	⑤
	내부 릴레이, 타이머, 카운터 등의 데이터 메모리를 할당할 수 있다.	①	②	③	④	⑤
	입출력 배선도를 작성할 수 있다.	①	②	③	④	⑤
	상기 내용을 바탕으로 PLC 프로그램 작성 규칙에 따라 에러 없는 프로그램을 작성할 수 있다.	①	②	③	④	⑤
	PLC 명령어 매뉴얼에 의해 각 모듈의 인터록 상황을 결정할 수 있다.	①	②	③	④	⑤
시뮬레이션 및 수정/보완 하기	입출력 할당표에 의해 시뮬레이션을 이용하여 입출력번지 지정을 확인할 수 있다.	①	②	③	④	⑤
	시퀀스와 래더 규칙에 의해 작성된 PLC 프로그램의 에러 유무를 판단할 수 있다.	①	②	③	④	⑤
	PLC 프로그래밍 작업완료 후 시뮬레이션에 의해 PLC 작동유무를 검사하고 이상 유무를 판단할 수 있다.	①	②	③	④	⑤
	프로그램에 이상이 발견되었을 경우 프로그램 편집 기능을 이용하여 재 작성할 수 있다.	①	②	③	④	⑤
	입출력 할당표에 의해 수정 보완시 입출력번지를 비교 확인할 수 있다.	①	②	③	④	⑤
	PLC 프로그램 이력표에 의해 보완 및 개선 이력을 작성 관리할 수 있다.	①	②	③	④	⑤

Chapter 5

Edgecam을 활용한 5축 STL 기본 가공

5.1 모델링 불러오기_소재_지그 생성

5.1.1 모델링 생성하기

- 바탕화면 Edgecam 2014 R1 런처 아이콘을 더블클릭하여 실행한다

- Edgecam 2014 R1 창이 생성되면 새로운 밀링 파트파일을 한 번의 클릭으로 실행한다.

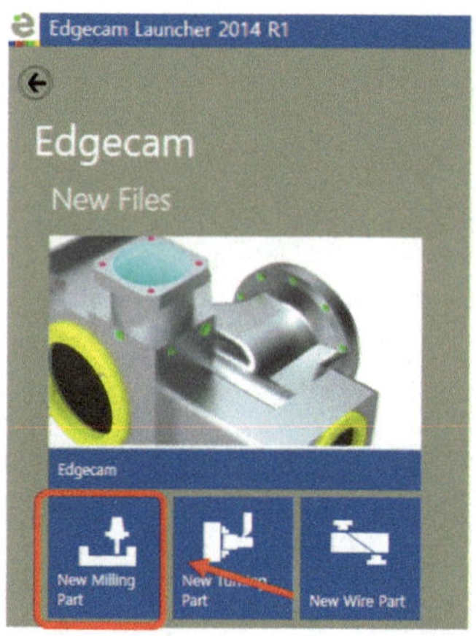

- 좌측 상단 열기 아이콘을 선택한다.

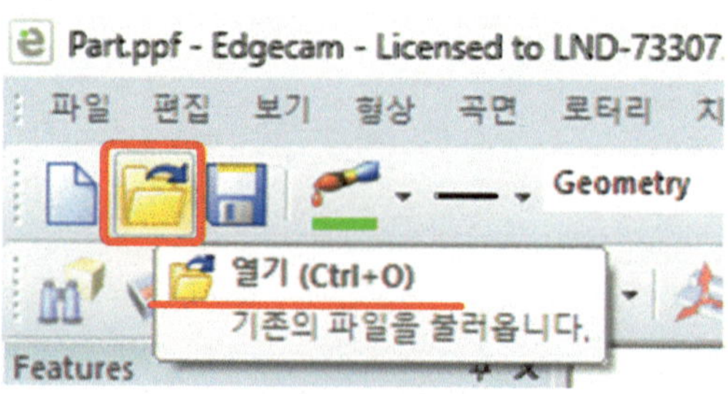

- 열기 창이 생성되면 STL 파일을 선택한 후 열기를 클릭한다.

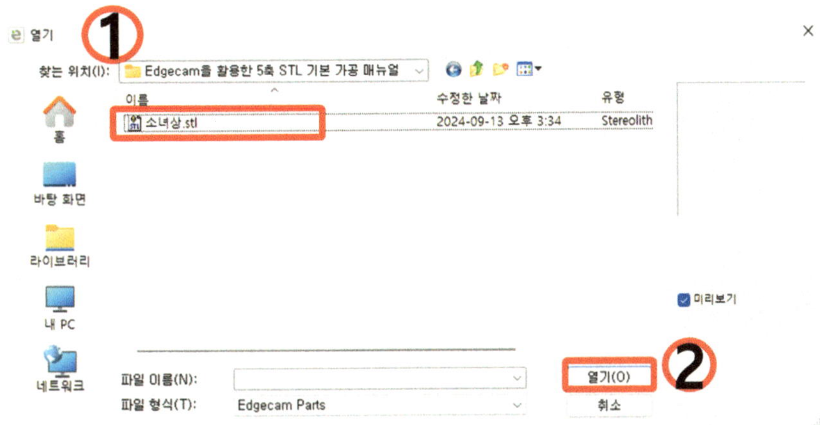

- STL 모델링이 생성된 것을 확인할 수 있다.

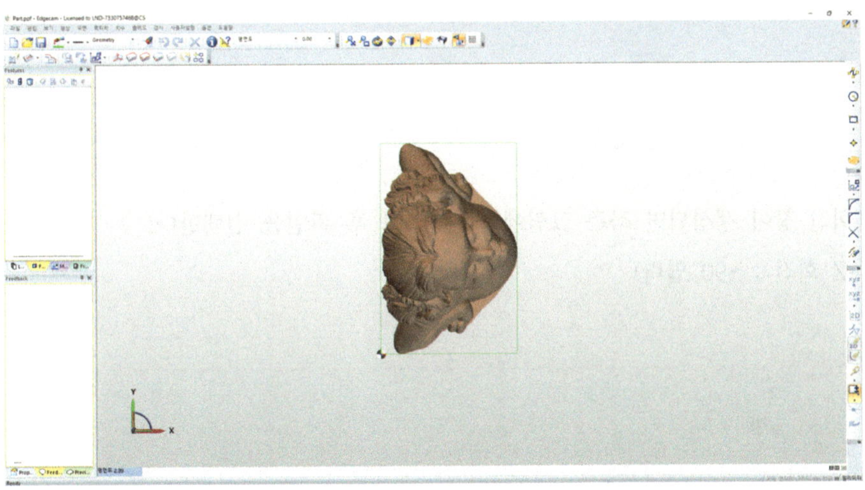

5.1.2 형상 모델링 회전 및 소재 생성하기

- 화면 상단 편집-변환 클릭 후 회전 아이콘을 클릭한다.

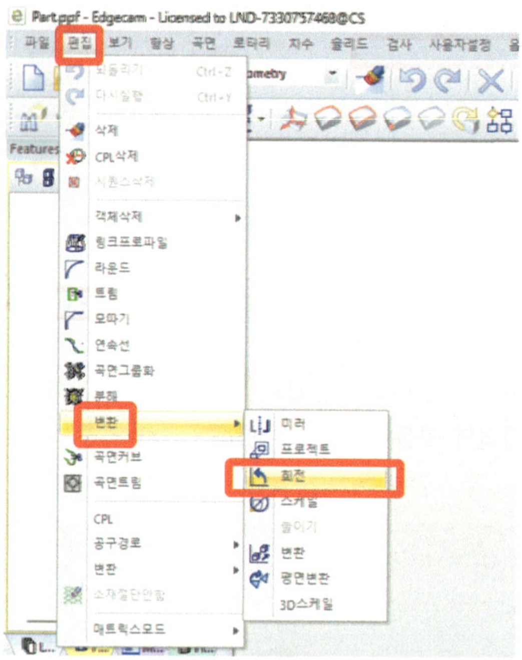

- 회전 창이 생성되면 좌측 그림에 맞게 입력 후 확인을 선택한다.
  (Z 회전 : -90 입력)

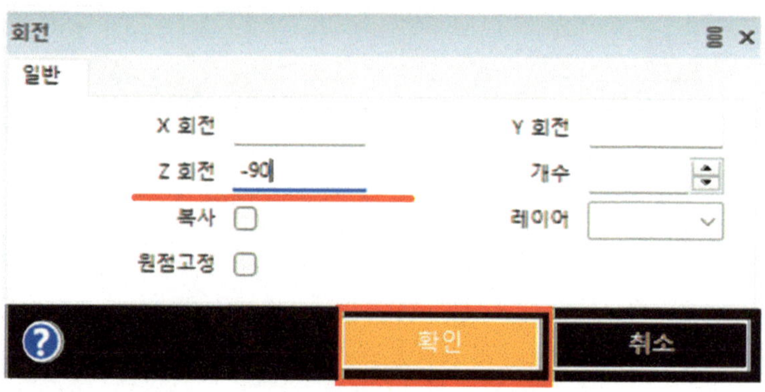

- 다음과 같이 회전중심을 선택(Select the center of rotation)하라는 도움말이 생성되면 원점을 클릭한다.

Tip. 빨간영역이 원점에 활성화 되도록 주의하여 클릭한다.

이동하거나 복사할 요소 선택(Select the entities to transform (or Finish) 하라는 도움말이 생성되면 전체 드래그 후 확인을 선택한다.

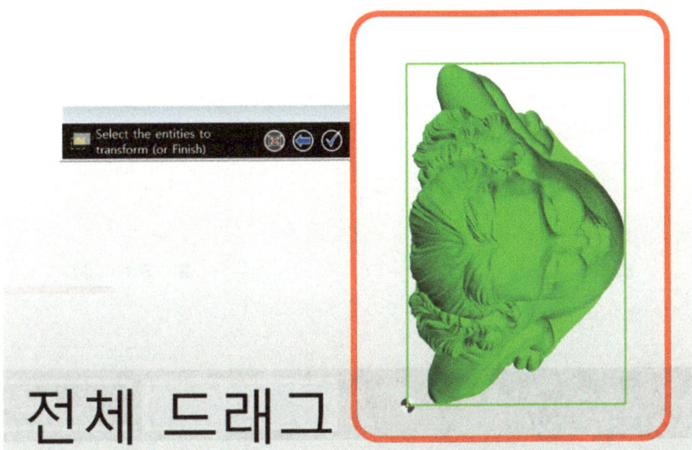

- 상단 옵션 탭에서 환경설정을 클릭한다.

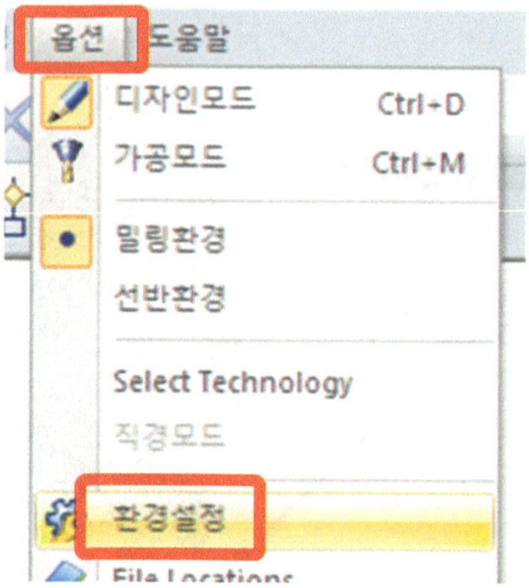

- 환경설정 창이 생성되면 좌측 그림에 맞게 입력 후 확인을 선택한다.
  표시공차 : 0.001

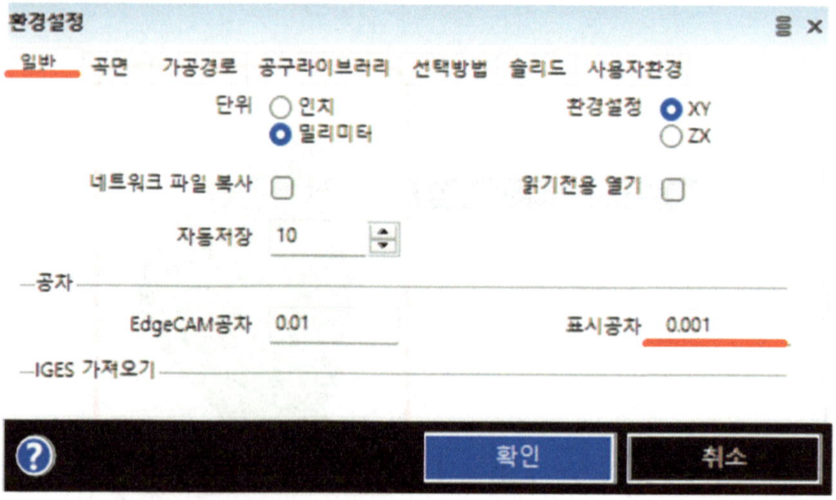

Tip. STL 파일은 무수히 많은 점으로 이루어진 점 데이터 모델이다.
따라서 형상이 정밀하게 나오기 위해 표시 공차를 입력한다.

- 상단 형상에서 모재설정 아이콘을 선택한다.

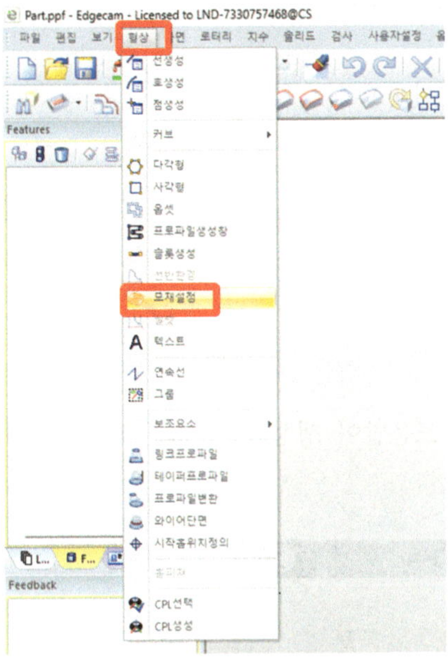

- 소재/지그 창이 생성되면 다음 그림에 맞게 입력/클릭 후 확인을 선택한다.
  자동소재설정 : 체크
  형태 : 실린더
  시작연장 : 3

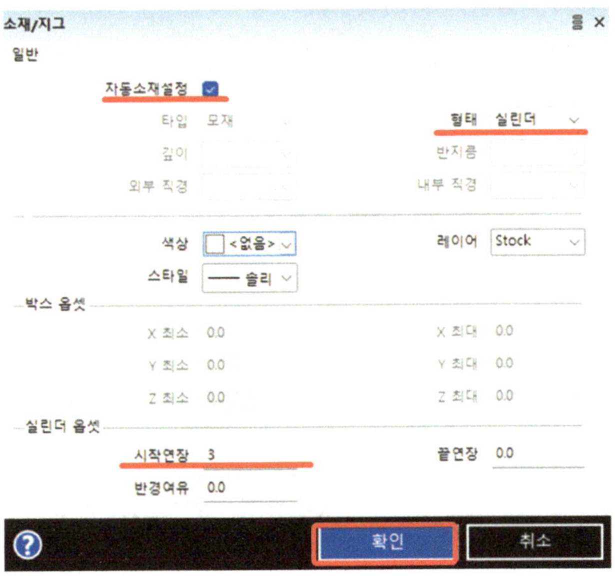

Tip. 소재는 원통으로 가공 예정이다. 시작연장 거리치수를 입력한 이유는 현재 모델에서 3 mm 밑에 까지 가공 예정이다.

- 상단 측정 아이콘을 선택한다.

- 시작점 선택 이라는 도움말이 생성되면 다음 그림에 맞게 좌측 중간점을 클릭한다.

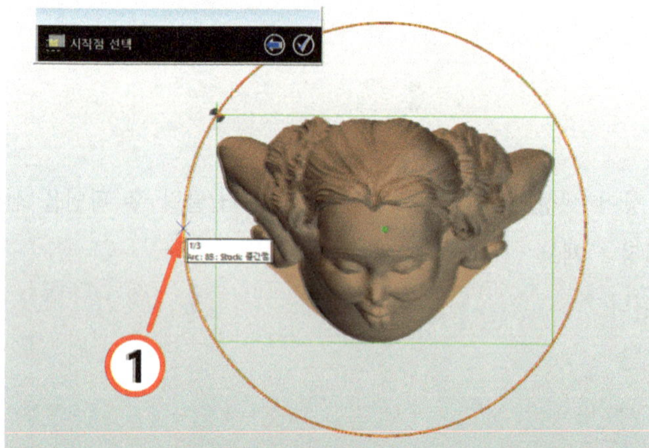

- 끝점 선택이라는 도움말이 생성되면 다음 그림에 맞게 우측 중심점 위치를 클릭한다.

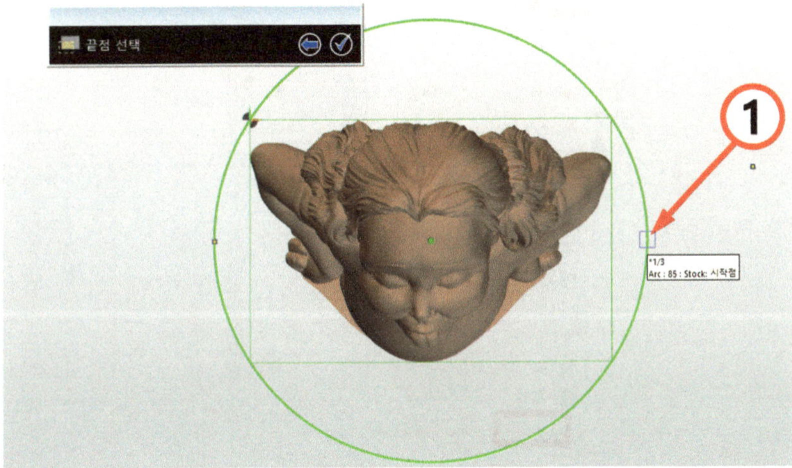

5.1.3 형상 모델링 가공 소재 변경하기

(1) 가공하는 소재에 맞게 소재를 변경한다.

- 좌측 하단 피드백(Feedback)에 현재 소재의 크기를 확인할 수 있다.

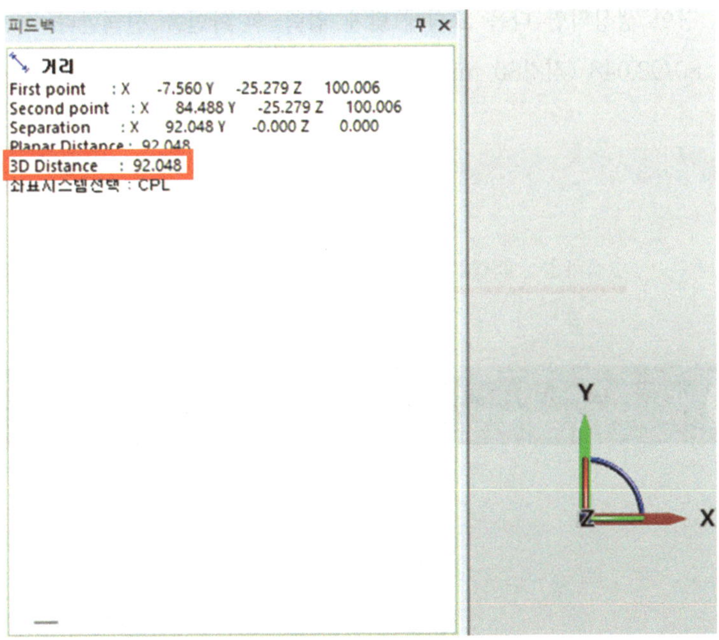

- 좌측 상단 편집에서 변환 클릭 후 스케일 아이콘을 선택한다.

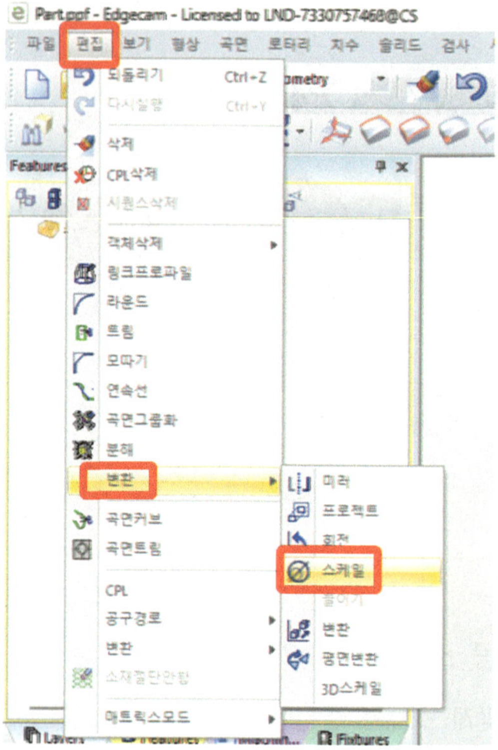

- 스케일 창이 생성되면 다음 그림에 맞게 입력 후 확인을 선택한다.
  축적 : 80/92.048 (직경80 mm로 변경하기 위한 값)

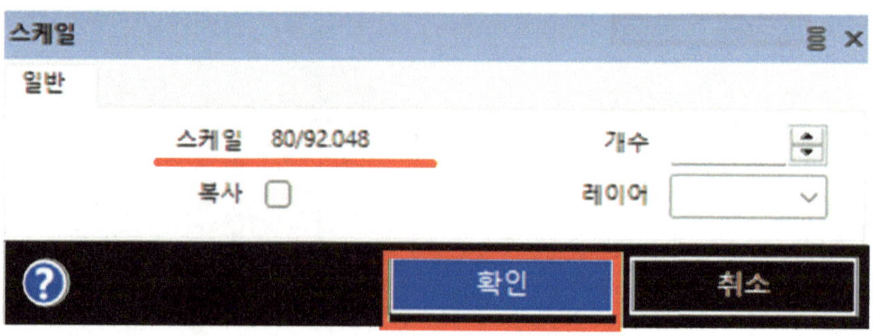

- 배율의 원점선택(Select origin for scale) 도움말이 생성되면 좌측 그림에 맞게 원점에 클릭한다.

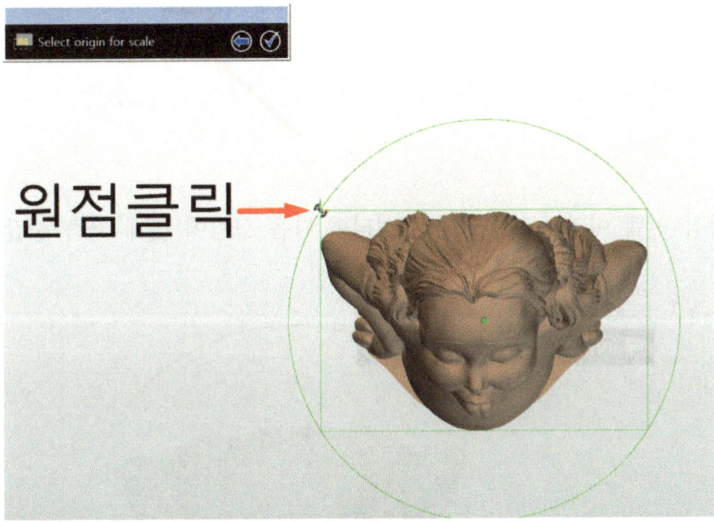

- 이동하거나 복사할 요소선택하라는(Select the entities to trancsform (or finish) 도움말이 생성되면 전체 드래그 후 확인을 선택한다.

- 상단 측정 아이콘을 선택한다.

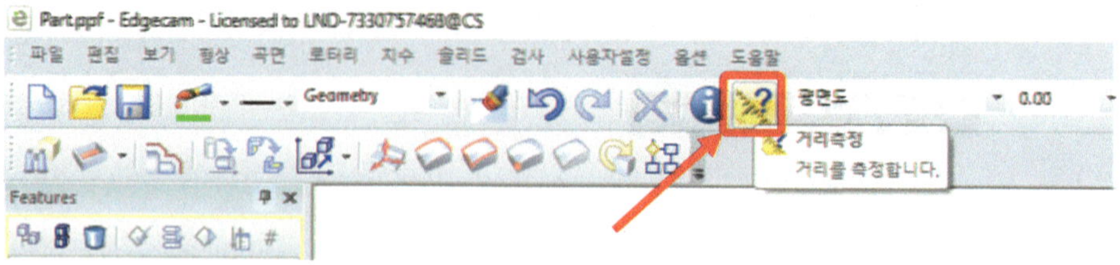

- 시작점 선택 이라는 도움말이 생성되면 다음 그림에 맞게 좌측 중간점을 클릭한다.

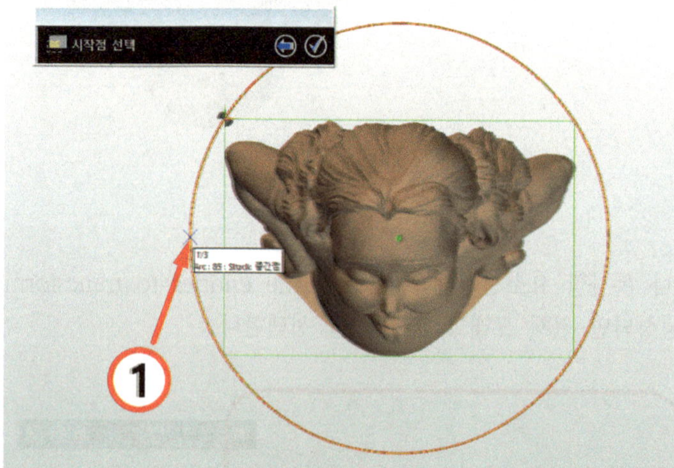

- 끝점 선택이라는 도움말이 생성되면 다음 그림에 맞게 우측 중심점 위치를 클릭한다.

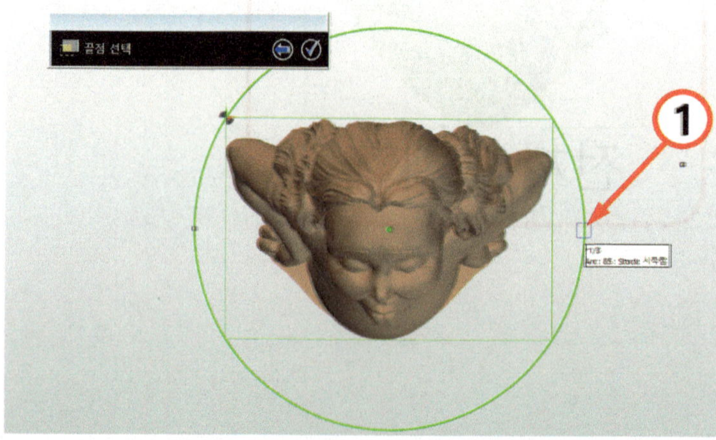

- 좌측 하단 피드백에 현재 소재의 크기를 확인 할 수 있다.

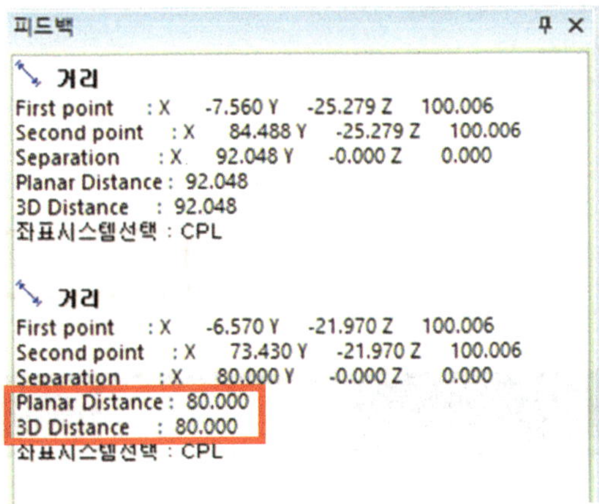

5.1.4 원점 이동하기

- 상단 편집창에서 변환을 눌러 변환 아이콘을 클릭한다.

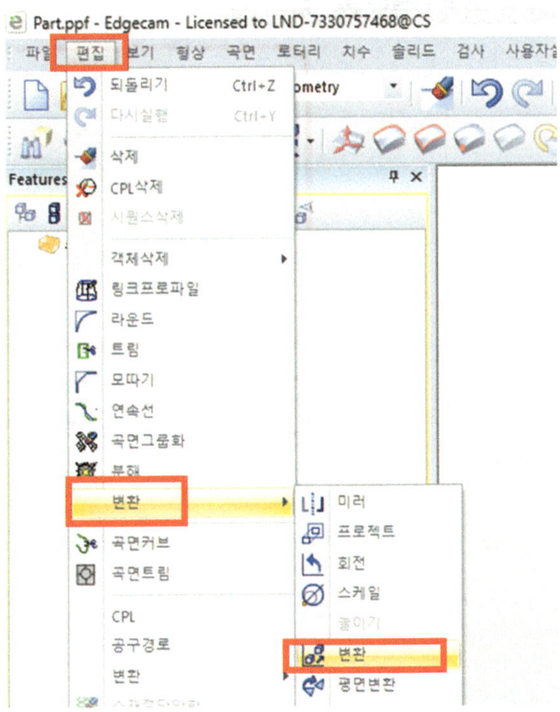

- 변환 창이 생성되면 다이나믹 체크 후 확인을 선택한다.

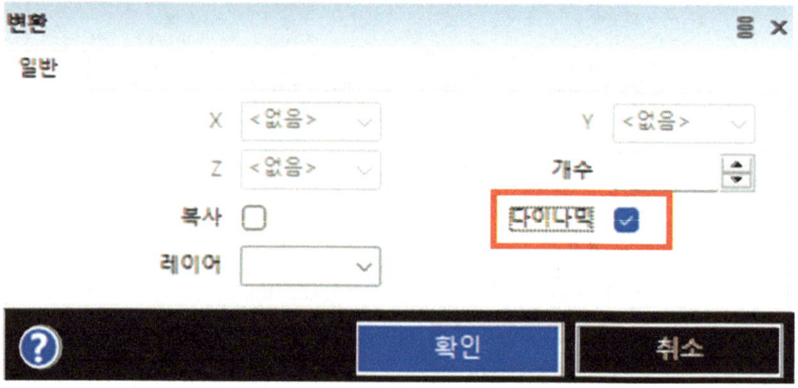

- 이동하거나 복사할 요소(Select the entities to transform (or finish)라는 도움말이 생성되면 전체 드래그 후 확인을 선택한다.

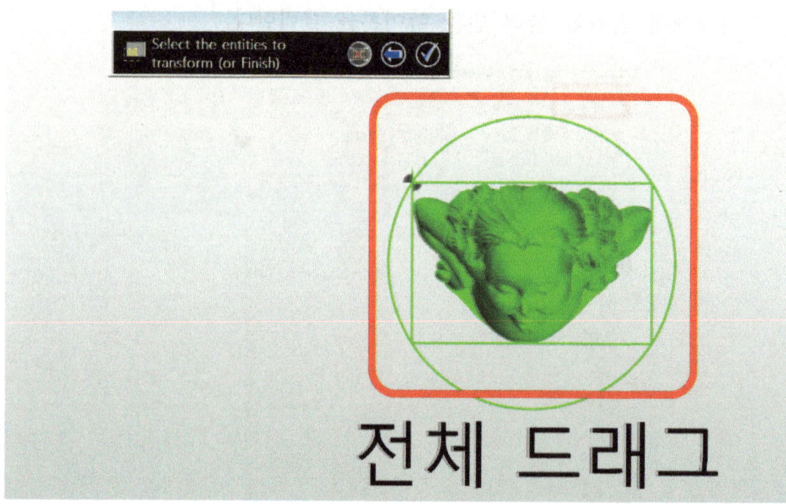

- 가공원점선택 이라는 도움말이 생성되면 지정할 원점을 선택한다.

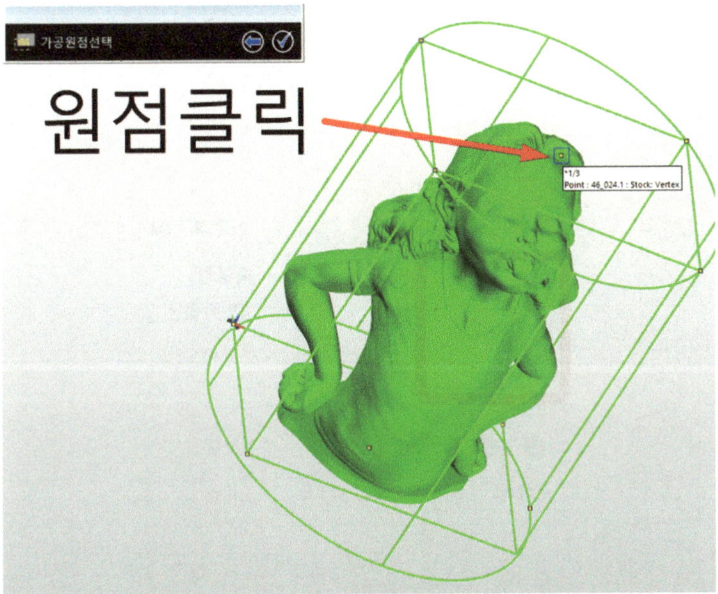

- 목적지가 될 포인트 선택 이라는 도움말이 생성되면 우측 ui에서 좌표입력 아이콘이 활성화된다. 해당 아이콘을 선택한다.

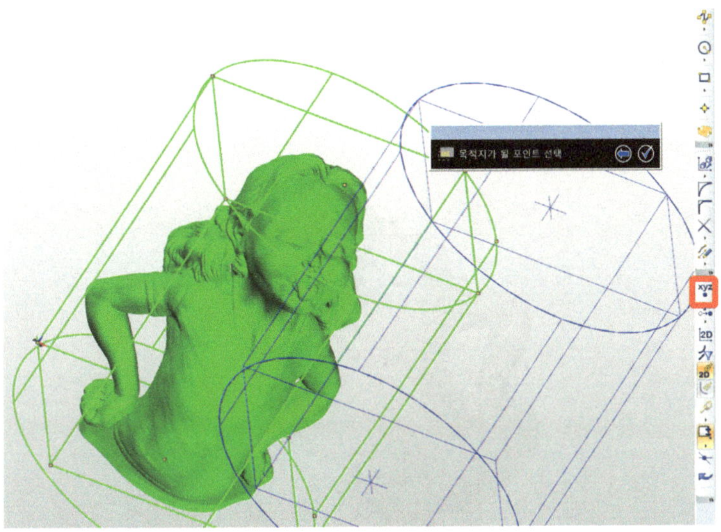

- 좌표값입력 창이 생성되면 다음 그림에 맞게 입력 후 확인을 선택한다.

  X : 0

  Y : 0

  Z : 0

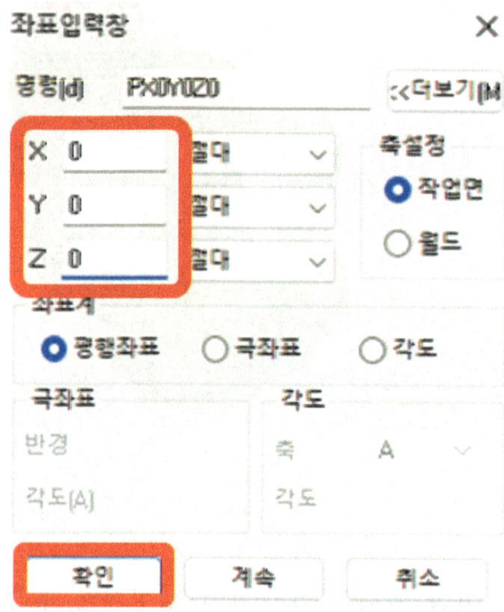

- 원점이 중심으로 변경된 것을 확인 할 수 있다.

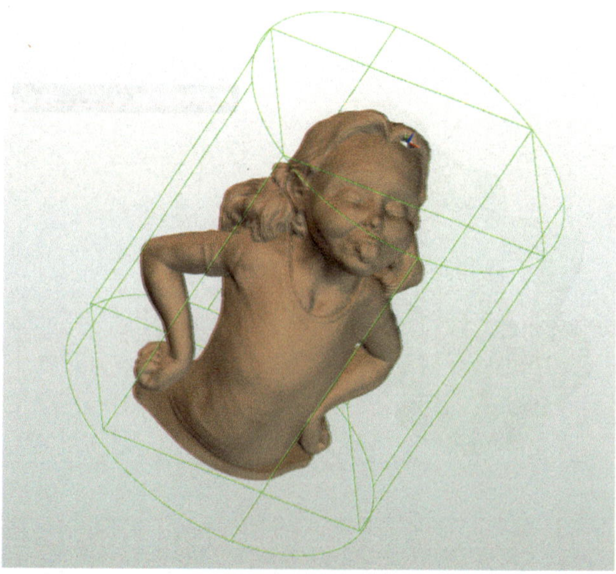

5.1.5 STL 모델링 지지대 및 형상 제작

- 우측 원/호 아이콘을 선택한다

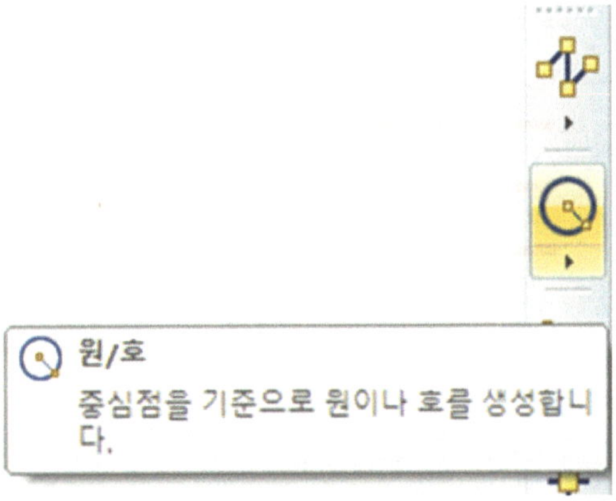

- 원/호 창이 생성되면 다음 그림에 맞게 입력 후 확인을 선택한다.

  반지름 : 0.2

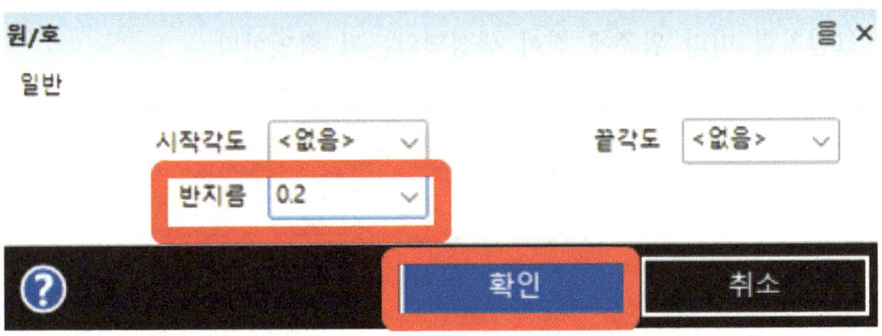

- 우측 좌표입력 아이콘을 선택한다.

- 좌표값입력 창이 생성되면 다음 그림에 맞게 입력 후 확인을 선택한다.

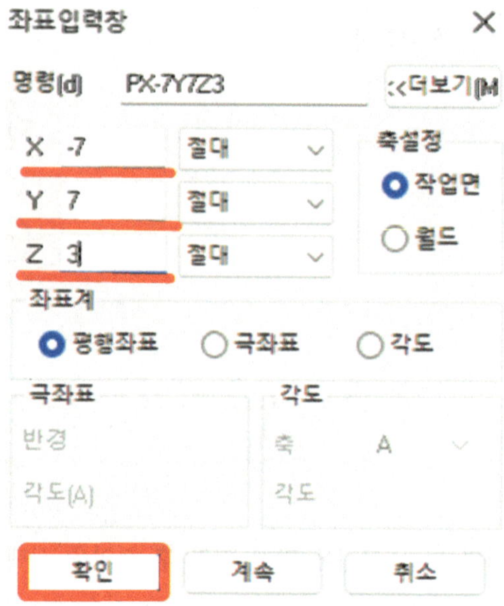

- 다음 그림처럼 머리 위쪽에 점이 생성되었는지 확인한다.

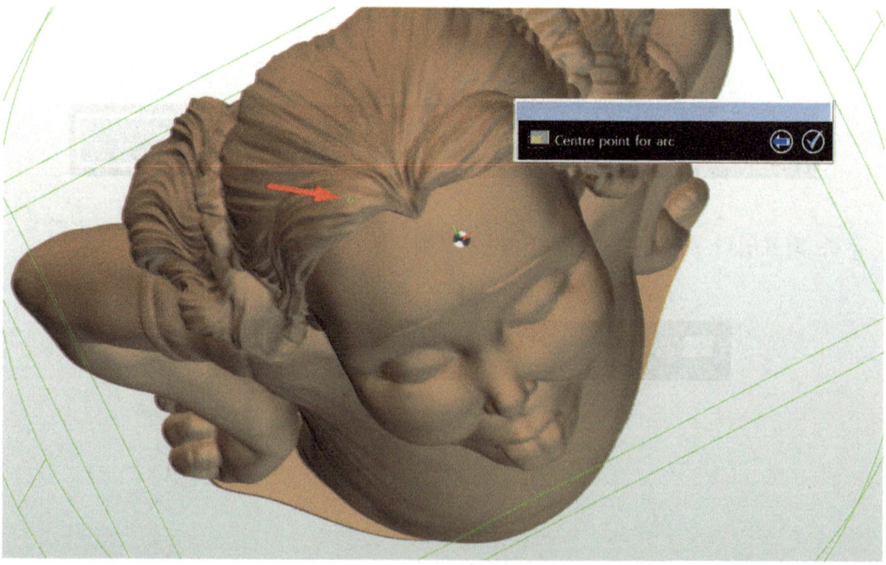

- 좌측 좌표입력 아이콘을 선택한다.

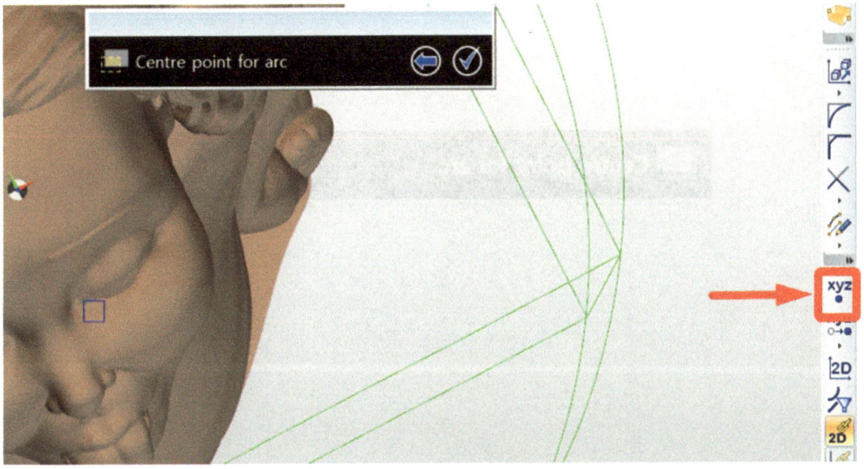

- 좌표값입력 창이 생성되면 다음 그림에 맞게 입력 후 확인을 선택한다.

X : 0

Y : 0

Z : -86.909

- 좌측 좌표입력 아이콘을 선택한다.

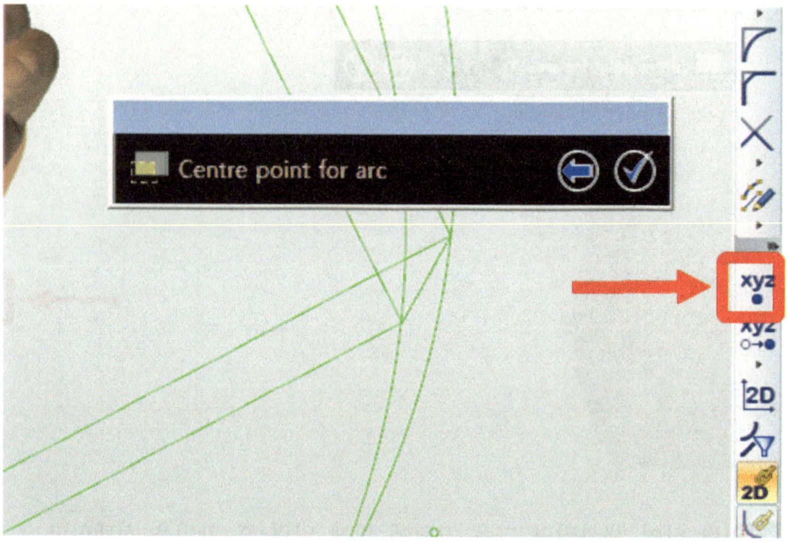

- 좌표값입력 창이 생성되면 다음 그림에 맞게 입력 후 확인을 선택한다.

  X : 0

  Y : 0

  Z : -100

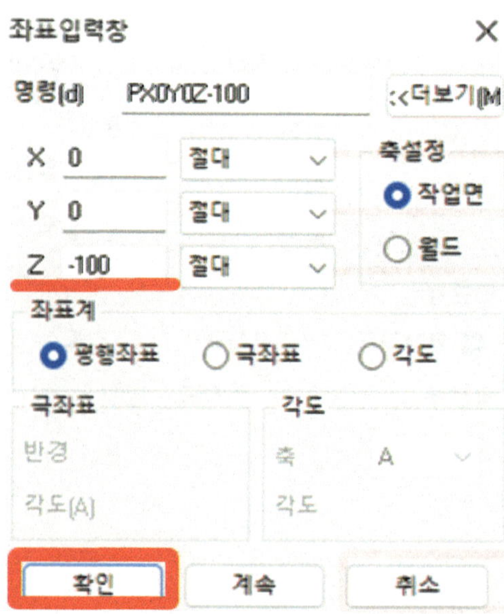

- 만들어진 원의 위치를 확인한 뒤 다음 그림과 같이 되돌아가기를 클릭한다.

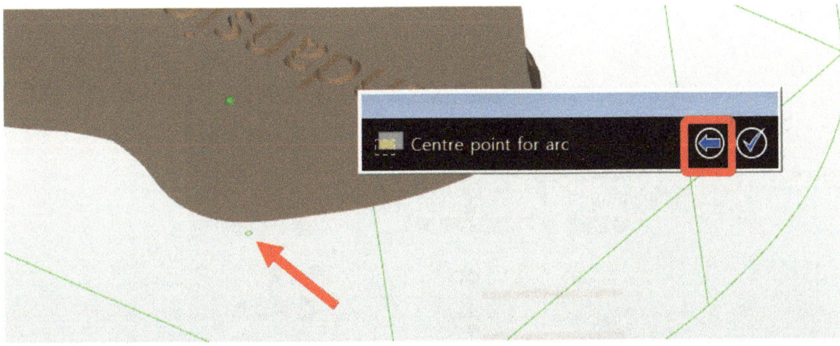

- 원/호창이 생성되면 좌측 그림에 맞게 입력 후 확인을 선택한다.

  반지름 : 15

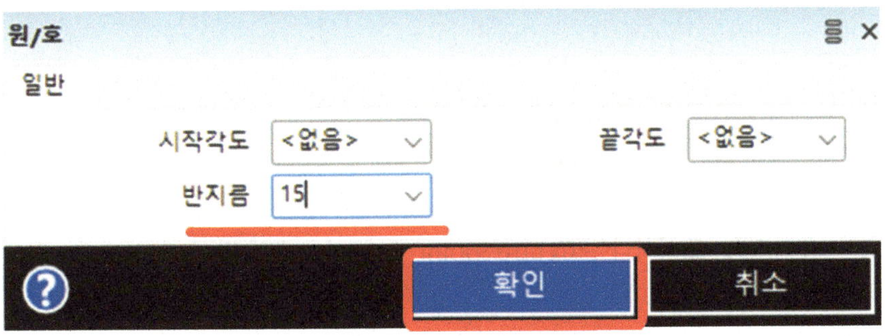

- 좌측 좌표입력 아이콘을 선택한다.

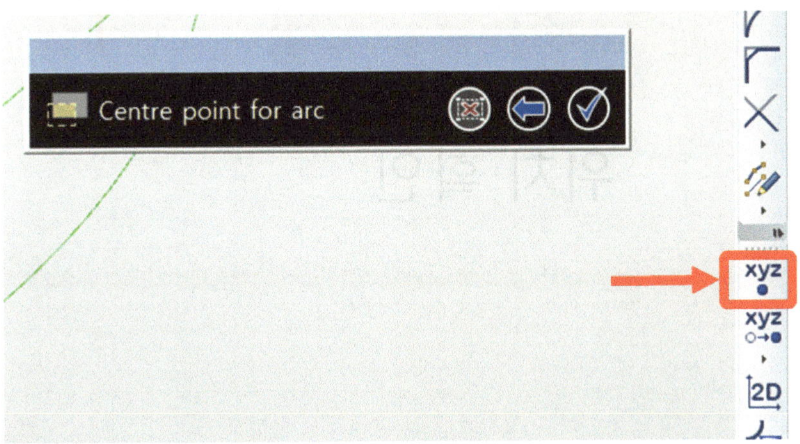

- 좌표값입력 창이 생성되면 좌측 그림에 맞게 입력 후 확인을 선택한다.

  X : 0

  Y : 0

  Z : -86.909

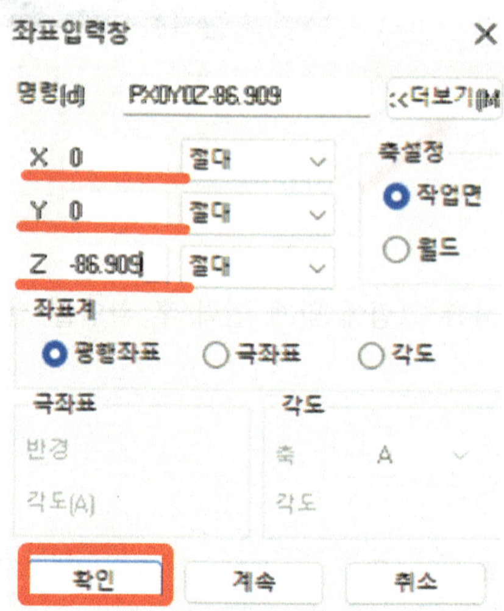

- 호의 중심점을 표시하라는(Centre point for arc) 도움말이 생성된다. 위치 확인 후 되돌리기를 선택한다.

- 원/호 창이 생성되면 다음 그림에 맞게 입력 후 확인을 선택한다.

  반지름 : 30

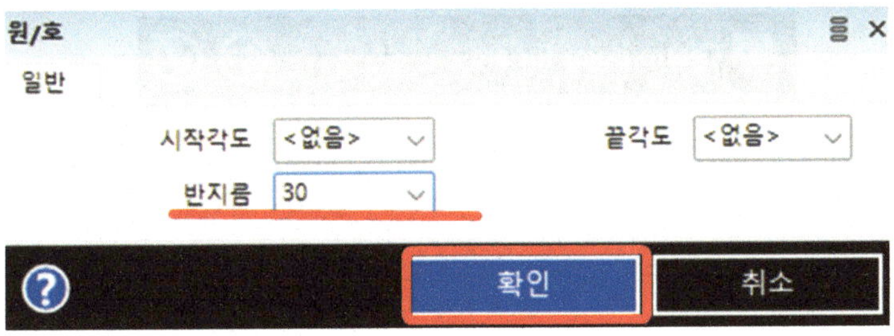

- 좌측 좌표입력 아이콘을 선택한다.

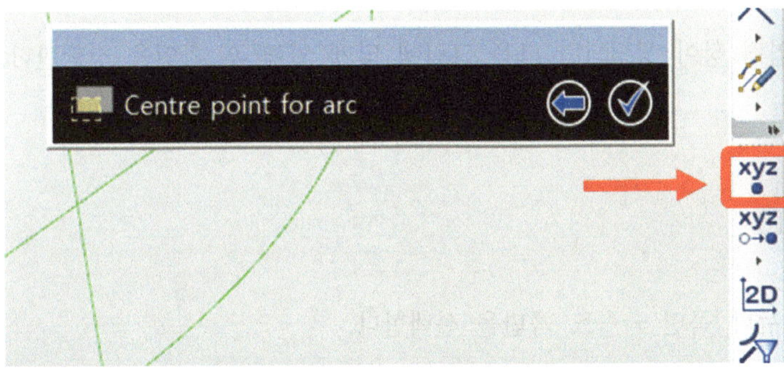

- 좌표값입력 창이 생성되면 다음 그림에 맞게 입력 후 확인을 선택한다.

  X : 0

  Y : 0

  Z : -100

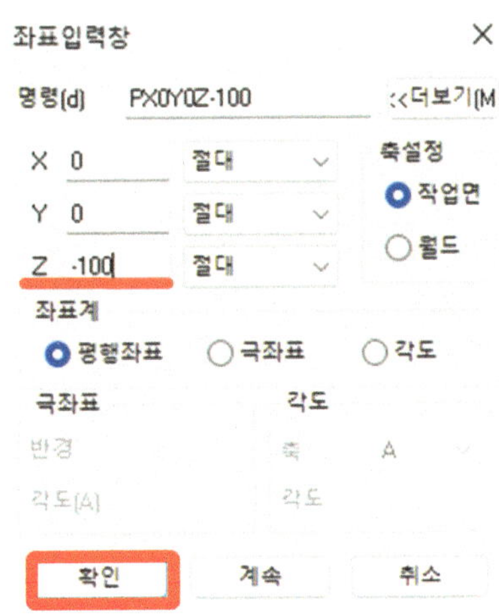

- 좌측 좌표입력 아이콘을 선택한다.

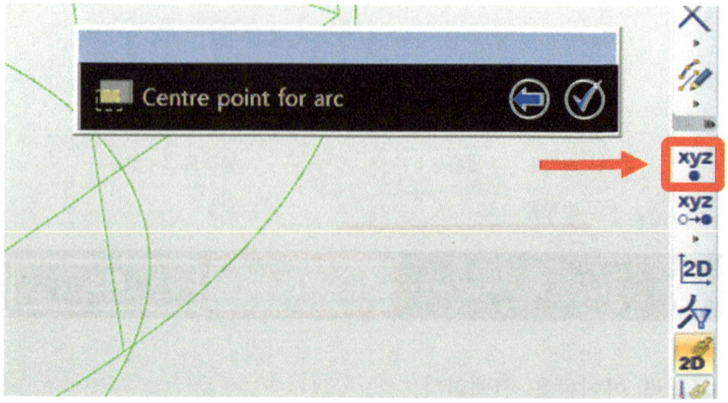

- 좌표값입력 창이 생성되면 다음 그림에 맞게 입력 후 확인을 선택한다.

  X : 0

  Y : 0

  Z : -110

- 상단 매뉴에 곡면 - 룰드 곡면을 선택한다.

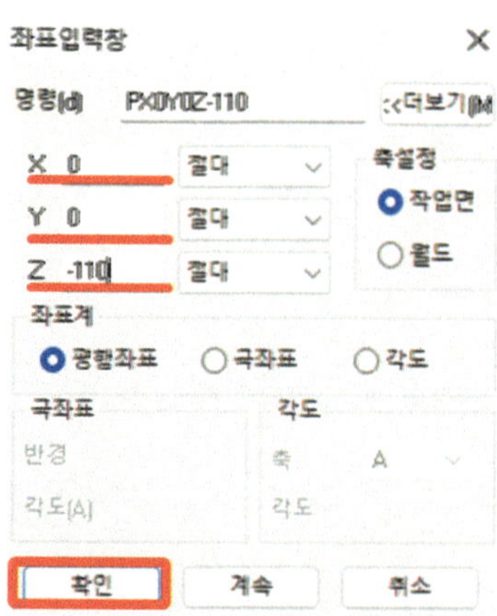

- 룰드 창이 생성되면 확인을 선택한다.

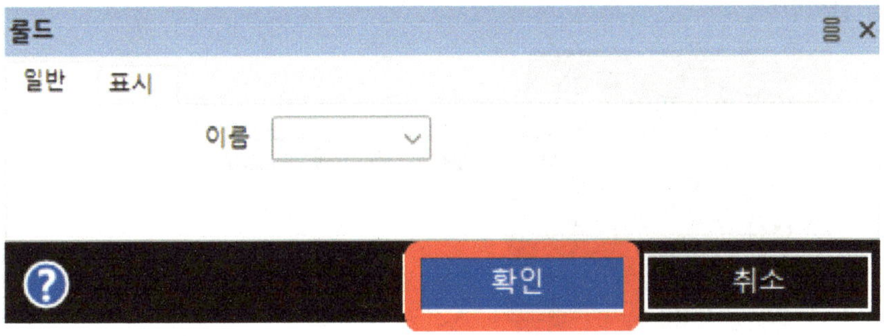

- 제1요소선택 (Select first entity)하라는 도움말이 생성되면 반경 0.2원을 클릭한다.

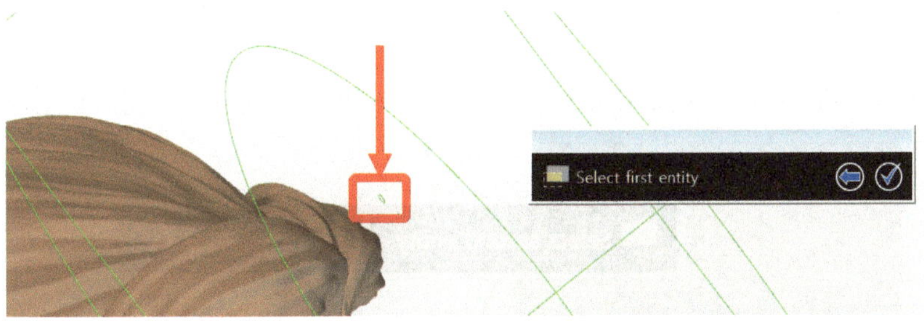

- 제2요소선택 (Select second entity) 하라는 도움말이 생성되면 STL 바닥판의 반경 0.2원을 클릭한다.

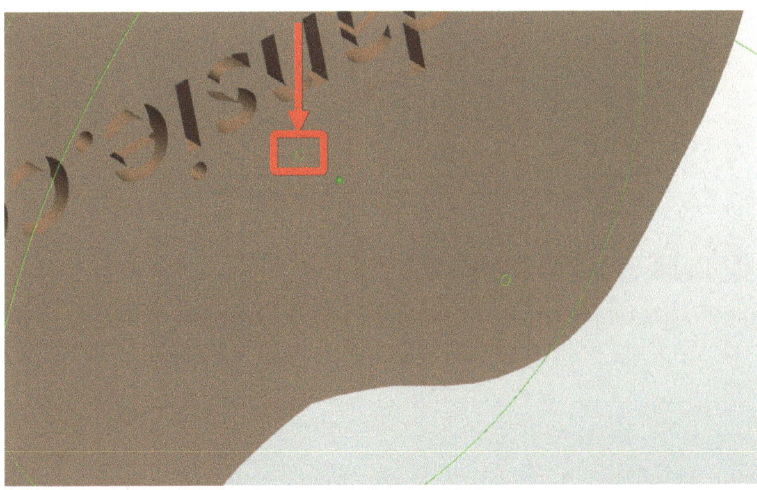

- 제1요소선택 (Select first entity)하라는 도움말이 생성되면 STL 바닥판의 반경 0.2원을 클릭한다.

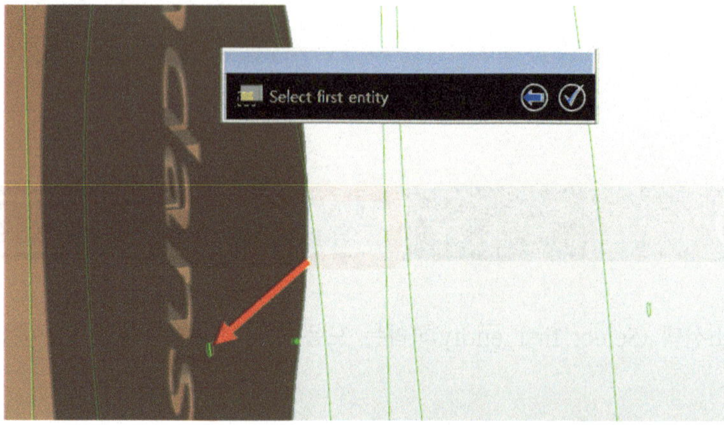

- 제2요소선택 (Select second entity) 하라는 도움말이 생성되면 반경 15 원을 클릭한다.

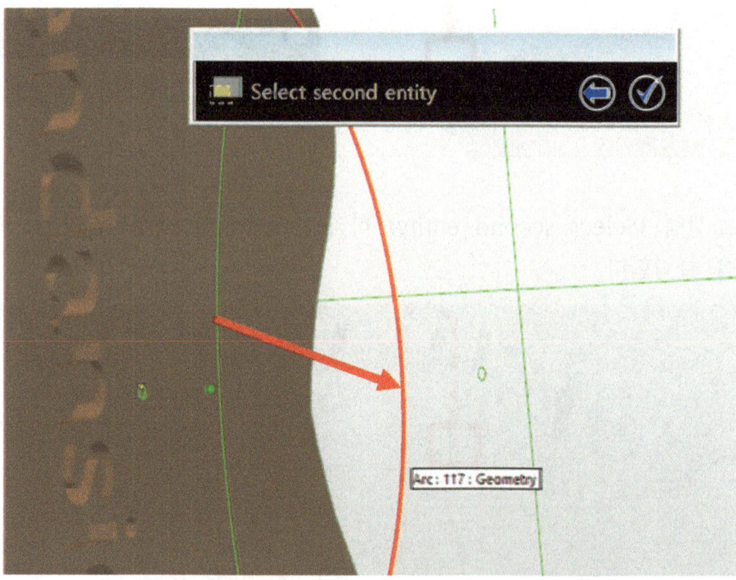

- 제1요소선택 (Select first entity)하라는 도움말이 생성되면 반경 15 원을 클릭한다.

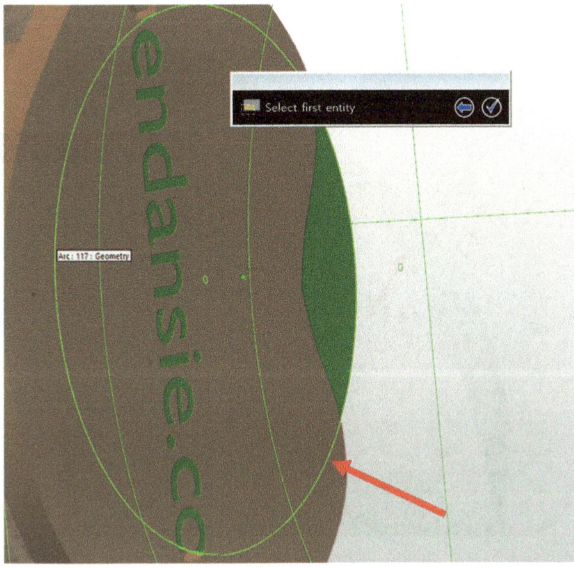

- 제2요소선택 (Select second entity) 하라는 도움말이 생성되면 반경 30 원을 클릭한다.

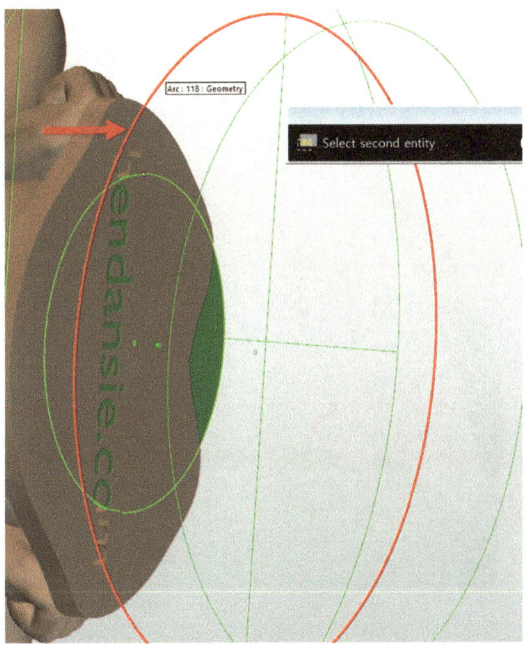

- 제1요소선택 (Select first entity)하라는 도움말이 생성되면 위쪽 반경 30 원을 클릭한다.

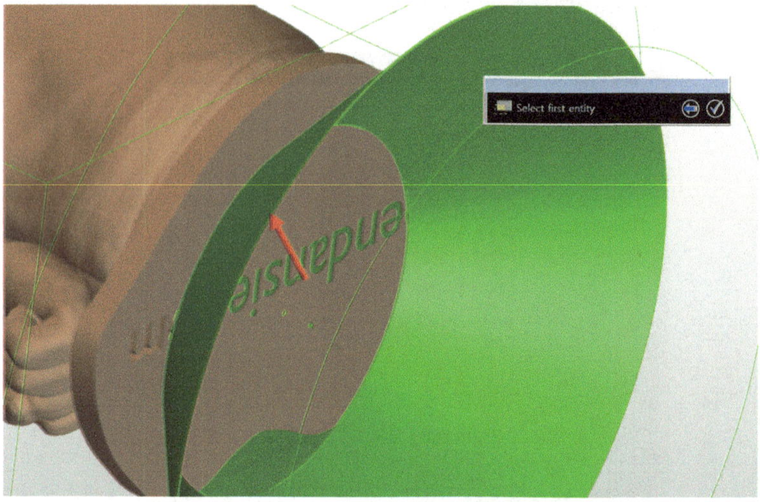

- 제2요소선택 (Select second entity) 하라는 도움말이 생성되면 아래쪽 반경 30 원을 클릭한다.

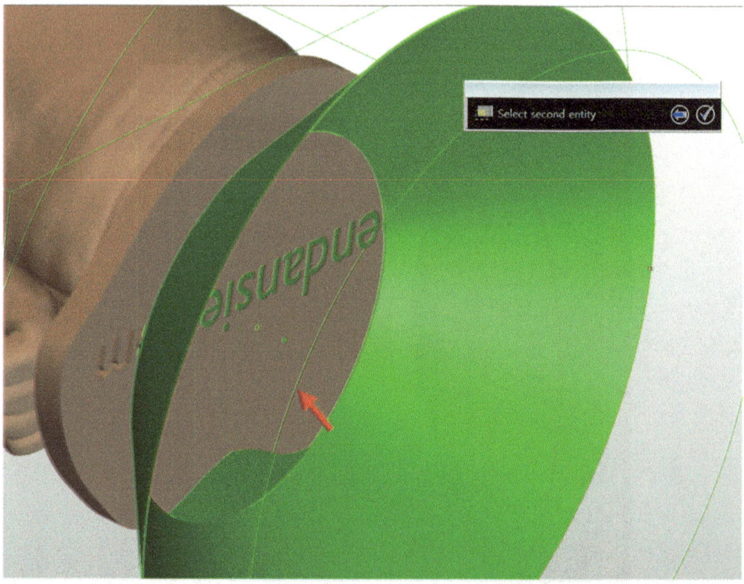

- 룰드가 생성된 것을 확인할 수 있다.

- 다음 그림과 바닥쪽 0.2 반경과 Z-100에 있는 0.2 반경을 순서대로 클릭한 다음 확인을 클릭한다.

- 룰드가 생성된 것을 확인할 수 있다.

5.1.6 가공 STOCK 생성

- 상단의 형상 - 모재설정을 클릭한다.

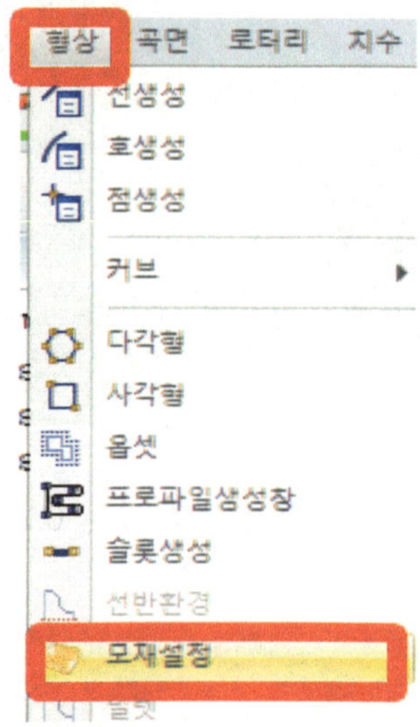

- 소재/지그 창이 나타나면 왼쪽 그림과 같이 입력 한 후 확인을 클릭한다.
  자동소재설정 : 체크해제
  타입 : 모재
  형태 : Box

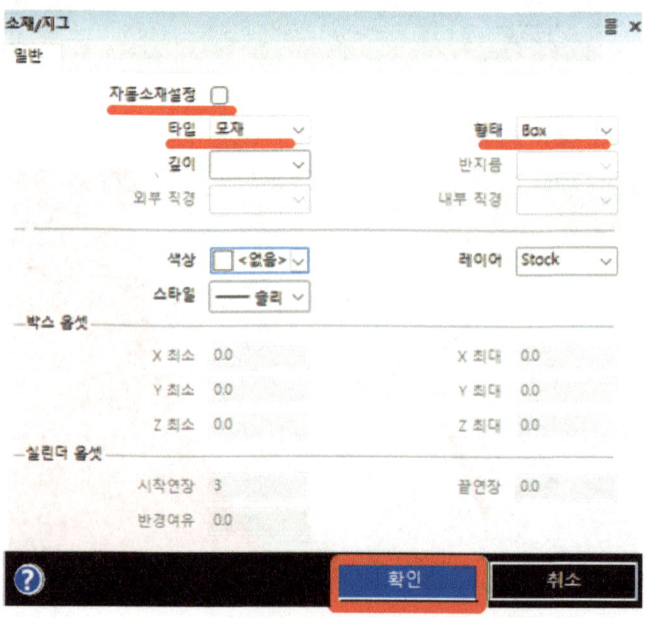

- 깊이를 정의하는 점을 선택(Select point to define depth) 이라는 메시지가 나타나면 좌측의 좌표입력을 클릭한다.

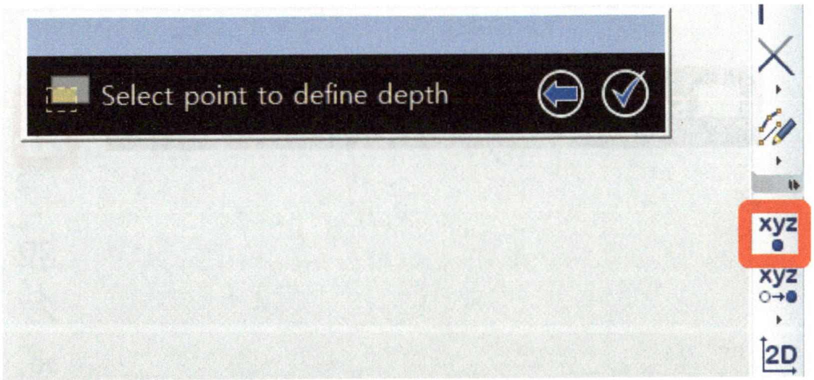

- 좌표값입력 창이 생성되면 좌측 그림에 맞게 입력 후 확인을 선택한다.

  X : 0

  Y : 0

  Z : -100

- 박스타입의 첫 번째 코너를 선택(Select first corner of box)하라는 메시지가 나타나면 우측의 좌표입력을 클릭한다.

- 좌표값입력 창이 생성되면 좌측 그림에 맞게 입력 후 확인을 선택한다.

X : 40

Y : 40

Z : 0

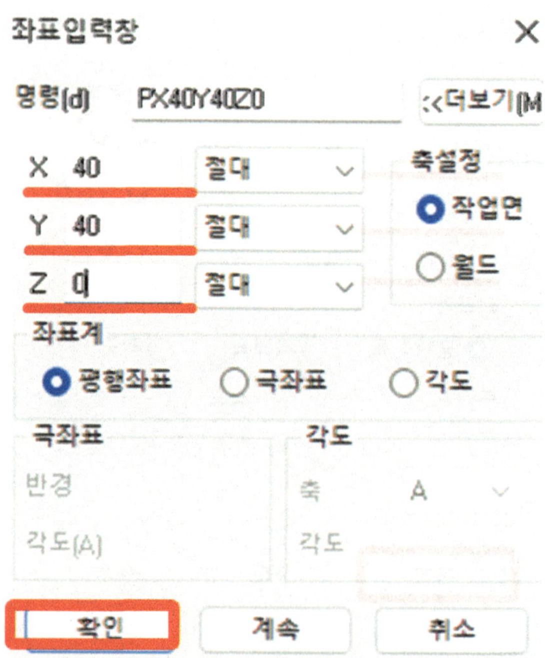

- 박스타입의 두 번째 코너를 선택(Select second corner of box)하라는 메시지가 나타나면 좌측의 좌표입력을 클릭한다.

- 좌표값입력 창이 생성되면 좌측 그림에 맞게 입력 후 확인을 선택한다.

X : -40

Y : -40

Z : 0

- 스톡이 생성되었다.

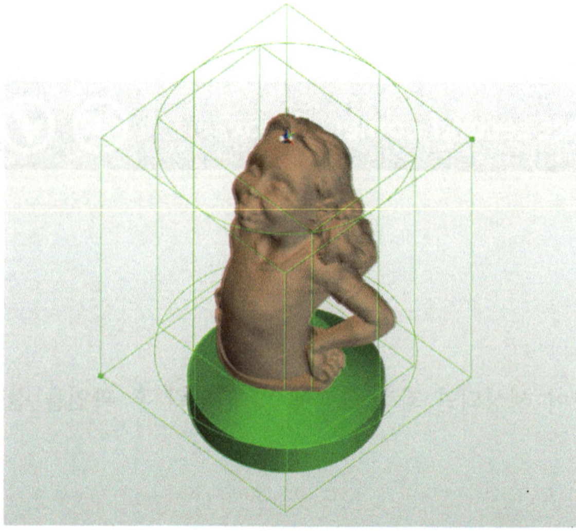

- 좌측 피쳐탭을 클릭한후 첫 번째 소재를 마우스 우측 클릭 후 삭제를 클릭하여 기존 소재를 삭제한다.

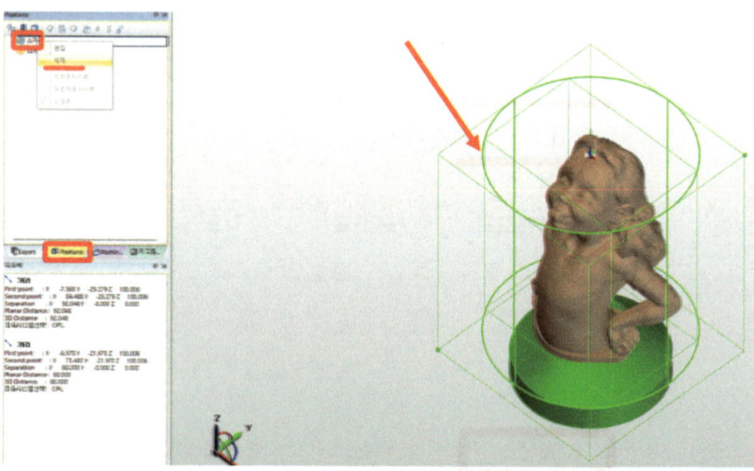

TIP. **피쳐탭이 보이지 않는다면 탭매뉴에서 마우스 우측을 클릭하여 나타낸 하위 매뉴에서 피쳐를 체크해준다.**

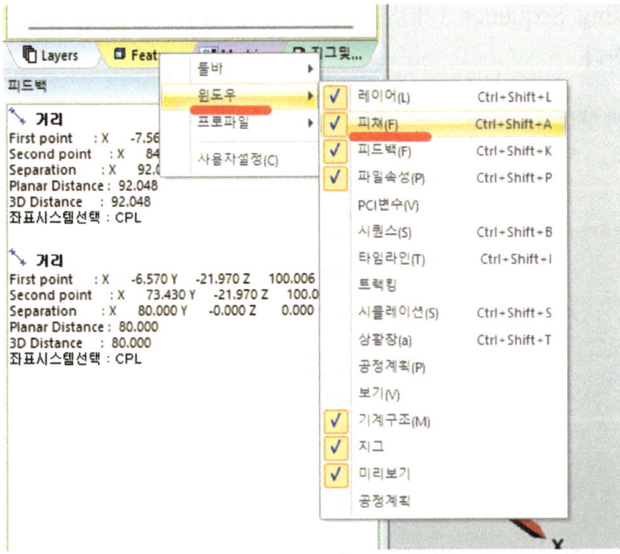

5.2 Post 설정

5.2.1 가공 시퀀스 post 선택하기

- 우측 상단 가공 탭을 클릭한다

- create Milling Sequence (가공 시퀀스) 창이 생성되면 다음 그림에 맞게 선택 후 확인을 클릭한다.

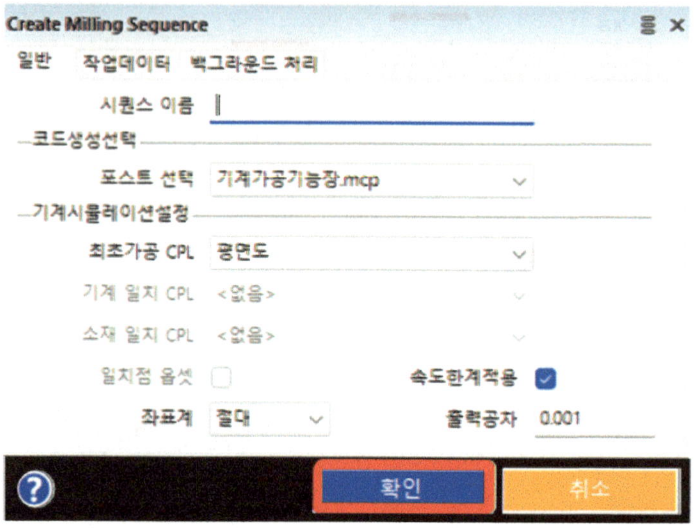

- 좌측 공정편집 탭에서 시퀀스 1:을 더블클릭 또는 우측 마우스 클릭 후 편집을 선택한다.

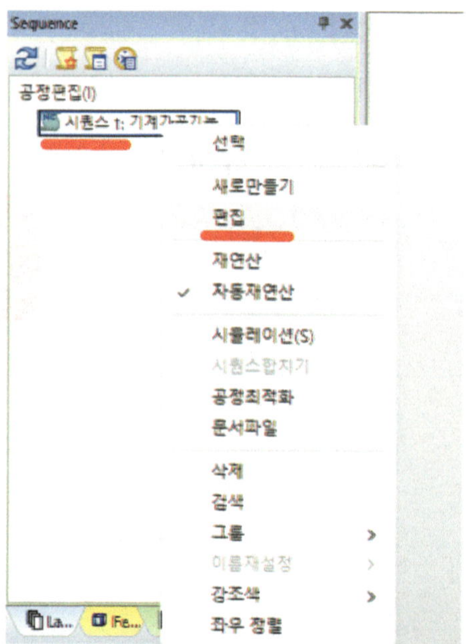

- 기계파라미터 창이 생성되면 다음 그림에 맞게 입력한다.

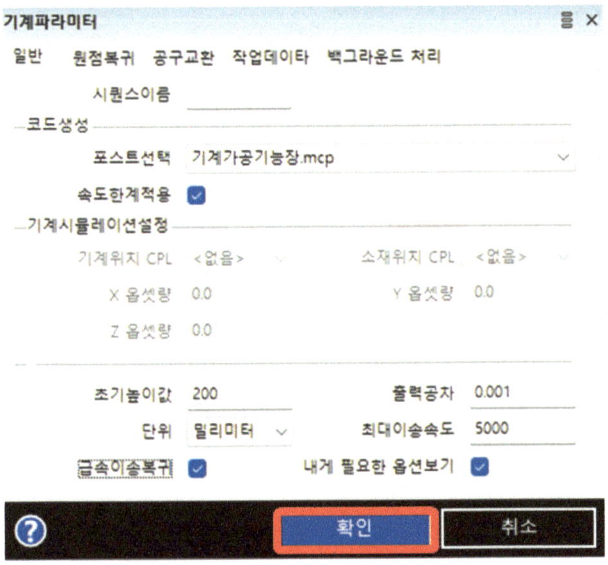

- 또한 코드생성- 포스트선택에서 해당 하는 환경에 맞는 포스트를 선택한다.

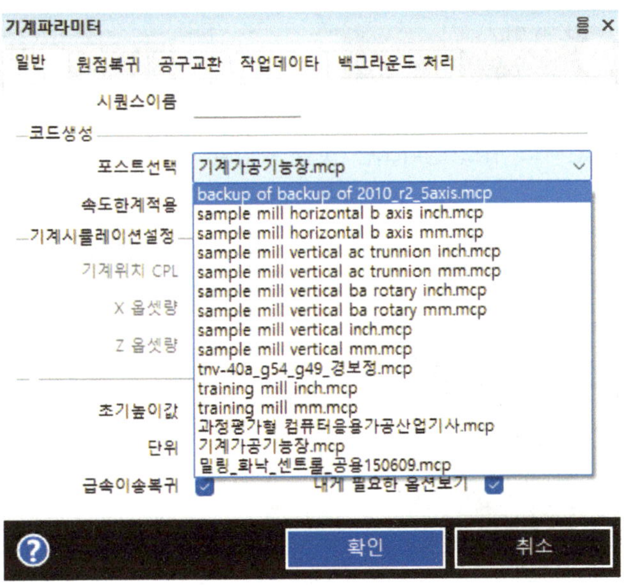

- 공구교환으로 이동한 다음 교환값이 다음 그림과 같은지 확인한다. (Z옵셋량 : -360)
  X교환 : -360
  Y교환 : 190
  Z교환 : 450

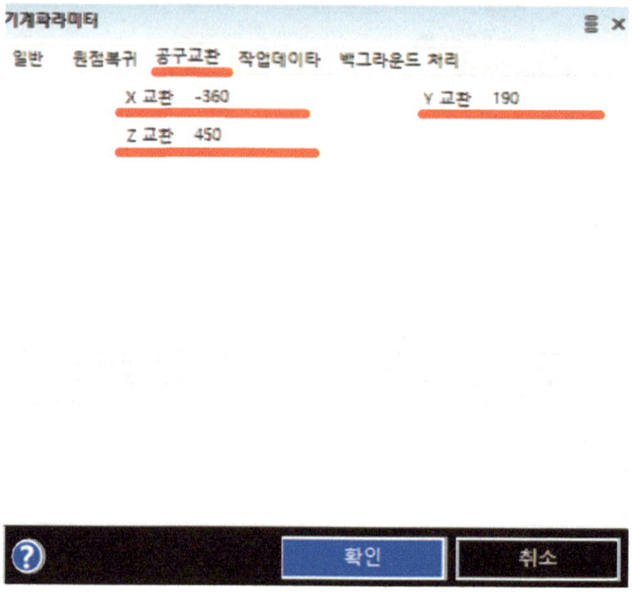

- 가공 모델이 인덱스 위로 올라오는 것을 확인할 수 있다.

5.3 3+2축 툴패스 생성

5.3.1 3+2축 황삭 가공

- 좌측 상단에 공구 아이콘 선택 후 엔드밀 공구 아이콘을 선택한다.

- 밀링공구 창이 생성되면 일반 탭에서 입력한다.

  공구번호 : 10

  공구직경 : 12

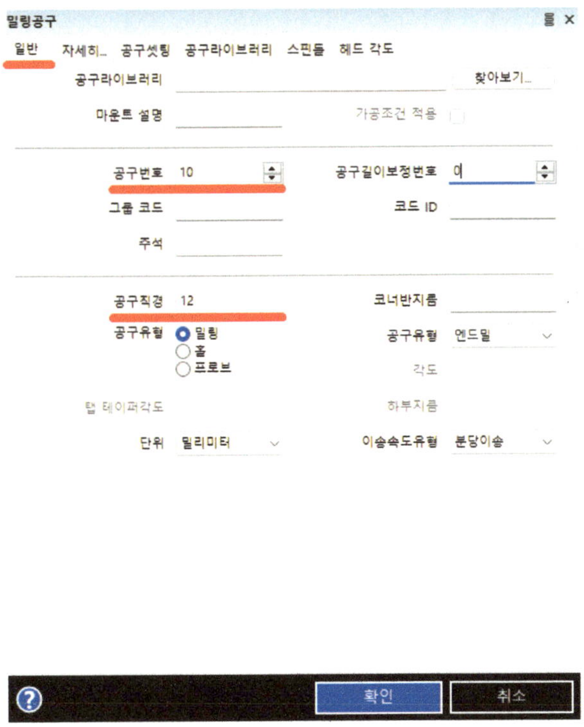

- 자세히 탭으로 이동 후

  날장 : 50

  색상 : 하늘색

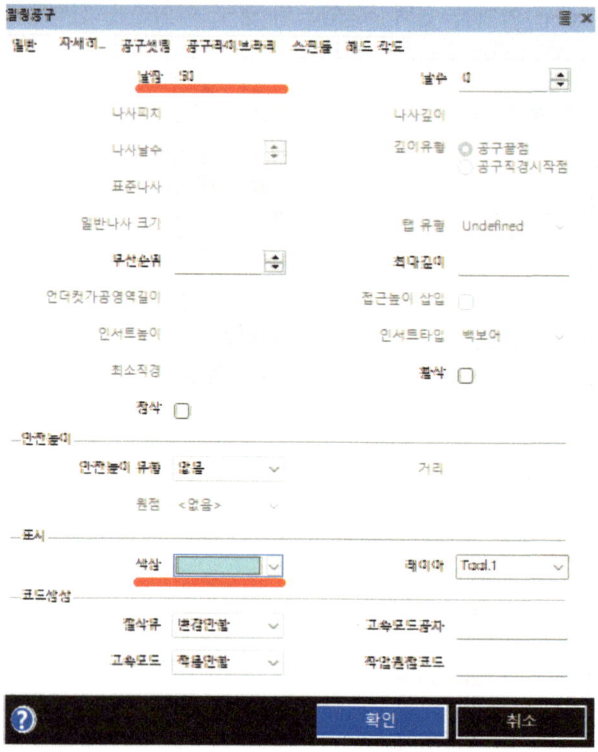

날장(가공 날)은 시뮬레이션을 볼 때 날장으로 인한 충돌 또는 미비된 가공이 될 수 있다.

- 공구 셋팅 탭으로 이동 후
  Z측정 : 50
  길이 : 50

① Z측정 : 시뮬 장비에 홀더가 Z축으로 숨어있다. 홀더에서 날장까지 Z축을 내려준다.
② 길이 : 생크의 길이를 뜻한다.

- 공구가 생성된 것을 확인할 수 있다.

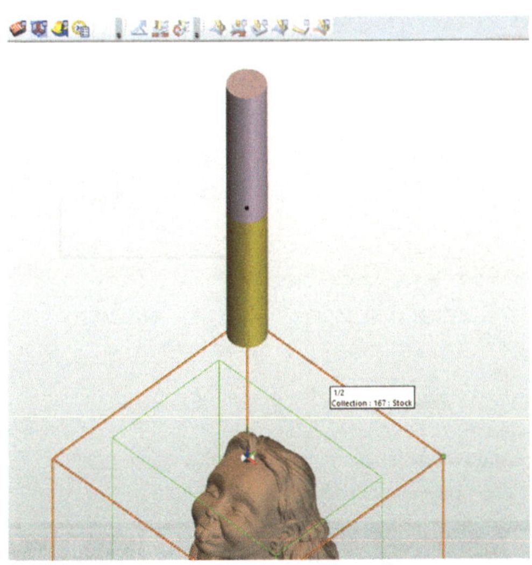

- 상단에서 밀링가공 - 황삭가공을 실행한다.

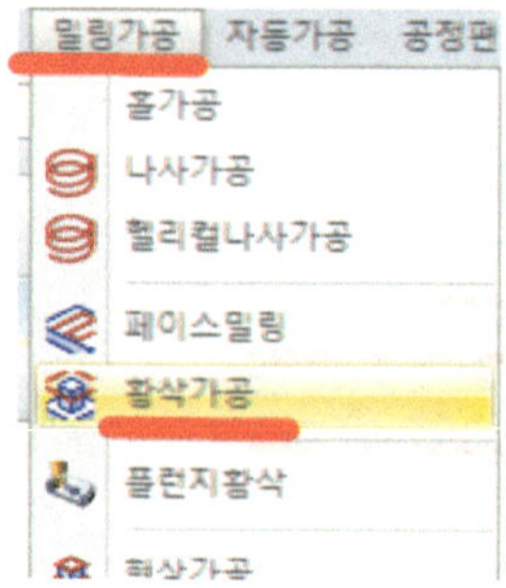

- 황삭가공 창이 실행되면 일반 탭에서 좌측 그림에 맞게 입력한다.

① 모델타입 : 곡면
② 가공방법 : 콘센트릭
③ 절삭방법 : 상하향가공
④ 여유량 : 0.1
⑤ Z여유량 : 0.1
⑥ 황정삭피치 : 50
⑦ 모재타입 : 현재소재
⑧ 이송속도 : 3000
⑨ Z이송속도 : 3000
⑩ 회전속도 : 6000

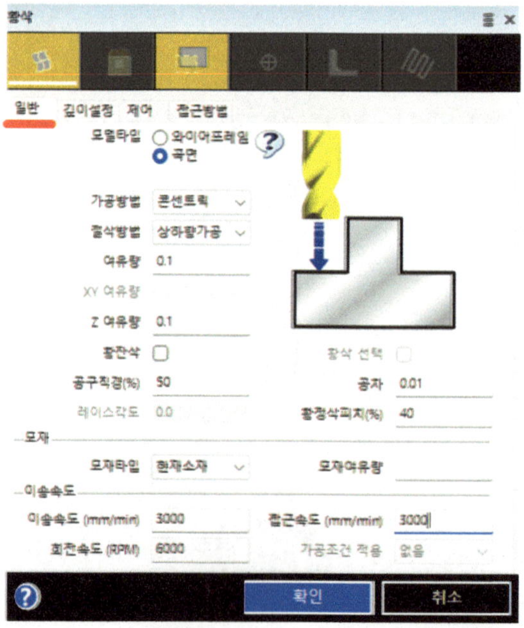

모델타입 : 와이어프레임 : 2D라인 선택

곡면 : 스웝면 / 라운드/ 모따기 면 선택

- 깊이설정 탭으로 이동 후 좌측 그림에 맞게 입력한다.

① 안전높이 : 50

② 시작높이 : 0

③ 평탄면가공 : 체크

④ 가공깊이 : 15

⑤ 절입량 : 0.5

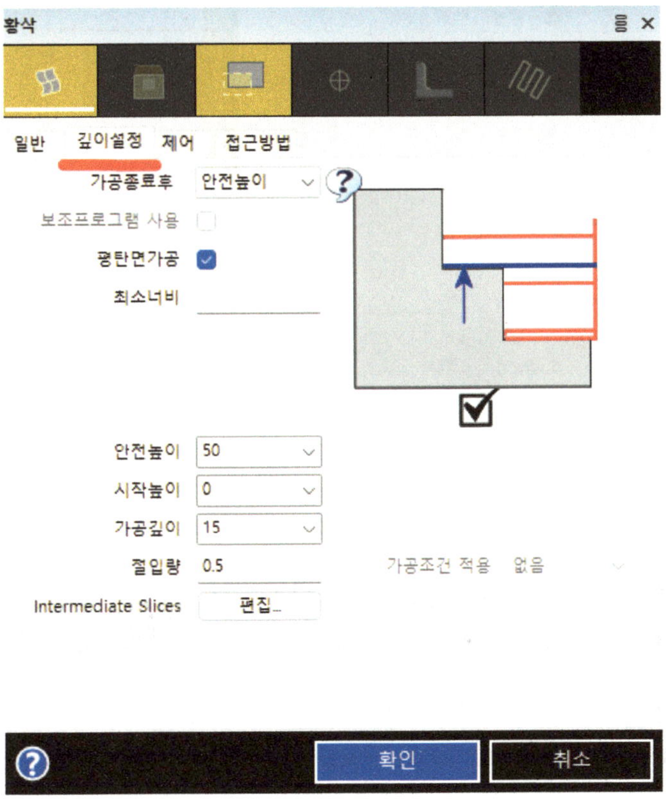

- 다음 그림에 맞게 입력 후 확인을 선택한다.

① 접근방법 : 램프
② 램프각도 : 2
③ 공구궤적펴기 : 체크
④ 진입구간절삭이송 : 체크
⑤ XY모재진입거리 : 10

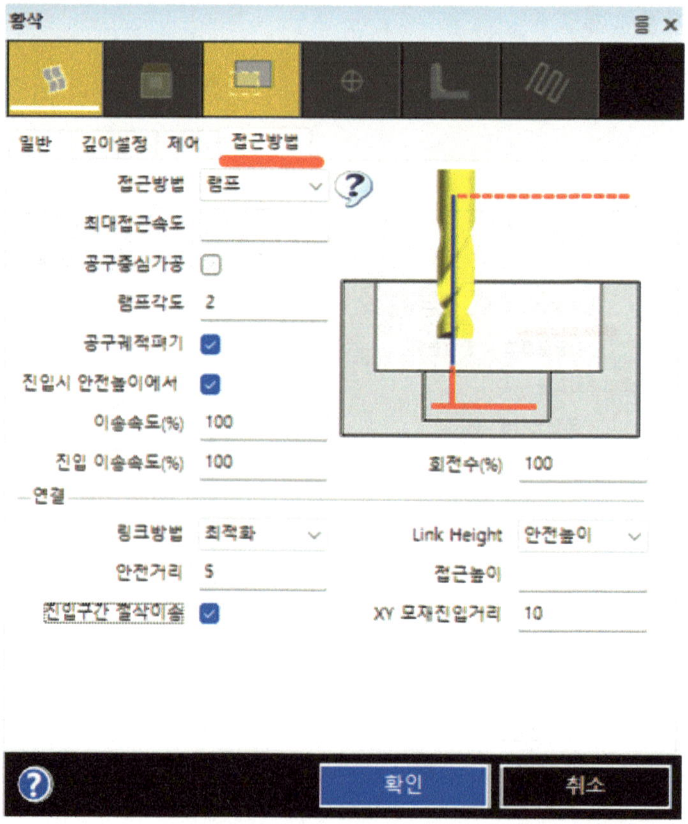

진입구간절삭이송 : 체크 시 G01 절삭이송(미 체크 시 G00 급속이송)
(드릴 위치로 엔드밀 진입 시 체크를 하여 천천히 내려준다. 진입 시 충동 방지 효과.)

절삭도피량 : Z 구간을 안전하게 5 mm 더 위에서 이동한다.

- 가공할 모델을 선택하라는 도움말 생성 후 그림에 맞게 선택 후 확인을 선택한다.
  모델링 클릭

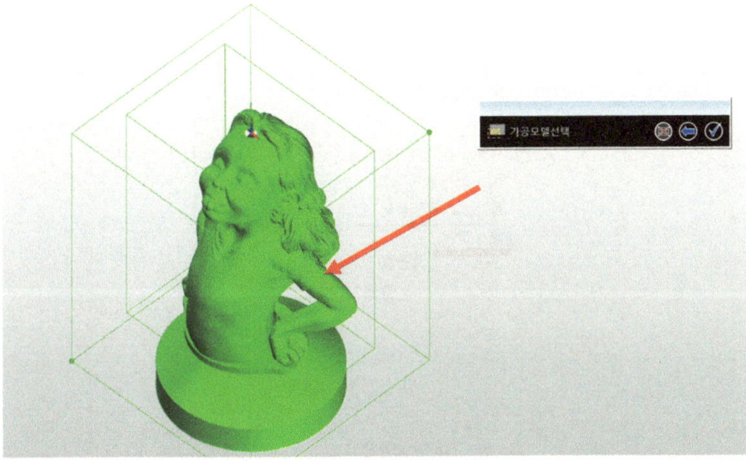

- 요소 경계 봉쇄 선택(정삭제외) 선택 하라는 도움말이 생성된다. 확인으로 넘어간다.

- 황삭가공 툴패스가 생성된 것을 확인할 수 있다.

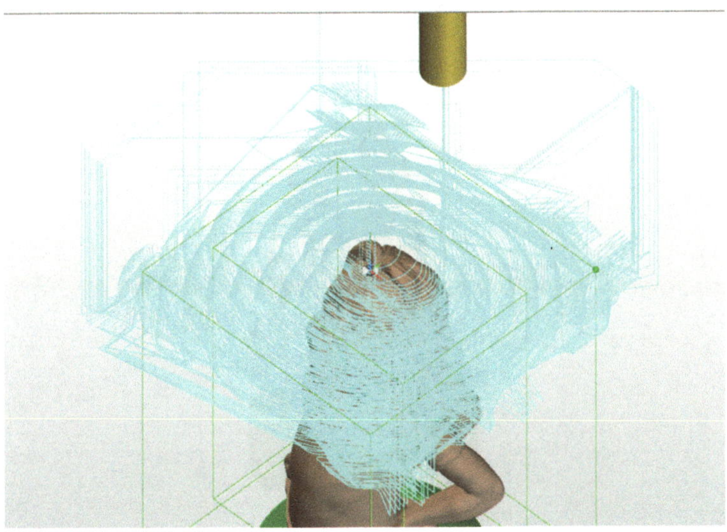

- 툴패스가 현재 생성이 되어있다. 현재 툴패스를 숨기도록 하겠다.
- 좌측 그림에 맞게 이용하여 숨기고자 하는 툴을 선택하여 표시를 체크 해제 한다.
- 각각 선택하여 표시를 해제해도 가능하다.

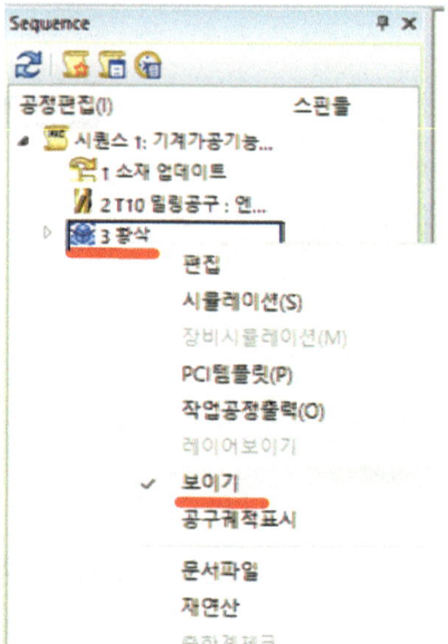

- 모든 툴패스가 숨겨진 것을 확인할 수 있다.

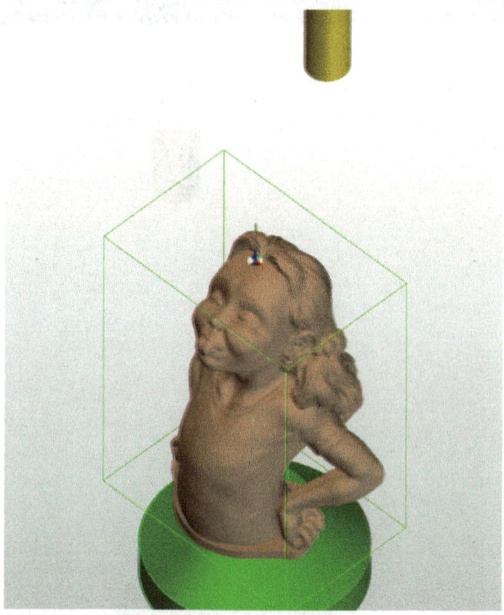

각도 분할 가공(정면도)

- 가공모드에서 상단 공구교환 아이콘을 선택한다.

- 처음 구동할 축을 Z로 설정하고 확인을 선택한다.

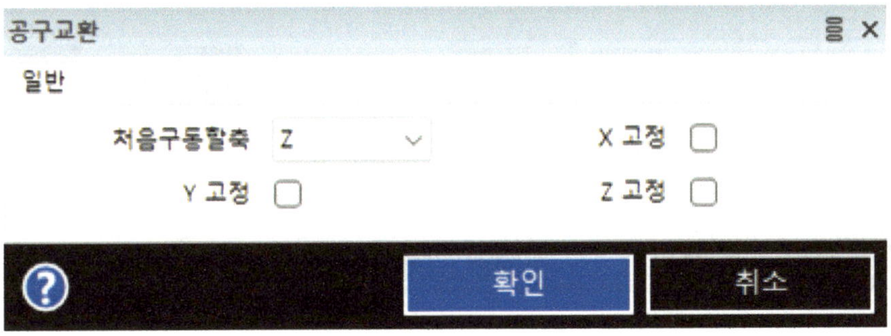

- 상단에 있는 인덱스자동설정을 선택한다.

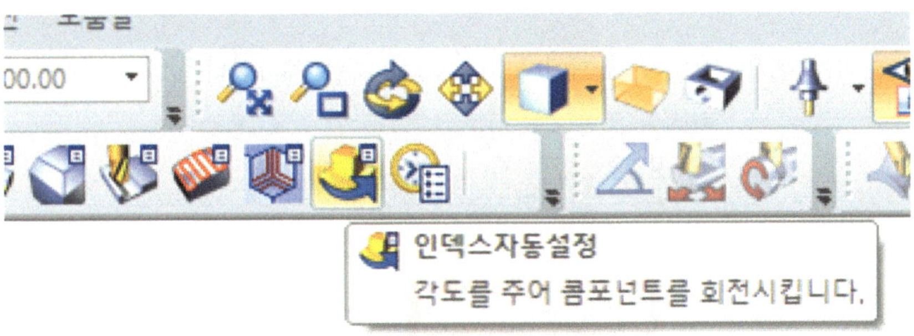

- 인덱스 창이 생성되면 다음 그림에 맞게 입력 후 확인을 선택한다.

① 방향설정 : 시계방향
② 이름 : 정면도
③ 접근유형 : 원점위치
④ 좌표유형 : 절대

※인덱스 : 만들어져 있는 작업평면을 불러오는 기능이다.

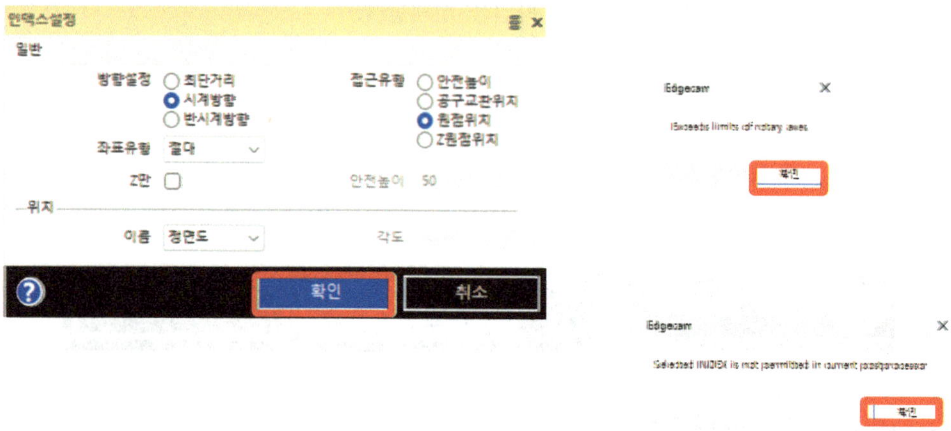

- 좌측 피쳐 탭을 선택 후 소재에서 최초로터리축을 채크한다.

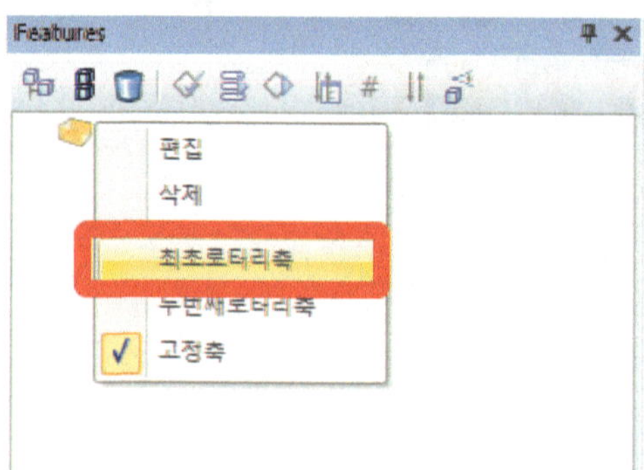

(1) 회전 축/ 고정 축 설명

① 제 1회전 축 : 주축이 틸팅되면서 시뮬레이션으로 확인 가능
② 제 2회전 축 : 인덱스 축이 틸팅 되어 시뮬레이션으로 확인 가능
③ 고정 축 : 모든 축이 고정 되면서 각도가 되어 있는 평면들은 시뮬레이션 확인 불가.

- 상단 황삭가공 아이콘을 선택한다.

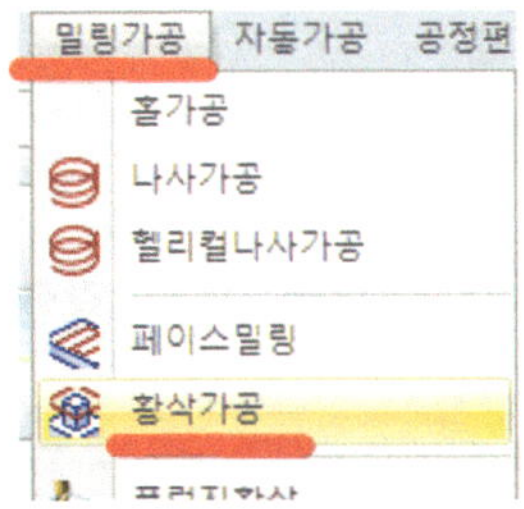

- 황삭가공 창이 실행되면 일반 탭에서 다음 그림에 맞게 입력한다.

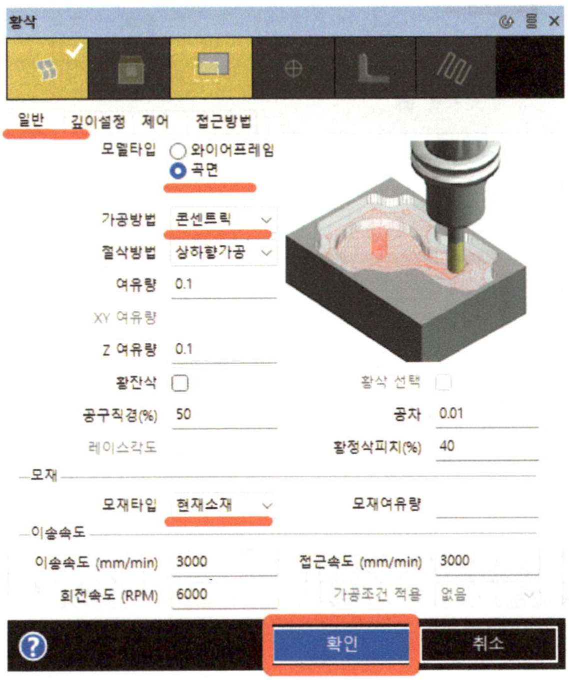

① 모델타입 : 곡면
② 가공방법 : 콘센트릭
③ 절삭방법 : 상하향가공
④ 여유량 : 0.1
⑤ Z여유량 : 0.1
⑥ 피치 : 40
⑦ 모재타입 : 현재소재
⑧ 이송속도 : 3000
⑨ Z이송속도 : 3000
⑩ 회전속도 : 6000

(2) 모델타입

① 와이어프레임 : 2D라인 선택
② 곡면 : 스웹면 / 라운드/ 모따기 면 선택

- 깊이설정 탭으로 이동 후 다음 그림에 맞게입력한다.

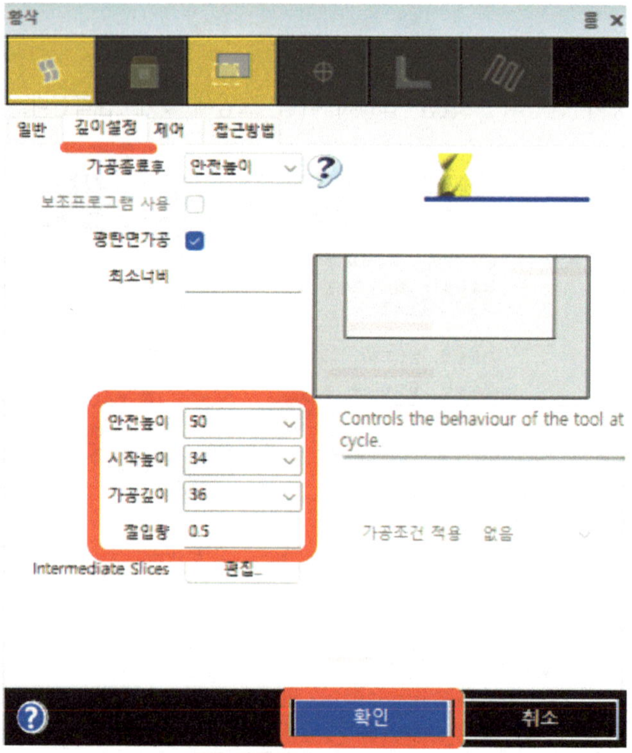

① 안전높이 : 50
② 시작높이 : 34
③ 절삭깊이 : 36
④ 절입량 : 0.5

- 그림에 맞게 입력 후 확인을 선택한다.

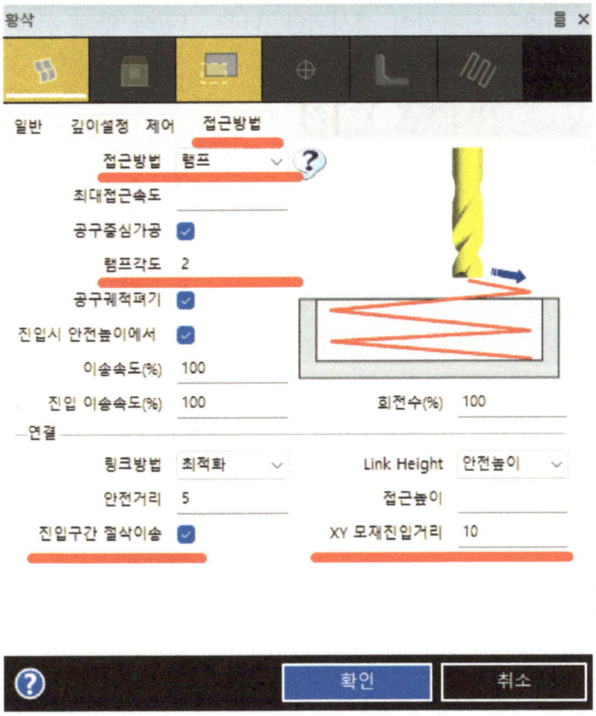

① 접근방법 : 램프
② 램프각도 : 2
③ 공구궤적펴기 : 체크
④ 진입구간 절삭이송 : 체크
⑤ XY모재진입거리 : 10

(3) 진입구간절삭이송 : 체크 시 G01 절삭이송, 미 체크 시 G00 급속이송

(드릴 위치로 엔드밀 진입 시 체크를 하여 천천히 내려준다. 진입 시 충돌 방지 효과)

(4) 절삭도피량 : Z 구간을 안전하게 5 mm 더 위에서 이동한다.

- 가공모델선택 하라는 도움말이 생성된다. 다음 그림에 맞게 선택 후 확인을 선택한다.

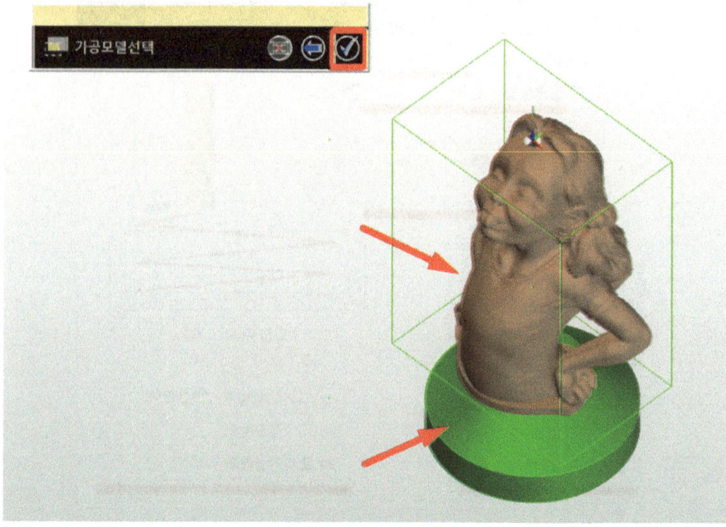

- 모델링과 아래 룰드 곡면을 선택한다.
- 요소 경계 봉쇄 선택(정삭제외)을 선택하라는 도움말이 생성된다. 다음 그림에 맞게 소재 틀을 하나씩 클릭 후 확인을 선택한다.
- 정면도에 해당하는 소재 클릭

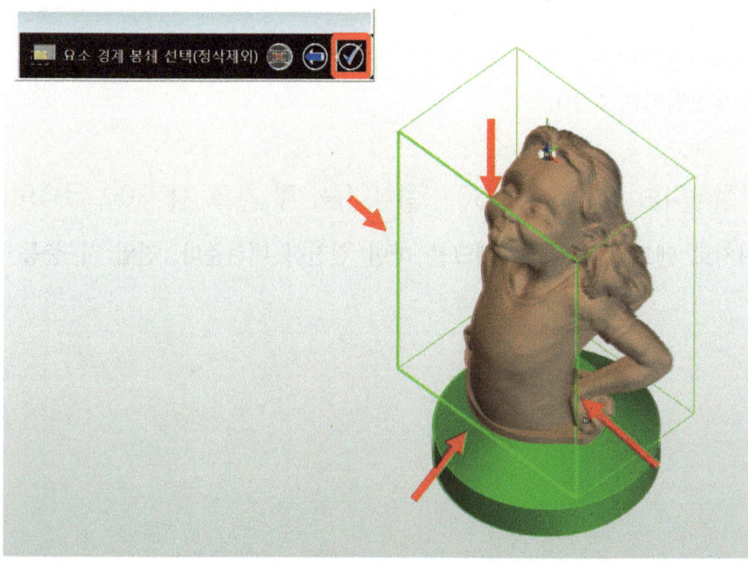

- 정면부에 황삭가공 툴패스가 생성된 것을 확인할 수 있다.

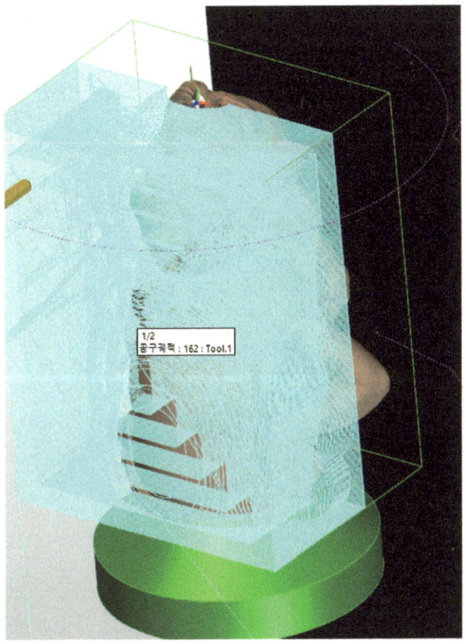

- 각도 분할 가공(배면도)
- 상단에 있는 공구교환 아이콘을 선택한다.

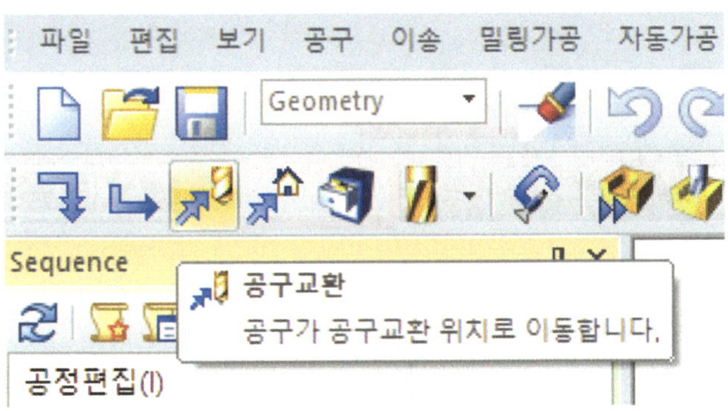

- 공구교환 창이 생성되면 처음구동할축을 Z로 변경 후 확인을 선택한다.

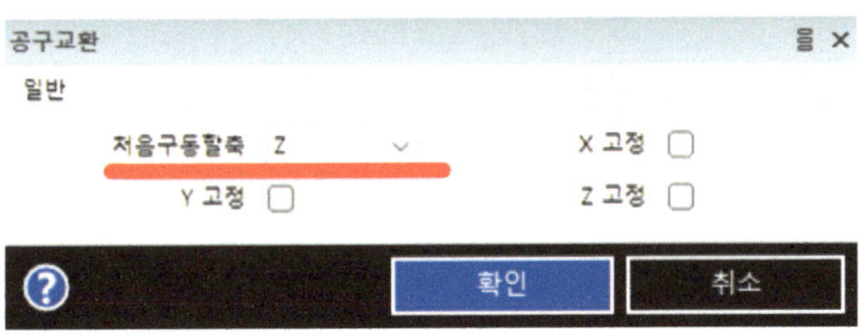

- 상단에 있는 인덱스자동설정 아이콘을 선택한다.

- 인덱스설정 창이 생성되면

① 좌측 그림에 맞게 입력 후 확인을 선택한다.
② 방향설정 : 시계방향
③ 접근유형 : 원점위치
④ 좌표유형 : 절대
⑤ 위치 : 배면도

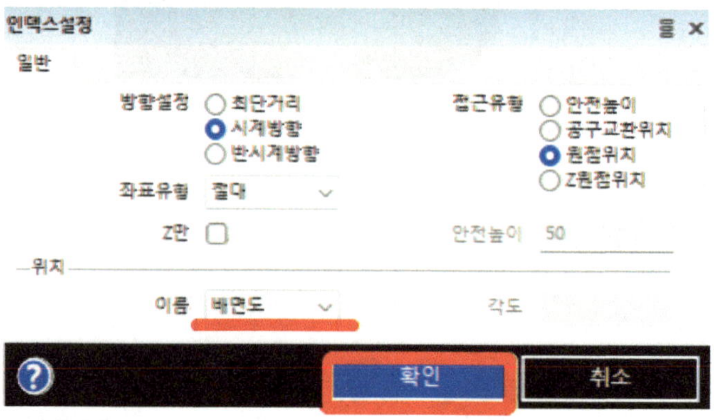

인덱스 : 만들어져 있는 작업평면을 불러오는 기능이다
후면도로 변경한 이후 X축이 위쪽을 향하고 있는지 확인한다.

- 상단 황삭가공 아이콘을 선택한다.

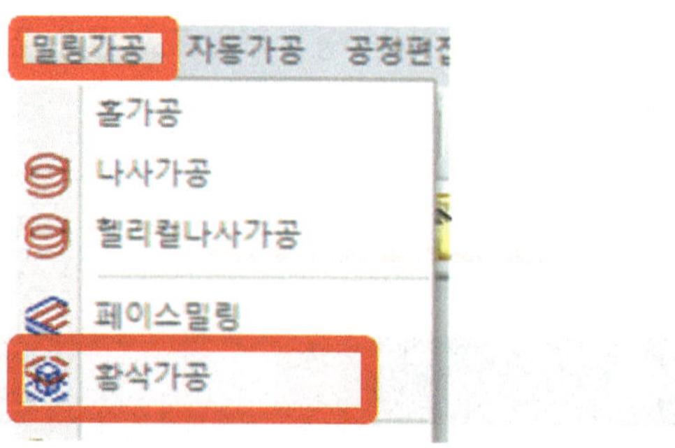

- 황삭가공 창이 실행되면 일반 탭에서 좌측 그림에 맞게 입력한다.

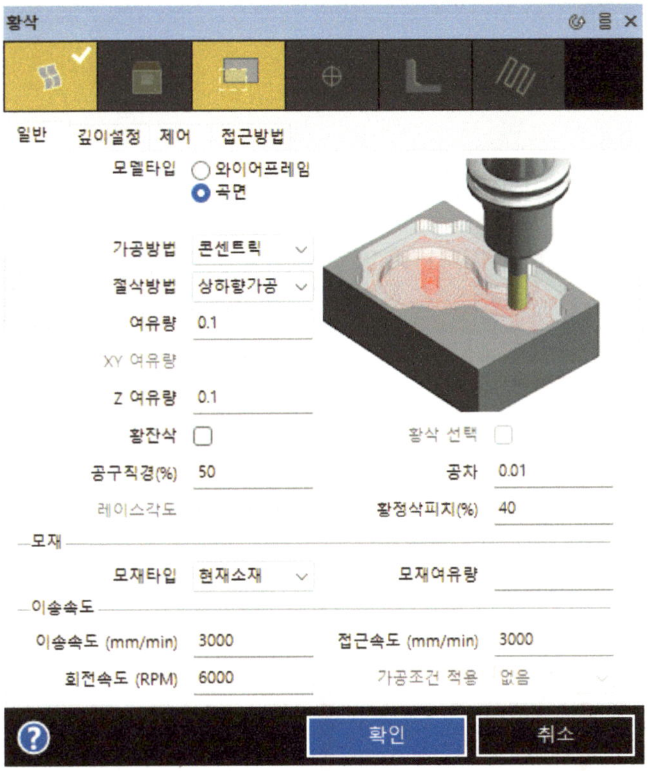

① 모델타입 : 곡면
② 가공방법 : 콘센트릭
③ 절삭방법 : 상하향가공
④ 여유량 : 0.1
⑤ Z여유량 : 0.1
⑥ 피치 : 40
⑦ 모재타입 : 현재소재
⑧ 이송속도 : 3000
⑨ Z이송속도 : 3000
⑩ 회전속도 : 6000

(4) 모델타입 : 와이어프레임 : 2D라인 선택

(5) 곡면 : 스윕면 / 라운드/ 모따기 면 선택

- 깊이설정 탭으로 이동 후 다음 그림에 맞게입력한다.

① 안전높이 : 50
② 시작높이 : 34
③ 절삭깊이 : 36
④ 절입량 : 0.5

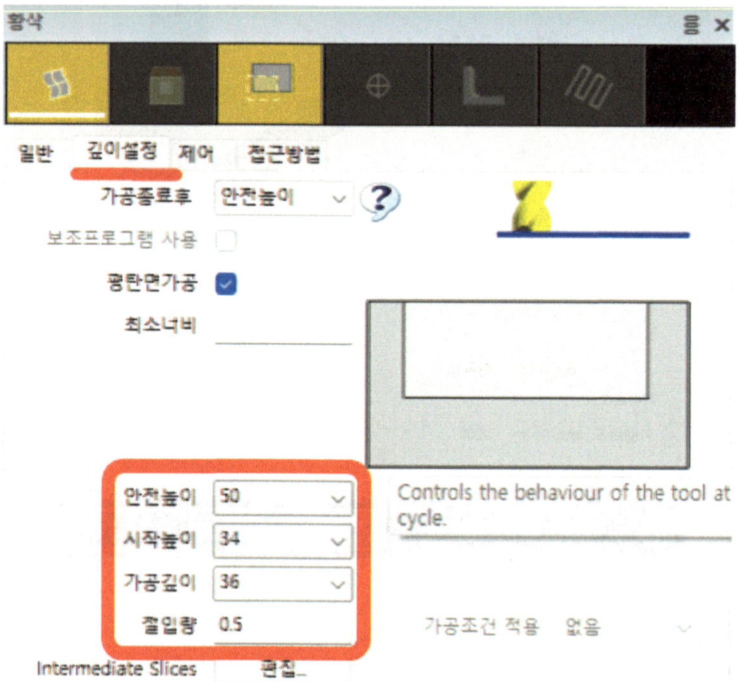

- 그림에 맞게 입력 후 확인을 선택한다.

① 접근방법 : 램프
② 램프각도 : 2
③ 공구궤적펴기 : 체크
④ 진입구간 절삭이송 : 체크
⑤ XY모재진입거리 : 10

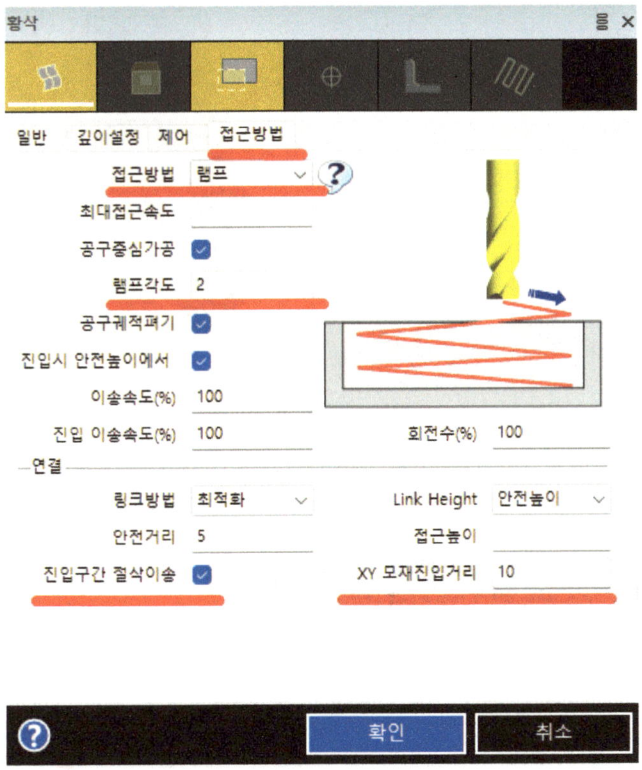

- 선택하라는 도움말이 생성된다. 그림에 맞게 선택 후 확인을 선택한다.
- 모델링과 아래 룰드 곡면을 선택한다.

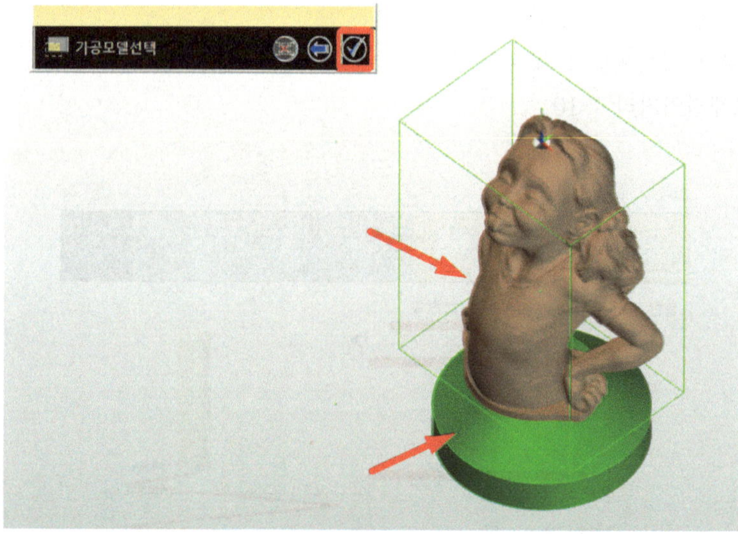

- 요소 경계봉쇄 선택(정삭제외)를 선택하라는 도움말이 생성된다. 그림에 맞게 선택 후 확인을 선택한다.

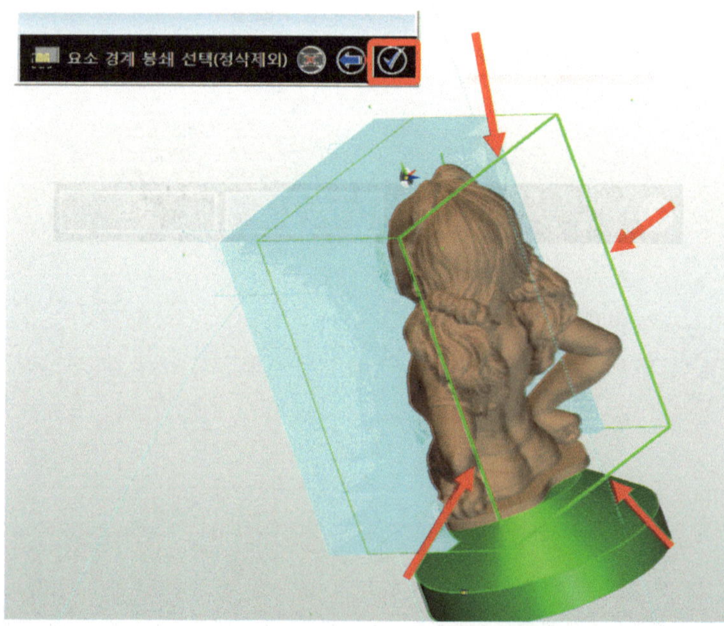

- 배면도에 해당하는 소재 틀을 클릭한다
- 황삭가공 툴패스가 생성된 것을 확인할 수 있다.

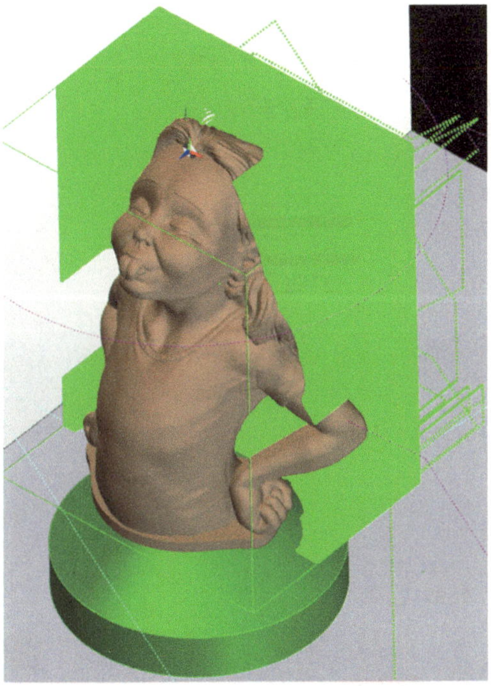

- 이미지로 가려져서 선택하기가 어렵다면 좌측 시퀀스창에서 해당하는 부분을 우 클릭 한 후 보이기 채크를 통해 보이지 않게 변경할 수 있다.

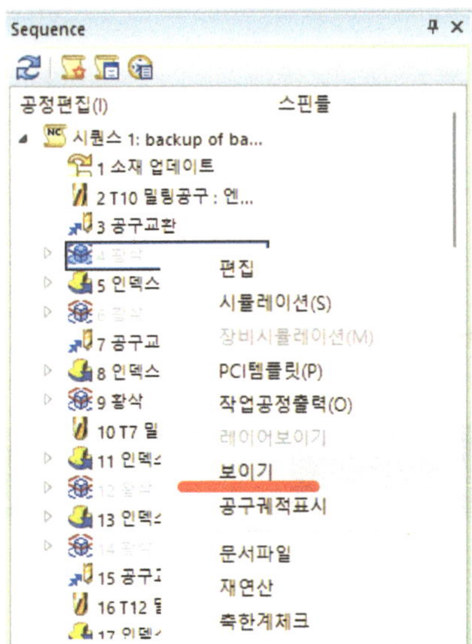

- 그 밖에 레이어나 장비구조물 또한 같은 방법으로 변경할 수 있다.

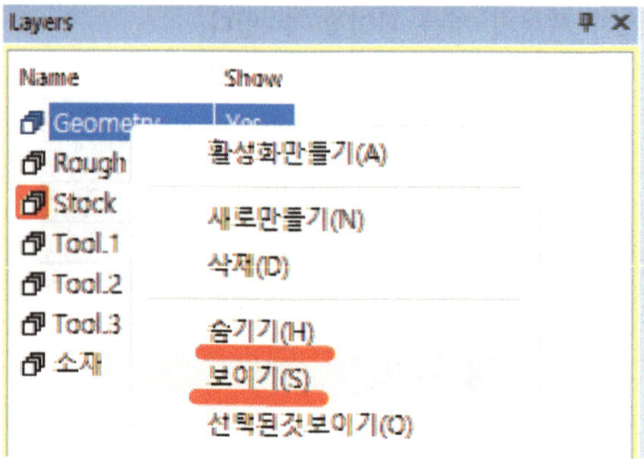

각도 분할 가공(우측면도)

- 상단 공구교환 아이콘을 선택한다.

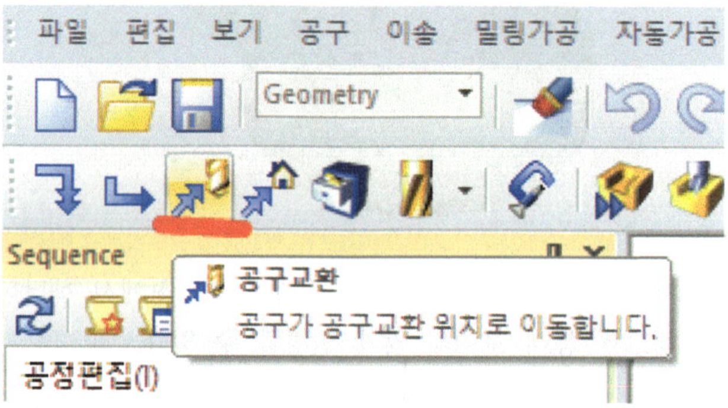

- 공구교환 창이 생성되면 우선 처음구동할축을 Z로 변경 후 확인을 선택한다.

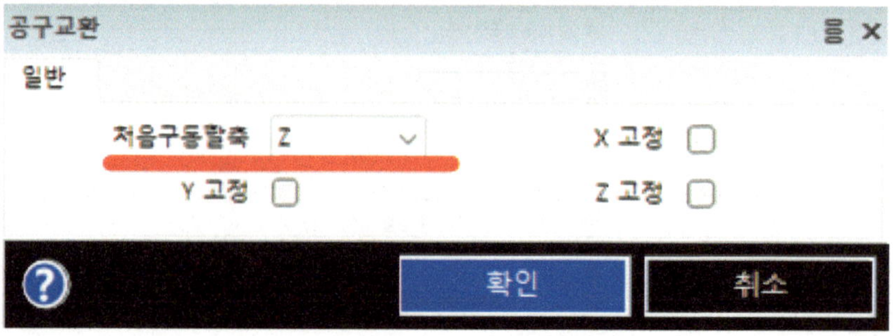

- 상단에서 엔드밀 아이콘을 통하여 볼노즈 공구를 선택한다.

- 밀링공구 창이 실행 되면 그림에 맞게 입력한다.

① 공구번호 : 7

② 공구직경 : 6

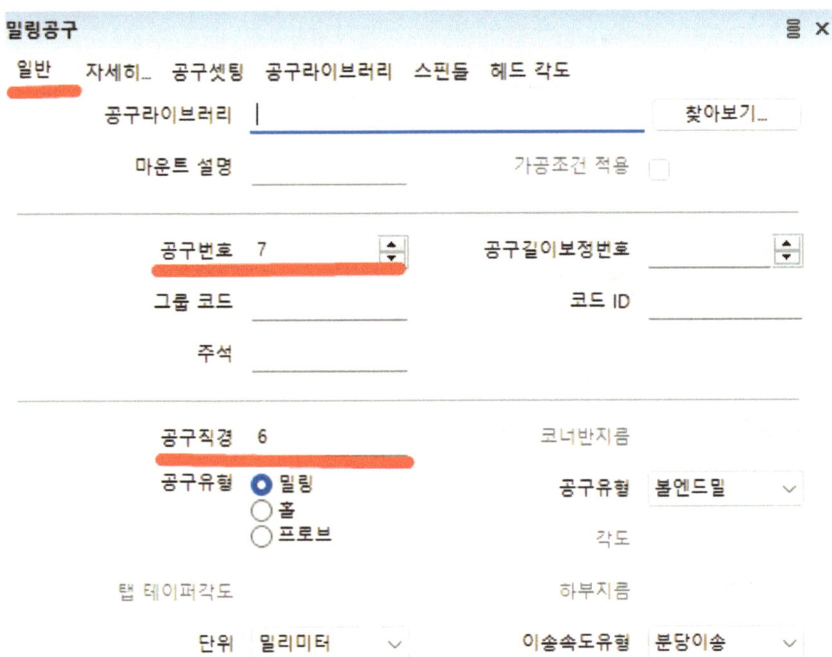

- 자세히 탭으로 이동 후

① 날장 : 50

② 색상 : 보라색

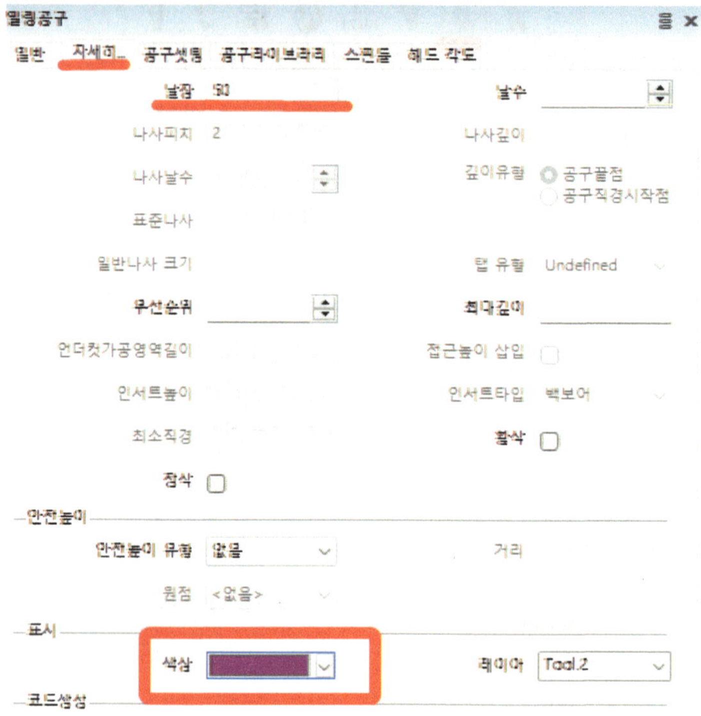

- 공구 셋팅 탭으로 이동 후 확인을 선택한다.

① Z측정 : 50

② 길이 : 50

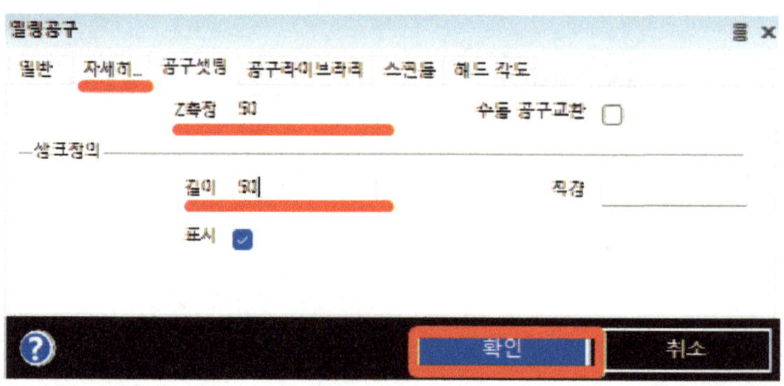

- 상단에 있는 인덱스자동설정 아이콘을 선택한다.

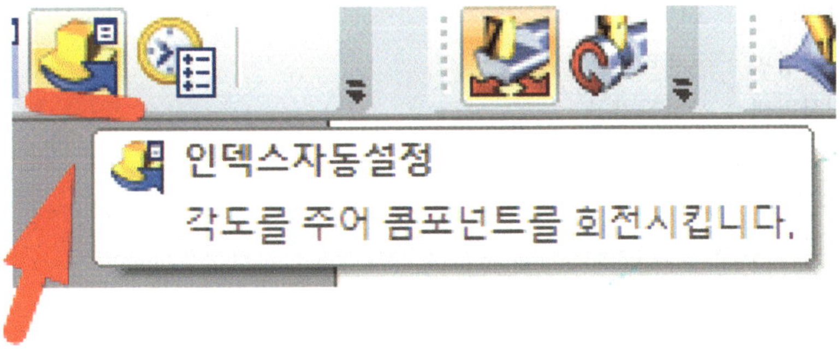

- 인덱스설정 창이 생성되면 다음 그림에 맞게 입력 후 확인을 선택한다.

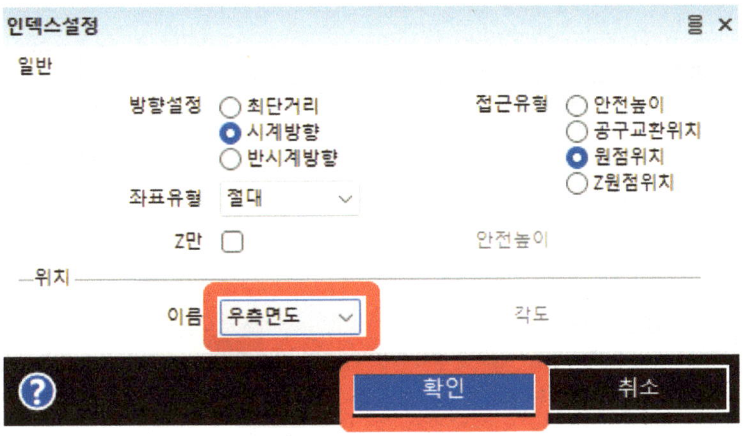

- 상단 황삭가공 아이콘을 선택한다.

- 황삭가공 창이 실행되면 일반 탭에서 좌측 그림에 맞게 입력한다.

① 모델타입 : 곡면
② 가공방법 : 콘센트릭
③ 절삭방법 : 상하향가공
④ 여유량 : 0.1
⑤ Z여유량 : 0.1
⑥ 피치 : 40
⑦ 모재타입 : 현재소재
⑧ 이송속도 : 3000
⑨ Z이송속도 : 3000
⑩ 회전속도 : 10000

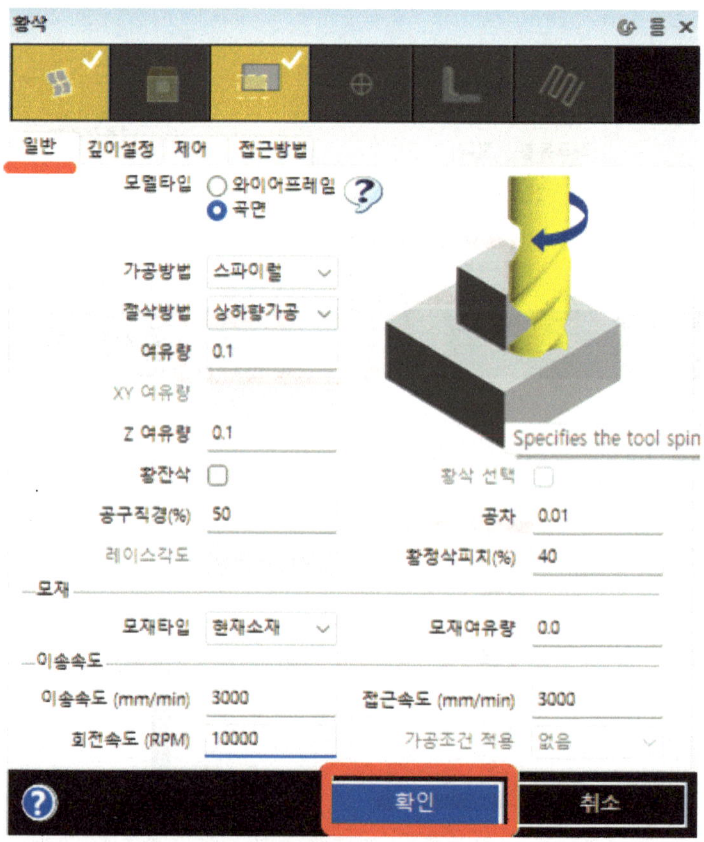

- 깊이설정 탭으로 이동 후 다음 그림에 맞게입력한다.

① 안전높이 : 50
② 시작높이 : 34
③ 절삭깊이 : 36
④ 절입량 : 0.5

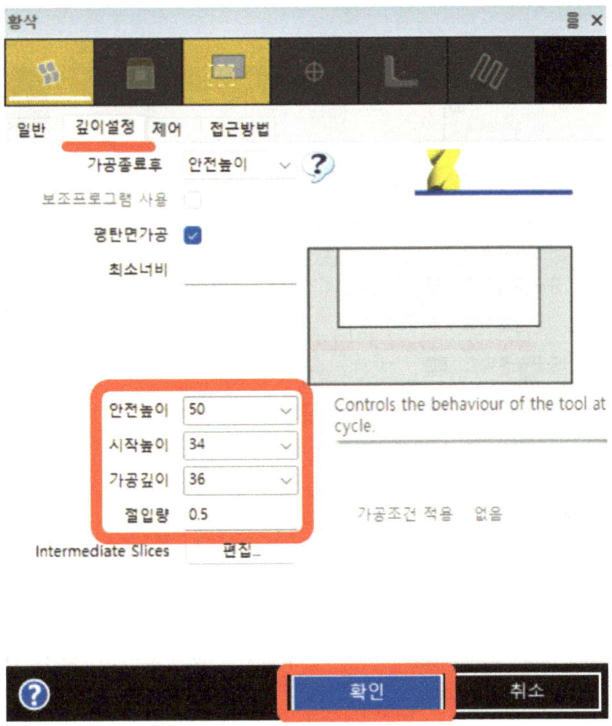

- 그림에 맞게 입력 후 확인을 선택한다.

① 접근방법 : 램프
② 램프각도 : 2
③ 공구궤적펴기 : 체크
④ 진입구간 절삭이송 : 체크
⑤ XY모재진입거리 : 10

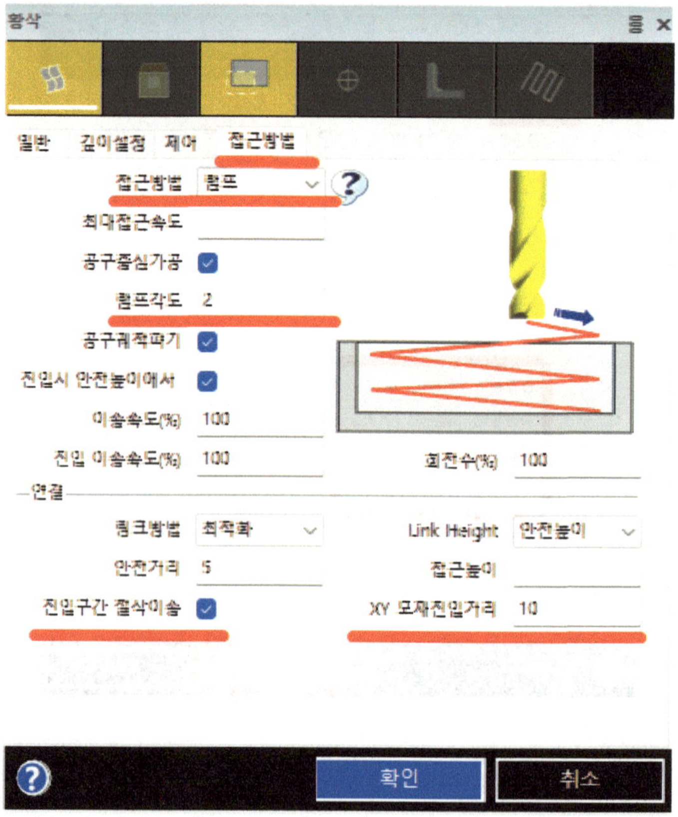

- 선택하라는 도움말이 생성된다. 그림에 맞게 선택 후 확인을 선택한다.
- 모델링과 아래 룰드 곡면을 선택한다.
- 요소 경계 봉쇄 선택(정삭제외) 선택하라는 도움말이 생성된다. 그림에 맞게 선택 후 확인을 선택한다.

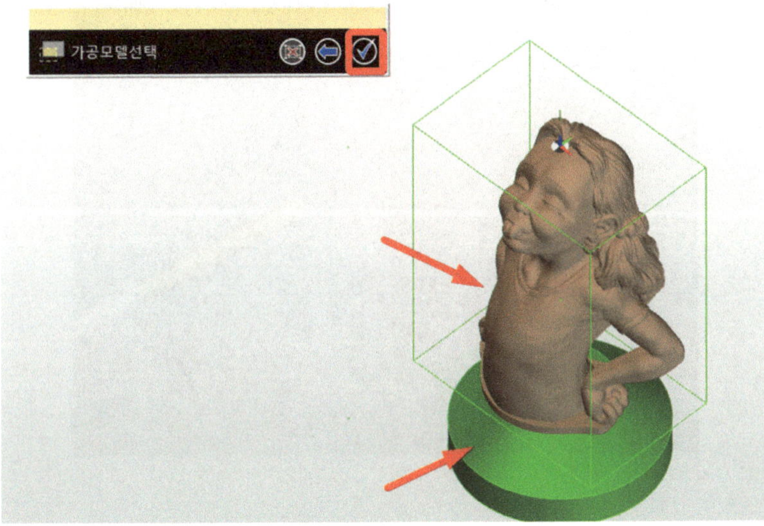

- 우측면도에 해당하는 소재영역을 선택하고 확인을 선택해준다.

- 우측면도에 해당하는 황삭가공 툴패스가 생성된 것을 확인할 수 있다.

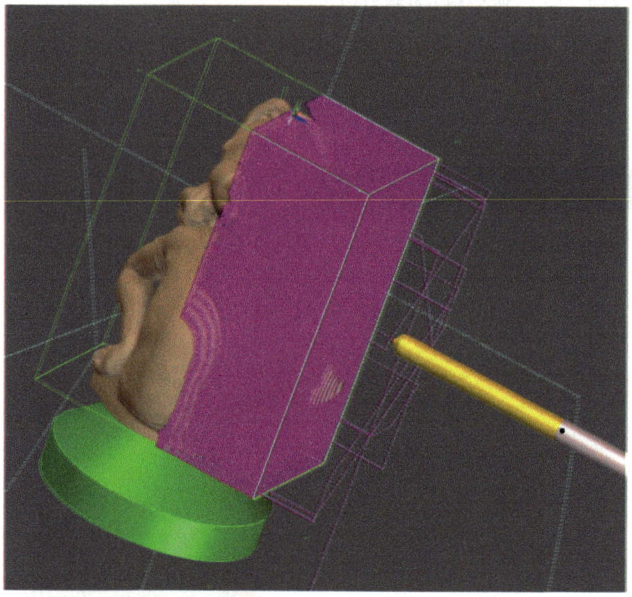

5.3.2 5면 각도 분할 가공(좌측면도)

- 상단 공구교환 아이콘을 선택한다.

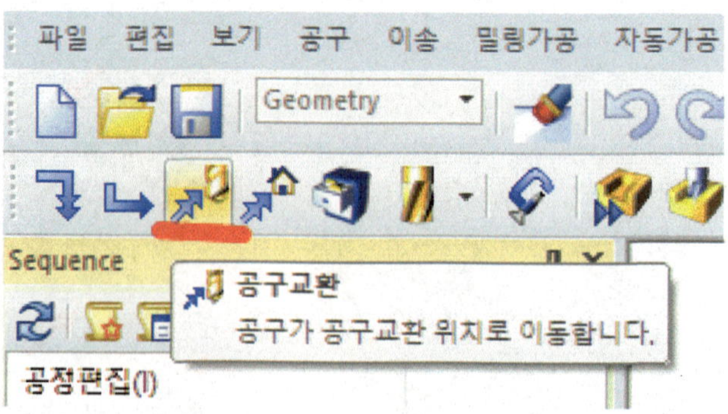

- 공구교환 창이 생성되면 우선 처음구동할축을 Z로 변경 후 확인을 선택한다.

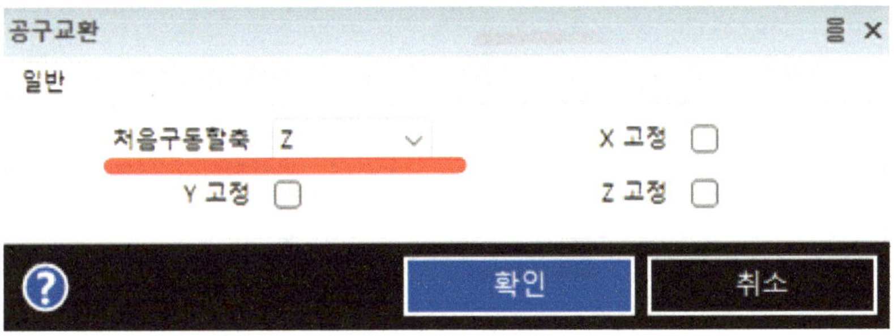

- 상단에 있는 인덱스자동설정 아이콘을 선택한다.

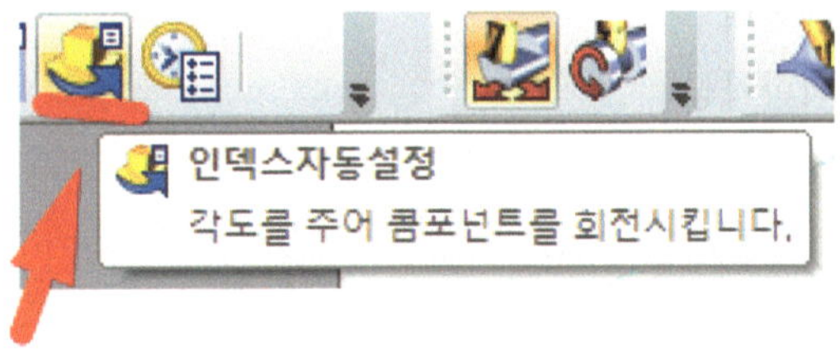

- 인덱스설정 창이 생성되면 다음 그림에 맞게 입력 후 확인을 선택한다.

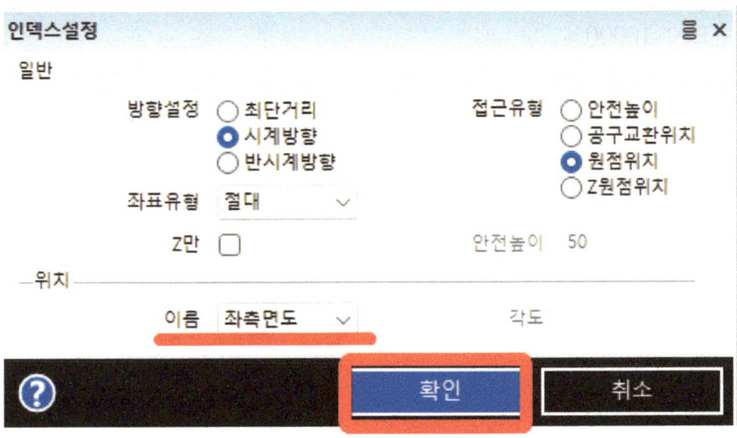

- 상단 황삭가공 아이콘을 선택한다.

- 황삭가공 창이 실행되면 일반 탭에서 좌측 그림에 맞게 입력한다.

① 모델타입 : 곡면
② 가공방법 : 콘센트릭
③ 절삭방법 : 상하향가공
④ 여유량 : 0.1
⑤ Z여유량 : 0.1
⑥ 피치 : 40
⑦ 모재타입 : 현재소재
⑧ 이송속도 : 3000
⑨ Z이송속도 : 3000
⑩ 회전속도 : 10000

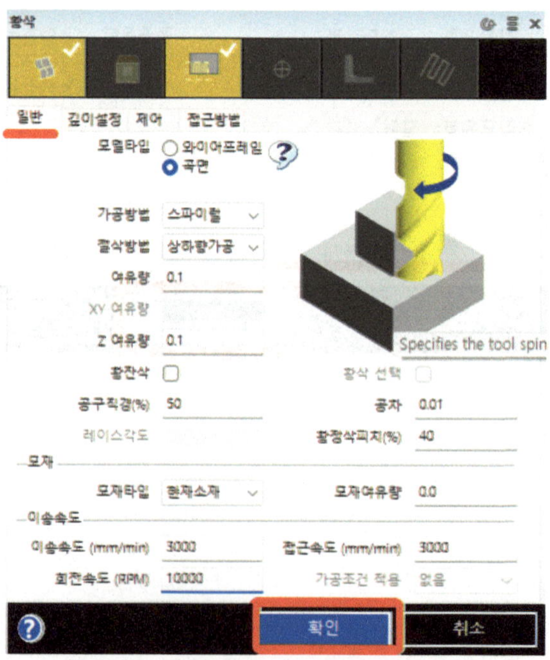

- 깊이설정 탭으로 이동 후 다음 그림에 맞게입력한다.

① 안전높이 : 50
② 시작높이 : 34
③ 절삭깊이 : 36
④ 절입량 : 0.5

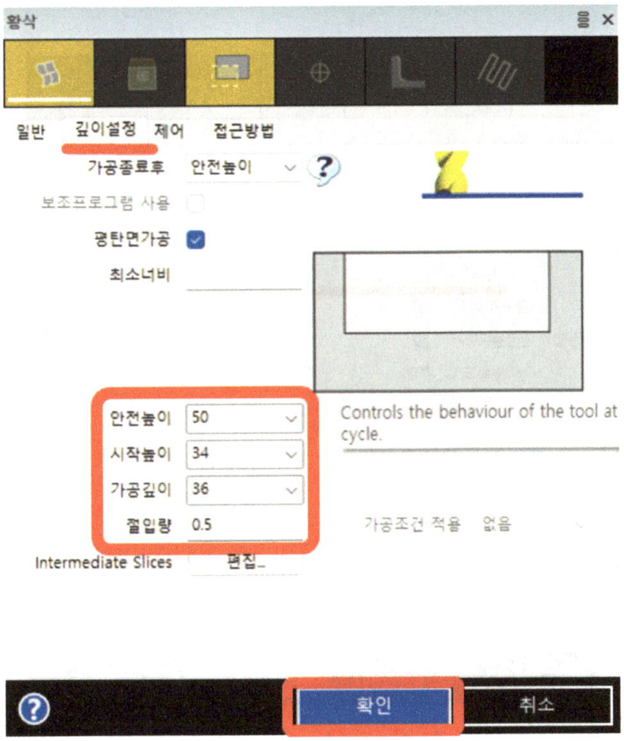

- 그림에 맞게 입력 후 확인을 선택한다.

① 접근방법 : 램프
② 램프각도 : 2
③ 공구궤적펴기 : 체크
④ 진입구간 절삭이송 : 체크
⑤ XY모재진입거리 : 10

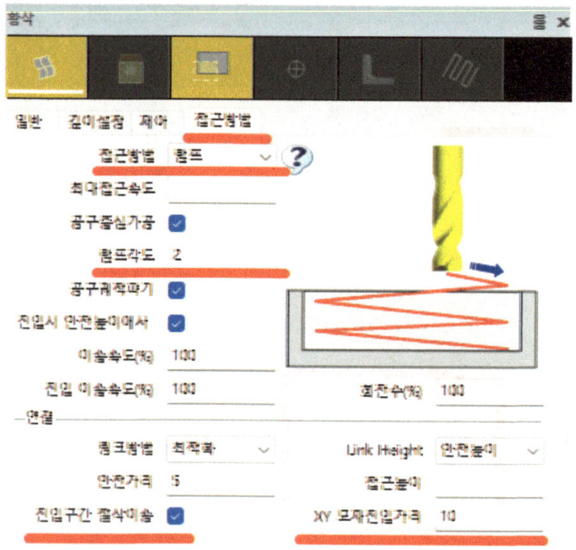

- 선택하라는 도움말이 생성된다. 그림에 맞게 선택 후 확인을 선택한다.

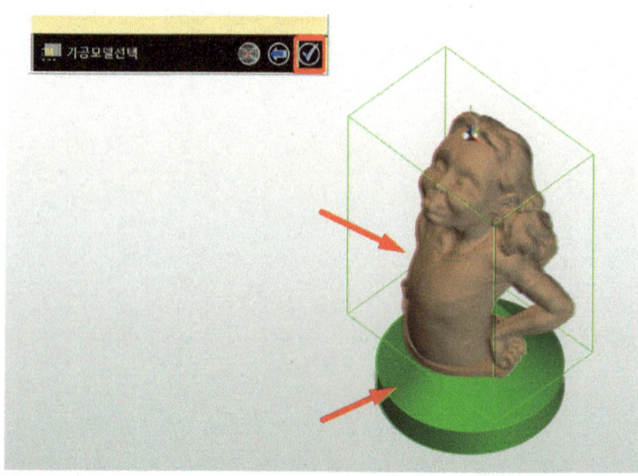

- 모델링과 아래 룰드 곡면을 선택한다.
- 요소 경계 봉쇄 선택(정삭제외) 선택하라는 도움말이 생성된다. 그림에 맞게 선택 후 확인을 선택한다.

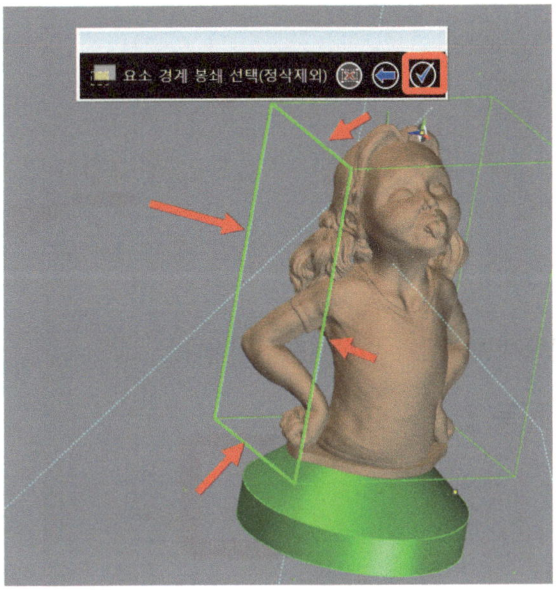

- 좌측면도에 해당하는 소재영역을 선택하고 확인을 선택해준다.
- 측면도에 해당하는 황삭가공 툴패스가 생성된 것을 확인할 수 있다.

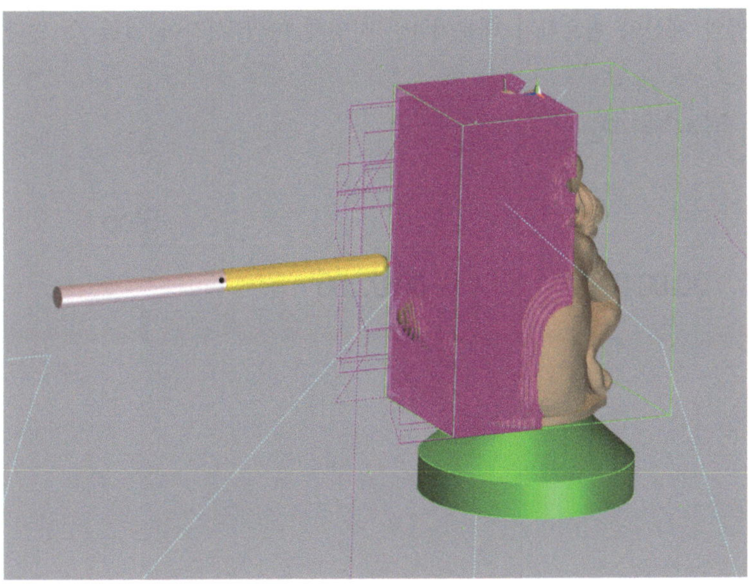

5.3.3 시뮬레이터 검증

- 상단 시뮬레이터를 클릭한다.

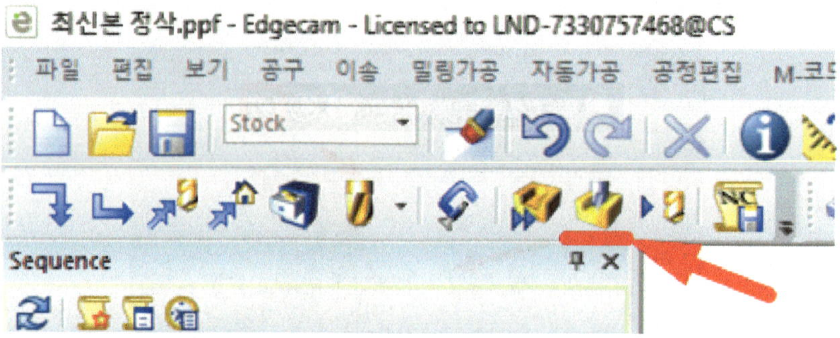

- 시뮬레이션 창에서 빨리감기 아이콘을 클릭한다.

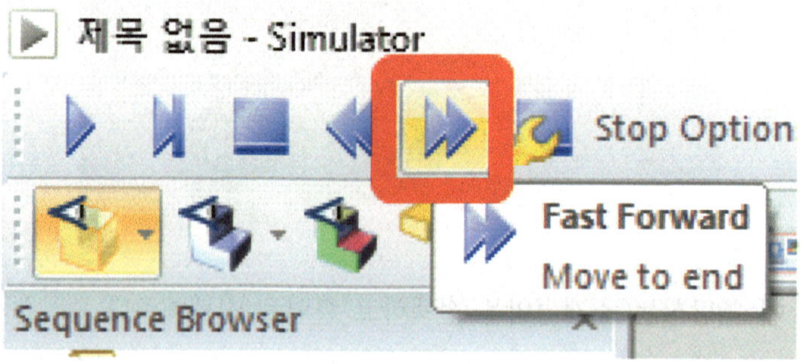

- 많은양의 계산이 필요하기 때문에 PC 사양에 따라 시간이 걸릴 수 있다.

- 시뮬레이션 결과를 확인하여 가공이 안된 부분이 있는지 확인한다.

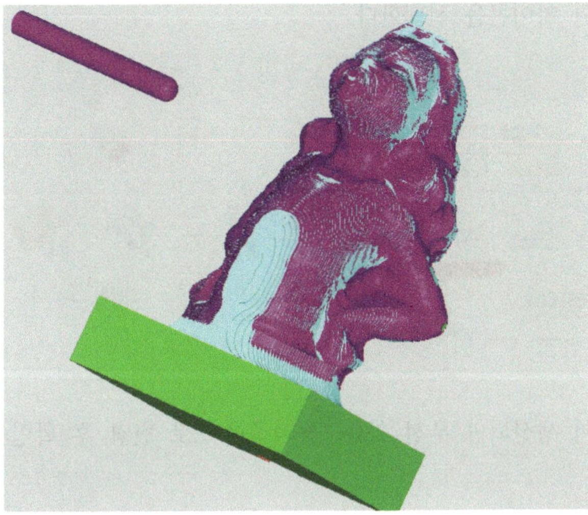

- 화면 하단에 위치한 UI에서 화살표가 나타내는 지점에 클릭하면 원하는 뷰로 이동할 수 있다.

- 각도 분할 주사선 가공(배면도)
- 상단 공구교환 아이콘을 선택한다.

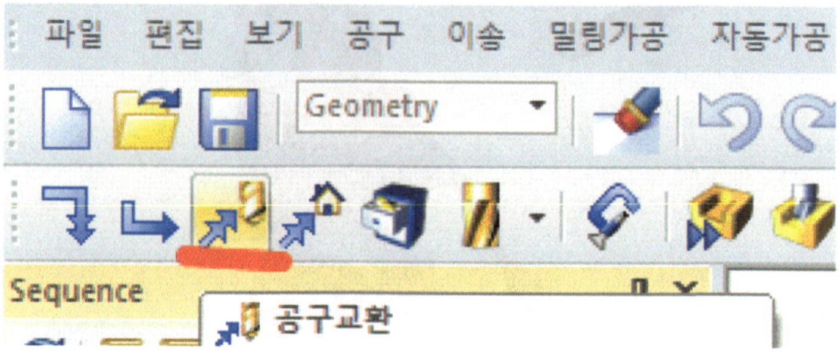

- 공구교환 창이 생성되면 우선 처음구동할축을 Z로 변경 후 확인을 선택한다.

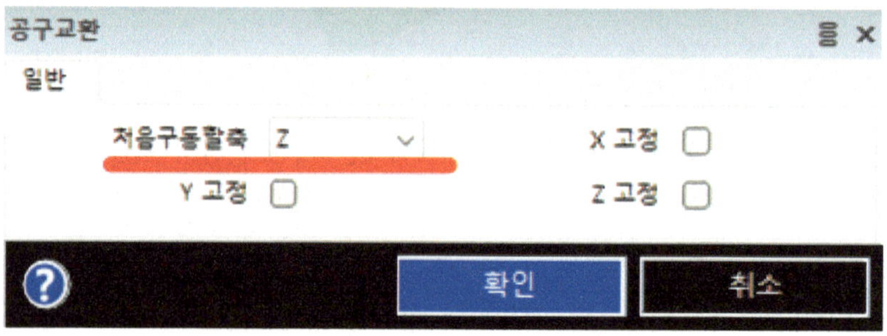

- 상단에서 엔드밀 아이콘을 통하여 볼노즈 공구를 선택한다.

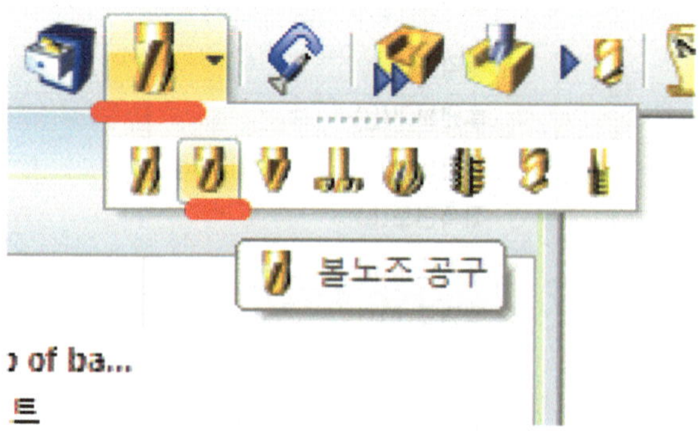

- 밀링공구 창이 실행 되면 그림에 맞게 입력한다.

① 공구번호 : 12

② 공구직경 : 3

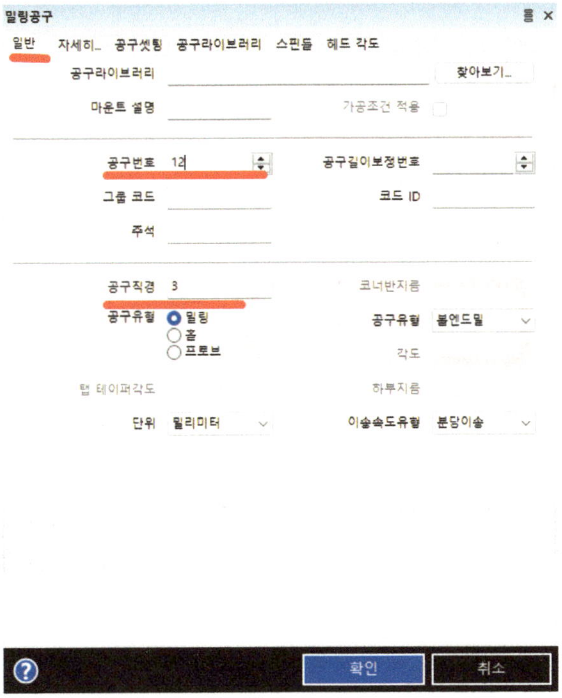

- 자세히 탭으로 이동 후

① 날장 : 50
② 색상 : 보라색

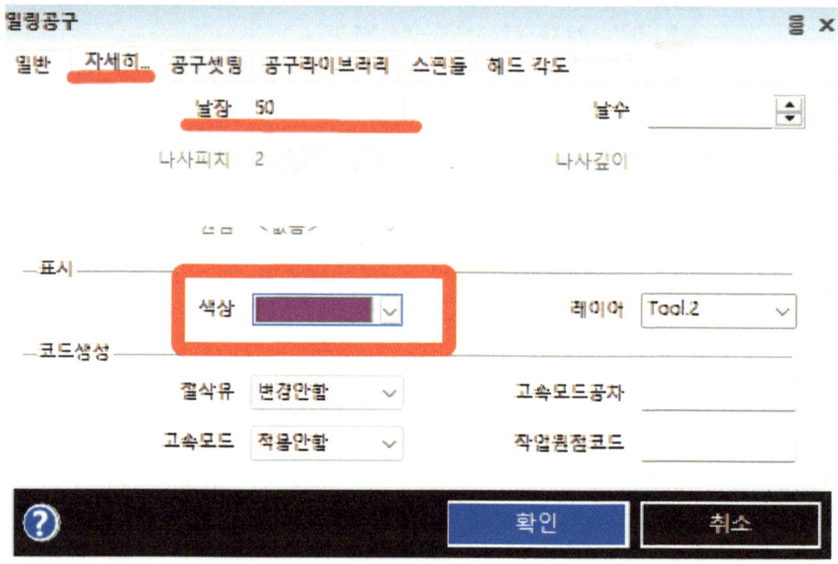

- 공구 셋팅 탭으로 이동 후 확인을 선택한다.

① Z측정 : 50
② 길이 : 50

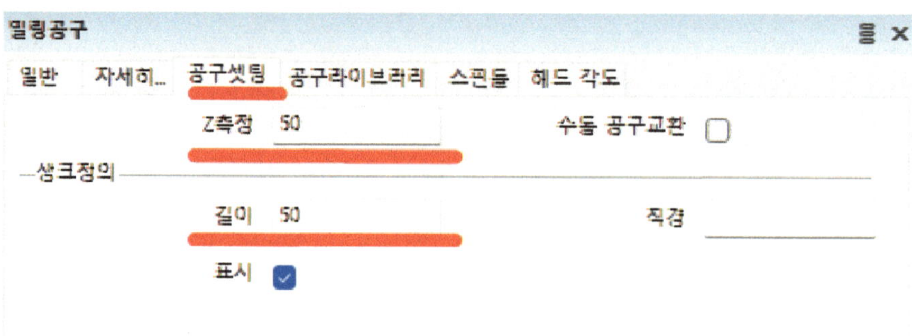

- 상단에 위치한 이송창에 있는 인덱스 아이콘을 선택한다. 이전 가공에서 후면도로 변경하였지만 새로운 공구로 공구를 변경하는 경우 인덱스를 다시 돌려줘야 한다.

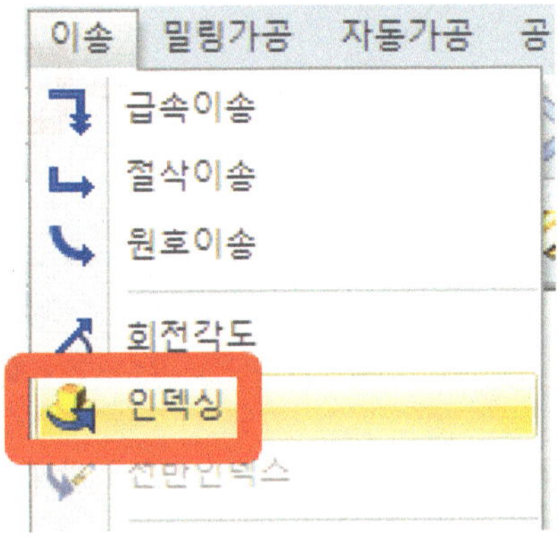

- 인덱스 창이 생성되면 다음 그림에 맞게 입력 후 확인을 선택한다.

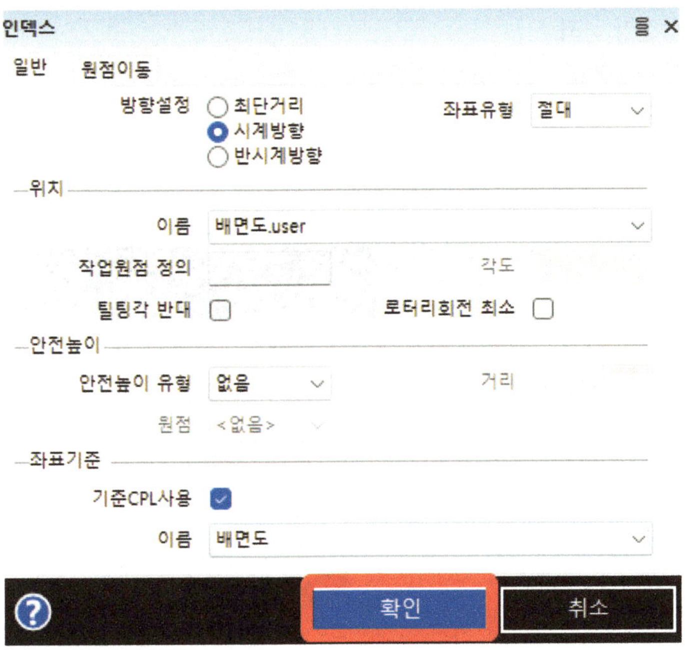

- 우측에 있는 평행가공 아이콘을 선택한다.

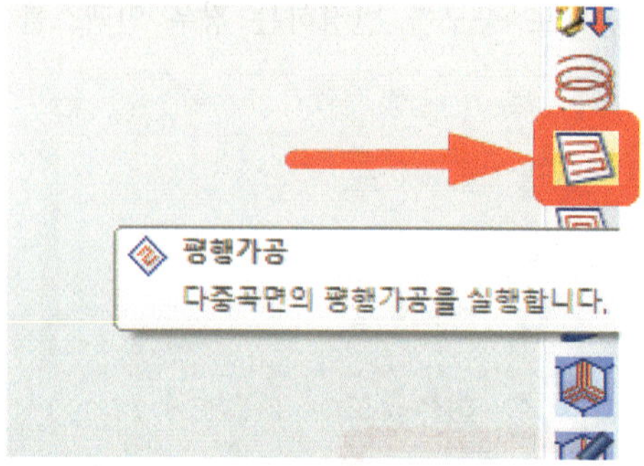

- 평행가공 창이 실행되면 일반 탭에서 다음 그림에 맞게 입력한다.

① 절삭방법 : 상하향가공
② 공구직경%피치 : 2
③ 레이스각도 : 45
④ 가공방향설정 : 좌
⑤ 이송속도 : 3000
⑥ Z이송속도 : 3000
⑦ 회전속도 : 15000

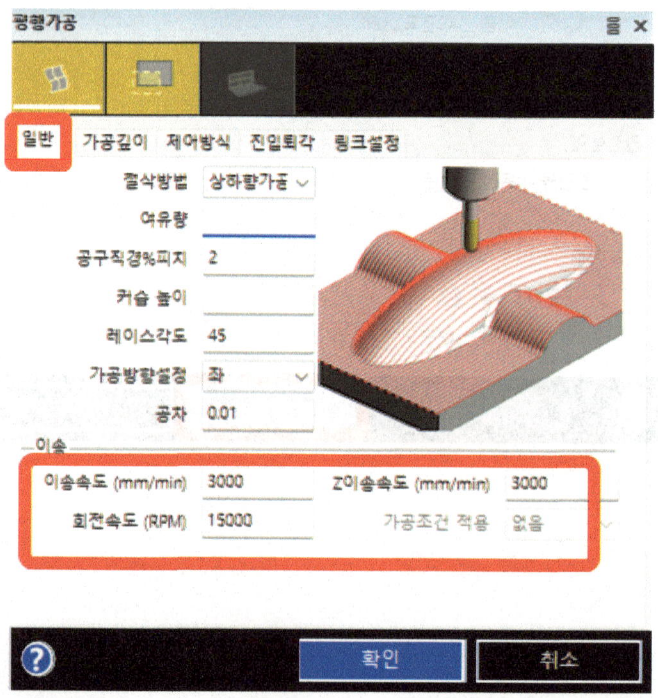

- 깊이설정 탭으로 이동 후 그림에 맞게 입력한다.

  안전높이 : 50

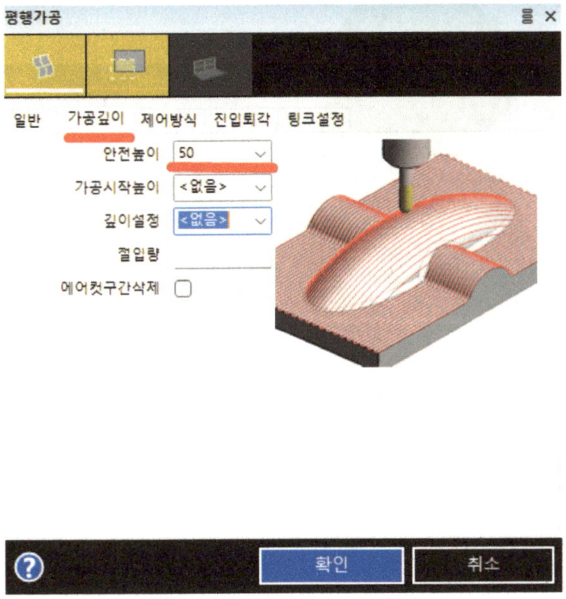

- 그림에 맞게 입력 후 확인을 선택한다.

  최단거리설정거리 : 5

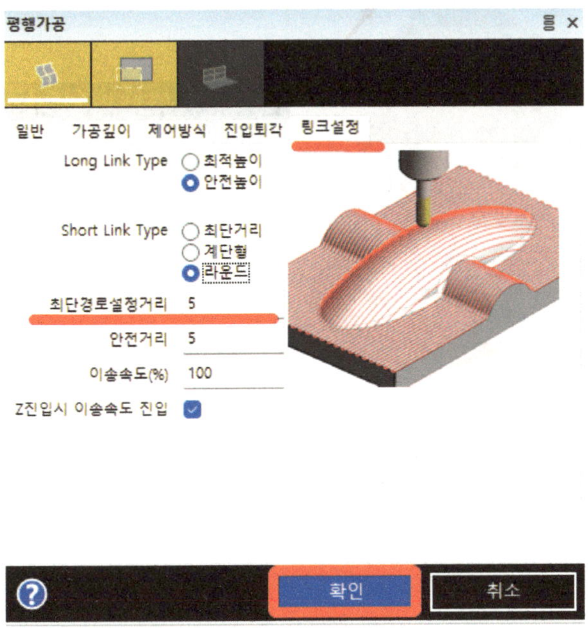

- 가공모델 선택하라는 도움말이 생성된다. 그림에 맞게 선택 후 확인을 선택한다.

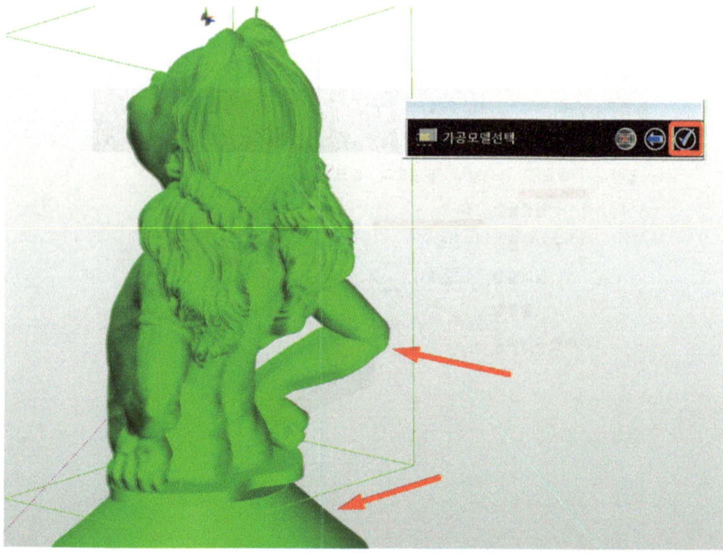

- 모델링을 선택한다.
- 요소 경계 봉쇄 선택(정삭제외) 선택하라는 도움말이 생성된다. 배면도에 해당하는 소재영역을 선택하고 확인을 선택해준다.

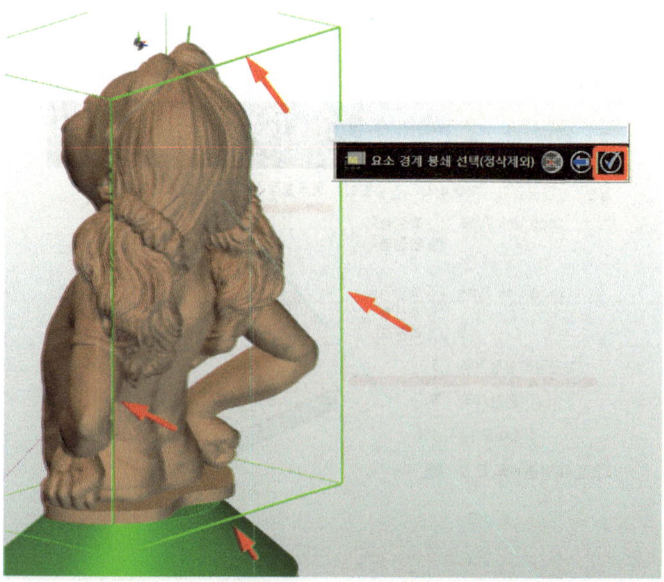

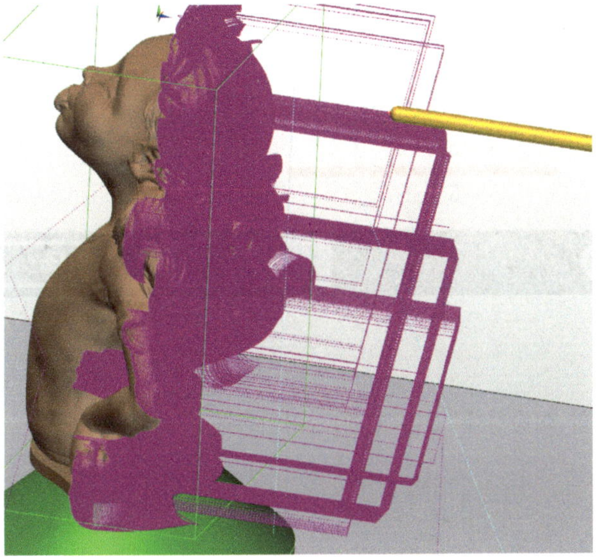

- 배면도에 해당하는 평행가공 툴패스가 생성된 것을 확인할 수 있다.
- 각도 분할 주사선 가공(정면도)
- 상단 공구교환 아이콘을 선택한다.

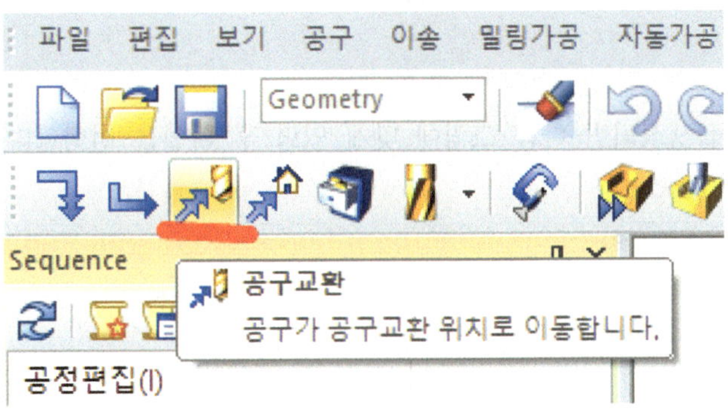

- 공구교환 창이 생성되면 우선 처음구동할축을 Z로 변경 후 확인을 선택한다.

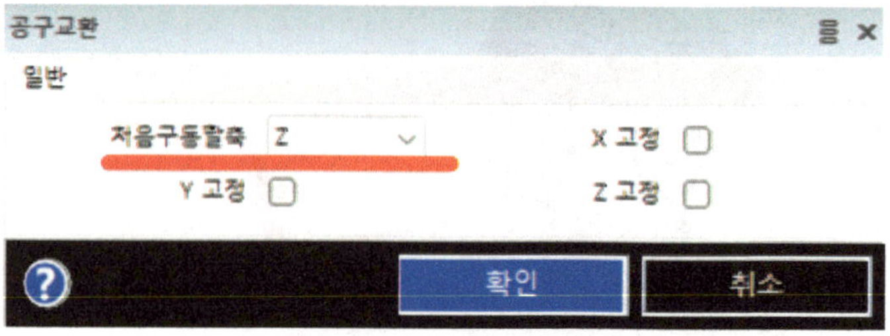

길이 : 50

- 상단에 위치한 이송창에 있는 인덱스 아이콘을 선택한다.

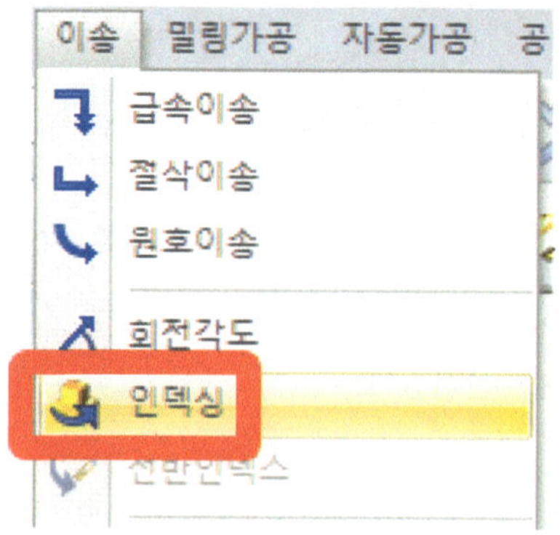

- 인덱스 창이 생성되면 다음 그림에 맞게 입력 후 확인을 선택한다.

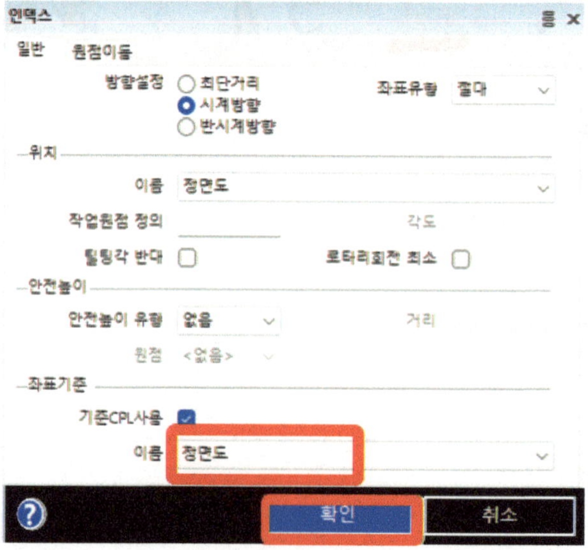

- 우측에 있는 평행가공 아이콘을 선택한다.

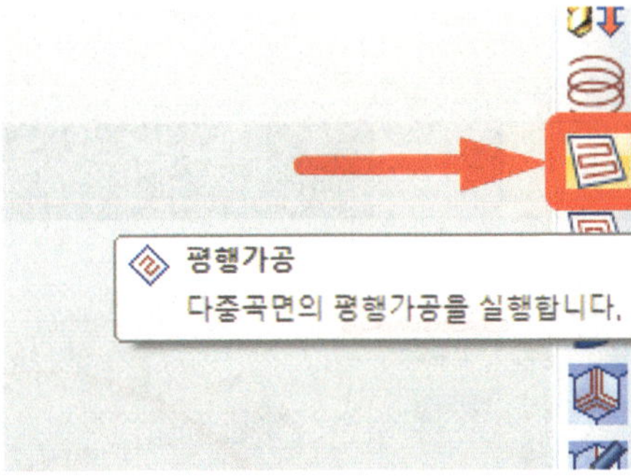

- 평행가공 창이 실행되면 일반 탭에서 다음 그림에 맞게 입력한다.

① 절삭방법 : 상하향가공
② 공구직경%피치 : 2
③ 레이스각도 : 45
④ 가공방향설정 : 좌
⑤ 이송속도 : 3000
⑥ Z이송속도 : 3000
⑦ 회전속도 : 15000

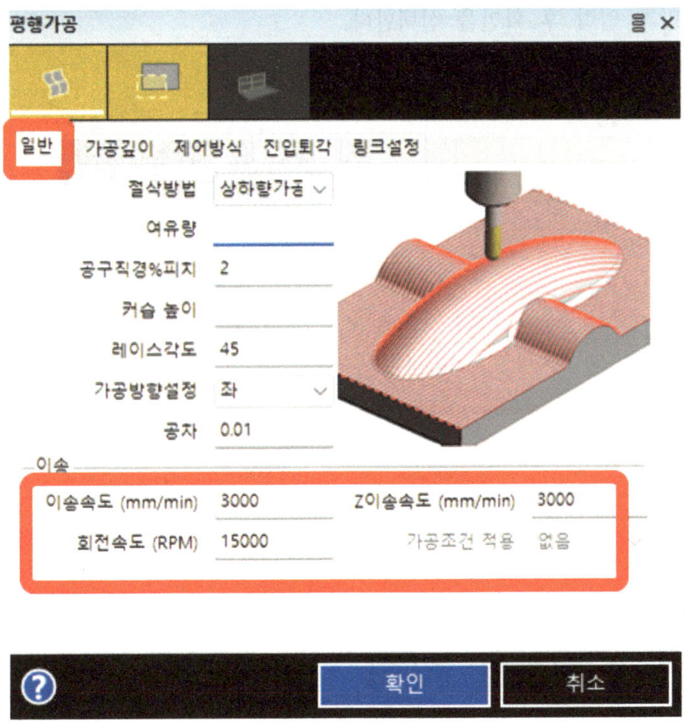

- 깊이설정 탭으로 이동 후 그림에 맞게 입력한다.
  안전높이 : 50

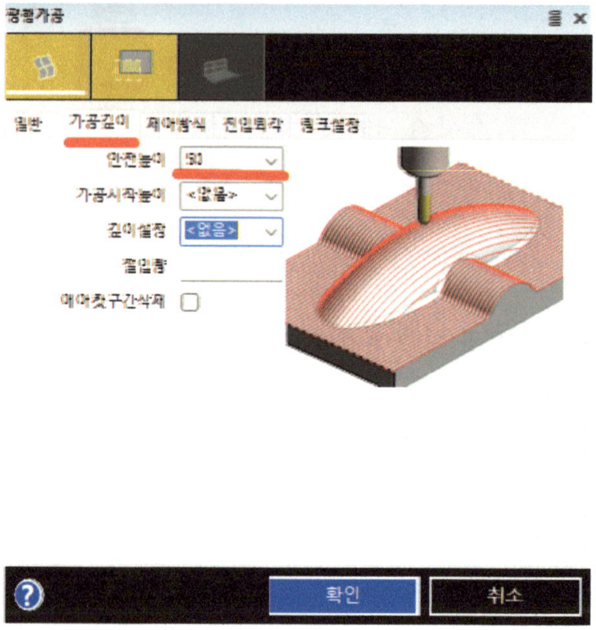

- 그림에 맞게 입력 후 확인을 선택한다.
  최단거리설정거리 : 5

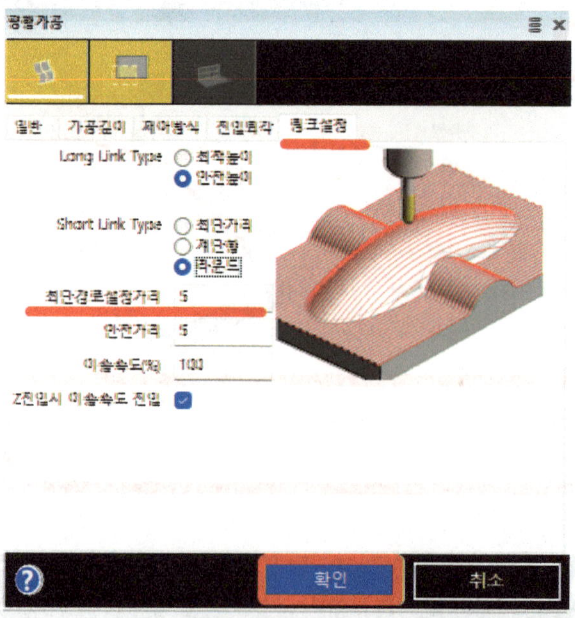

- 가공모델 선택하라는 도움말이 생성된다. 그림에 맞게 선택 후 확인을 선택한다.

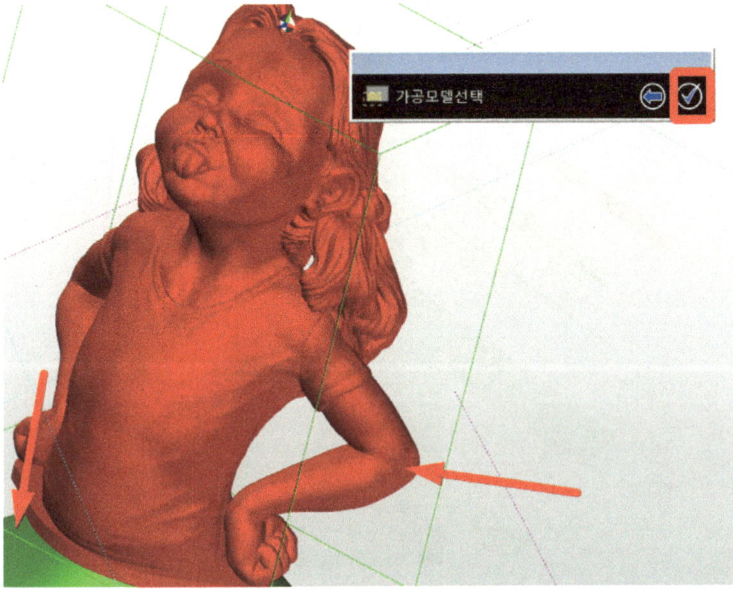

- 모델링을 선택한다.
- 요소 경계 봉쇄 선택(정삭제외) 선택하라는 도움말이 생성된다. 정면도에 해당하는 소재영역을 선택하고 확인을 선택해준다.

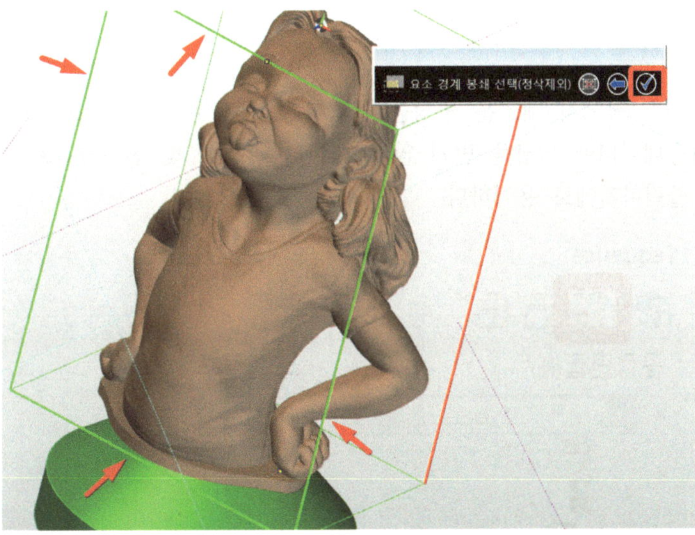

- 정면도에 해당하는 평행가공 툴패스가 생성된 것을 확인할 수 있다.

5.4 5축 가공 툴패스 생성

5.4.1 동시 5축 가공

- 왼쪽 시퀀스 창에서 새로운 공정을 클릭한다. 새로운 공정을 만들게 되면 기존 작업했던 가공데이터에 영향을 받지 않고 데이터를 생성 및 편집할 수 있으며 별도로 데이터를 출력하기에도 용이하다.

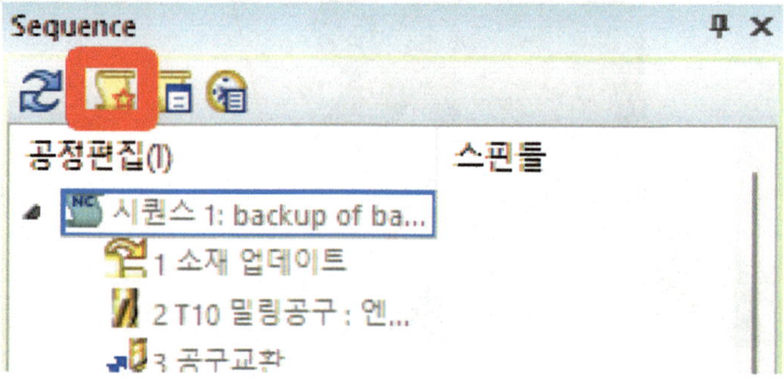

- 가공 시퀀스 창이 생성되면 다음 그림에 맞게 선택 후 확인을 클릭한다

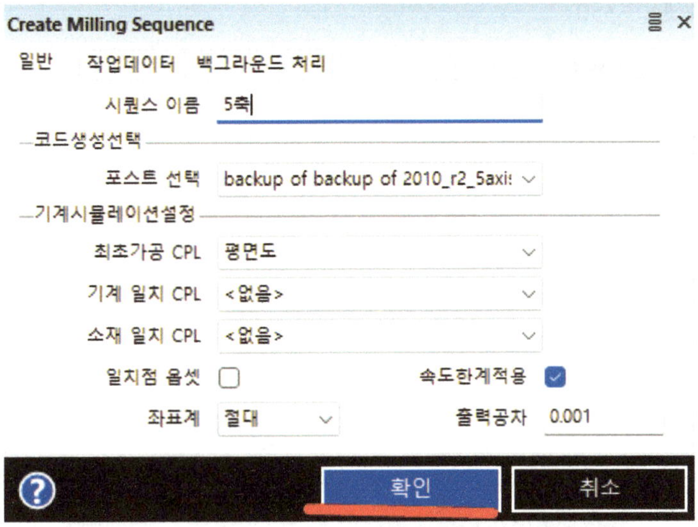

- 좌측 공정편집 탭 안에서 시퀀스 1: 더블클릭or우측 마우스 클릭 후 편집을 선택한다.

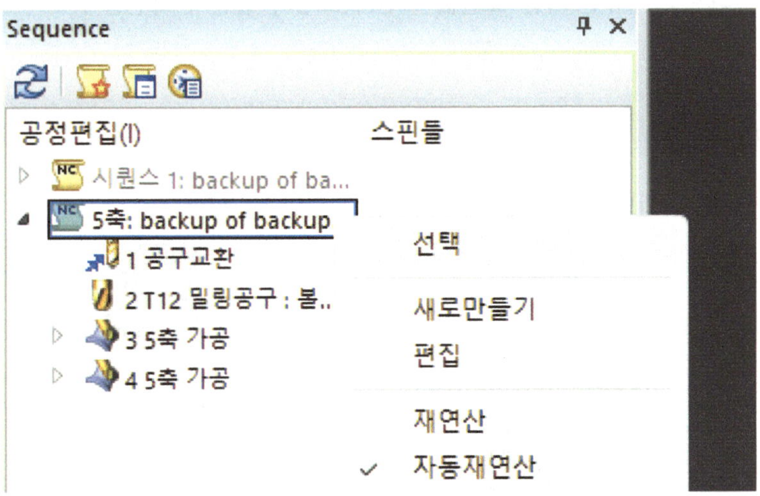

- 기계파라메터 창이 생성되면 좌측 그림에 맞게 입력한다.

  Z위치옵셋 : -350

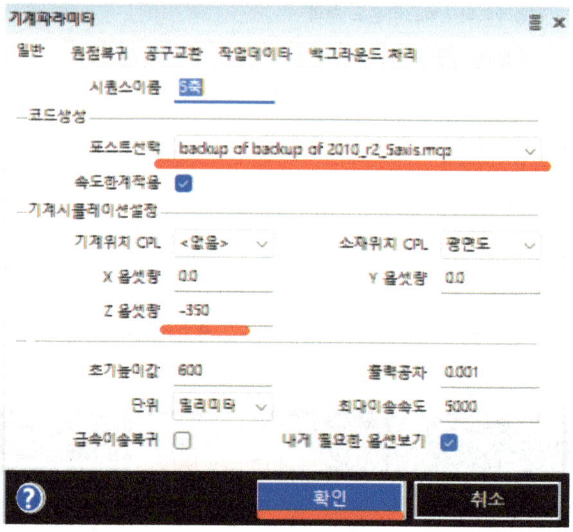

- 공구교환으로 이동한 다음 교환값이 왼쪽 그림과 같은지 확인한다.

① X교환 : -360

② Y교환 : 190

③ Z교환 : 450

- 가공 모델이 인덱스 위로 올라오는 것을 확인할 수 있다.

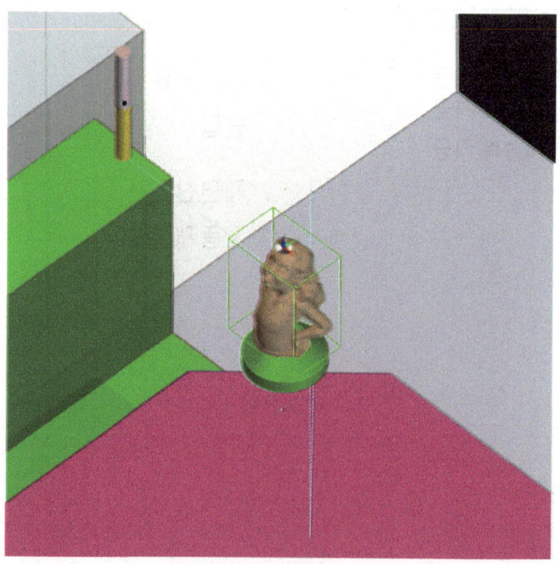

- 상단 공구교환 아이콘을 선택한다.

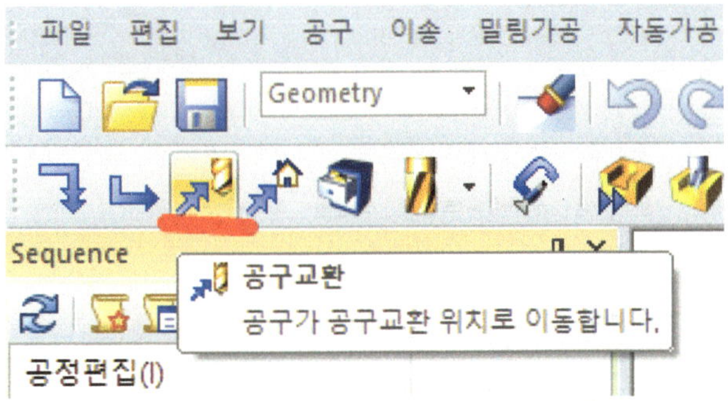

- 공구교환 창이 생성되면 우선 처음구동할축을 Z로 변경 후 확인을 선택한다.

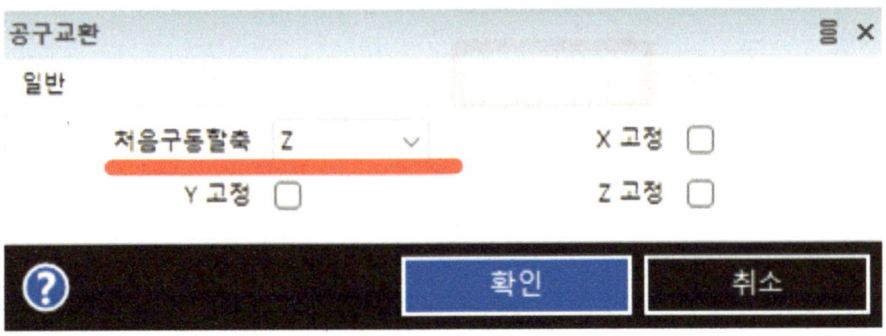

- 상단에서 엔드밀 아이콘을 통하여 볼노즈 공구를 선택한다.

- 밀링공구 창이 실행 되면 좌측 그림에 맞게 입력한다.

① 공구번호 : 12
② 공구직경 : 3

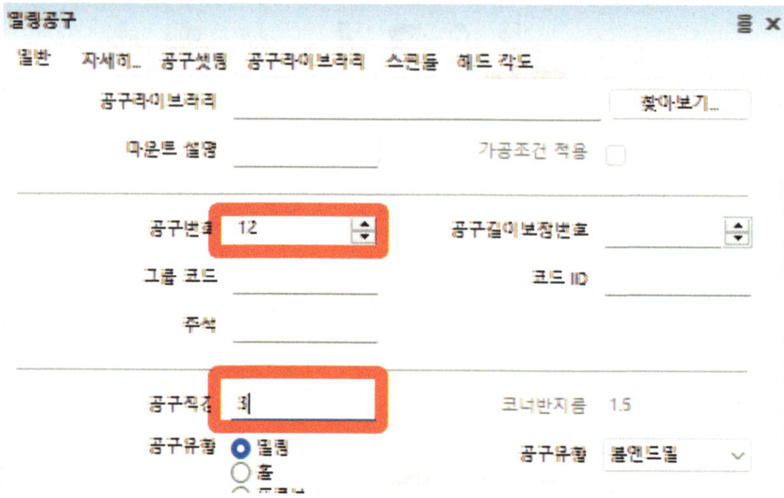

- 자세히 탭으로 이동 후

① 날장 : 50
② 색상 : 보라색

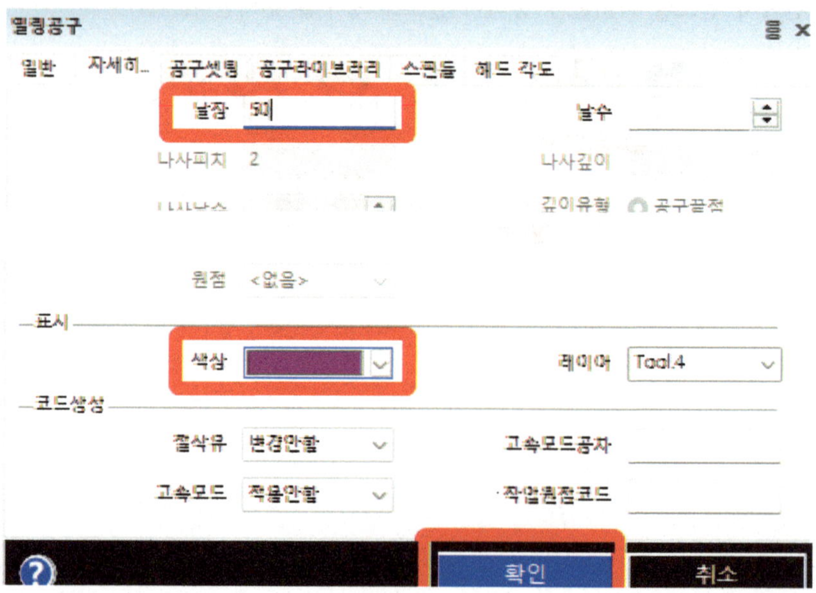

- 공구 셋팅 탭으로 이동 후

① Z측정 : 50

② 길이 : 50

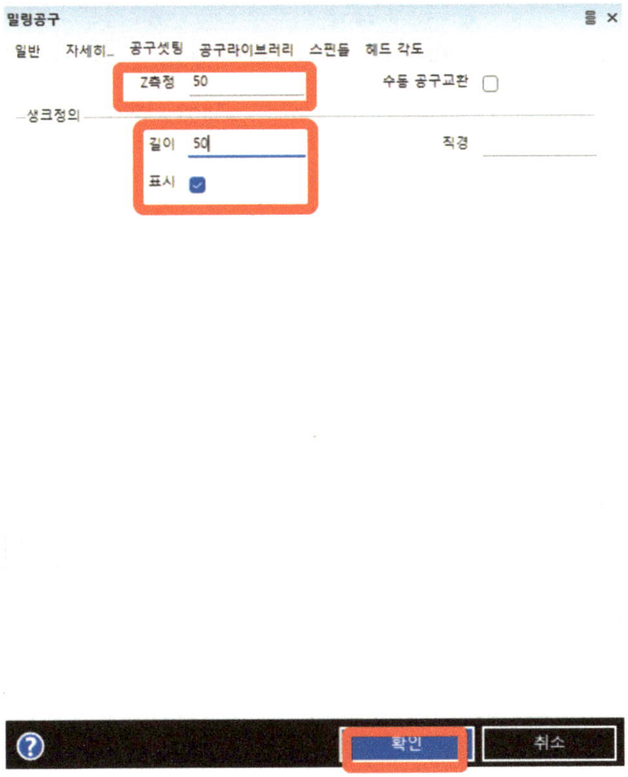

- 상단 밀링 사이클 아래 화살표 클릭 후 5축가공 아이콘을 선택한다.

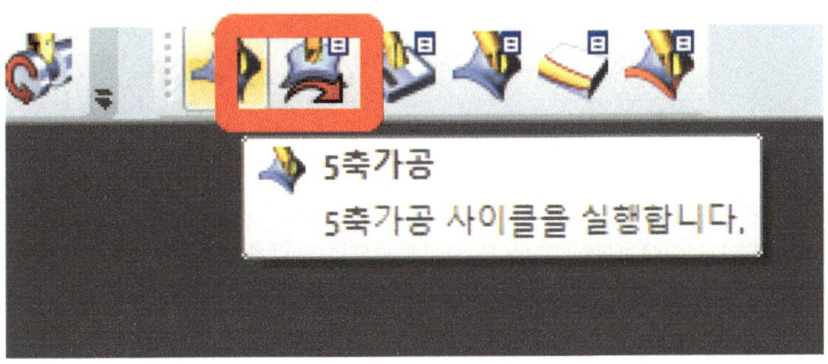

- 일반창에서 다음 그림에 맞게 순서대로 입력한다.

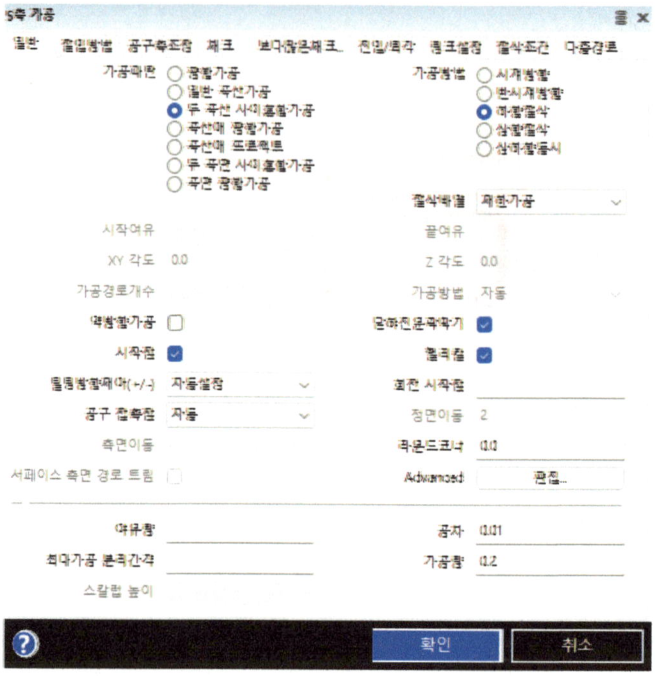

- 공구축조정창에서 다음 그림에 맞게 입력 후 확인을 선택한다.

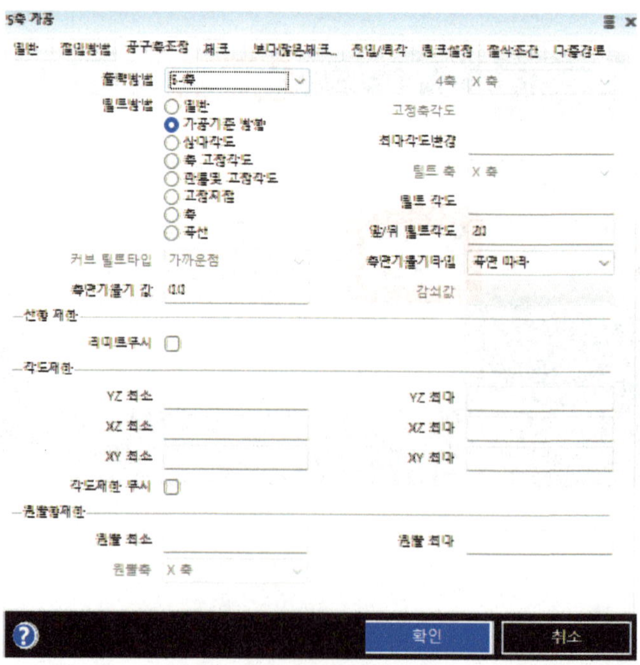

- 첫 곡선선택이라는 도움말이 생성되면 아랫 곡선면을 선택하고 확인을 한다.

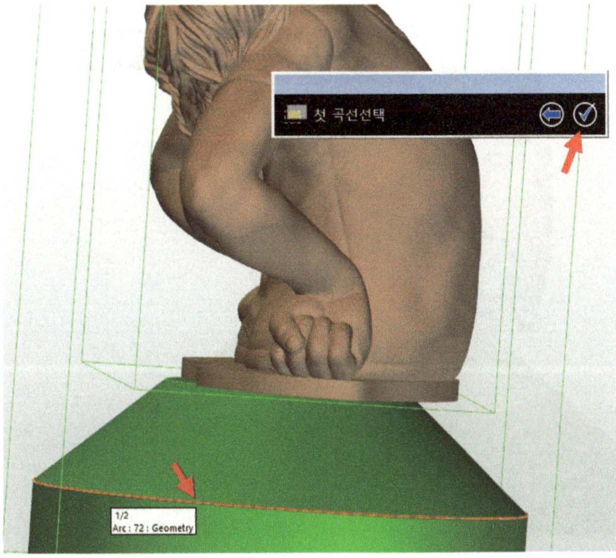

- 두번째 곡선선택이라는 도움말이 생성되면 윗 곡선면을 선택하고 확인을 한다.

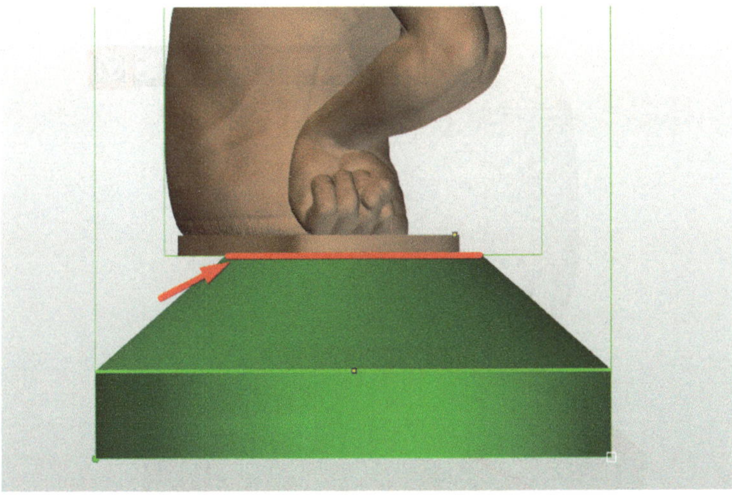

- Select start position 이라는 도움말이 생성되면 아랫 곡선의 중심점을 선택한다.

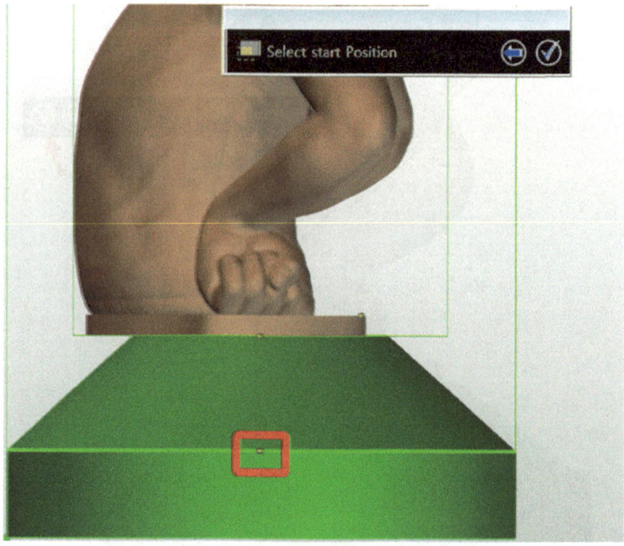

- 드라이브 곡면 선택 이라는 도움말이 생성되면 가공될 틸트의 곡선면을 선택한다.

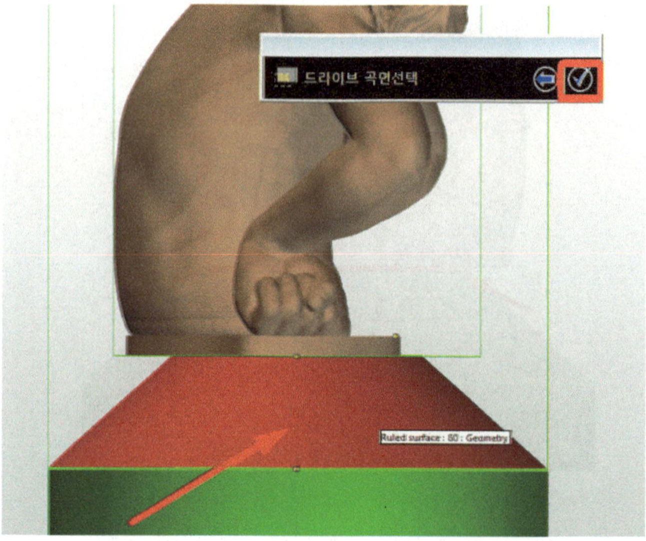

- 곡면 선택 이라는 도움말이 생성되면 다른 모든 곡선면을 선택한다.
- 체크는 공구 동선과 접선되지 않기 위해 필요하다.

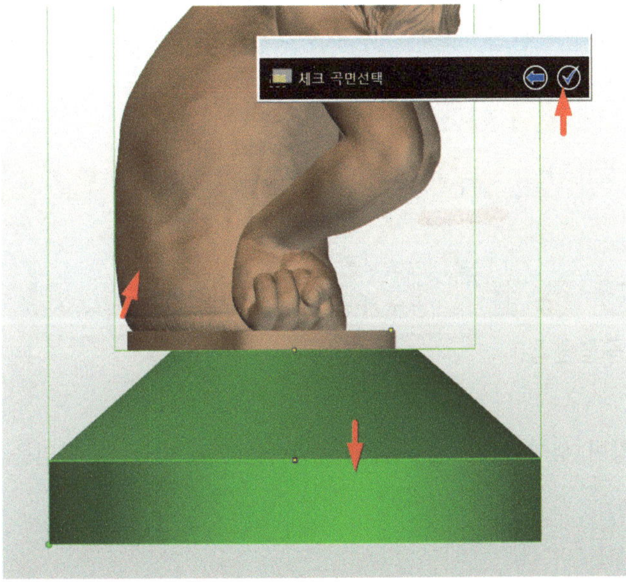

- 가공경로가 생성되었다. 진입 퇴각 지점이 매뉴얼 이미지와 다를 수 있다.

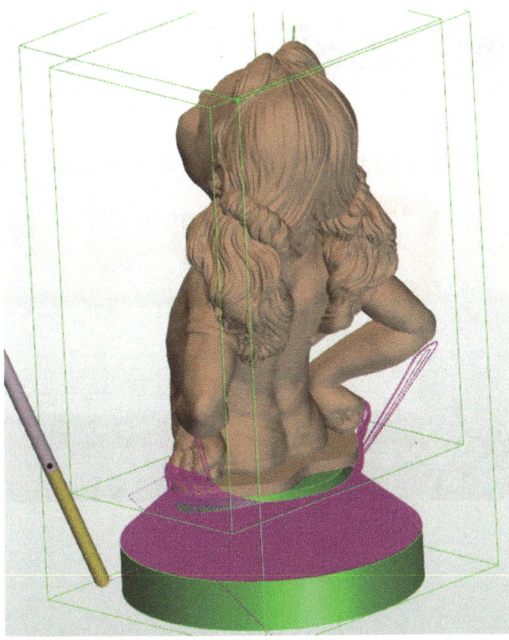

5.4.2 5축 로타리 가공

- 상단 공구교환 아이콘을 선택한다.

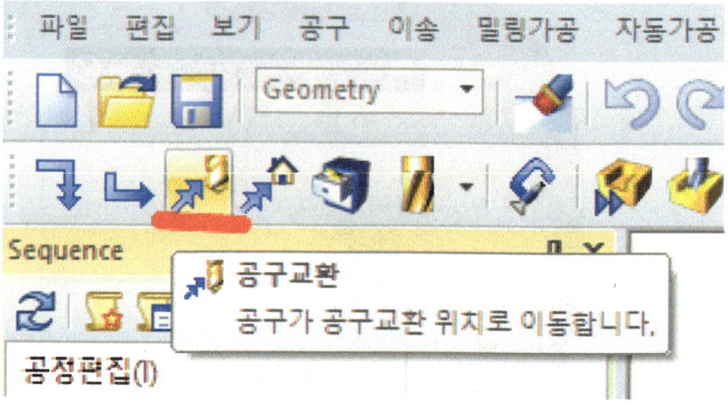

- 공구교환 창이 생성되면 우선 처음구동할축을 Z로 변경 후 확인을 선택한다.

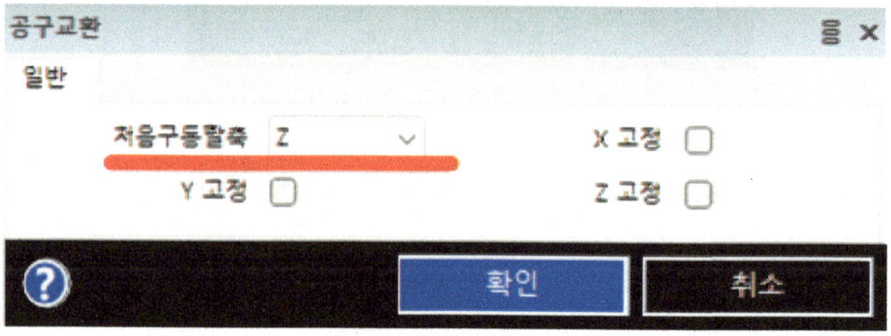

- 상단 밀링 사이클 아래 화살표 클릭 후 5축가공 아이콘을 선택한다.

- 일반 탭에서는 좌측 그림에 맞게 순서대로 입력한다.

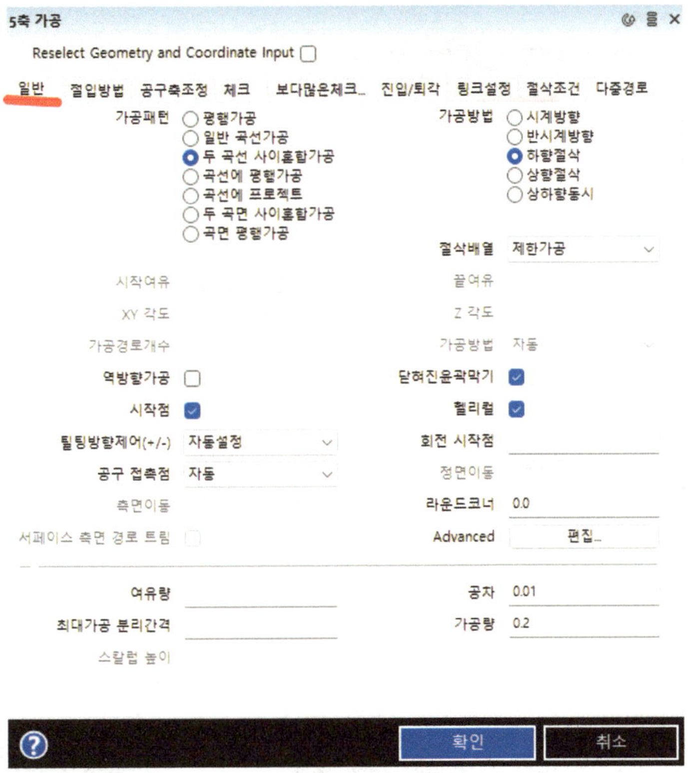

① 가공패턴 - 두 곡선 사이혼합가공
② 가공방법 - 하향절삭
③ 절삭배열 - 제한가공
④ 닫혀진윤곽막기/체크
⑤ 시작점/체크
⑥ 헬리컬/체크

- 공구축조정탭 에서는 좌측 그림에 맞게 순서대로 입력한다.

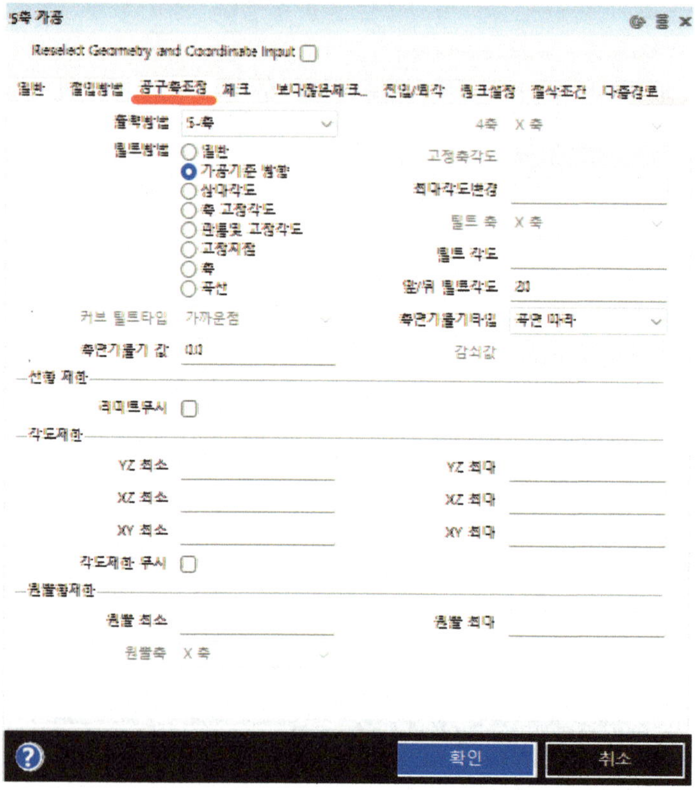

① 출력방법 : 5-축

② 틸트방법 : 가공기준 방향

- 절삭조건 탭에서는 좌측 그림에 맞게 순서대로 입력한 후 확인을 선택한다.

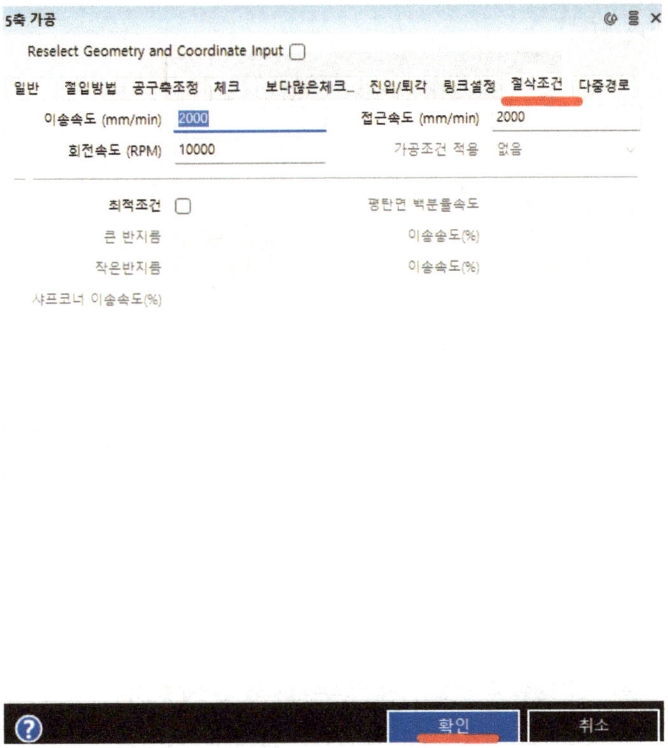

① 이동속도 2000
② 접근속도 2000
③ 회전속도 10000

- Select start Position 이라는 도움말이 생성되면 다른그림의 중심점을 선택한다.

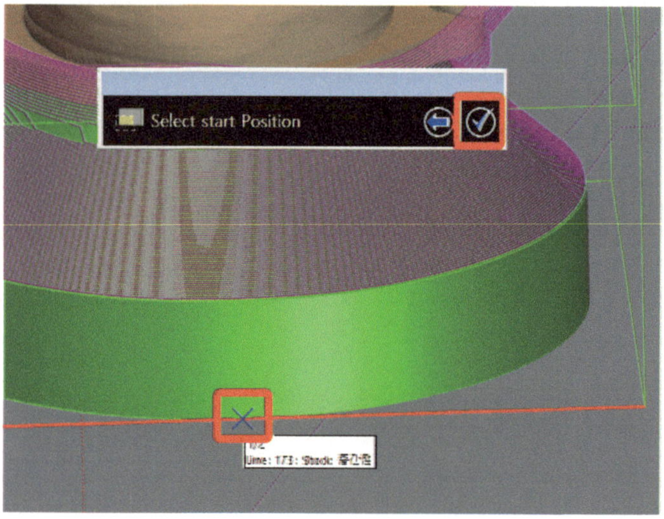

- 드라이브 곡면선택 이라는 도움말이 생성되면 그림에 해당하는 가공할 틸트면을 선택한다

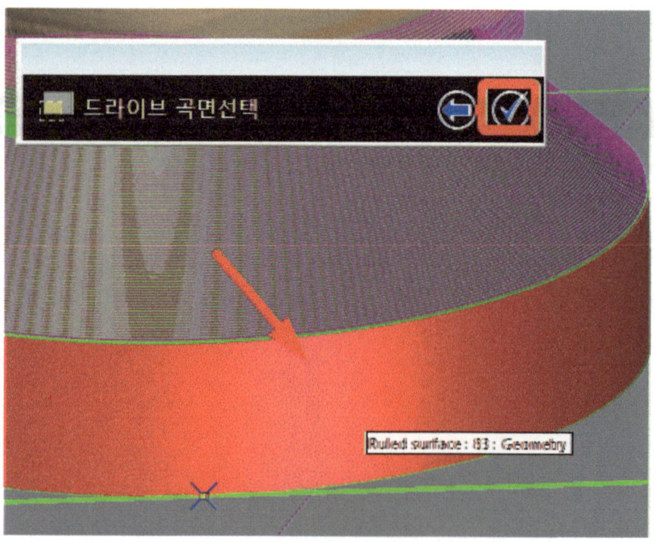

- 체크 곡면 선택 이라는 도움말이 생성되면 상단에 위치한 나머지 면들을 선택한다.

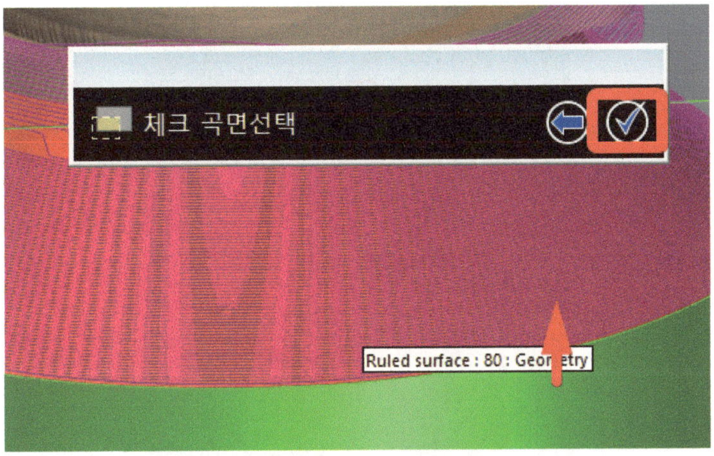

- Select single edge surfaces 이라는 도움말이 생성되면 상단 면을 선택한다.

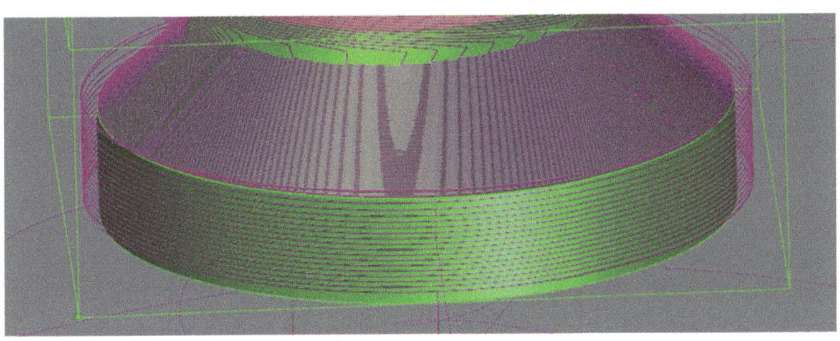

- 가공경로가 생성되었다.

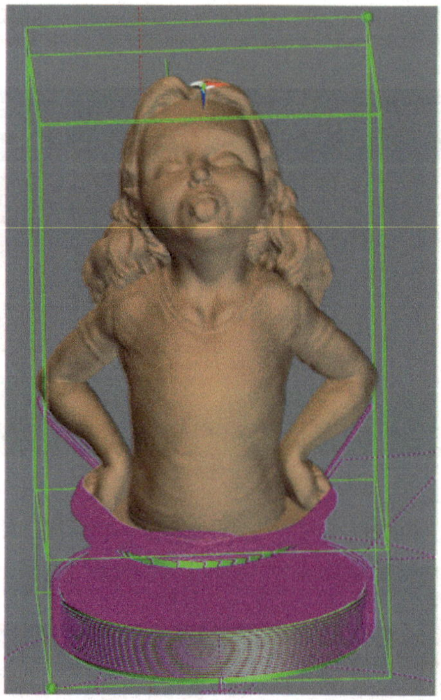

5.5 시뮬레이션 검증

- 상단 시뮬레이터를 클릭한다.

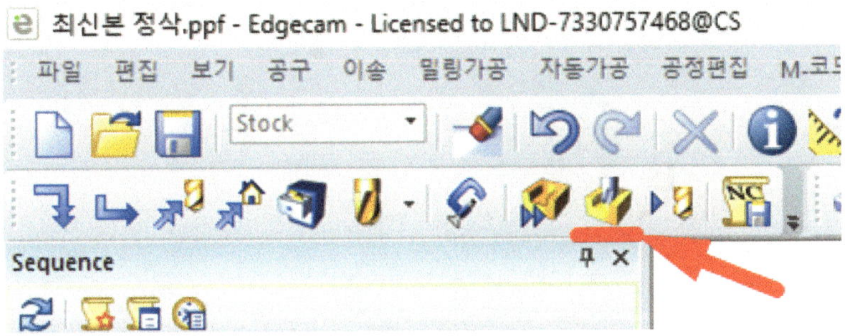

- 시퀀스가 1개 이상이기 때문에 시퀀스 선택창이 나타난다. 아래 그림과 같이 '모두취소'를 클릭 후 '모두 추가'를 클릭해준 뒤 확인한다.

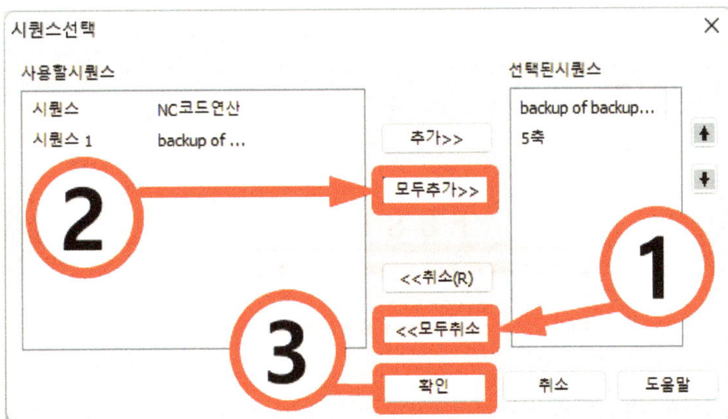

- 시뮬레이션 창이 나타난다. 상단 시뮬레이션 조작으로 시뮬레이션을 재생, 정지등의 작업 할 수 있다. 가공 데이터가 많기 때문에 시뮬레이션에 들어가는 것에도 로딩이 걸릴 수 있다.

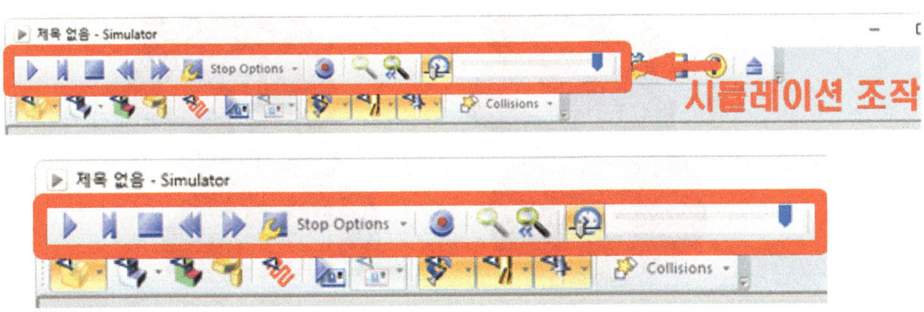

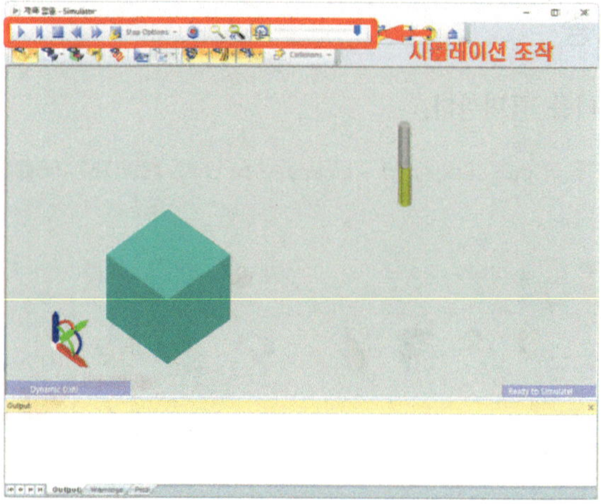

- 시뮬레이션 재생을 클릭한다. 상단의 게이지를 조절하여 시뮬레이션 속도를 조절가능하다.

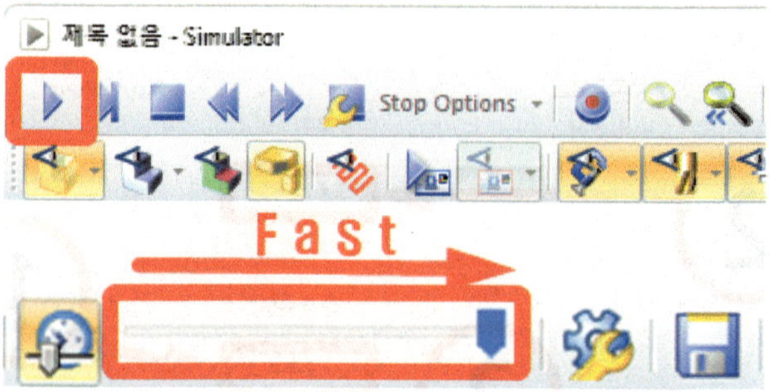

- 시뮬레이션이 완료되었다.

5.6 NC DATA 출력

- 시퀀스 창에서 첫 번째 시퀀스를 더블클릭하여 활성화 한다.

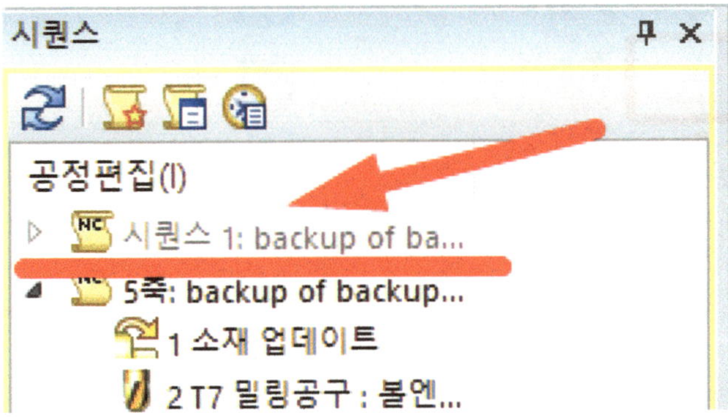

- 상단 툴바의 NC데이터 출력 아이콘을 선택한다

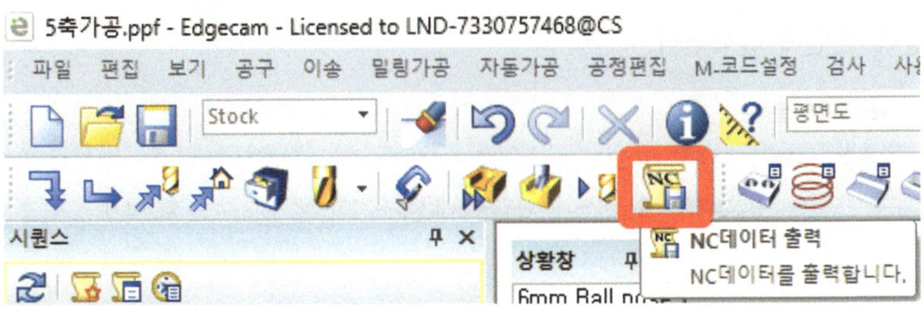

- NC데이터출력 창이 생성되면 찾아보기를 선택한다.

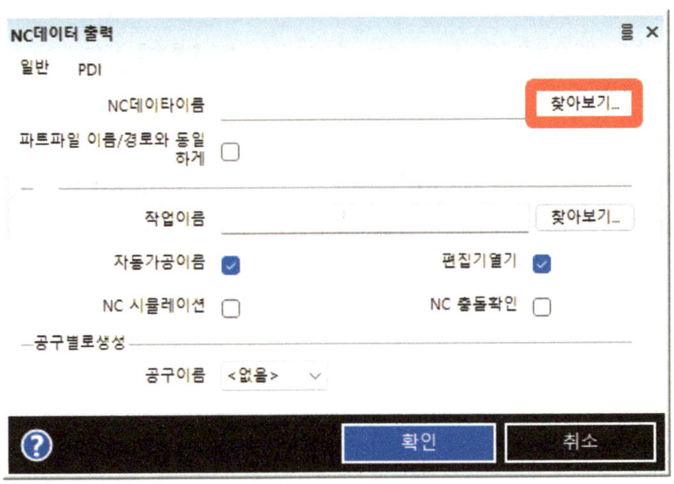

- 다른 이름으로 저장 창이 생성되면 바탕화면 -> O0001(프로그램번호) -> 저장

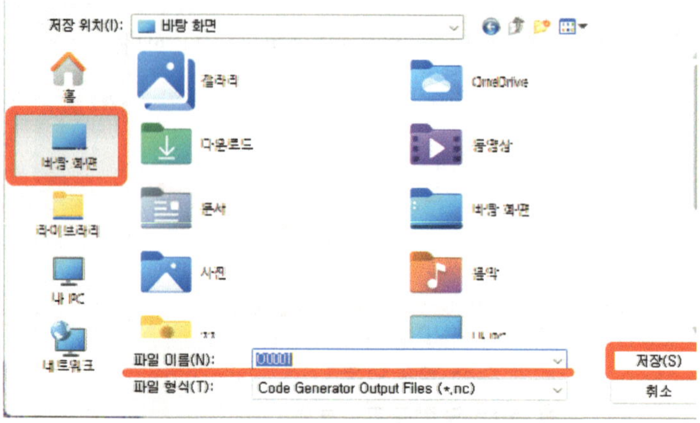

- 공구선택 : 없음을 확인한 후 확인을 선택한다. 공구선택에서 공구를 선택하는 경우 선택한 공구를 사용한 NC데이터를 출력할 수 있다. 없음을 선택하면 시퀀스의 모든 공정이 한번에 출력된다.

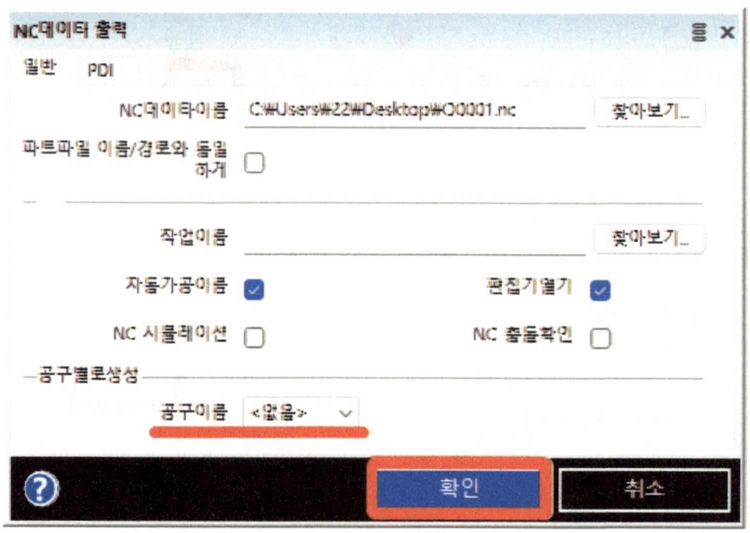

- Code Generator 창이 열리면 코드넘버 0001을 입력 후 확인한다.

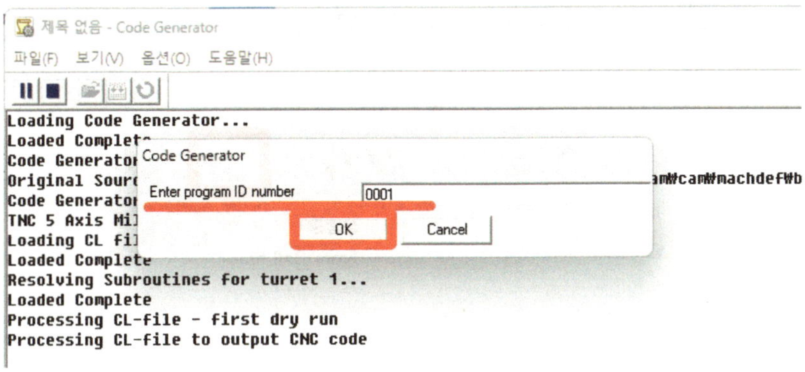

- NC데이터가 출력된 것을 확인한다

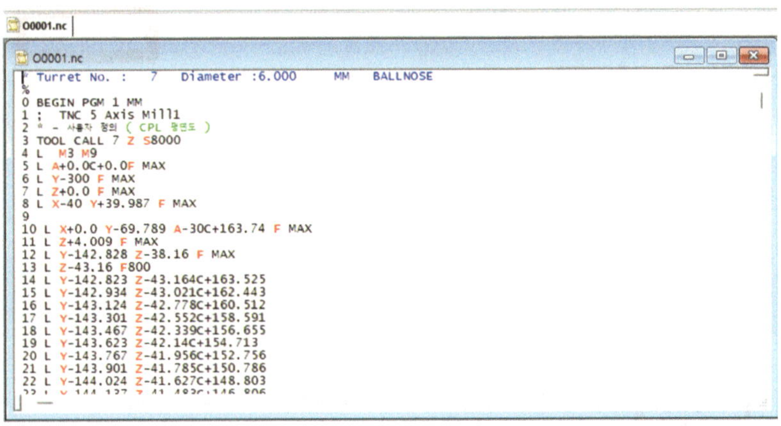

- 시퀀스창에서 5축 시퀀스를 더블클릭하여 활성화 시킨다.

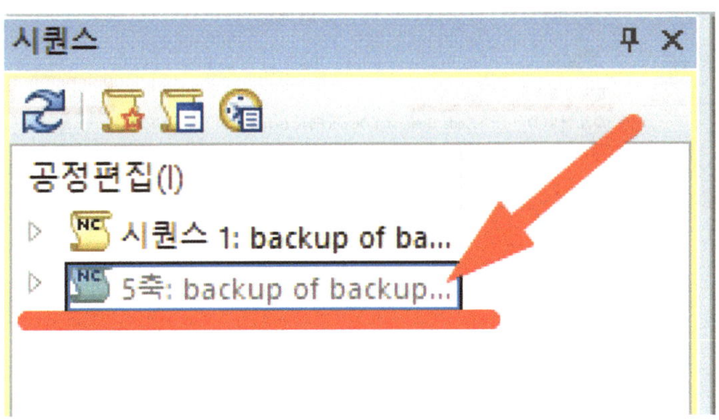

- 상단 툴바의 NC데이터 출력 아이콘을 선택한다

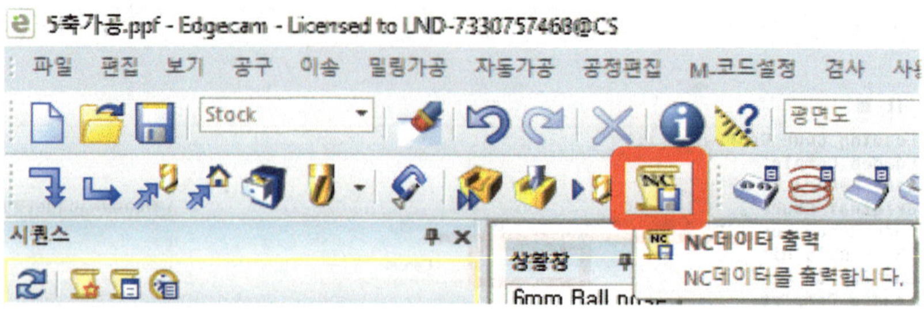

- NC데이터출력 창이 생성되면 찾아보기를 선택한다.

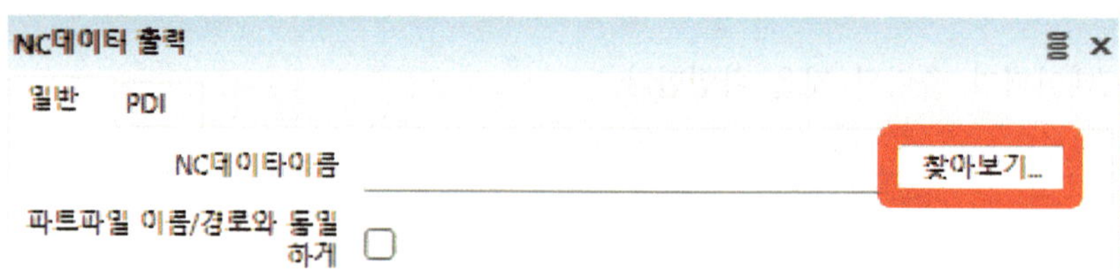

- 다른 이름으로 저장 창이 생성되면 바탕화면 -> O0002(프로그램번호) -> 저장

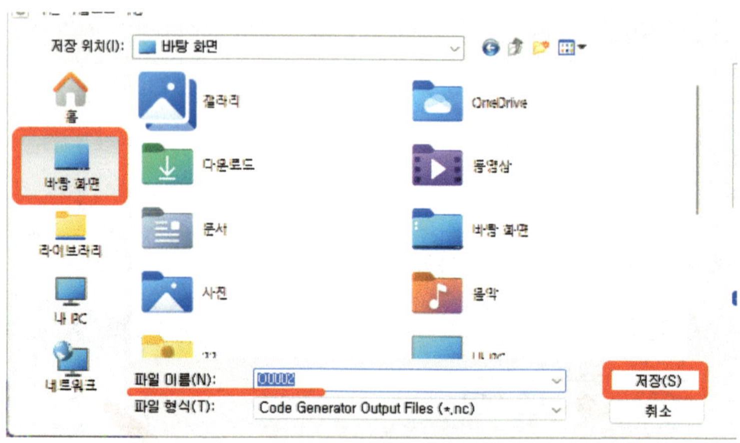

- 공구선택 : 없음을 확인한 후 확인을 선택한다. 공구선택에서 공구를 선택하는 경우 선택한 공구를 사용한 NC데이터를 출력할 수 있다. 없음을 선택하면 시퀀스의 모든 공정이 한번에 출력된다.

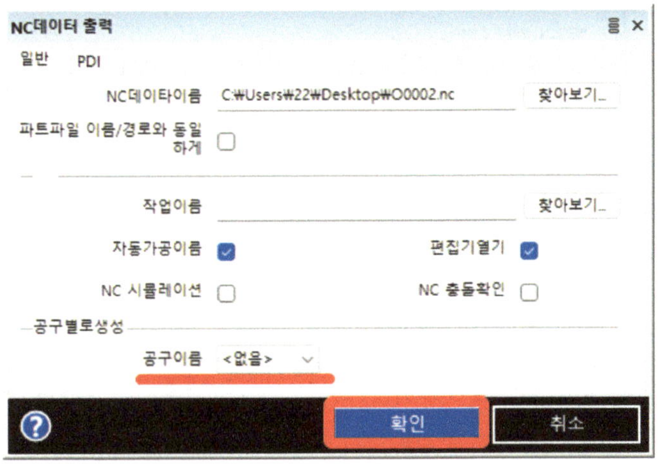

- Code Generator 창이 열리면 코드넘버 0002을 입력 후 확인한다.

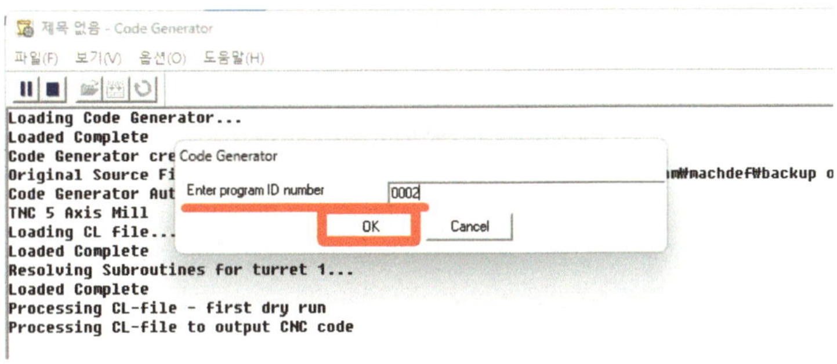

- 5축 NC데이터가 출력된 것을 확인한다

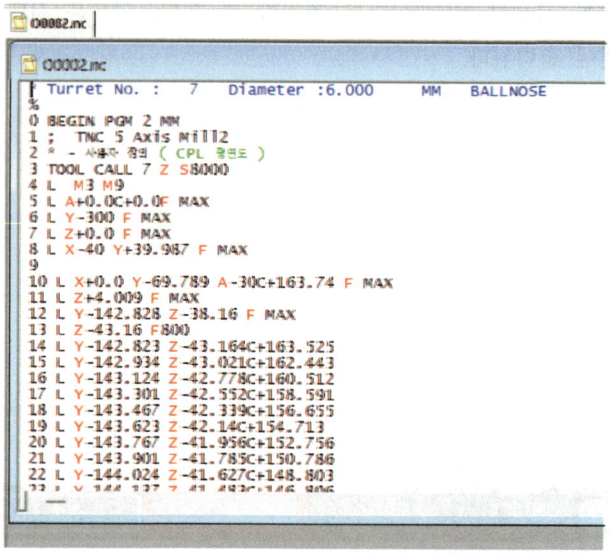

```
O0002.nc
O0002.nc
* Turret No. :   7   Diameter :6.000     MM   BALLNOSE
%
0 BEGIN PGM 2 MM
1 ;  TNC 5 Axis Mill2
2 * - 사용자 정의 ( CPL 평면도 )
3 TOOL CALL 7 Z S8000
4 L  M3 M9
5 L A+0.0C+0.0F MAX
6 L Y-300 F MAX
7 L Z+0.0 F MAX
8 L X-40 Y+39.987 F MAX
9
10 L X+0.0 Y-69.789 A-30C+163.74 F MAX
11 L Z+4.009 F MAX
12 L Y-142.828 Z-38.16 F MAX
13 L Z-43.16 F800
14 L Y-142.823 Z-43.164C+163.525
15 L Y-142.934 Z-43.021C+162.443
16 L Y-143.124 Z-42.778C+160.512
17 L Y-143.301 Z-42.552C+158.591
18 L Y-143.467 Z-42.339C+156.655
19 L Y-143.623 Z-42.14C+154.713
20 L Y-143.767 Z-41.956C+152.756
21 L Y-143.901 Z-41.785C+150.786
22 L Y-144.024 Z-41.627C+148.803
```

※하이덴하인 컨트롤러를 사용하는 장비의 경우 확장자가 O0001.nc가 아닌 O0001.h로 되어 있어야 장비에서 인식 가능하기 때문에 확장자를 .h로 변경해주어야 한다.

Chapter 6

Edgecam을 활용한 5축 곡면 기본 가공

6.1 모델링 불러오기_소재_지그 생성
6.2 Post 선택 및 가공 툴패스 제작
6.3 4축 로터리 가공
6.4 동시 5축 가공
6.5 시뮬레이션 검증
6.6 NC DATA 출력

6.1 모델링 불러오기_소재_지그 생성

6.1.1 모델링 생성하기

- 바탕화면 Edgecam 2014 R1 런처 아이콘을 더블클릭하여 실행한다.

- Edgecam 2014 R1 창이 생성되면 새로운 밀링 파트파일을 한 번의 클릭으로 실행한다.

- 좌상단 열기 아이콘을 선택한다.

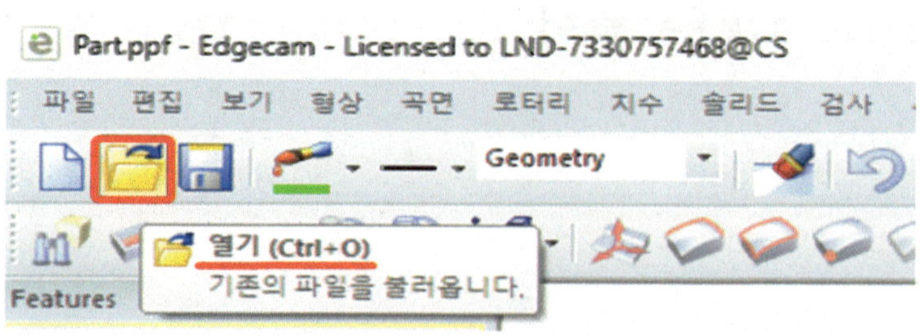

- 열기 창이 생성되면 바탕화면 -> 5축 기능 -> 열기를 선택한다.

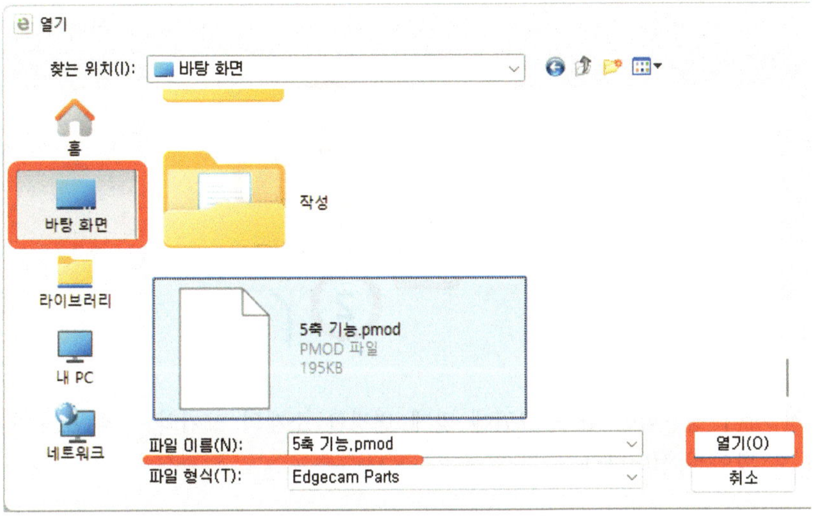

- 5축 모델링이 생성된 것을 확인

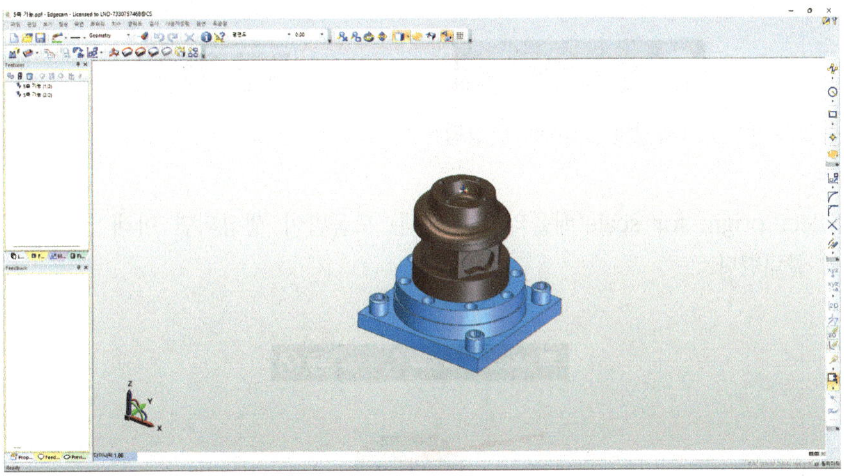

6.1.2 소재 제작하기

- 우측 툴바의 변환 버튼 아래의 화살표를 클릭 후 축적 아이콘을 선택한다.

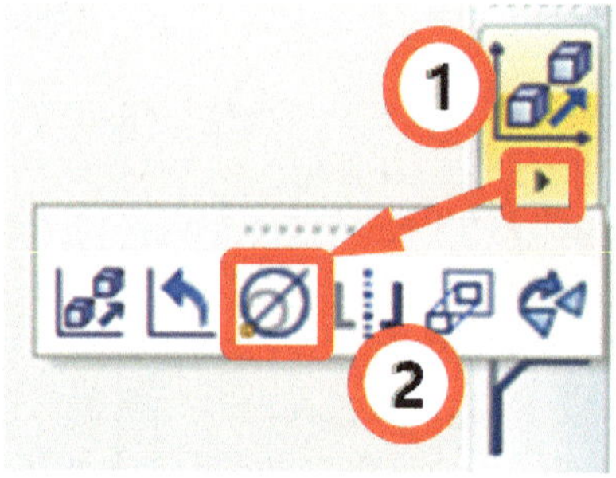

- 축적 창이 생성되면 아래 그림에 맞게 변경할 소재의 크기와 현재 소재의 크기를 입력 후 확인을 선택한다.

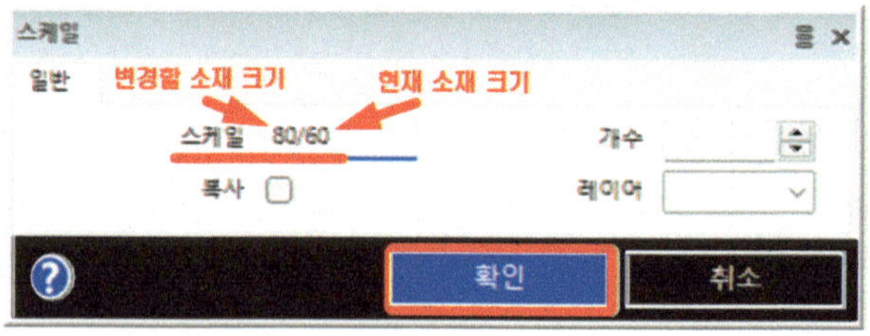

축척 : 80/60 (직경80 mm로 변경됨)

- Select origin for scale(배율의 원점선택) 도움말이 생성되면 아래 그림에 맞게 원점에 클릭한다.

- Select the entities to transform(or Finish)(이동하거나 복사할 요소선택)도움말이 생성되면 전체 드래그 후 확인을 선택한다.

- 우측 툴바의 모재/지그 아이콘을 선택한다.

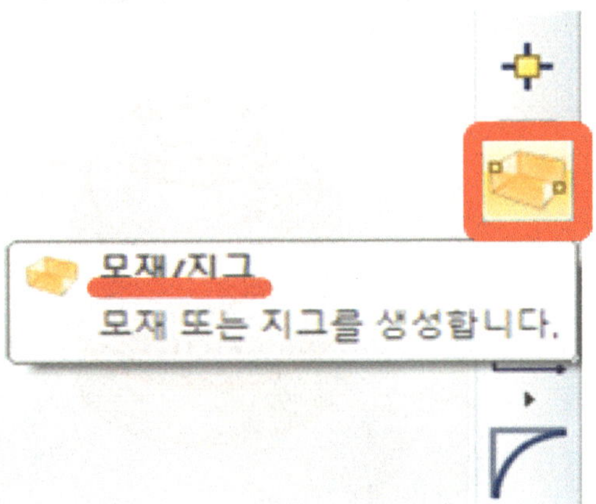

- 자동소재설정에 체크를 확인 후 형태는 가공할 소재가 원통형인 경우 실린더를 선택하고 사각형의 경우 박스를 클릭한다.

  아래 그림과 같이 옵셋값이 0으로 되어 있는 것을 확인한 다음 하단의 확인을 클릭한다.

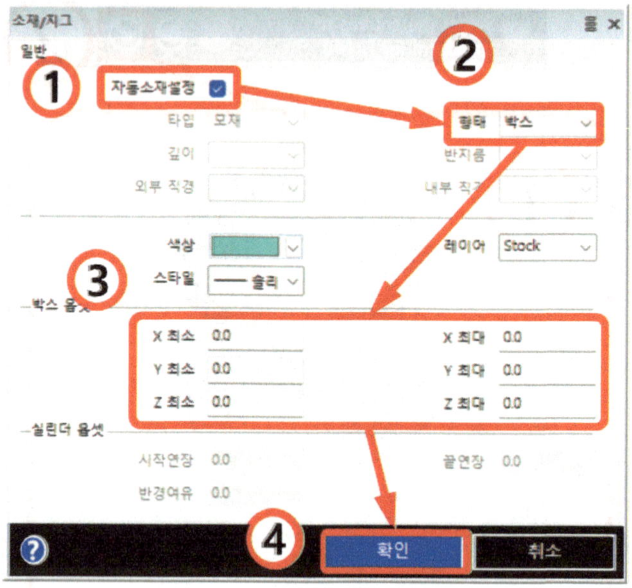

- Select solid(소재로 지정할 모델링) 위에 있는 모델링을 선택한다.

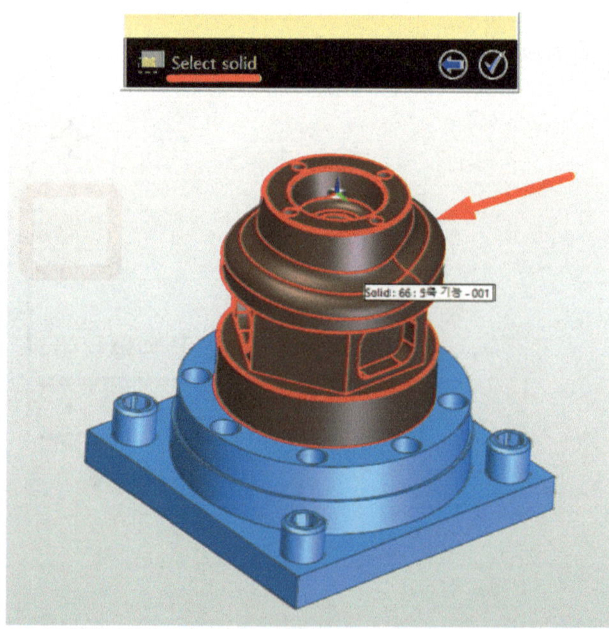

- 소재 선택완료 후 체크를 한번 클릭한다.

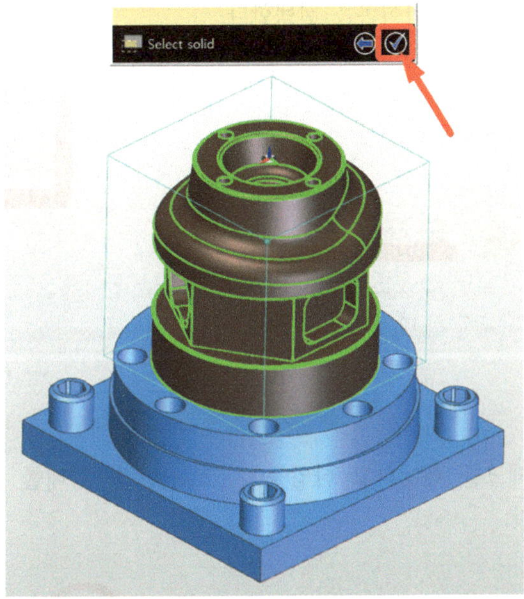

- 소재가 생성된 것을 확인할 수 있다.

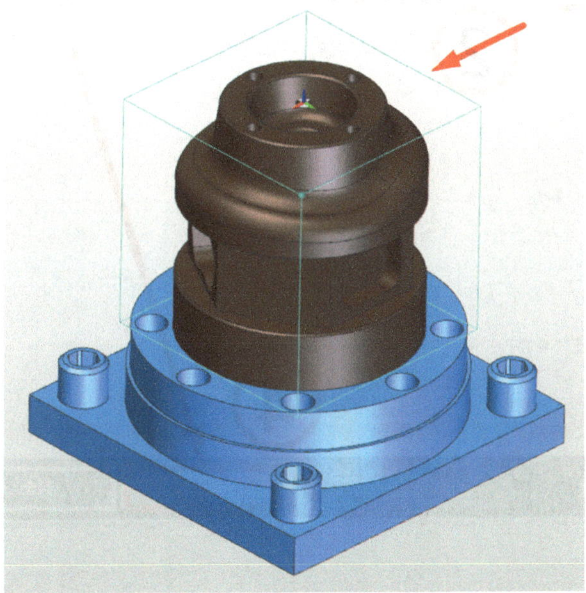

6.1.3 지그 제작하기

- 우측 툴바의 모재/지그 아이콘을 선택한다.

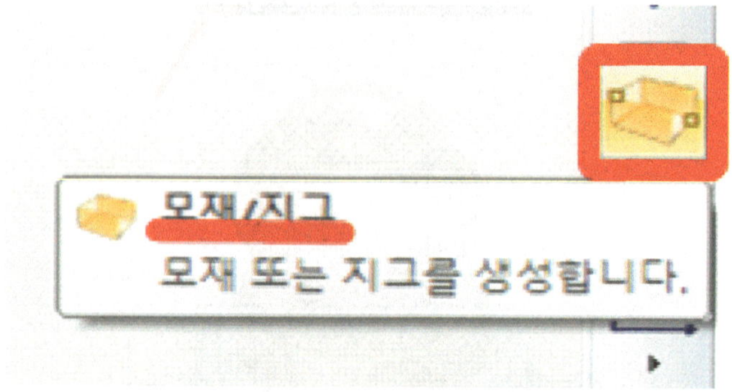

- 자동소재설정 체크를 해제하고 타입을 지그로 변경, 형태를 Pick로 변경 후 하단의 확인을 클릭한다.

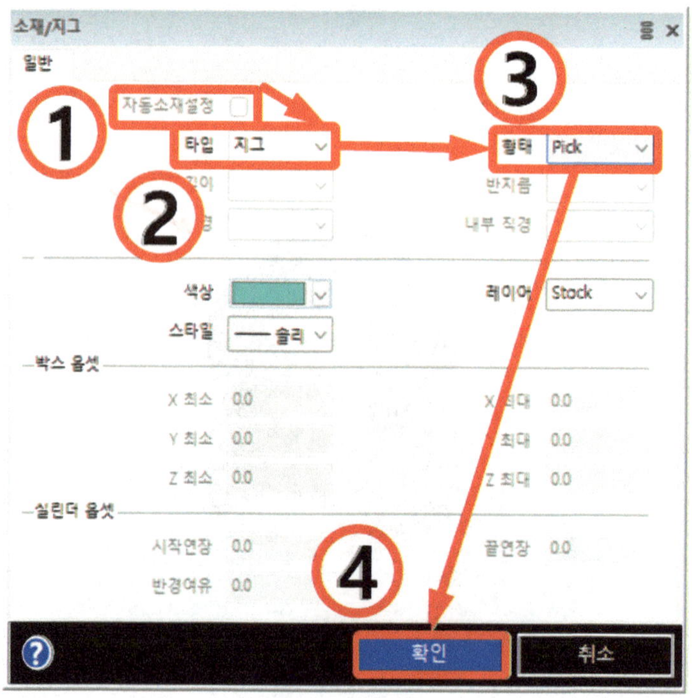

- 아래 쪽 모델링을 선택 후 체크를 클릭한다.

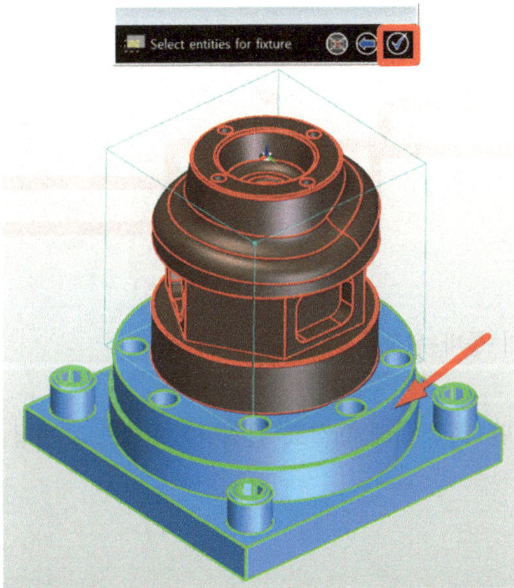

※ 지그 색상변경(시뮬레이션에서 지그를 선명하게 보기 위한 작업)

- 피쳐 트리를 선택 후 지그 구간에 마우스 우클릭 하여 편집을 선택한다.

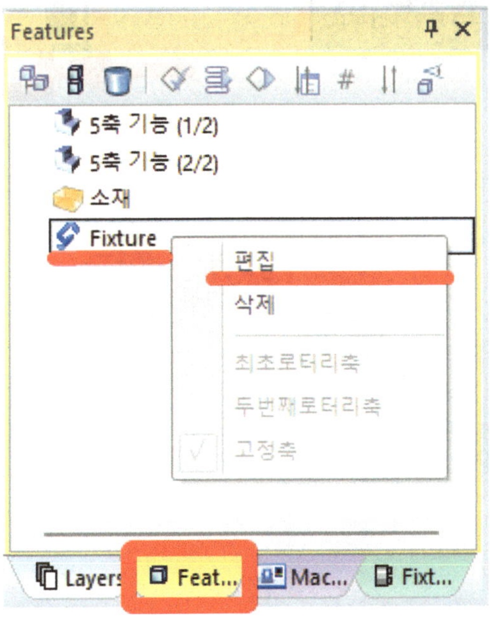

피쳐가 없다면 ?

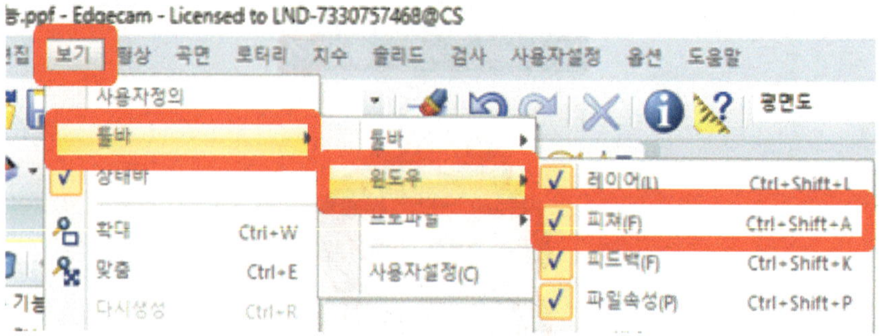

우측 상단의 보기-툴바-윈도우-피쳐를 클릭한다.

- 편집창이 생성되면 색상 아래 화살표 클릭 -> 회색으로 변경

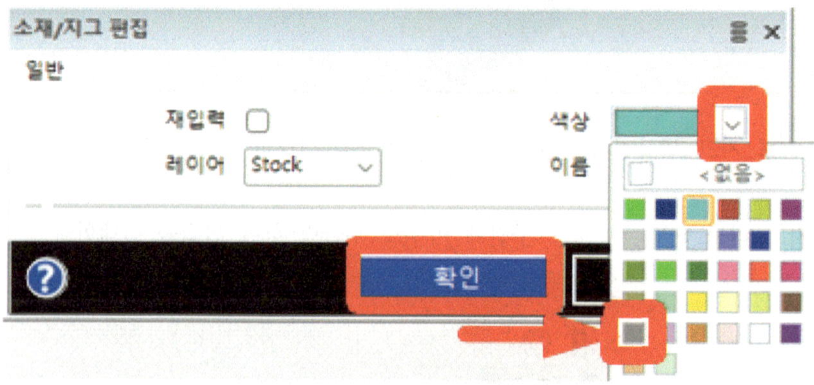

- 모델링 윤곽이 녹색 틀에서 회색으로 변경된다.

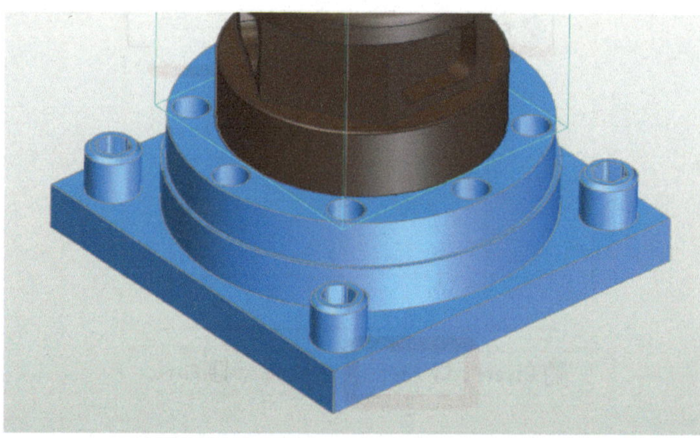

6.1.4 드릴 지점 생성하기

- 좌상단의 모서리에서 추출을 선택한다.

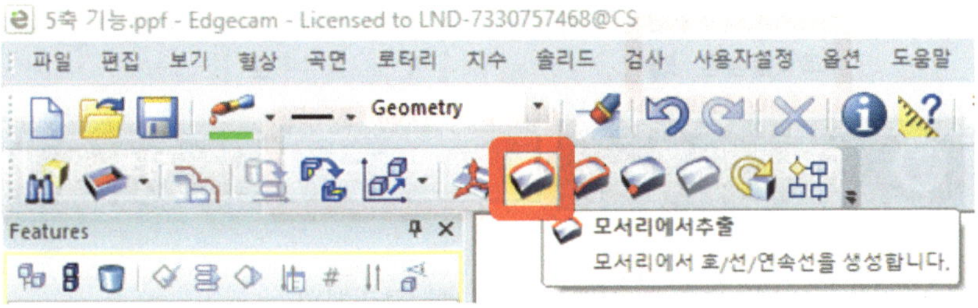

- 추출할 형상을 선택 후 체크를 클릭한다.

- 좌상단의 형상- 점생성을 선택한다.

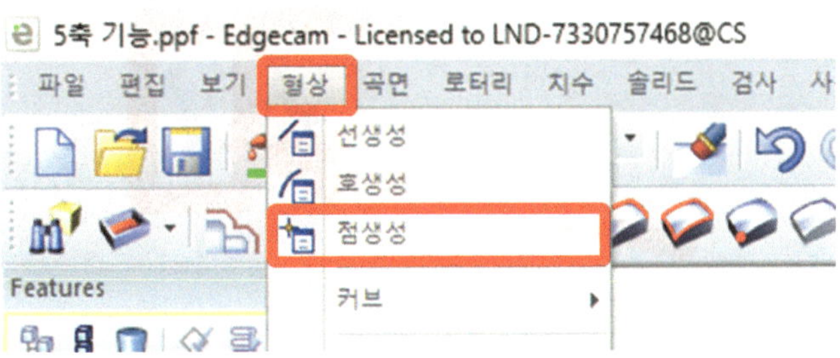

- 호의 중심점 체크 후 확인을 클릭한다.

- 점이 필요한 구멍의 호들을 선택 후 체크를 클릭한다.

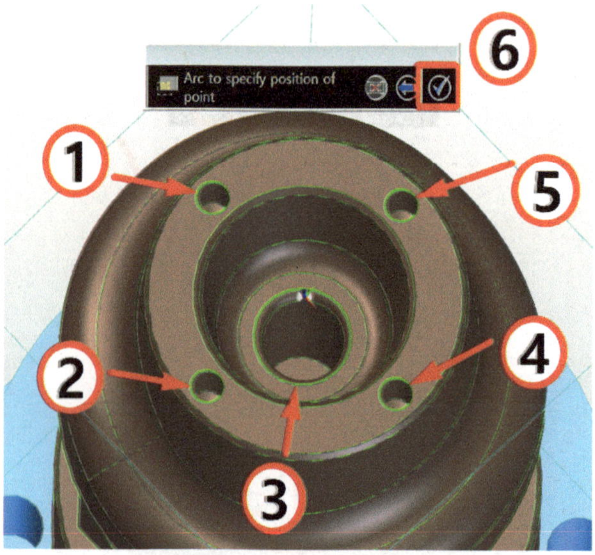

- 우상단의 가공모드로 전환을 클릭한다.

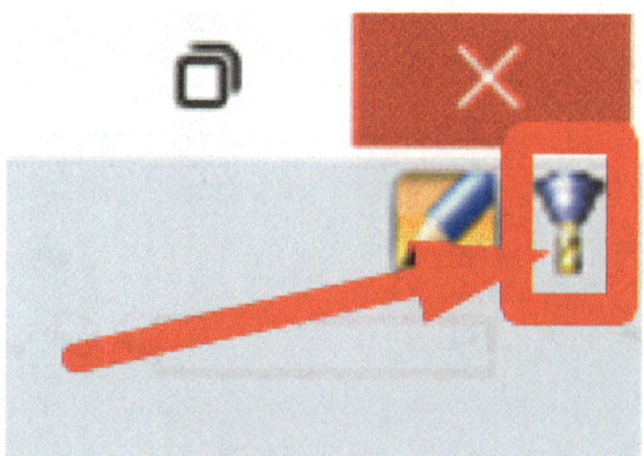

6.2 Post 선택 및 가공 툴패스 제작

6.2.1 가공 시퀀스 Post 선택하기

- 가공 시퀀스창이 생성되면 아래 그림에 맞게 선택 후 클릭한다.

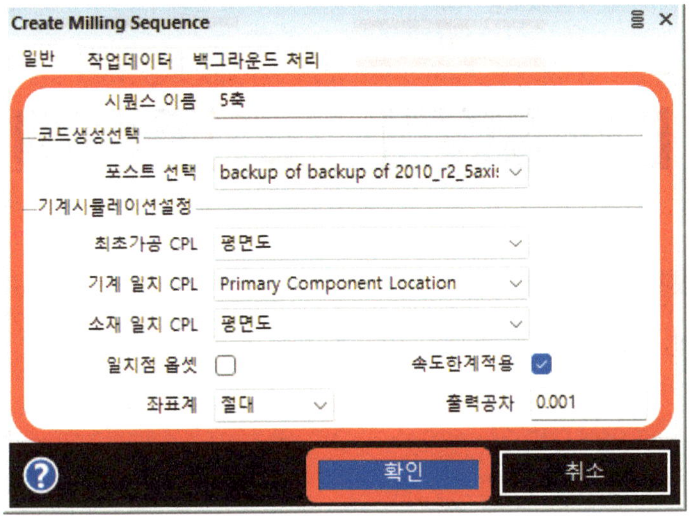

- 공정편집 탭 안에서 시퀀스 1: 부산기계공고_dmu60_5axis을 더블클릭 또는 우측 마우스 클릭 후 편집을 선택한다.

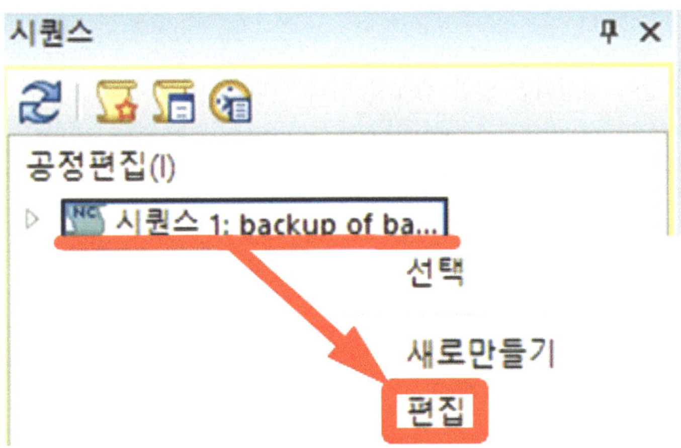

- 기계파라메터 창이 생성되면 공구교환으로 이동한 다음교환값이 아래 그림과 같이 입력 후 확인한다.

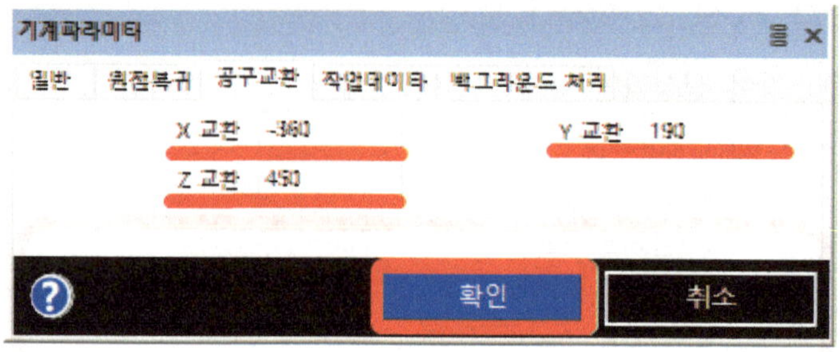

6.2.2 드릴링 셋팅 및 가공

- 좌상단의 공구아이콘 옆 화살표 선택 후 드릴 아이콘을 선택한다.

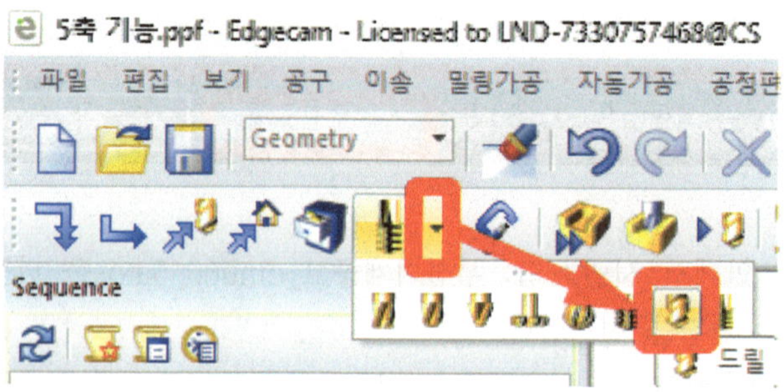

- 밀링공구 창이 생성되면 일반 탭에서 입력 한다.

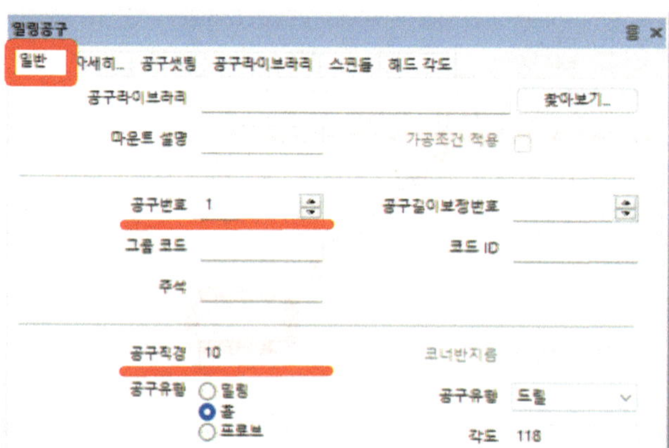

실제 장비에 장착되어 있는 드릴의 공 구의 공구번호를 입력해야 한다.

공구번호 : 1 공구직경 : 10

- 자세히 탭으로 이동 후 날장 : 20 / 색상 : 노란색으로 변경한다.

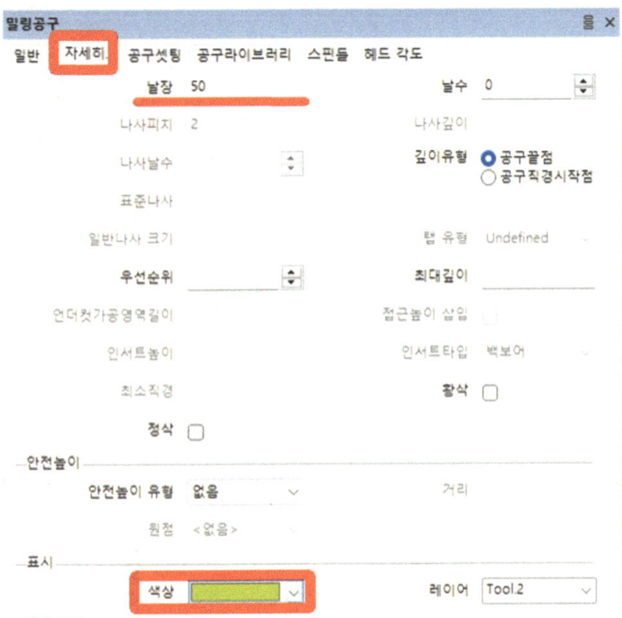

▶ 날장(가공 날)은 왜 필요한가?

시뮬레이션을 볼 때 날장으로 인한 충돌 또는 미비된 가공이 될 수 있다.

▶ 색상이란?

툴패스/시뮬레이션에서 가공된 형상을 노란색으로 볼 수 있다

- 자세히 탭으로 이동 후 Z측정 : 50 / 길이 : 50으로 입력 후 확인을 클릭한다.

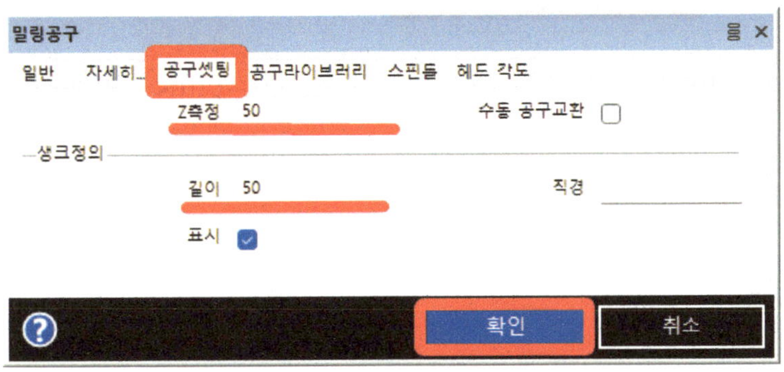

측정 = 시뮬 장비에 홀더가 Z축으로 숨어있다. 홀더에서 날장까지 Z축을 내려준다.

길이 = 생크의 길이를 뜻한다.

- 우측 툴바의 홀가공 아이콘을 클릭한다.

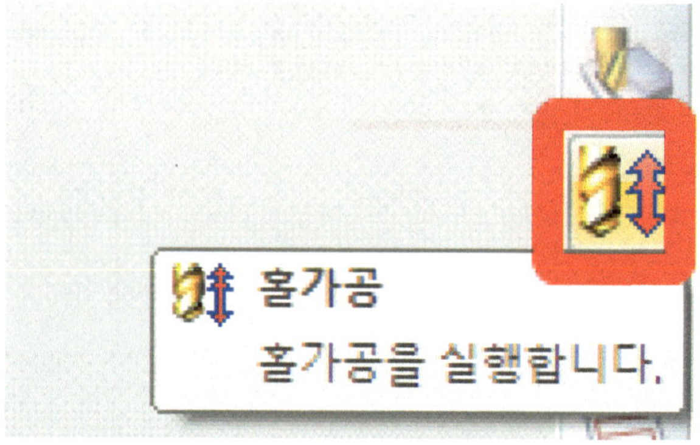

- 홀 가공 창이 생성되면 일반탭에서 아래 그림에 맞게 입력한다.

모델타입 : 와이어프레임 / 가공방법: 드릴 / 접근속도 : 105 / 회전속도 : 900

▶ 모델타입 이란?

와이어프레임 : 2D 라인만 선택이 가능하다.

솔리드 : 3D 형상(모델 전체)만 선택이 가능하다.

- 가공깊이 탭으로 이동 후 아래 그림에 맞게 입력한다

깊이타입 : 공구끝점 / 안전높이 : 50 / 접근높이 : 10 / 시작높이 : 10 /
깊이설정 : 선택 / 절입량 : 5(Z값 1회 절입_팩절입)

- 제어 탭으로 이동 후 아래 그림에 맞게 수정 후 확인을 클릭한다.
  (보조프로그램 : 체크 해제)

▶ 보조프로그램 = M98 _ 보조프로그램(서브프로그램) NC DATA에서 출력이 되고 장비에서 알람이 발생 된다.

- Point to specify Depth(절삭깊이)를 지정하는 점이라는 도움말이 생성된다. 마우스를 깊이 구간 중심에 놓으면 스냅이 생성된다. 마우스 좌측 클릭한다.

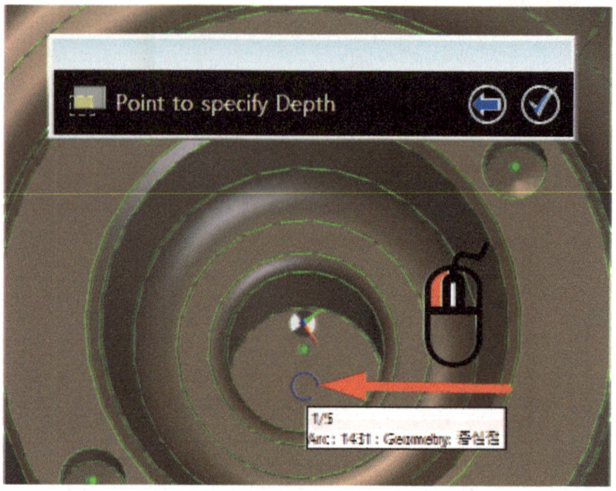

- Select location for hole centre(홀의 중심을 선택) 도움말이 생성된다. 드릴 점을 생성한 곳을 클릭 후 확인을 선택한다.

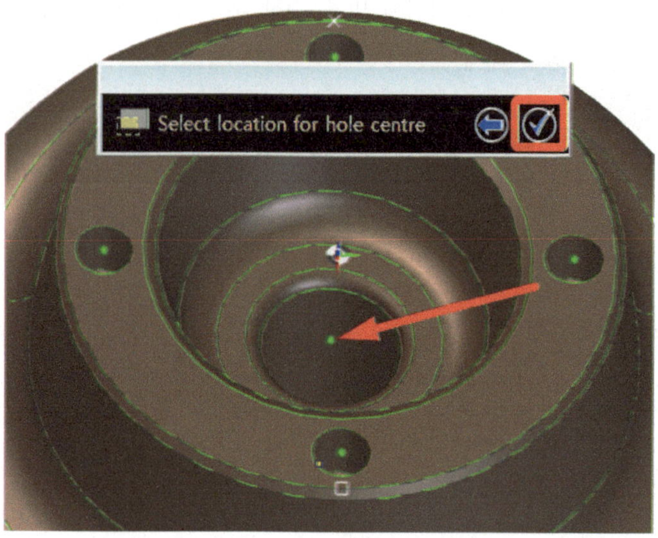

- 직경 10 mm 드릴 가공이 된 것을 확인할 수 있다.

- 좌상단의 공구교환 아이콘을 선택한다.

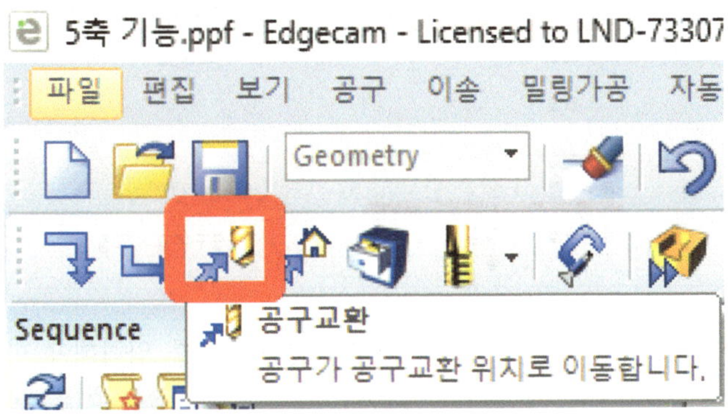

- 공구교환 창이 생성되면 처음 구동할 축을 Z로 변경 후 확인을 선택한다.

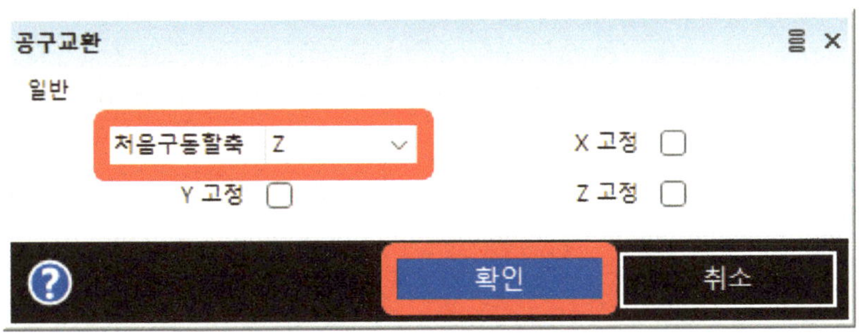

- 좌상단의 밀링나사공구-드릴 아이콘을 선택한다.

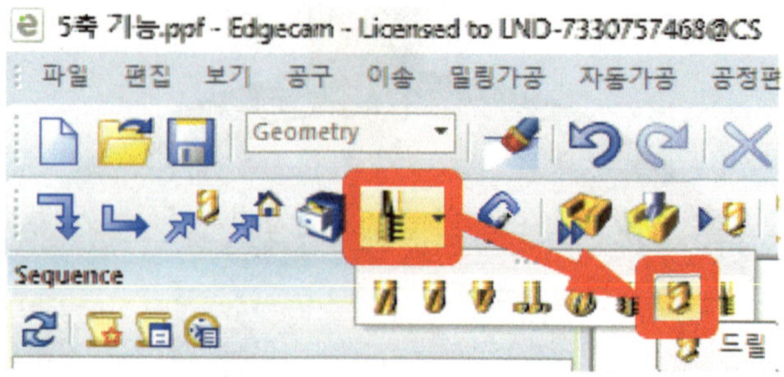

- 밀링공구 창이 생성되면 일반 탭에서 공구번호 : 2 / 공구직경 : 4 입력한다.

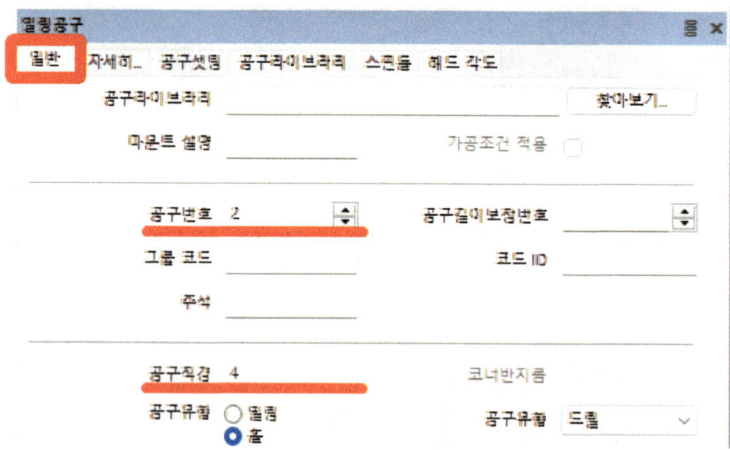

실제 장비에 장착되어 있는 드릴의 공구의 공구번호를 입력해야 한다.

- 자세히 탭으로 이동 후 날장 : 20 / 색상 : 노란색으로 변경한다.

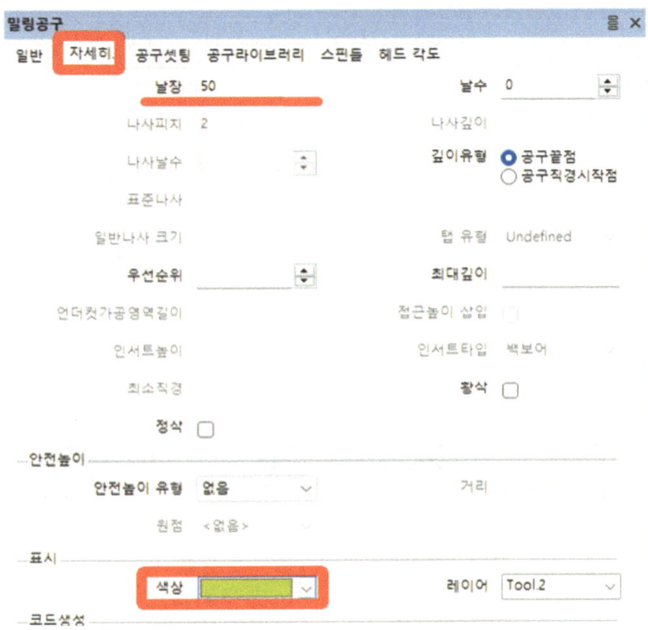

▶ 날장(가공 날)은 왜 필요한가?

시뮬레이션을 볼 때 날장으로 인한 충돌 또는 미비된 가공이 될 수 있다.

▶ 색상이란?

툴패스/시뮬레이션에서 가공된 형상을 노란색으로 볼 수 있다.

- 공구 셋팅 탭으로 이동 후 Z측정 : 50 / 길이 : 50 입력한다

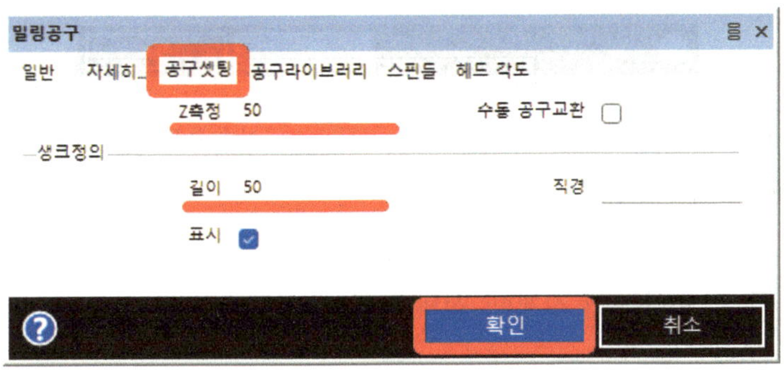

Z측정 = 시뮬 장비에 홀더가 Z축으로 숨어있다. 홀더에서 날장까지 Z축을 내려준다.

길이 = 생크의 길이를 뜻한다.

- 우측 툴바의 홀가공 아이콘을 클릭한다.

- 홀 가공 창이 생성되면 일반탭에서 아래 그림에 맞게 입력한다.

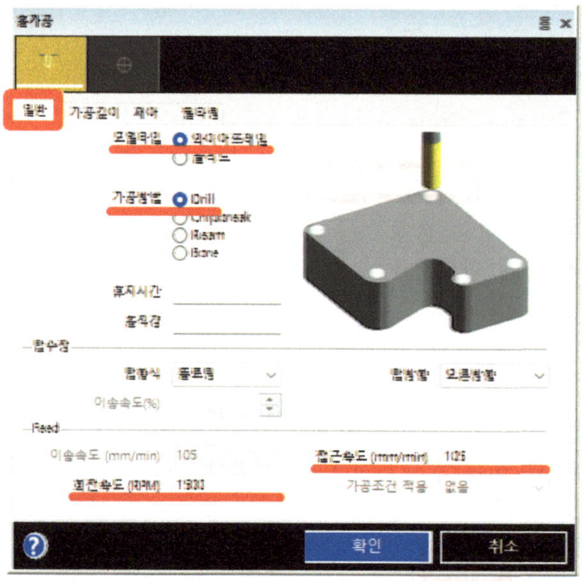

▶ 모델타입 : 와이어프레임 / 가공방법 : 드릴 / Z이송속도 : 105 / 회전속도 : 1500

▶ 모델타입 이란?

와이어프레임 : 2D 라인만 선택이 가능하다.

솔리드 : 3D 형상(모델 전체)만 선택이 가능하다.

- 가공깊이 탭으로 이동 후 아래 그림에 맞게 입력한다

▶ 깊이 타입 : 공구끝점 / 안전높이 : 50 / 접근높이 : 10 / 시작높이 : 10 /

▶ 깊이 설정 : 선택 / 절입량 : 2(Z값 1회 절입_팩절입)

- 제어 탭으로 이동 후 아래 그림에 맞게 수정 후 확인을 클릭한다.
  (보조프로그램 : 체크 해제)

보조프로그램 = M98 _ 보조프로그램(서브프로그램) NC DATA에서 출력이 되고 장비에서 알람이 발생 된다.

- Point to specify Depth(절삭깊이를 지정하는 점)이라는 도움말이 생성된다. 마우스를 바닥 구간 중심에 놓으면 스냅이 생성잡힌다. 이때 마우스 좌측 클릭한다.

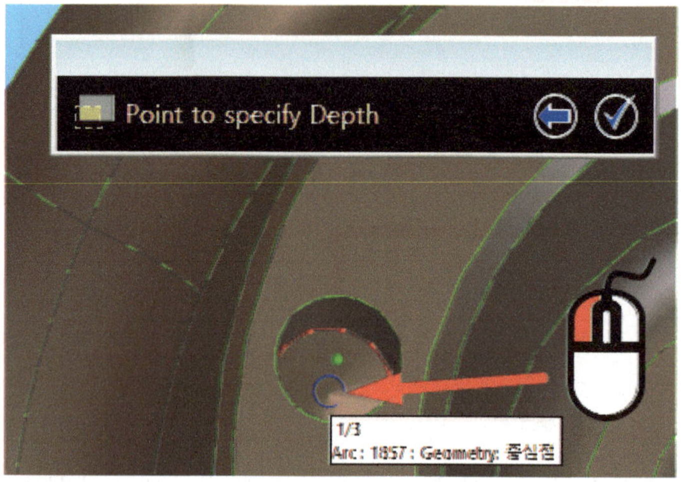

- Select location for hole centre(홀의 중심을 선택하라)는 도움말이 생성된다. 중심을 제외한 드릴 점을 생성한 곳을 모두 클릭 후 확인을 선택한다.

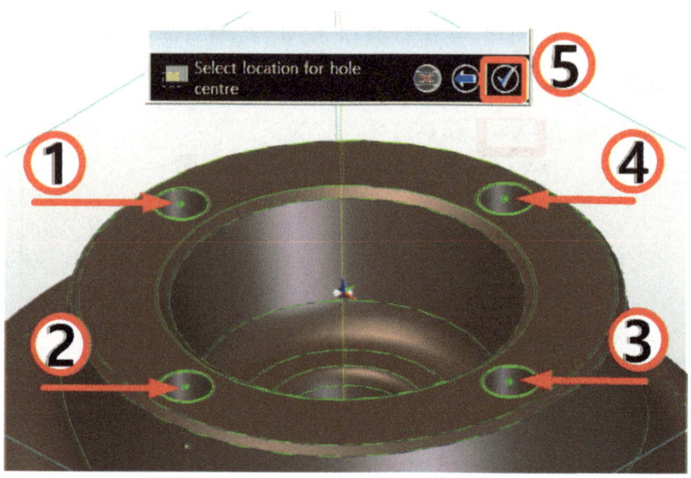

- 직경 4 mm 드릴 가공이 된 것을 확인할 수 있다.

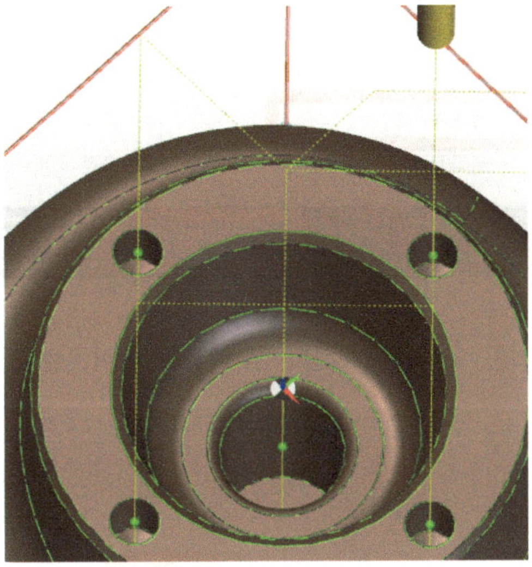

단, 스케일로 크기를 변경 하였기 때문 해당 모 델의 홀 직경은 정확한 4 mm가 아니다.하지만 4 mm 드릴 공구로 가공하였기 때문에 실제 가공된 형상에서의 홀 직경은 4 mm가 될 것이다. 그러한 변화로 가공완료된 형상과의 홀 직경 차이 가 발생할 수 있다.

6.2.3 황삭가공(닫힌 포켓 가공)

- 좌상단의 공구교환 아이콘을 선택한다.

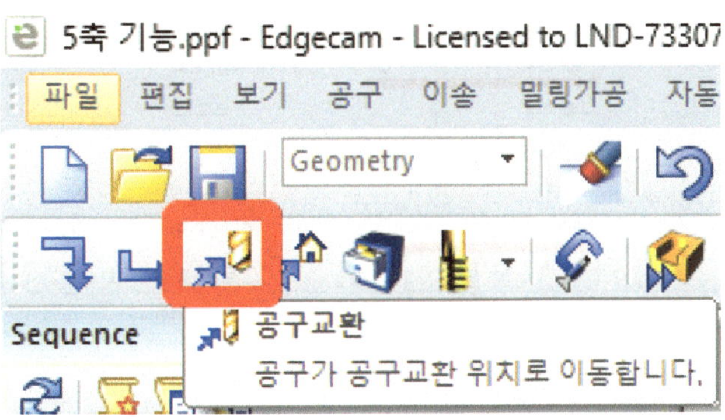

- 공구교환 창이 생성되면 처음 구동할 축을 Z로 변경 후 확인을 선택한다.

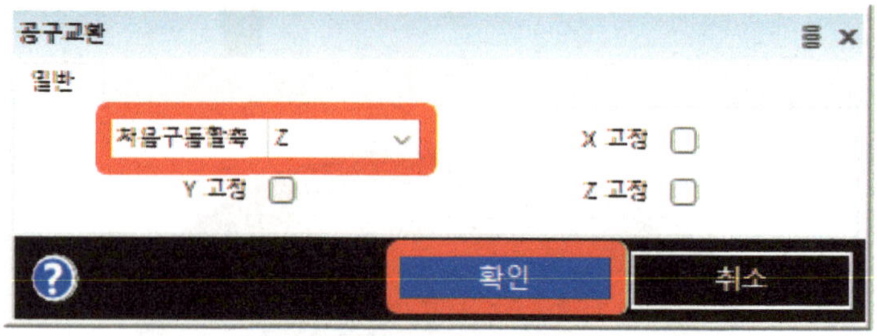

- 좌상단의 공구아이콘 옆 화살표 선택 후 엔드밀 아이콘을 선택한다.

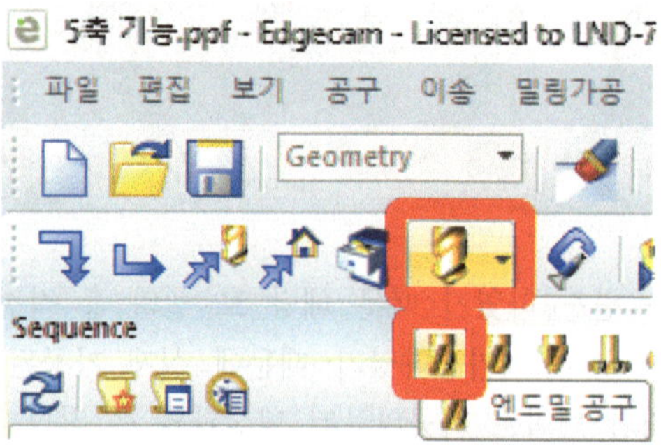

- 가공 시퀀스창이 생성되면 아래 그림에 맞게 선택 후 클릭한다.

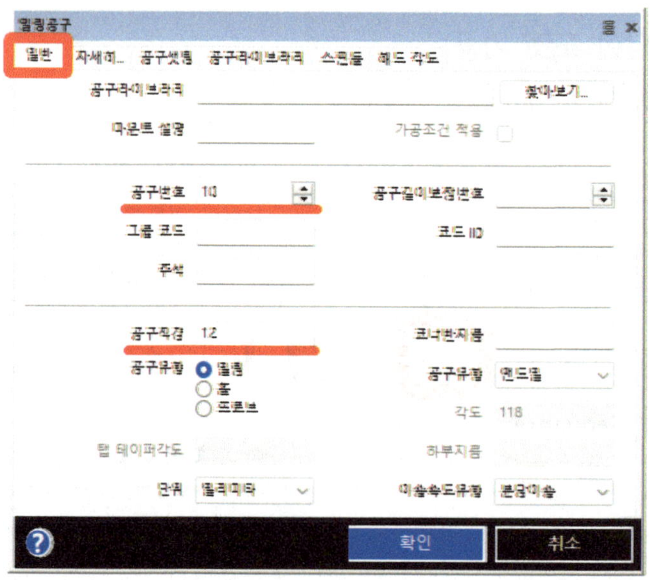

① 공구번호 : 10

② 공구직경 : 12

- 자세히 탭으로 이동 후 날장 : 50 / 색상 : 하늘색으로 변경한다.

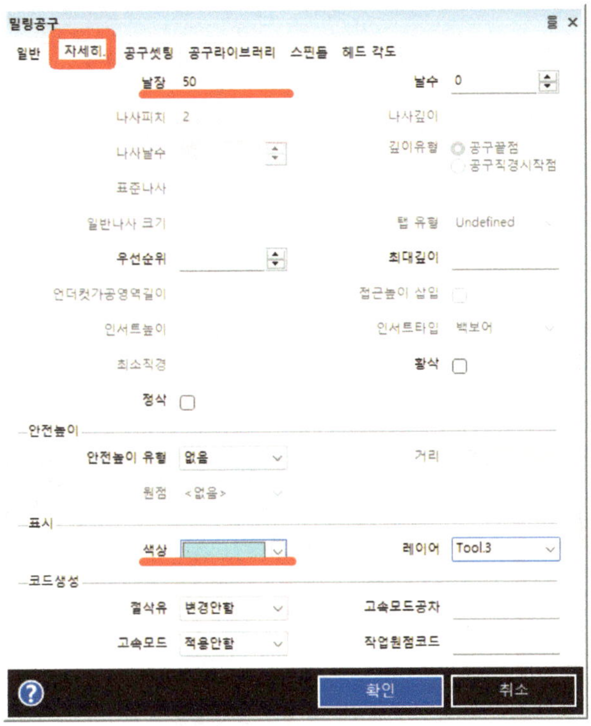

- 공구 셋팅 탭으로 이동 후 Z측정 : 70 / 길이 : 50 입력 후 확인을 클릭한다.

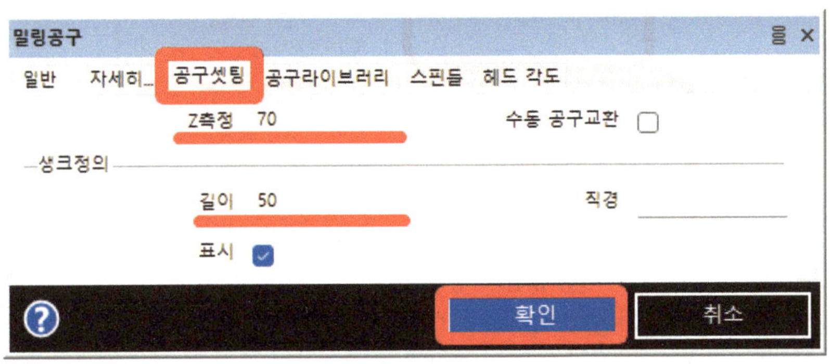

- 우측 툴바의 황삭가공 아이콘을 선택한다.

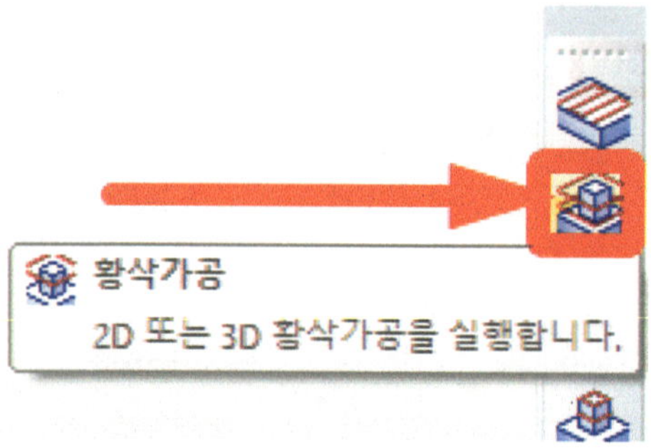

- 황삭가공 창이 실행되면 일반 탭에서 아래 그림에 맞게 입력한다.

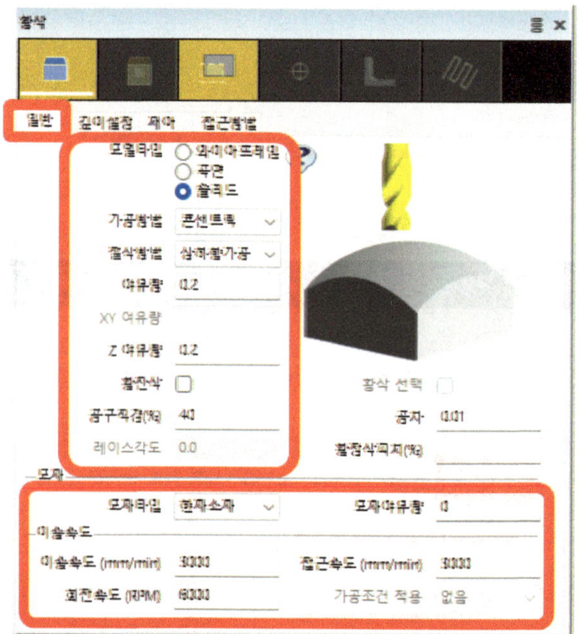

① 모델타입 : 솔리드 / 가공방법 : 동심형
② 절삭방법 : 상하향가공 / 여유량 : 0.2 /
③ Z여유량 : 0.2 / 피치 : 40 / 스톡타입 : 현재스톡
④ 이송속도 : 3000 / Z이송속도 : 3000/ 회전속도 : 6000

▶ 모델타입 이란?

와이어프레임 : 2D라인 선택
곡면 : 스윕면 / 라운드/ 모따기 면 선택
솔리드 : 모델 전체 형상 선택

- 깊이설정 탭으로 이동 후 아래 그림에 맞게 입력한다.

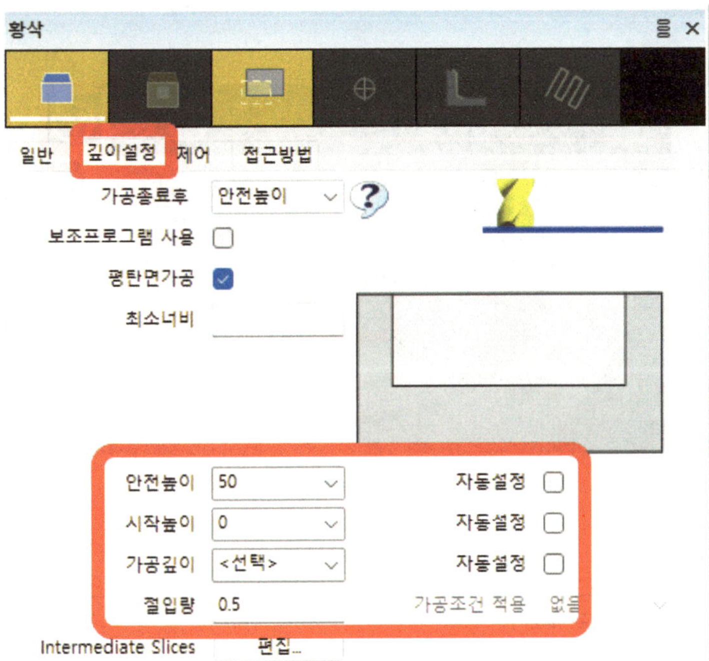

① 안전높이 : 50 / 자동인식 : 체크 해제
② 가공시작높이 : 0 / 자동인식 : 체크 해제
③ 절삭깊이 : 지정 / 자동인식 : 체크 해제
④ 절입량 : 0.5

- 접근방법 탭으로 이동 후 아래 그림에 맞게 입력한다.

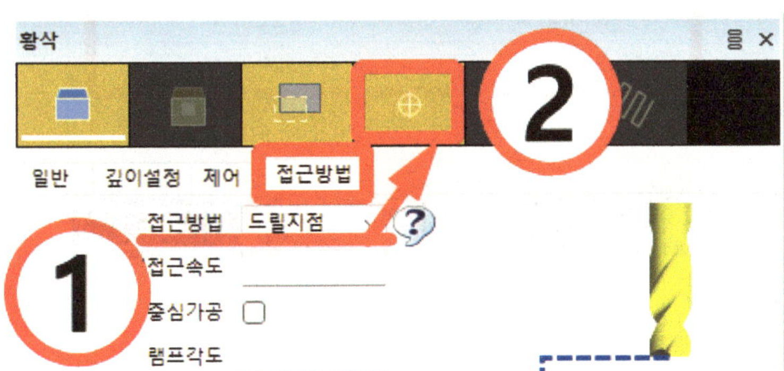

- 황삭의 시작점을 선택하라는 도움말이 생성된다. 드릴 점을 만든 점을 클릭 후 확인을 한다.

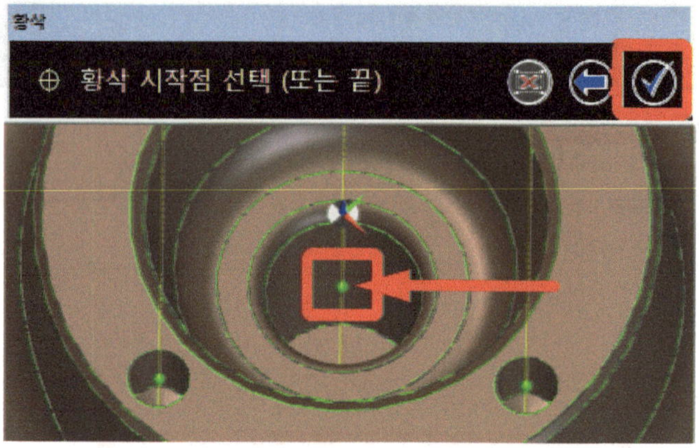

엔드밀이 드릴지점으로 진입하기 위한 작업

- 아래 그림에 맞게 입력 후 확인을 선택한다.

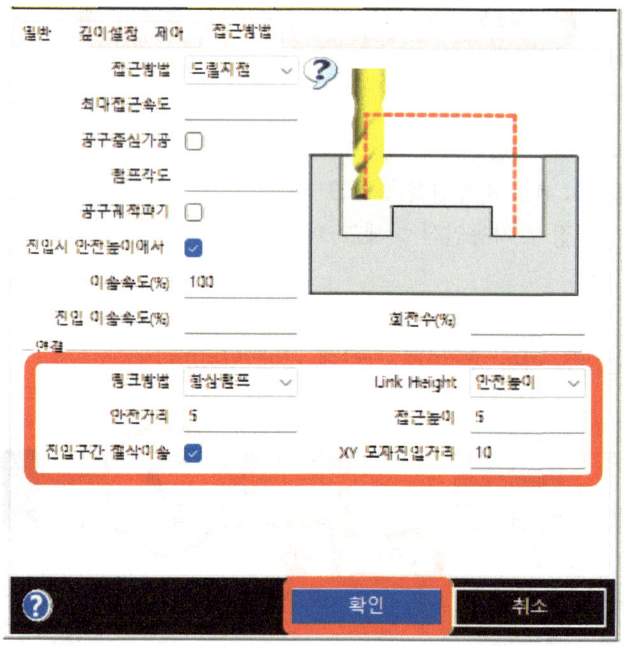

① 링크방법 : 항상램프
② 절삭도피량 : 5
③ 진입구간절삭이송 : 체크
④ XY회피거리 : 10

진입구간절삭이송 : 체크 시 G01 절삭이송, 미 체크 시 G00 급속이송 따라서, 드릴 위치로 엔드밀 진입 시체크를 하여 천천히 내려준다. 진입 시 충동 방지 효과.

절삭도피량 = Z 구간을 안전하게 더 위에서 이동한다.

- 가공할 피쳐를 선택하라는 도움말이 생성된다. 모델링 클릭 후 확인을 선택한다.

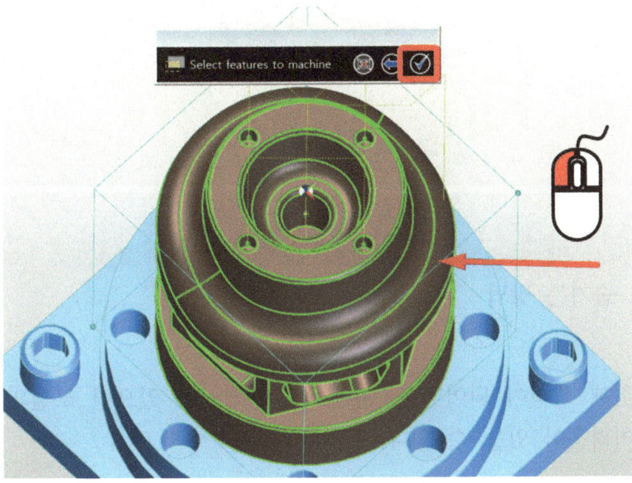

- 절삭 깊이를 지정하는 점 선택이라는 메시지가 나타나면 아래 그림과 같이 뷰를 정면도로 변경한 후 내부 포켓 위쪽 면을 스냅을 이용하여 클릭한다.

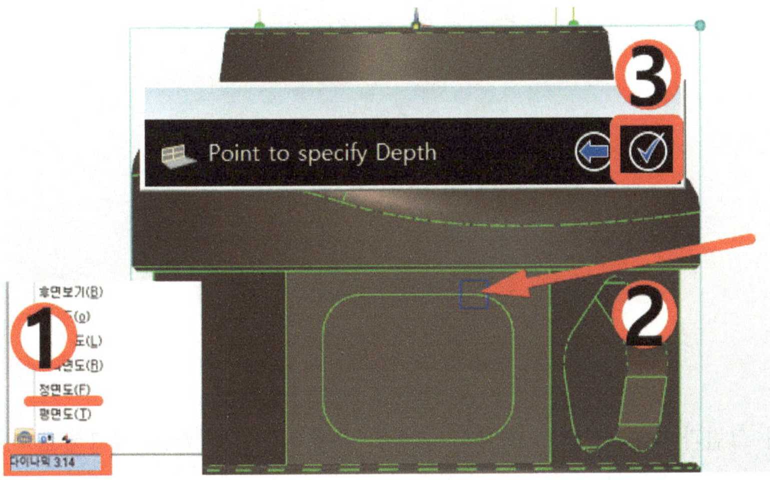

- 황삭의 가공경로가 생성되었다.

Tip. 툴패스 숨기는 방법

- 툴패스가 현재 생성이 되어있다. 툴패스가 생성되어 있으면 모델의 형상을 보거나 선택하기에 어려움이 있을 수 있다.

- 아래 그림과 같이 시퀀스 창에서 가공을 선택하여 보이기를 체크해제 하거나 키보드의 Ctrl을 이용하여 여러개의 가공을 동시에 선택한 후 체크해제 하면 한번에 가공경로를 보이지 않게 하거나 보이게 변경 할 수 있다.
- 툴패스가 숨겨진 것을 확인할 수 있다. 가공경로를 생성하여 가공경로를 확인한 후에는 다음 가공경로 생성을 위해 생성한 가공경로의 표시를 체크해제 하는 것이 좋다.

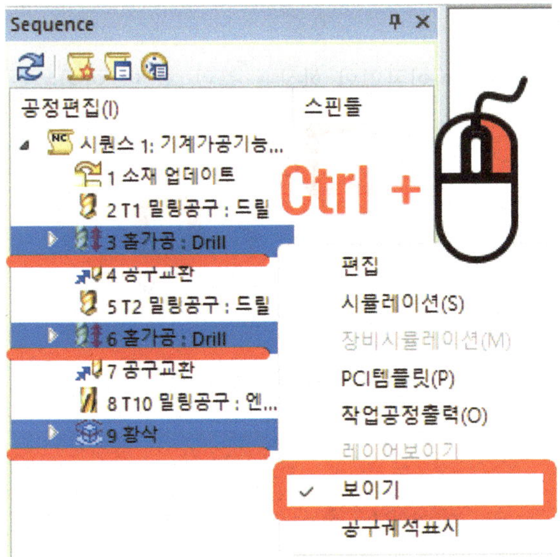
Sequence
공정편집(I)
스핀들
시퀀스 1: 기계가공기능...
1 소재 업데이트
2 T1 밀링공구 : 드릴
3 홀가공 : Drill
4 공구교환
5 T2 밀링공구 : 드릴
6 홀가공 : Drill
7 공구교환
8 T10 밀링공구 : 엔...
9 황삭
Ctrl +
편집
시뮬레이션(S)
장비시뮬레이션(M)
PCI템플릿(P)
작업공정출력(O)
레이어보이기
보이기
공구궤적표시

6.2.4 윤곽가공 정삭

- 위쪽 툴바의 측면추출 아이콘옆의 화살표 클릭 후 면 아이콘을 선택한다.

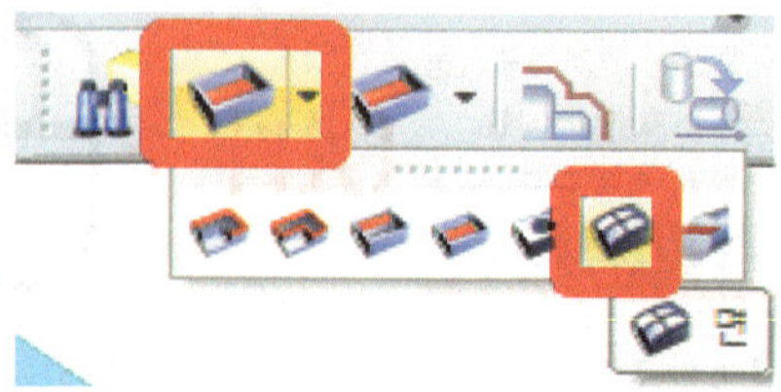

- 곡면피쳐창이 뜨면 아래 그림에 맞게 확인 후 확인한다

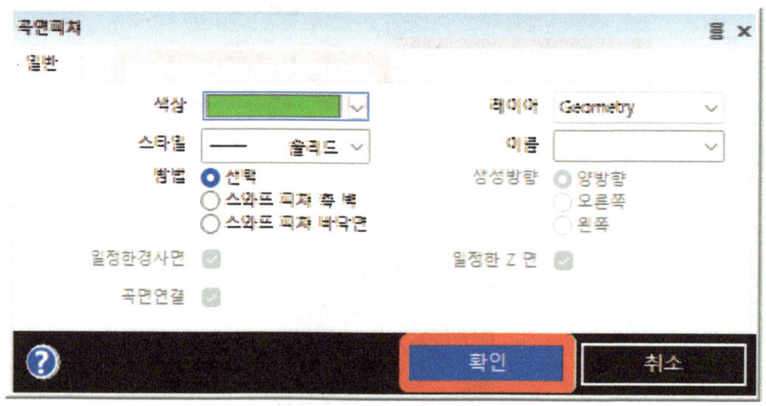

- 가공할 면을 선택 후 확인한다.

- 우측 툴바의 윤곽가공 아이콘을 선택한다.

- 윤곽가공 창이 실행되면 일반 탭에서 아래 그림에 맞게 입력한다.

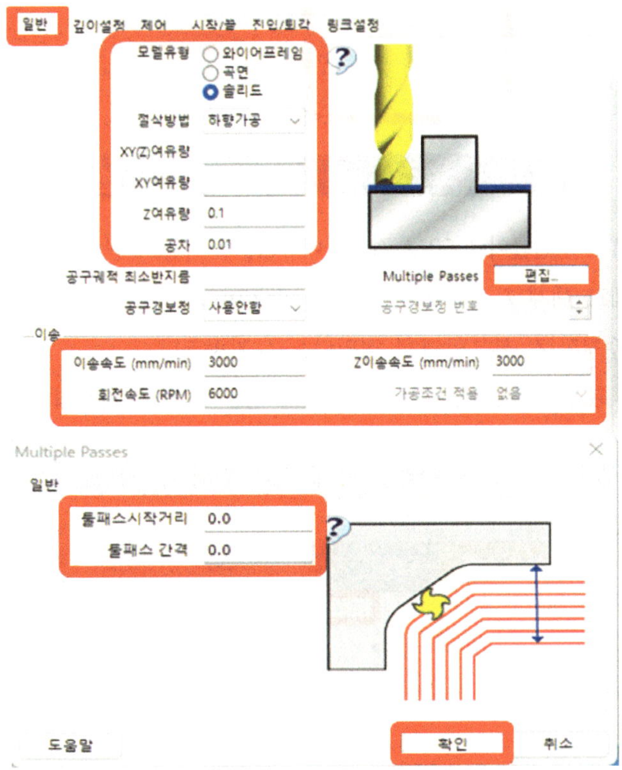

모델타입 : 솔리드 / 절삭방법 : 하향가공 / Z여유량 : 0.1 / Multiple. Passes : 편집 / 툴패스시작거리,간격 : 0 / 이송속도 : 3000 / Z이송속도 : 3000 / 회전속도 : 6000

• 깊이설정 탭으로 이동 후 아래 그림에 맞게 입력한다.

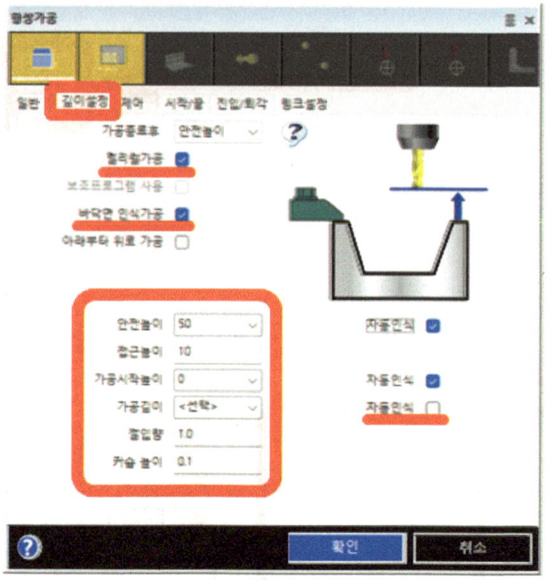

헬리컬 : 체크 / 안전높이 : 50 / 접근높이 : 10 / 가공시작높이 : 0 / 가공깊이 : 선택 / 자동인식 : 체크 해제 / 절입량 : 1 / 스칼럽높이 : 0.1

절삭깊이 = 수직한(Z) 부분의 1회 절입량으로 가공된다.

스칼럽높이 = 곡면/라운드/모따기 등 각도가 있는 부분이 적용된다.(조도를 높여준다.)

• 진입/퇴각 탭으로 이동 후 아래 그림에 맞게 입력 후 확인을 선택한다.

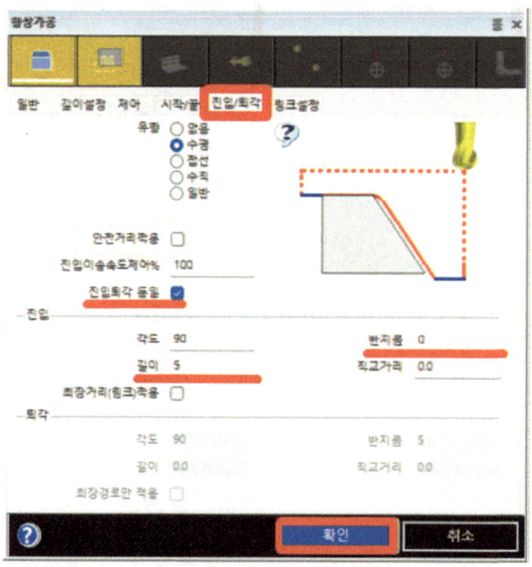

진입퇴각동일 : 체크 / 반지름 : 0 / 길이 : 5

반지름 = 진입 시 라운드를 그리며 진입

길이 = 첫 진입 시 안전한 위치에서 진입

- 가공할 피쳐를 선택 하라는 도움말이 생성되면 생성한 측벽 면을 선택 후 확인을 선택한다.

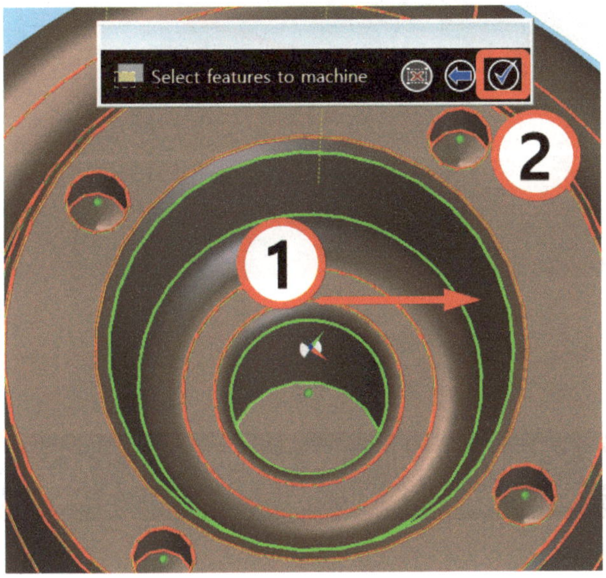

- 절삭 깊이를 지정하는 점 선택이라는 메시지가 나타나면 아래 그림과 같이 안쪽 홀바닥의 중심부 를 스냅을 이용하여 클릭한다.

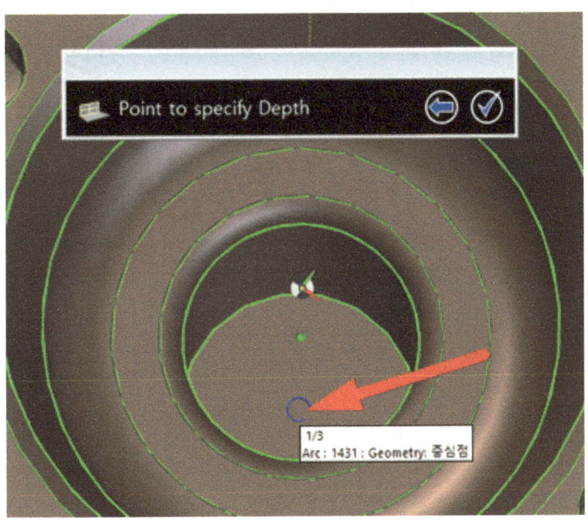

- 가공 경계가 되는 요소를 선택 후 확인을 선택한다.

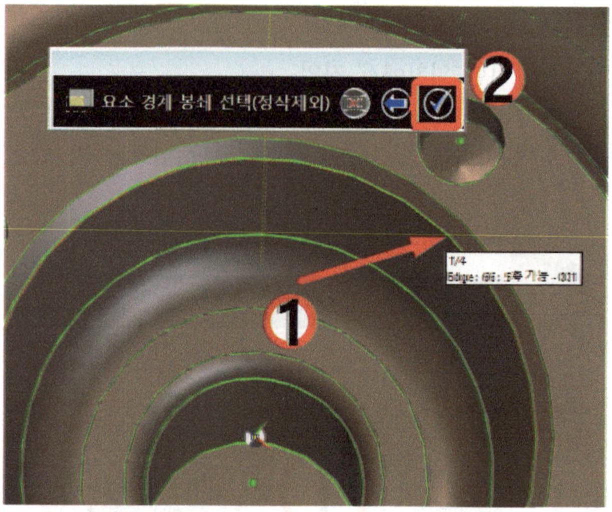

- 시작지점이 되는 점/직선은 확인을 선택한다.

6.2.5 평탄면가공 정삭

- 우측 평탄면가공 아이콘을 선택한다.

- 평탄면가공 창이 실행되면 일반 탭에서 아래 그림에 맞게 입력한다.

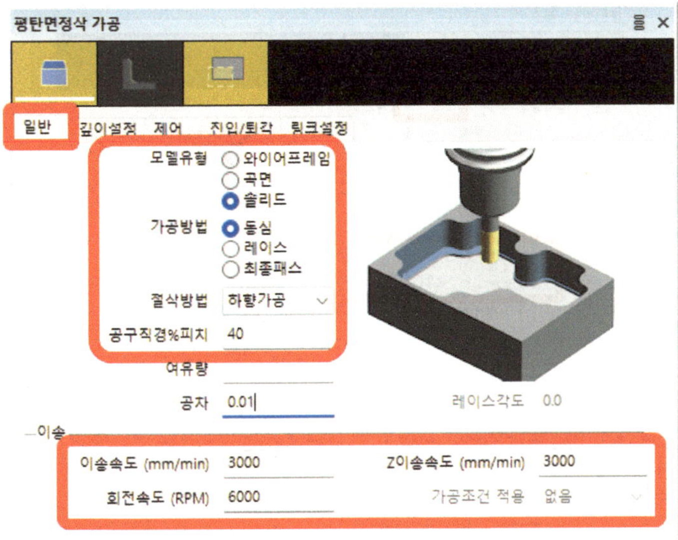

모델타입 : 솔리드 / 가공방법 : 동심형 / 절삭방법 : 하향가공 / 피치(%) : 40 /
이송속도 : 3000 / Z이송속도 : 3000 / 회전속도 : 6000

- 깊이설정 탭으로 이동 후 아래 그림에 맞게 입력한다.

① 가공종료 : 안전높이 / 안전높이 : 50
② 가공시작높이 : -0.1 / 절삭깊이 : 지정 /
③ 자동인식 : 체크 해제
④ 가공시작높이 -0.1 주는 이유 = 0을 했을 경우 원점으로부터 가공
⑤ 평탄면가공은 원점에서부터 가공을 진행 하기에 상단 부에서 가공이 진행. 따라서, 값을 입력할 경우 맨 상단은 제외하고 가공.

- 진입/퇴각 탭으로 이동 후 아래 그림에 맞게 입력 후 확인을 클릭한다.

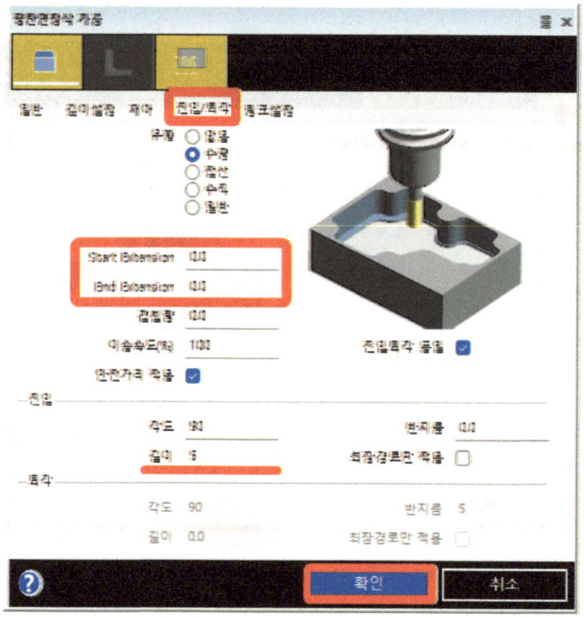

① 시작 : 0 / 종료 : 0 / 진입거리 : 5
② 시작/종료가 값이 입력 되어 있을 경우 상당히 멀리서 진입/퇴각을 한다.

- 가공할 피쳐를 선택하라는 도움말이 생성된다. 아래 그림에 맞게 모델링을 선택 후 확인을 선택한다.

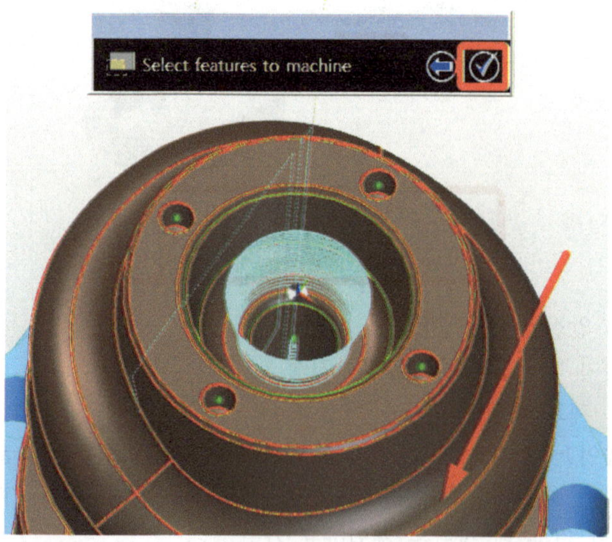

- 절삭 깊이를 지정하는 점 선택이라는 메시지가 나타나면 아래 그림과 같이 안쪽 홀 바닥의 중심부를 스냅을 이용하여 클릭 후 확인한다.

- 가공 경계가 되는 요소는 확인으로 넘어간다.

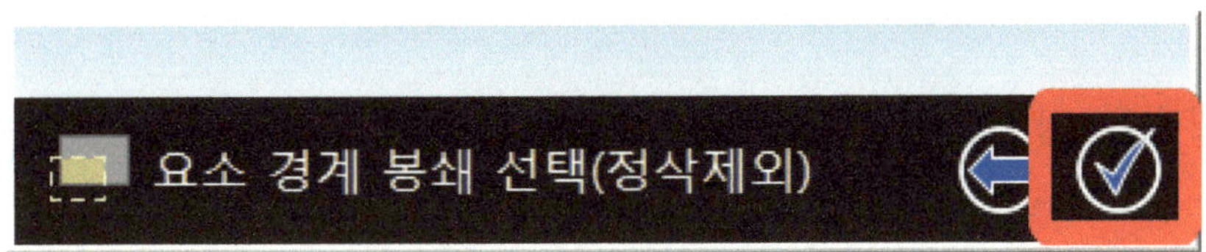

6.2.6 열린곡면가공(라운드/모따기/경사도)

- 좌측상단의 공구교환 아이콘을 선택한다.

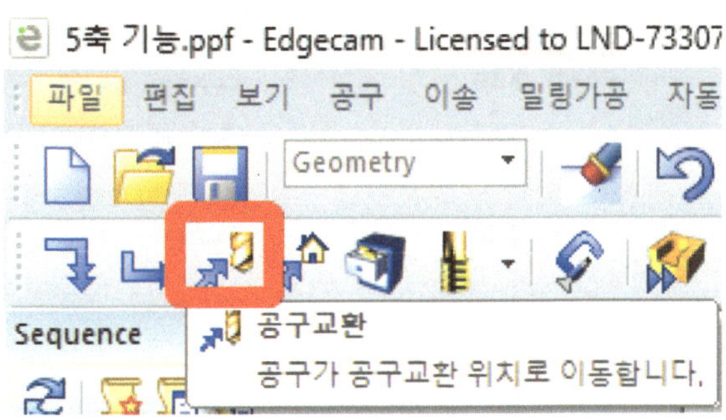

- 공구교환 창이 생성되면 처음 구동할 축을 Z로 변경 후 확인을 선택한다.

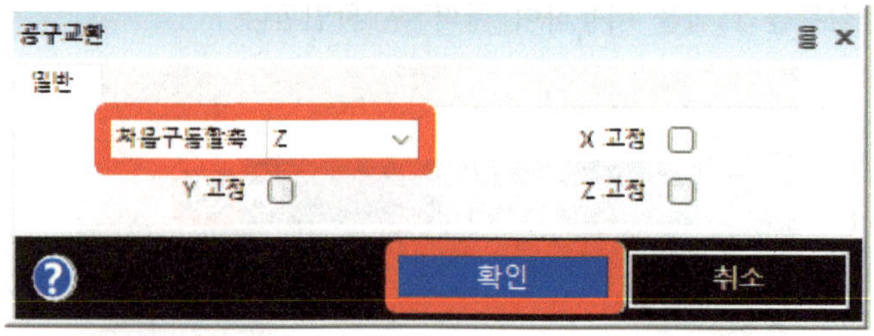

- 좌상단의 공구아이콘 옆 화살표 선택 후 볼노즈 공구 아이콘을 선택한다.

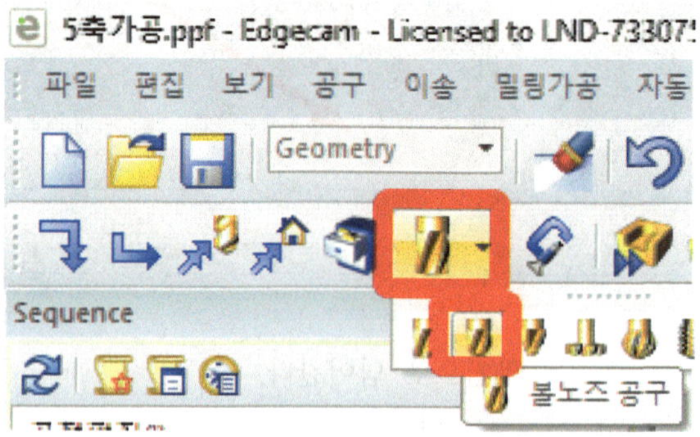

- 밀링공구 창이 실행 되면 아래 그림에 맞게 입력한다.

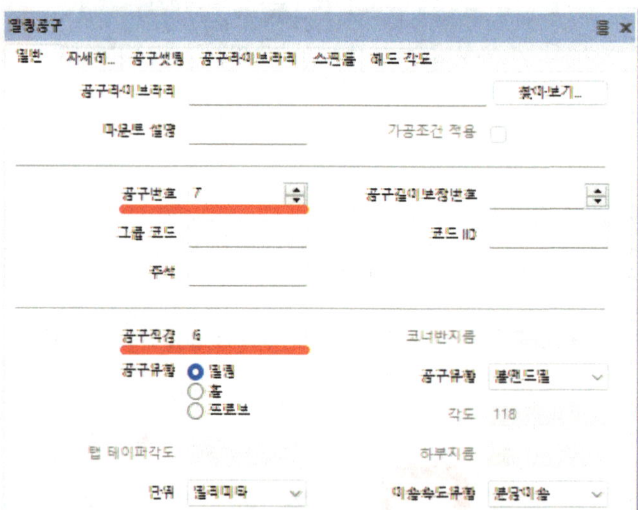

① 공구번호 : 7
② 공구직경 : 6

- 자세히 탭으로 이동 후 날장 : 50 / 색상 : 보라색으로 설정한다.

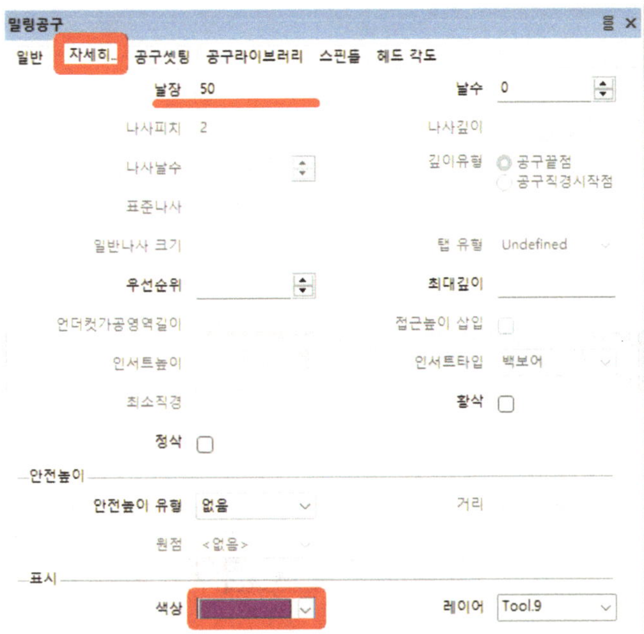

- 공구 셋팅 탭으로 이동 후 Z측정 : 50 / 길이 : 50 입력 한 뒤 확인한다..

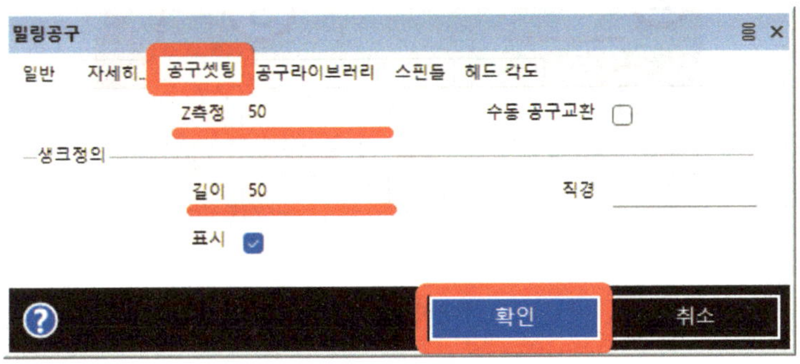

- 위쪽 툴바의 측면추출 아이콘옆의 화살표 클릭 후 면 아이콘을 선택한다.

- 곡면피쳐창이 뜨면 아래 그림에 맞게 확인 후 확인한다

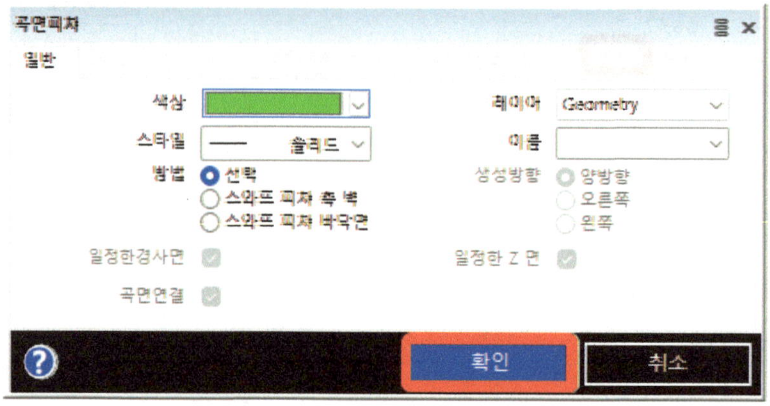

- 가공할 면을 선택 후 확인한다.

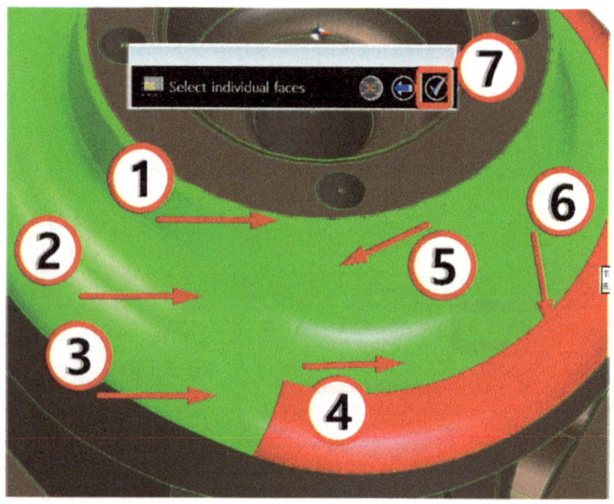

- 상단툴바의 평행가공 아이콘을 선택한다.

- 가공할 면을 선택 후 확인한다.

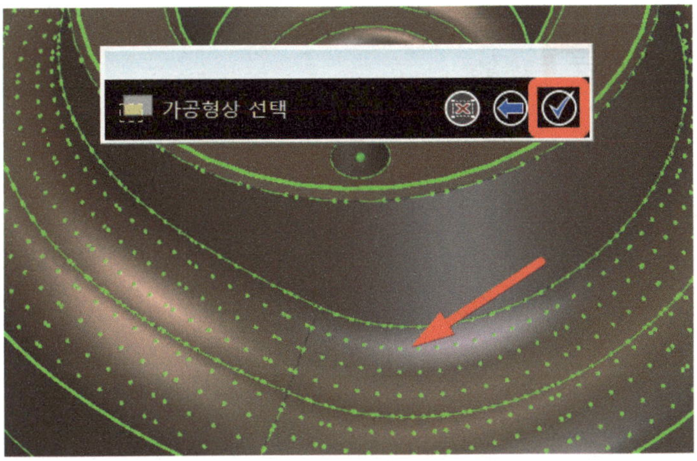

- 영역요소선택은 확인을 선택한다.

- 평행자동가공 창이 생성되면 아래 그림에 맞게 입력한다.

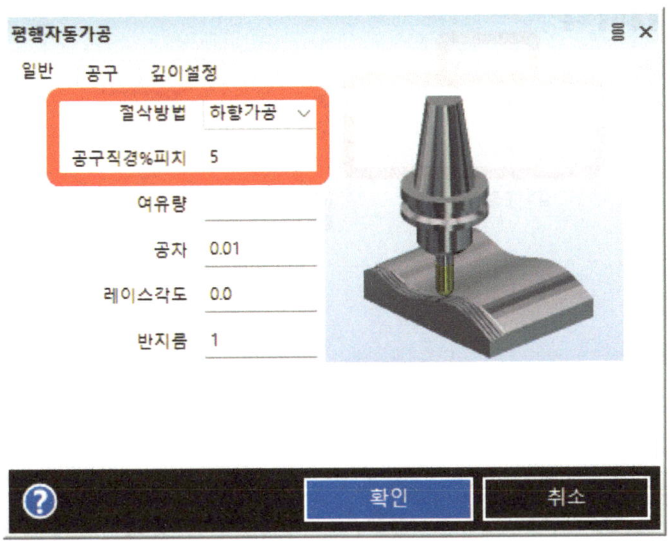

절삭방법 : 하향가공 / 피치 : 5%

- 공구 탭으로 이동 후 아래 그림에 맞게 입력한다.

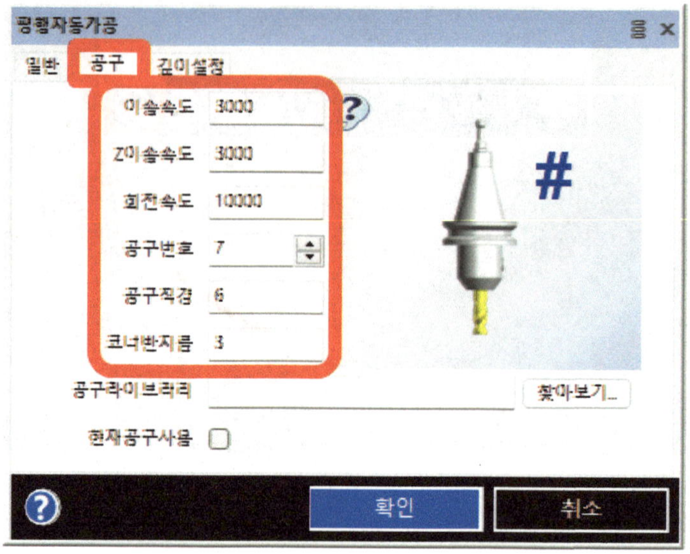

이송속도 : 3000 / Z이송속도 : 3000 / 회전속도 : 10000 / 공구번호 : 7 / 공구직경 : 6 / 코너 반지름 : 3

- 상단 깊이설정 탭으로 이동 후 아래 그림에 맞게 입력하고 확인을 선택한다.

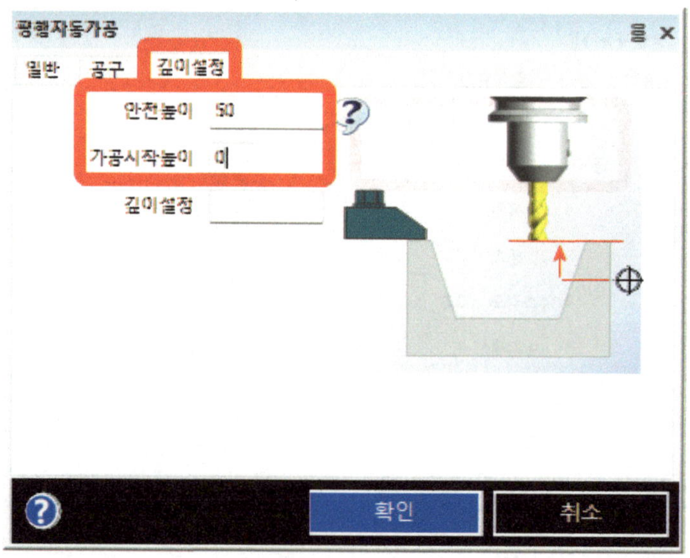

- 위쪽 툴바의 측면추출 아이콘옆의 화살표 클릭 후 면 아이콘을 선택한다.

- 곡면피쳐창이 뜨면 아래 그림에 맞게 확인 후 확인한다

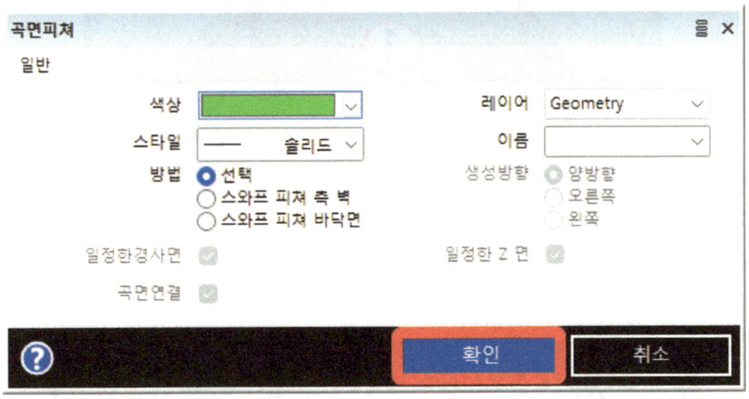

- 가공할 면을 선택 후 확인한다.

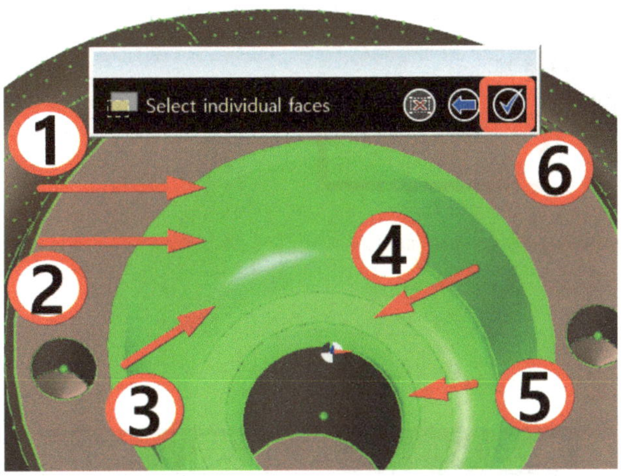

- 상단툴바의 평행가공 아이콘을 선택한다.

- 가공할 면 선택 후 확인한다.

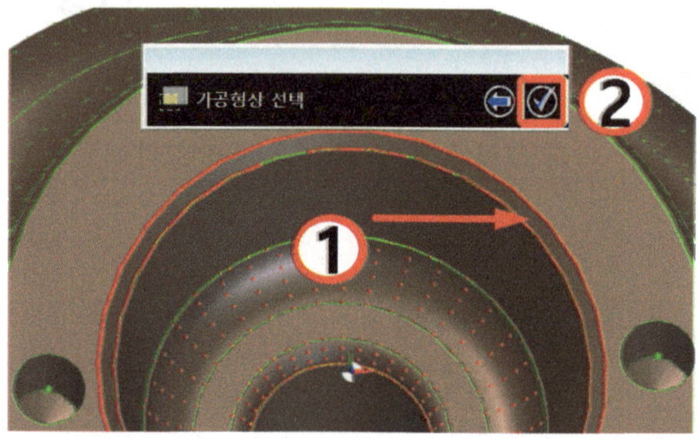

- 영역요소선택은 확인을 선택한다.

- 평행자동가공 창이 생성되면 아래 그림에 맞게 입력한다.

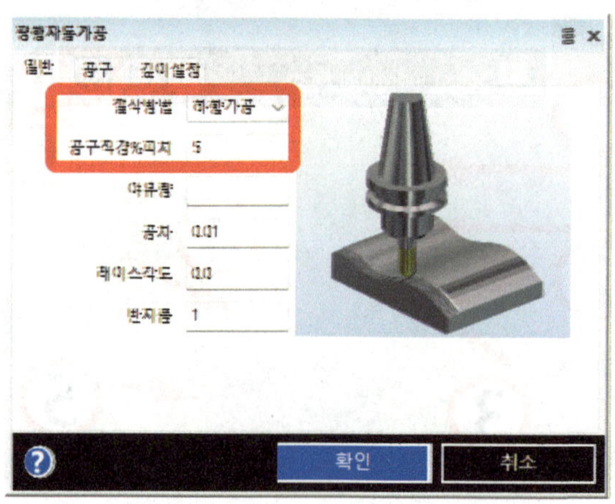

절삭방법 : 하향가공 / 피치 : 5%

- 공구 탭으로 이동 후 아래 그림에 맞게 입력한다.

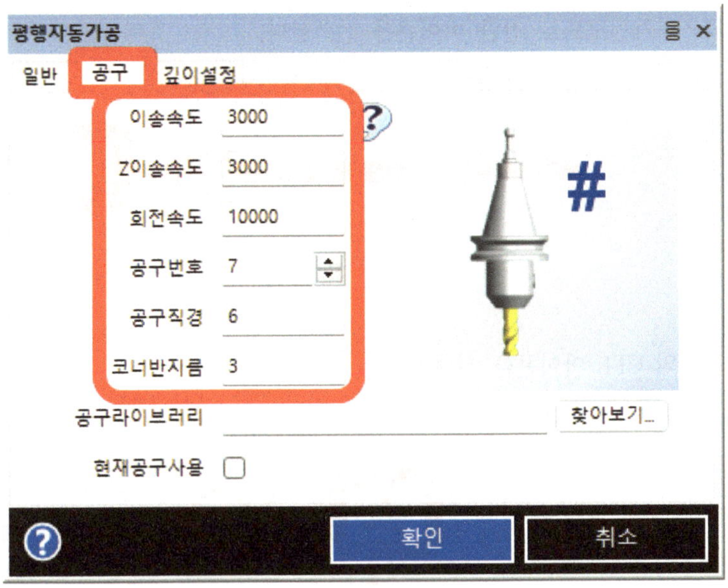

① 이송속도 : 3000 / Z이송속도 : 3000
② 회전속도 : 10000 / 공구번호 : 7
③ 공구직경 : 6 / 코너 반지름 : 3

- 상단 깊이설정 탭으로 이동 후 아래 그림에 맞게 입력하고 확인을 선택한다.

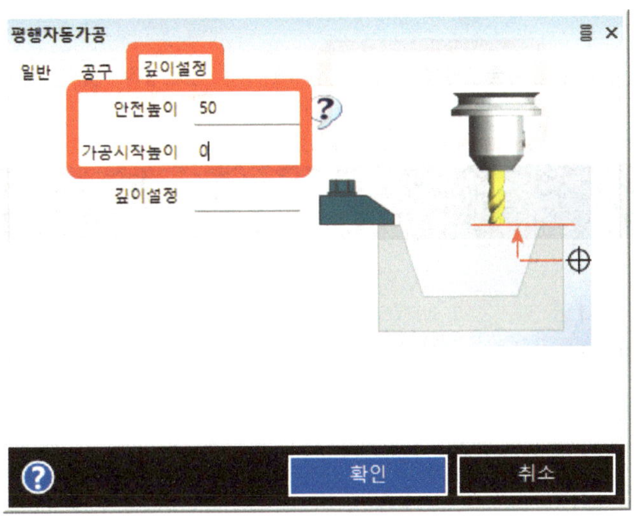

6.2.7 인덱스 회전 평면 생성(각도 분할 및 작업평면 재 설정)

- 우상단의 디자인모드로 전환 아이콘을 선택한다.

- 상단 툴바의 CPL 아이콘을 선택한다.

- 작업평면 창이 생성되면 아래 그림과 같이 입력 후 확인한다.

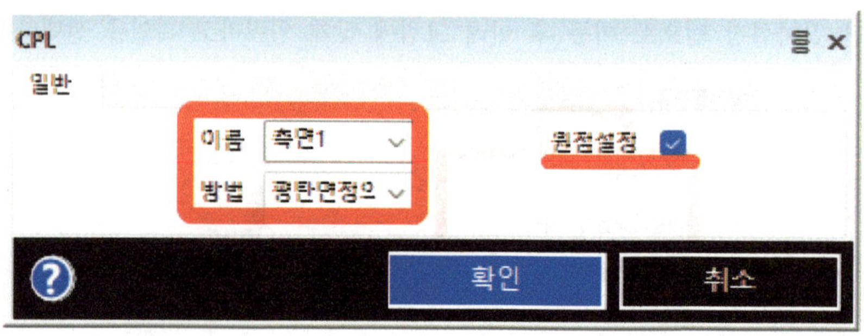

① 이름 : 측면 1
② 방법 : 평탄면정의
③ 원점설정 : 체크

- 페이스에 수직한 좌표계를 만들기 위해 평면을 선택하라는 도움말이 생성된다. 아래 그림에 맞게 평면을 선택한다.

- Select new origin for CPL라는 도움말이 생성된다. 아래 그림에 맞게 선택한 면의 왼쪽 하단 모서리를 선택한다.

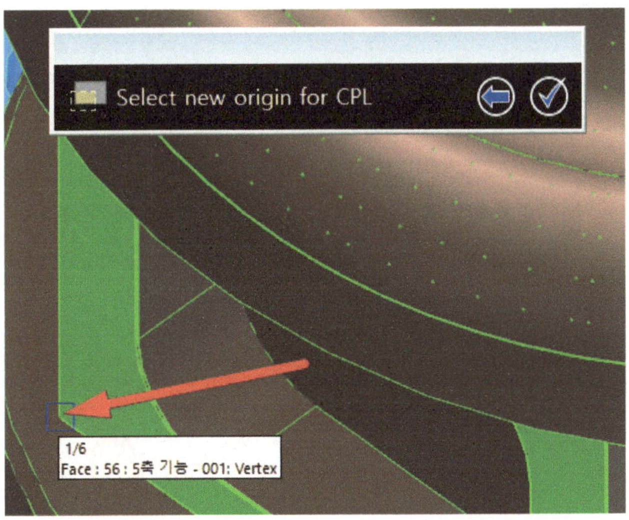

- 상단 툴바의 CPL 아이콘을 선택한다.

- 작업평면 창이 생성되면 아래 그림과 같이 입력 후 확인한다.'

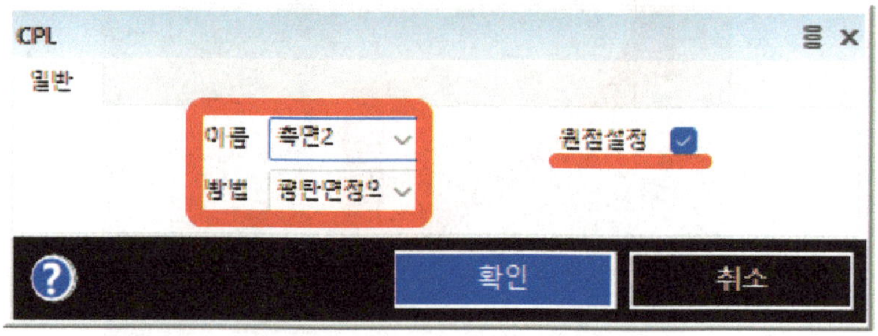

① 이름 : 측면 2
② 방볍 : 평탄면정의
③ 원점설정 : 체크

- 페이스에 수직한 좌표계를 만들기 위해 평면을 선택하라는 도움말이 생성된다. 아래 그림에 맞게 평면을 선택한다.

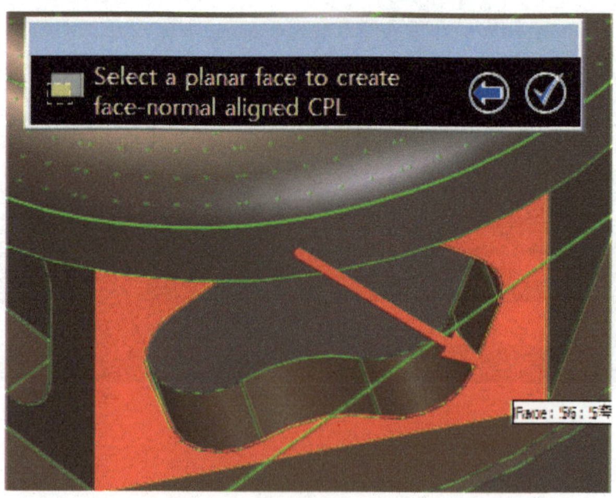

- Select new origin for CPL라는 도움말이 생성된다. 아래 그림에 맞게 모서리를 선택한다.

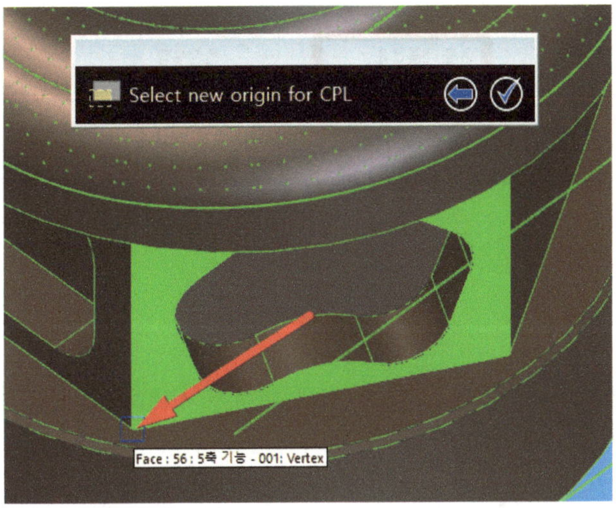

- 좌측 하단 등각도 형식의 트리를 선택 후 등각도 우측 아이콘을 선택하여 뒤에서 우측보기를 선택한다.

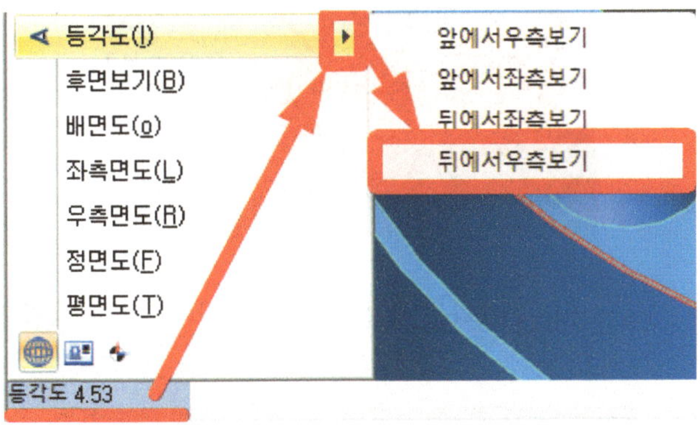

- 상단 툴바의 CPL 아이콘을 선택한다.

- 작업평면 창이 생성되면 아래 그림과 같이 입력 후 확인한다.

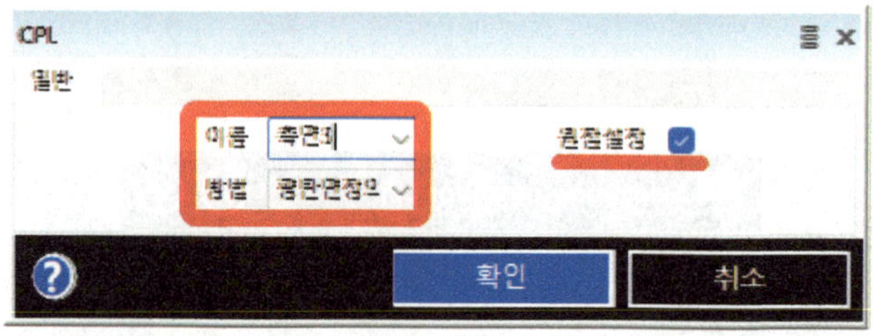

① 이름 : 측면 3
② 방볍 : 평탄면정의
③ 원점설정 : 체크

- 페이스에 수직한 좌표계를 만들기 위해 평면을 선택하라는 도움말이 생성된다. 아래 그림에 맞게 평면을 선택한다.

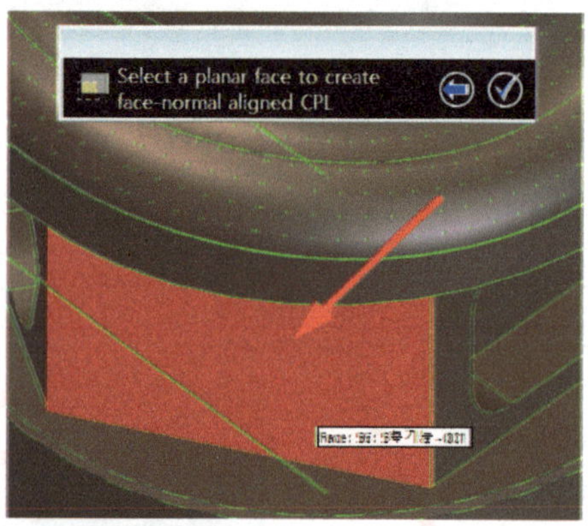

- Select new origin for CPL라는 도움말이 생성된다. 좌측 그림에 맞게 모서리를 선택한다.

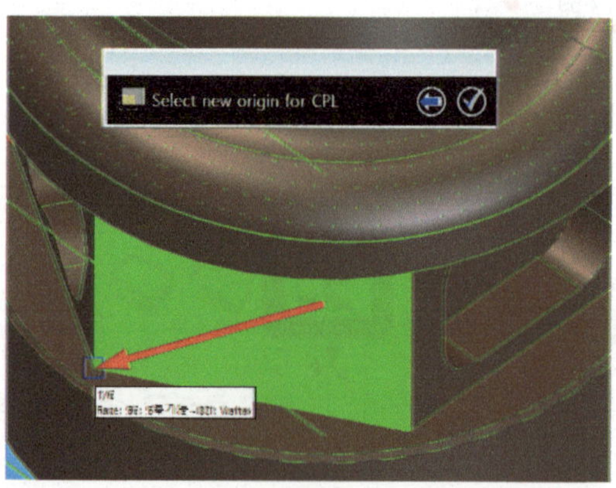

- 상단 툴바의 CPL 아이콘을 선택한다.

- 작업평면 창이 생성되면 아래 그림과 같이 입력 후 확인한다.

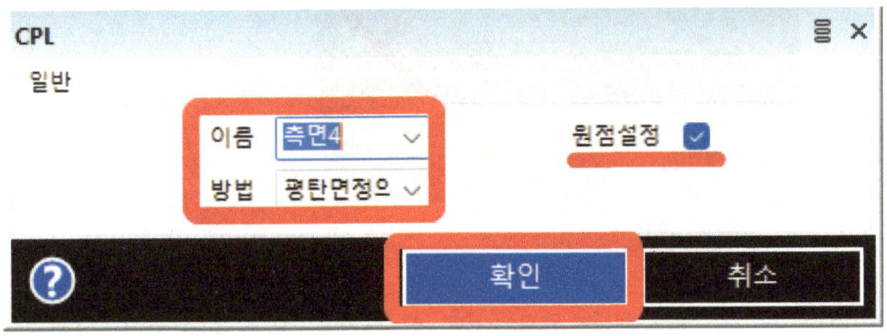

이름 : 측면 4 / 방법 : 평탄면정의 / 원점설정 : 체크

- 페이스에 수직한 좌표계를 만들기 위해 평면을 선택하라는 도움말이 생성된다. 아래 그림에 맞게 평면을 선택한다.

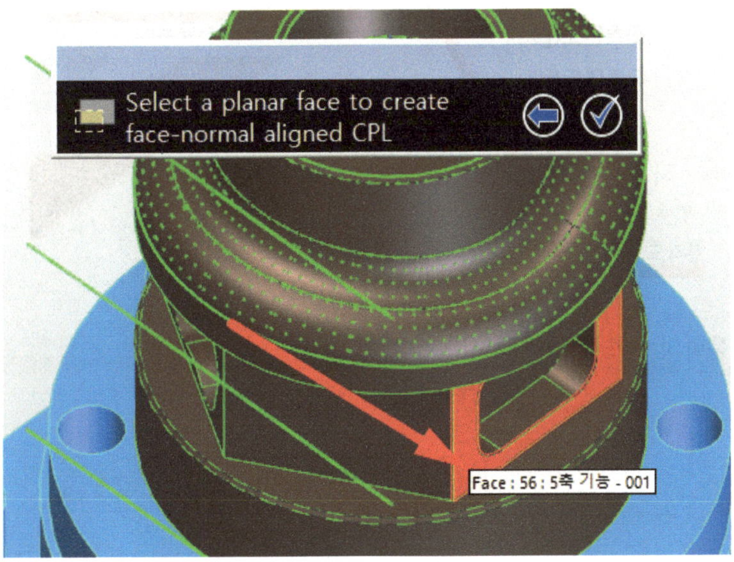

- Select new origin for CPL이라는 도움말이 생성된다. 아래 그림에 맞게 모서리를 선택한다.

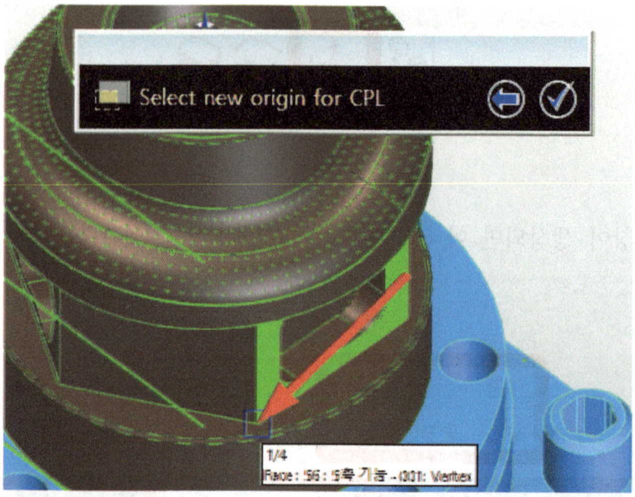

- 좌측 하단 등각도 형식의 트리를 선택 후 등각도 우측 아이콘을 선택하여 뒤에서 좌측보기를 선택한다.

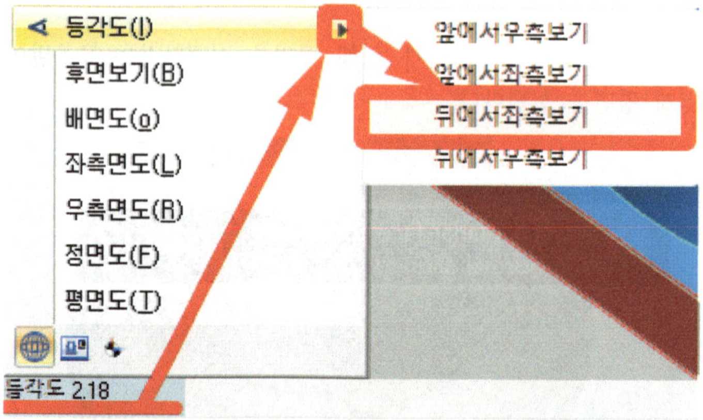

- 상단 툴바의 CPL 아이콘을 선택한다.

- 작업평면 창이 생성되면 아래 그림과 같이 입력 후 확인한다.

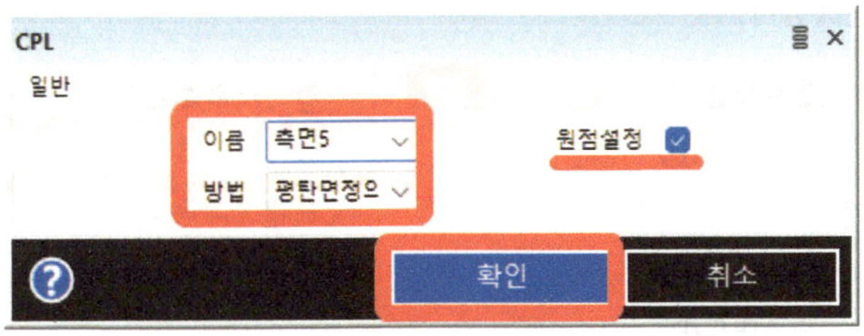

이름 : 측면 5 / 방볍 : 평탄면정의 / 원점설정 : 체크

- 페이스에 수직한 좌표계를 만들기 위해 평면을 선택하라는 도움말이 생성된다. 아래 그림에 맞게 평면을 선택한다.

- Select new origin for CPL이라는 도움말이 생성된다. 아래 그림에 맞게 모서리를 선택한다.

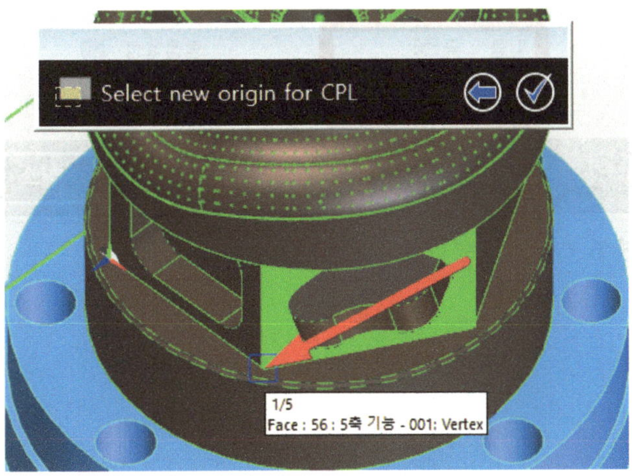

- 좌측 하단 등각도 형식의 트리를 선택 후 등각도 우측 아이콘을 선택하여 앞에서 좌측보기를 선택한다.

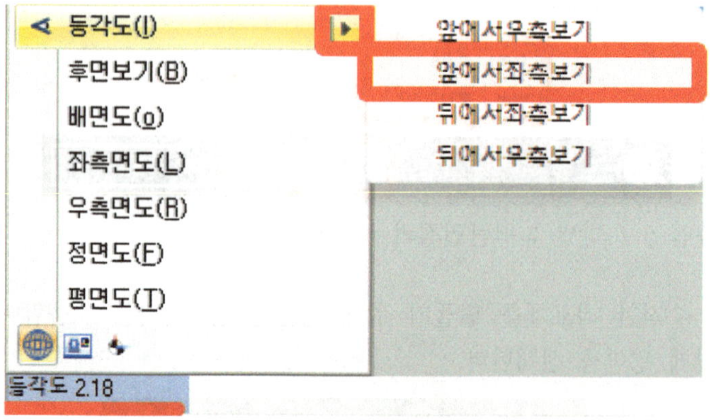

- 상단 툴바의 CPL 아이콘을 선택한다.

- 작업평면 창이 생성되면 아래 그림과 같이 입력 후 확인한다.

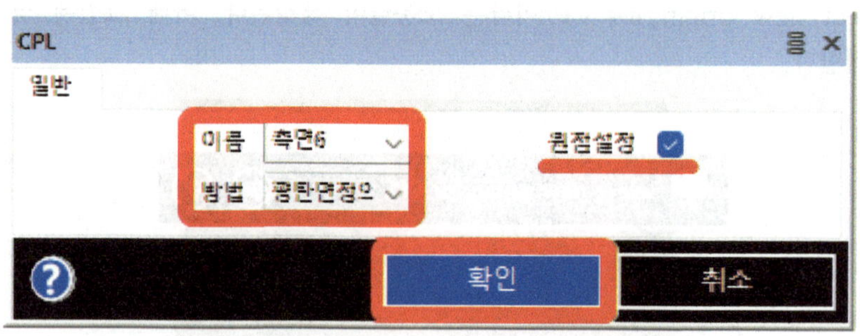

이름 : 측면 6 / 방볍 : 평탄면정의 / 원점설정 : 체크

- 페이스에 수직한 좌표계를 만들기 위해 평면을 선택하라는 도움말이 생성된다. 아래 그림에 맞게 평면을 선택한다.

- Select new origin for CPL이라는 도움말이 생성된다. 좌측 그림에 맞게 모서리를 선택한다.

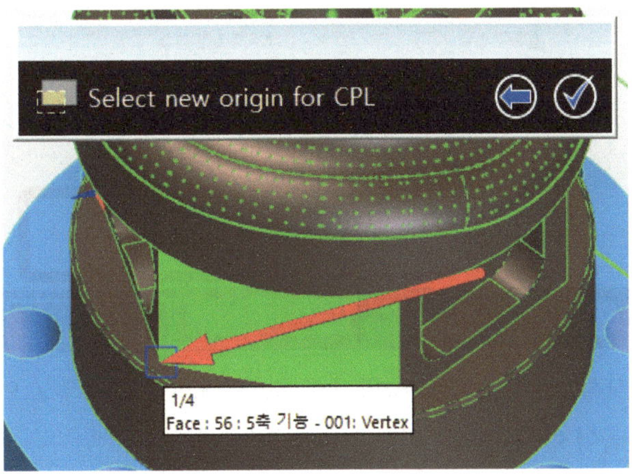

- 우상단의 가공모드로 전환을 클릭한다.

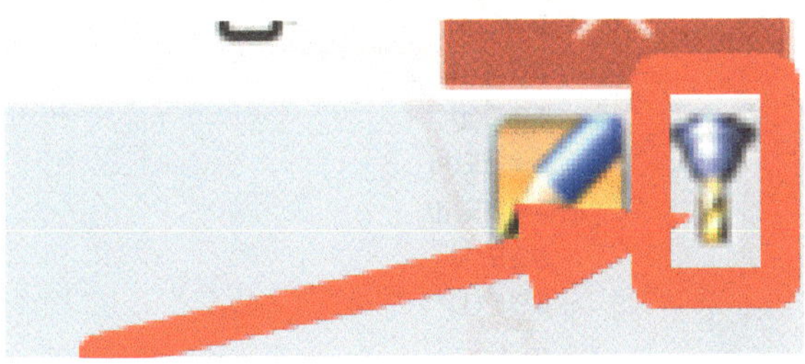

- 좌상단 이송의 인덱싱 선택

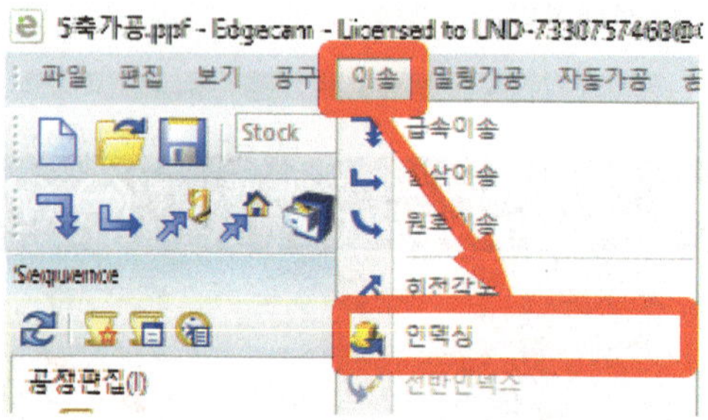

- 인덱스 창이 생성되면 아래 그림에 맞게 입력 후 확인을 선택한다.

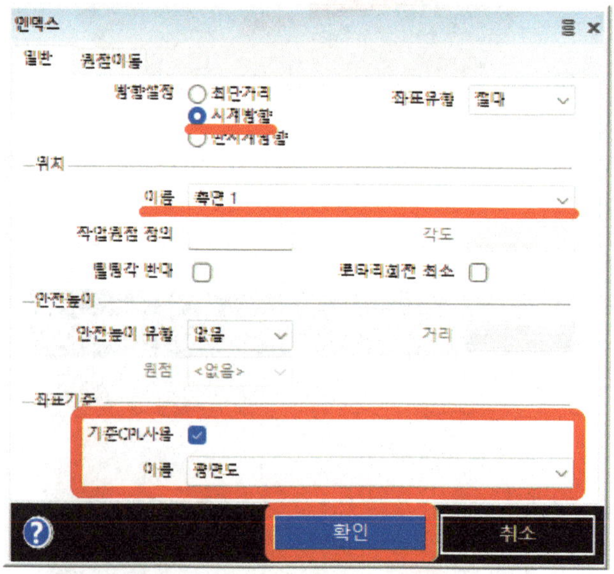

방향설정 : 시계방향 / 이름 ; 측면 1 / 기준CPL사용 : 체크 / 이름 : 평면도

인덱스 = 만들어져 있는 작업평면을 불러오는 기능이다.

- 좌하단 등각도 아이콘을 선택, CPL좌표를 선택 후 등각도를 선택한다.

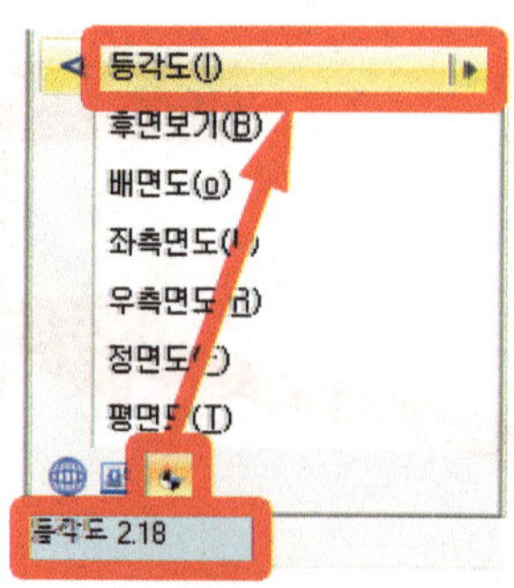

- 우측 툴바의 형상가공 아이콘을 선택한다.

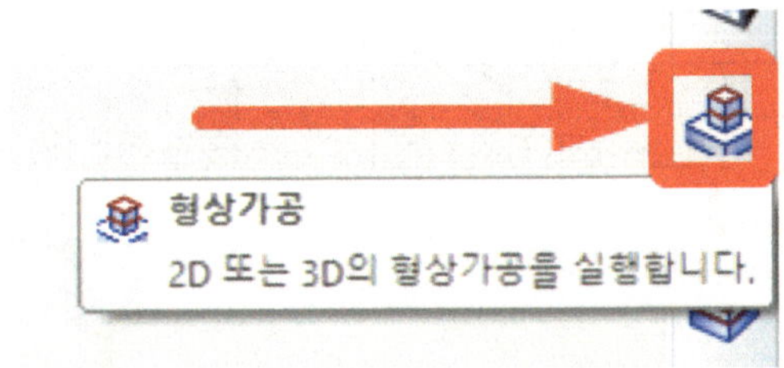

- 윤곽가공 창이 실행 되면 아래 그림에 맞게 입력한다.

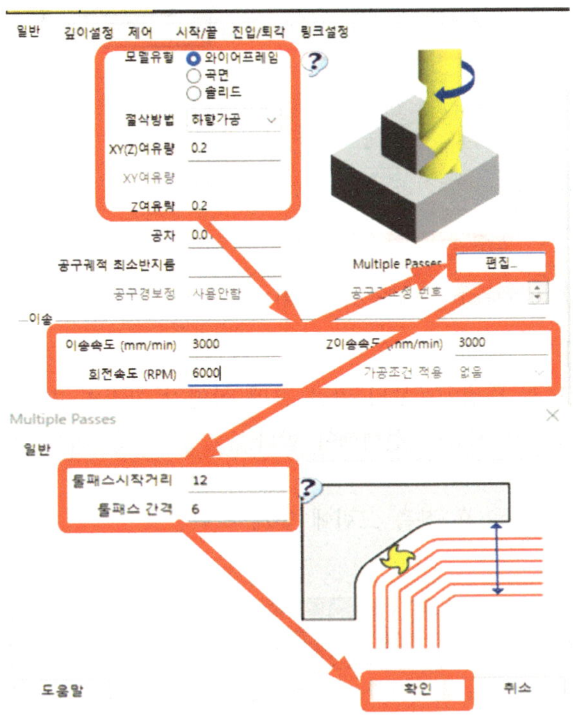

① 모델타입 : 와이어프레임 / 절삭방법 : 하향가공 / 여유량 : 0.2 / Z여유량 : 0.2

② 이송속도 : 3000 / Z이송속도 : 3000 / 회전속도 : 6000

③ Multiple Passes : 편집 선택 / 옵셋시작 : 12 / 옵셋증가량 : 6

- 와이어프레임 : 2D 형식의 라인을 선택하는 기능
- Multiple Passes : 옵셋시작(현재 나온 툴패스에서 옵셋시작을 떨어뜨려 준다)
- 옵셋증가량 : 옵셋시작에서 옵셋증가량를 안쪽으로 떨어뜨려 준다. 따라서, 현재나온 툴패스에서 옵셋시작을 떨어뜨려주고 옵셋시작에서 옵셋증가량 만큼 떨어뜨려 준다.

- 깊이설정 탭으로 이동 후 아래 그림에 맞게 입력한다.

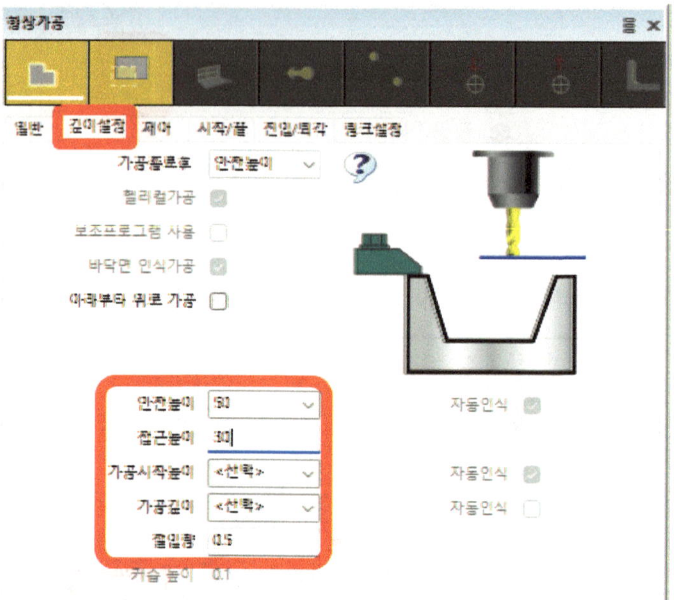

안전높이 : 50 / 접근높이 : 30 / 가공시작높이 : 지정 / 절삭깊이 : 지정 / 절입량 : 0.5

가공시작높이를 지정으로 하는 이유 = 인덱스 작업을 하면서 원점 평면이 다르게 측정된다. 따라서 현재 원점에서부터 가공 모델 상면 부까지의 거리를 파악하기 어렵기 때문에 스냅을 이용하여 지점을 선택해야 한다.

- 시작/끝 탭으로 이동 후 좌측 그림에 맞게 입력한다.

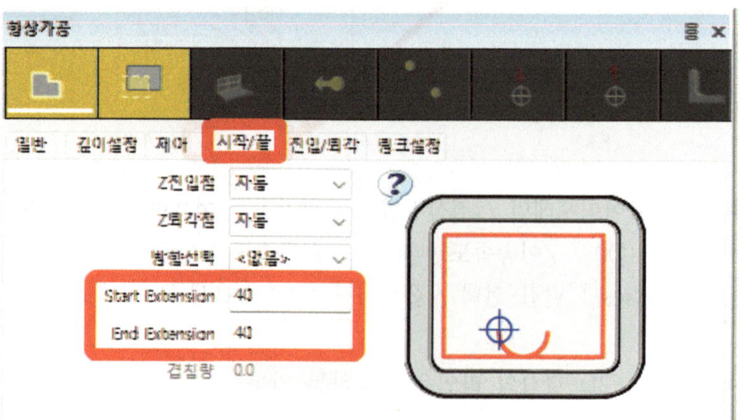

Start : 40 / End : 40

Start/End = 진입/퇴각 툴패스를 연장시켜주는 역할을 하며 진입 시 공구와 소재가 충돌 발생이 될 수 있기에 첫 진입/ 끝 퇴각을 연장 시켜준다.

- 진입/퇴각 탭으로 이동 후 좌측 그림에 맞게 입력 후 확인을 선택한다

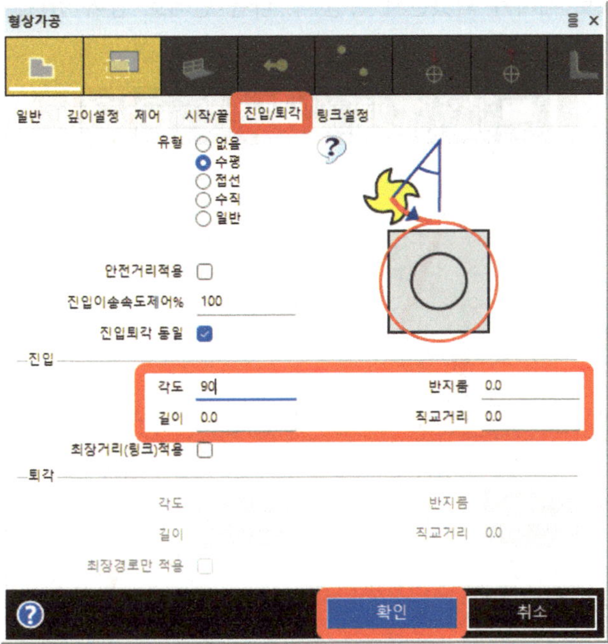

각도 : 90 / 반지름 : 0 / 길이 : 0

길이를 0으로 하는 이유 : 진입각도가 90이라는 값 때문에 진입이 90도 꺽인 상태로 연장된다, 따라서 소재와 충돌 가능성이 있기에 안전하게 진입을 0으로 바꿔 준다.

- 윤곽에서 직선/원호/연속요소/곡선을 선택하라는 도움말이 생성된다. 아래 그림에 맞게 가공할 선을 선택한다.

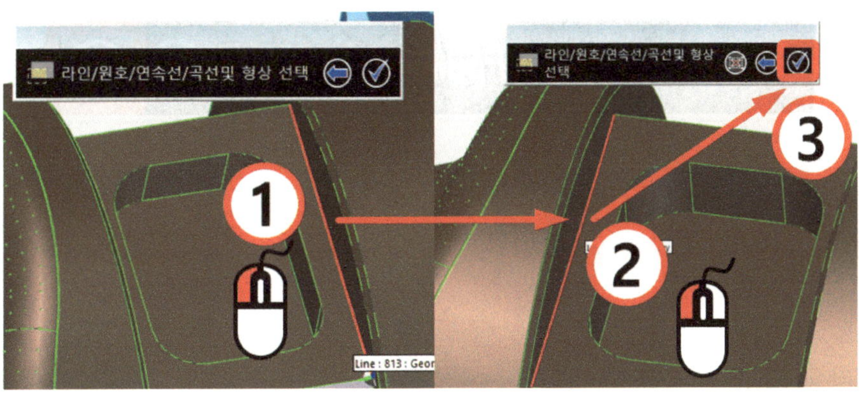

처음 선택에 따라 가공 방향이 바꿔서 적용되는 경우가 있다. 마우스로 선택한 부분에 따라 가공 시작점이 다르게 표시 될 수 있다. 하향가공이므로 마우스를 하향가공 라인 쪽으로 선택 권장

- 윤곽의 새로운 시작점을 선택하라는 도움말이 생성된다. 좌측 그림에 맞게 가공 시작점이 안쪽으로 배치가 되었는지 확인 후 다음 단계로 넘어 간다.

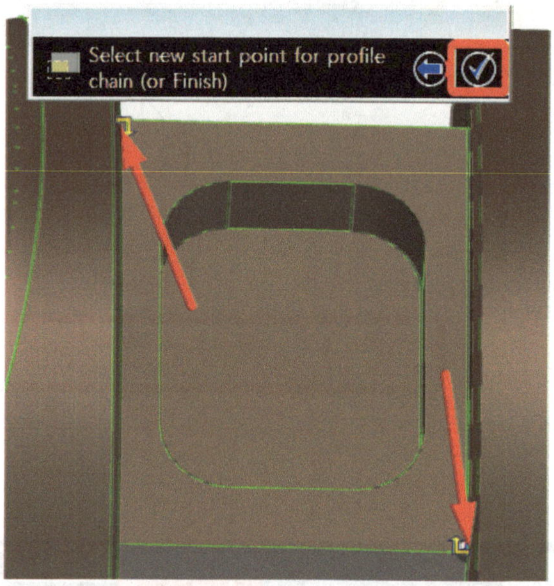

- 만약 가공영역 바깥쪽으로 화살표가 나왔다면 가공시 선택한 선의 반대쪽을 클릭하면 시작점 화살표의 방향이 가공영역 안쪽으로 변경된다.

- 변경 시작/종료 지점을 선택 하라는 도움말이 생성되면 확인으로 넘어간다.

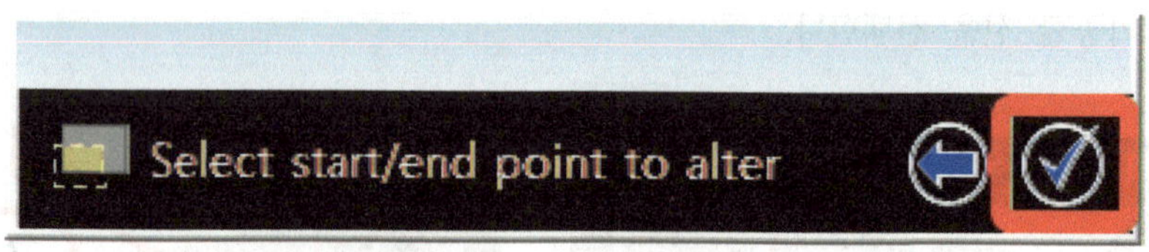

- 가공 시작 지점을 선택하라는 도움말이 생성되면 왼쪽 그림과 같이 스톡 영역 상단 모서리를 클릭한다.

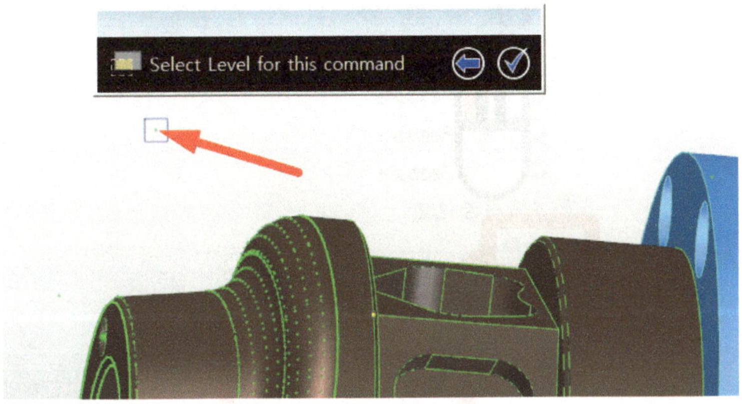

- 절삭깊이를 지정하는 점이라는 도움말이 생성되면 가공하는 최고 깊은 위치를 선택한다

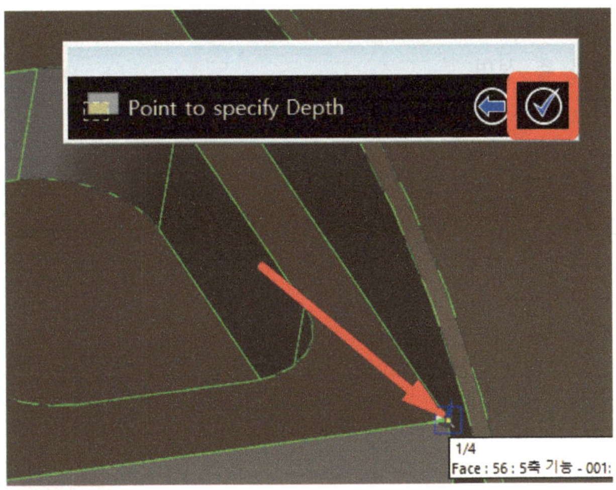

- 가공 경계가 되는 요소를 선택하라는 도움말이 생성되면 확인으로 넘어간다.

- 좌측 피쳐 탭을 선택 후 스톡 트리 우측 마우스 클릭 후 제 1회전 축으로 지정한다.

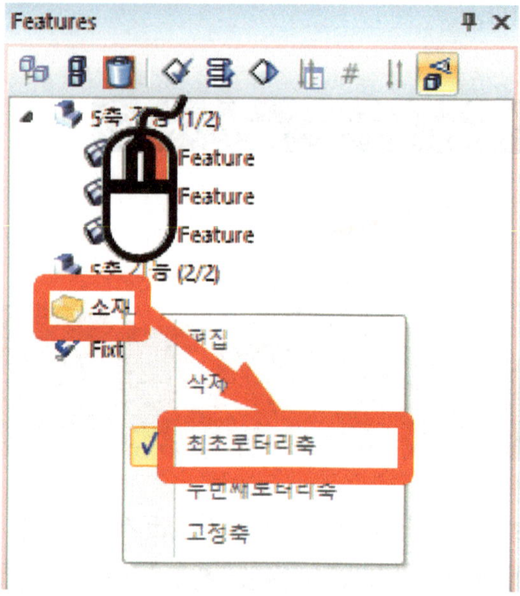

▶ 회전 축/ 고정 축 설명

제 1회전 축 : 주축이 틸팅되면서 시뮬레이션으로 확인 가능

제 2회전 축 : 인덱스 축이 틸팅 되어 시뮬레이션으로 확인 가능

고정축 : 모든 축이 고정 되면서 각도가 되어있는 평면들은 시뮬레이션에 확인 불가

- 우측 툴바의 황삭가공 아이콘을 선택한다.

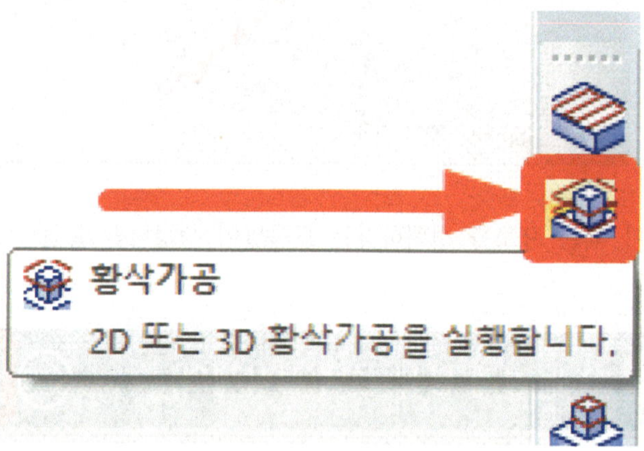

- 황삭가공 창이 실행되면 일반 탭에서 아래 그림에 맞게 입력한다.

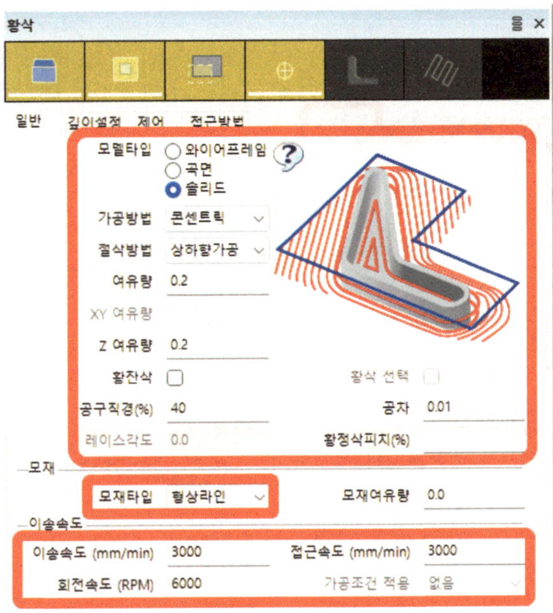

모델타입 : 솔리드 / 가공방법 : 동심형 / 절삭방법 : 상하향가공 / 여유량 : 0.2 / Z여유량 : 0.2 / 피치 : 40 / 스톡타입 : 윤곽 / 이송속도 : 3000 / Z이송속도 : 3000 / 회전속도 : 6000

- 깊이설정 탭으로 이동 후 좌측 그림에 맞게 입력한다.

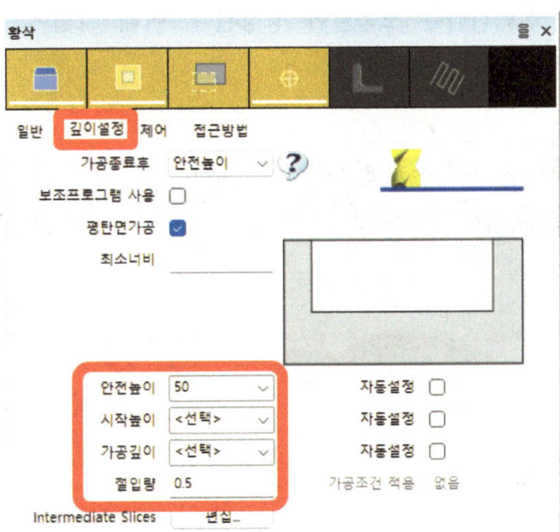

안전높이 : 50 / 가공시작높이 : 선택 / 가공깊이 : 선택 / 절입량 : 0.5

- 접근방법 탭으로 이동 후 아래 그림에 맞게 입력 후 확인을 선택한다.

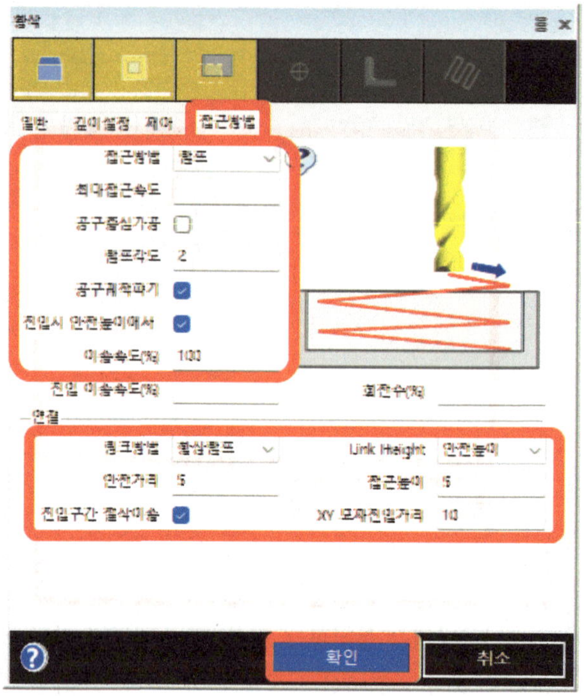

접근방법 : 램프 / 램프각도 : 2 / 진입구간 절삭이송 : 체크

램프 가공 = 지그재그 형식으로 소재를 파고 들어가는 형식

- 가공할 피쳐를 선택하라는 도움말이 생성된다. 아래 그림에 맞게 모델링을 선택 후 확인을 선택한다.

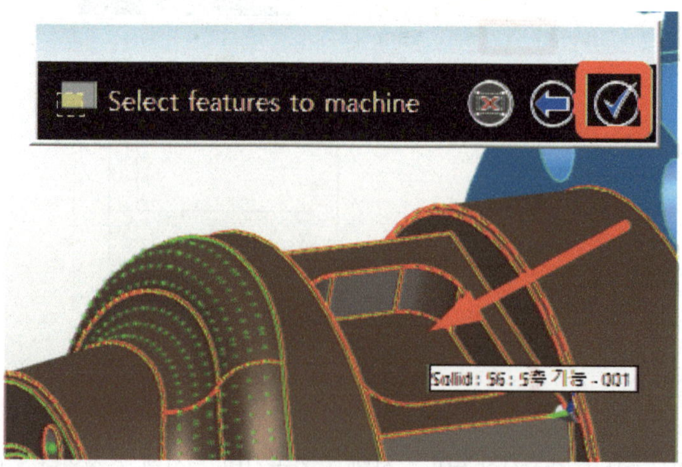

- 가공 시작 지점을 선택해야 한다. 아래 그림과 같이 원점을 클릭한다.

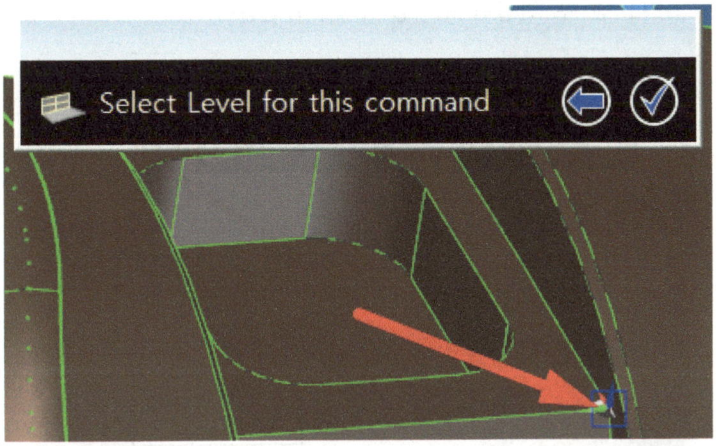

- 절삭깊이를 지정하라는 도움말이 생성된다. 최대 깊이 지점을 선택한다.

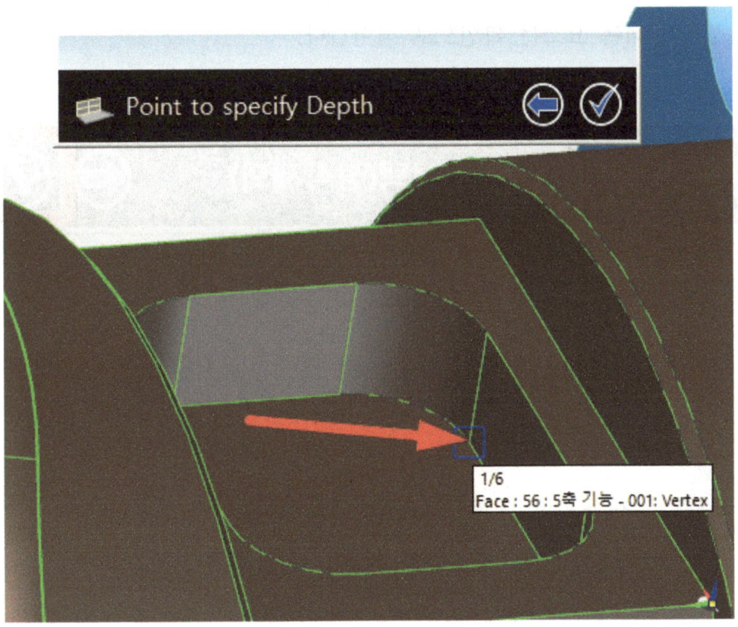

- 소재 형상을 선택하라는 도움말이 생성된다. 좌측 그림에 맞게 안쪽 포켓 라인에 마우스를 가져다 댄 후 연결된 고리를 선택, 확인한다.

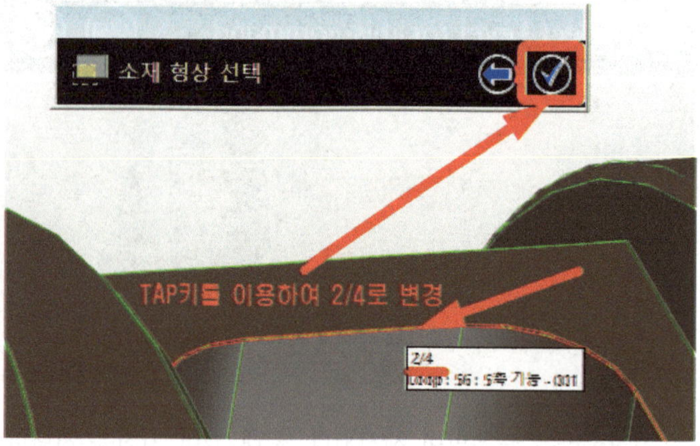

- 가공 경계가 되는 요소는 확인으로 넘어간다.

- 우측툴바의 평탄면가공 아이콘을 선택한다.

- 평탄면가공 창이 실행되면 일반 탭에서 아래 그림에 맞게 입력한다.

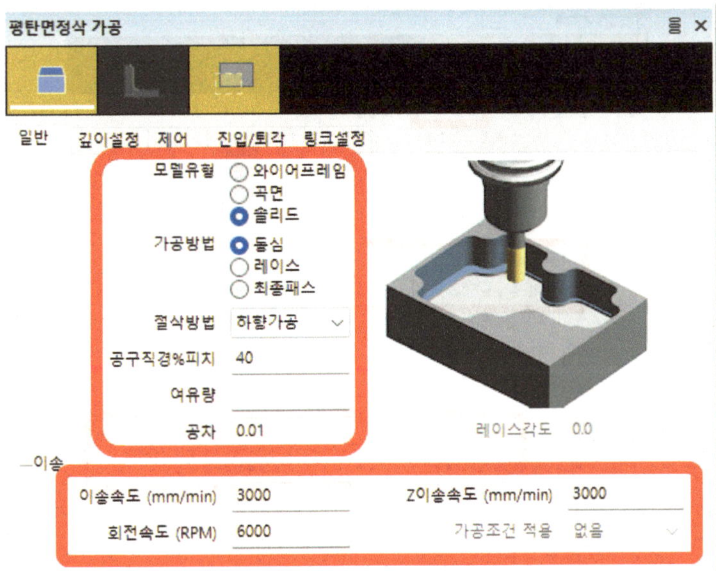

모델타입 : 솔리드 / 가공방법 : 동심 / 절삭방법 : 하향가공 / 피치 : 40 / 여유량 : 미입력 / 이송속도 : 3000 / Z이송속도 : 3000 / 회전속도 : 6000

- 깊이설정 탭으로 이동 후 아래 그림에 맞게 입력한다.

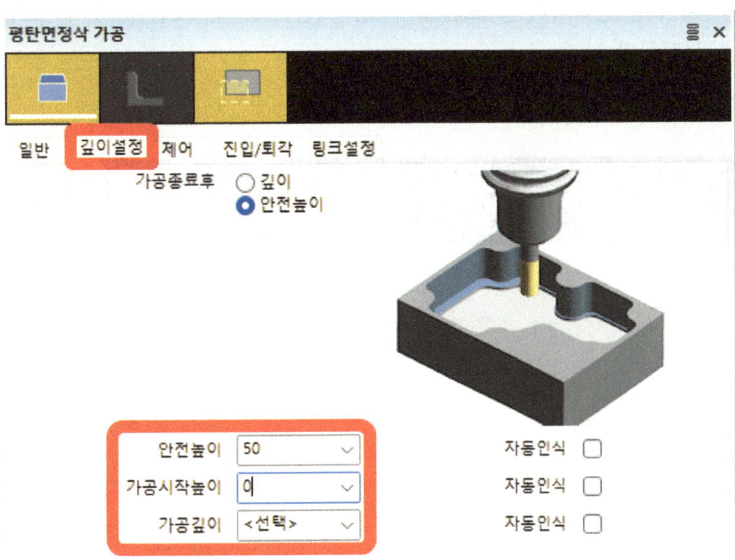

안전높이 : 50 / 가공시작높이 : 0 / 가공깊이 : 선택

- 진입/퇴각 탭으로 이동 후 아래 그림에 맞게 입력 후 확인을 선택한다.

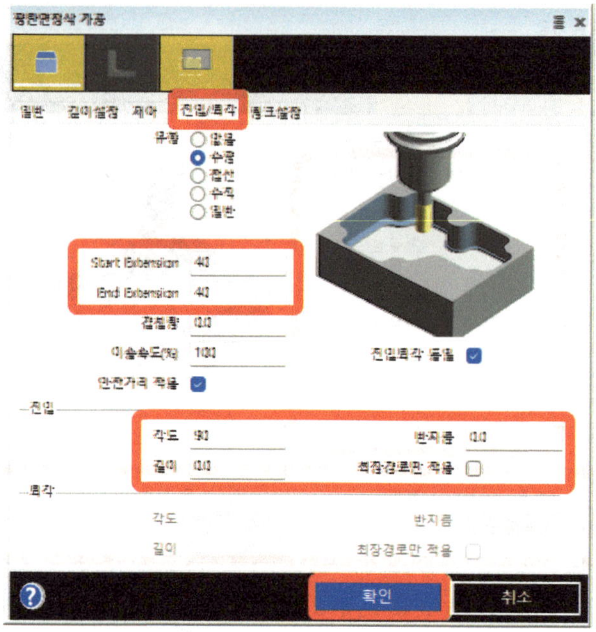

Start : 40 / End : 40 / 반지름 : 0 / 길이 : 0

- 가공할 피쳐를 선택하라는 도움말이 생성된다. 좌측 그림에 맞게 모델링을 선택 후 확인을 선택한다.

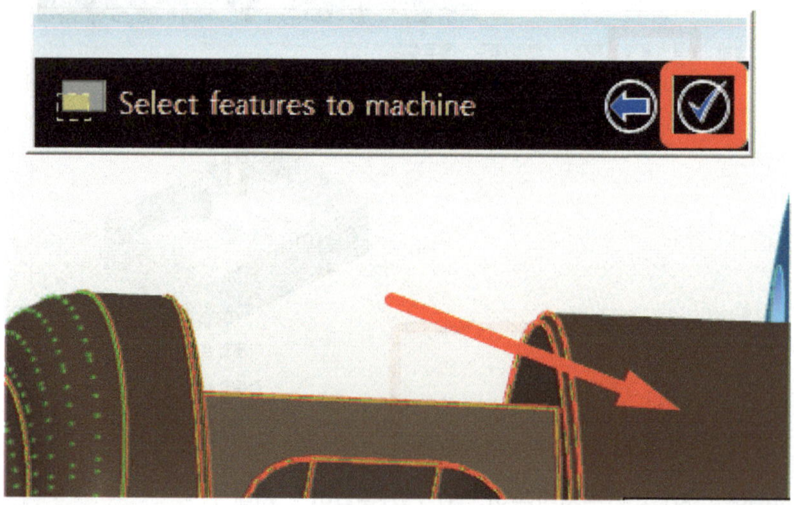

- 절삭깊이를 지정하라는 도움말이 생성된다. 최대 깊이 지점을 선택한다.

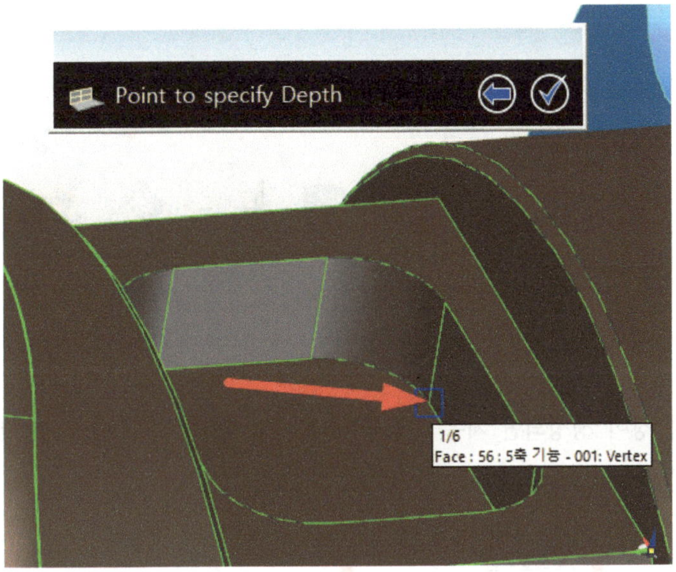

- 요소 경계 봉쇄선을 선택하라는 도움말이 생성된다. 좌측 그림에 맞게 가공할 부분만 선택을 한다.

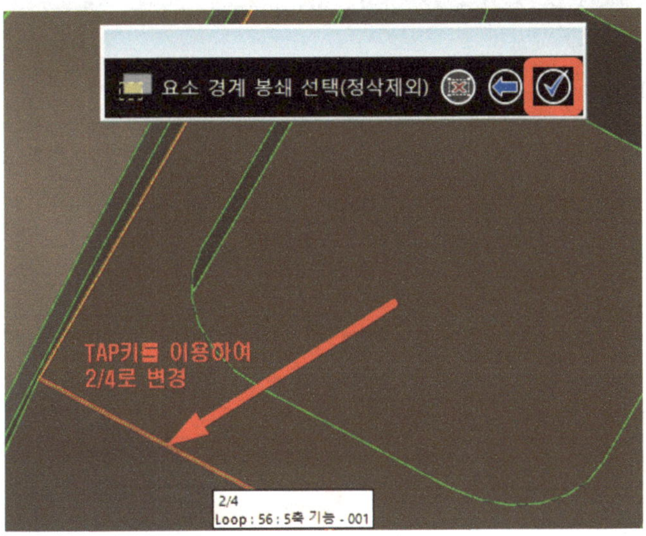

키보드 TAP를 선택하여 닫힌 라인을 만들 수 있다.

6.2.8 각도 분할 가공

(1) 각도 분할 가공(측면 2)

- 좌측상단의 공구교환 아이콘을 선택한다.

- 공구교환 창이 생성되면 처음 구동할 축을 Z로 변경 후 확인을 선택한다.

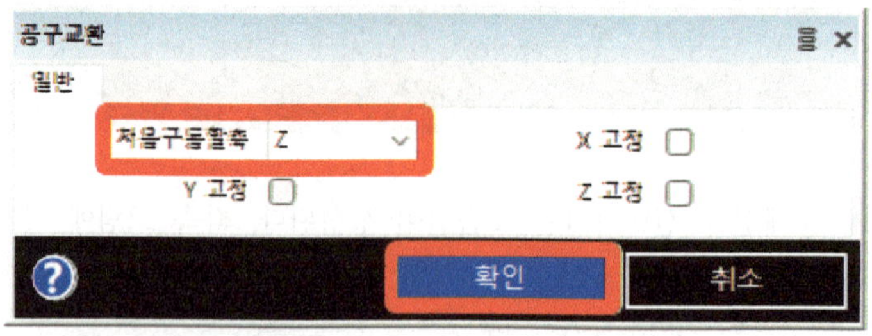

- 좌상단 이송의 인덱싱 선택

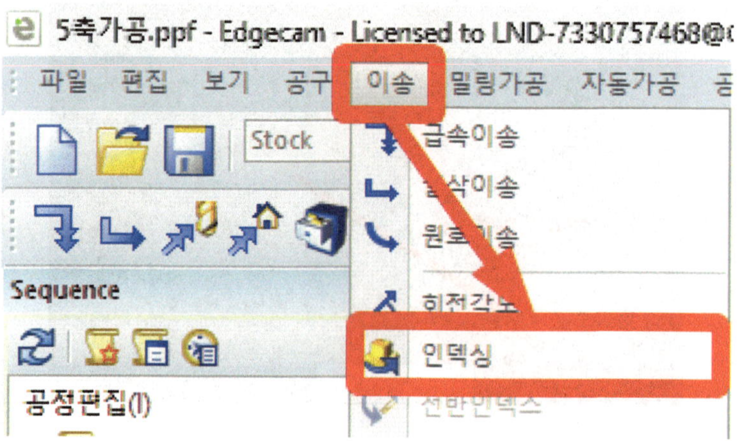

- 인덱스 창이 생성되면 아래 그림에 맞게 입력 후 확인을 선택한다.

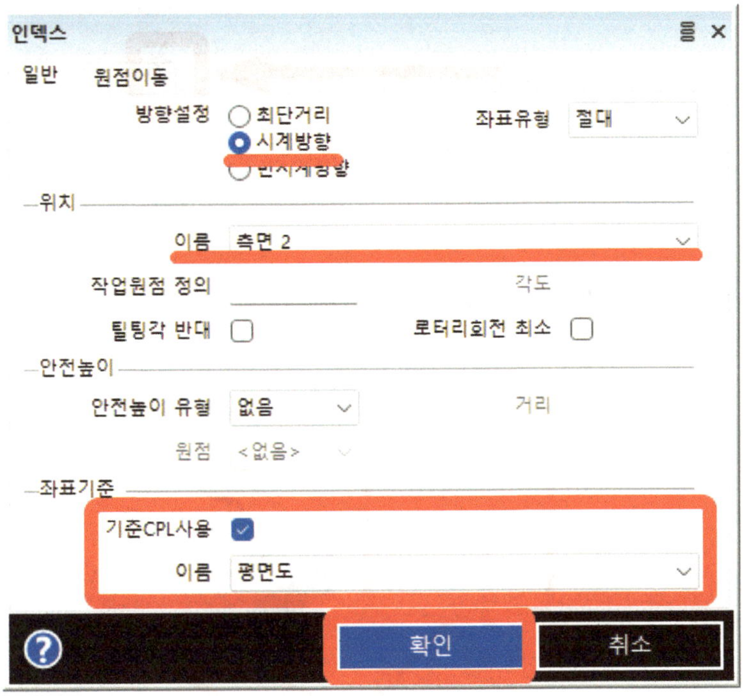

방향설정 : 시계방향 / 이름 ; 측면 2 / 기준CPL사용 : 체크 / 이름 : 평면도

인덱스 = 만들어져 있는 작업평면을 불러오는 기능이다.

- 좌하단 등각도 아이콘을 선택, CPL좌표를 선택 후 등각도를 선택한다.

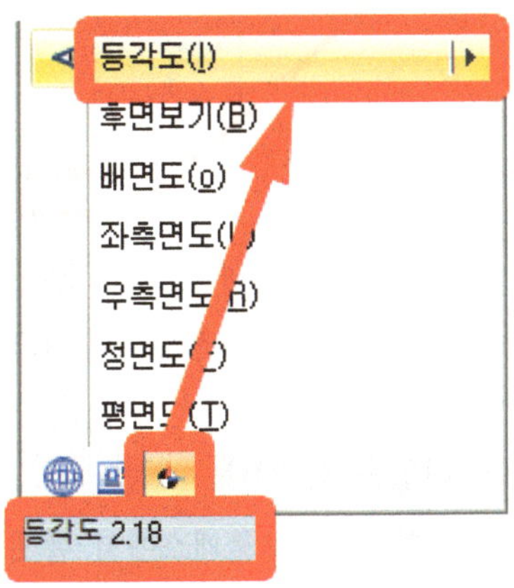

- 우측 툴바의 형상가공 아이콘을 선택한다.

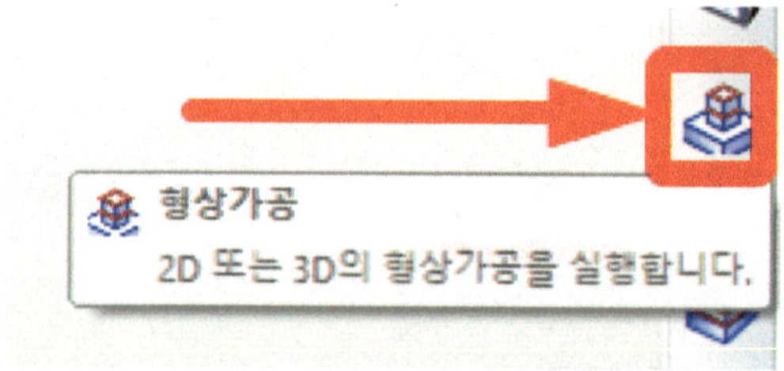

- 윤곽가공 창이 실행 되면 아래 그림에 맞게 입력한다.

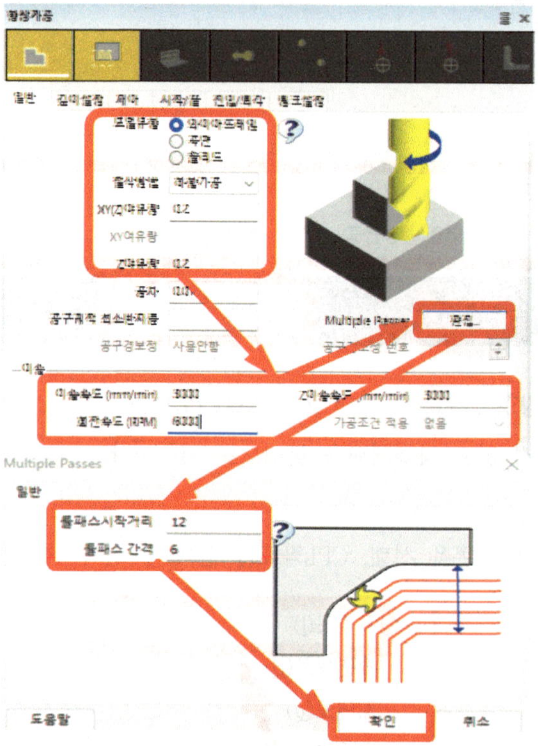

모델타입 : 와이어프레임 / 절삭방법 : 하향가공 / 여유량 : 0.2 / Z여유량 : 0.2 / 이송속도 : 3000 / Z이송속도 : 3000 / 회전속도 : 6000 / Multiple Passes : 편집 선택 / 옵셋시작 : 12 / 옵셋증가량 : 6

와이어프레임 = 2D 형식의 라인을 선택하는 기능

Multiple Passes= 옵셋시작 : 현재 나온 툴패스에서 옵셋시작(8)을 떨어뜨려 준다.

옵셋증가량 : 옵셋시작(8)에서 옵셋증가량(4)를 안쪽으로 떨어뜨려 준다. 따라서, 현재나온 툴패스에서 옵셋시작을 떨어뜨려주고 옵셋시작에서 옵셋증가량 만큼 떨어뜨려 준다.

- 깊이설정 탭으로 이동 후 아래 그림에 맞게 입력한다.

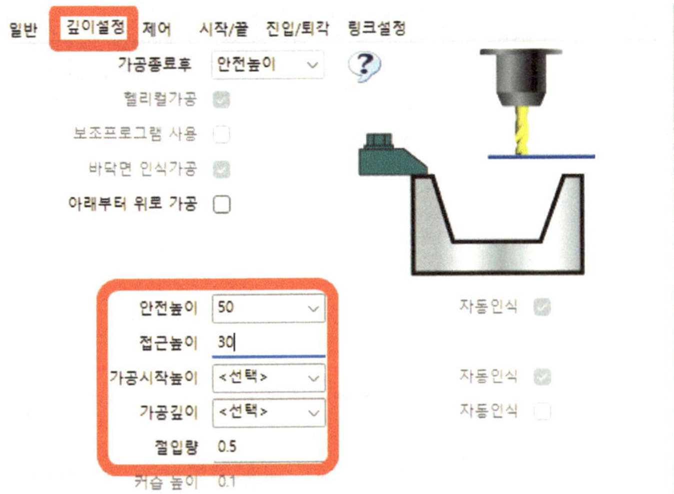

안전높이 : 50 / 접근높이 : 30 / 가공시작높이 : 지정 / 절삭깊이 : 지정 / 절입량 : 0.5

가공시작높이를 지정으로 하는 이유 = 인덱스 작업을 하면서 원점 평면이 다르게 측정된다. 따라서 현재 원점에서부터 가공 모델 상면 부까지의 거리를 파악하기 어렵기 때문에 스냅을 이용하여 지점을 선택해야 한다.

- 시작/끝 탭으로 이동 후 좌측 그림에 맞게 입력한다.

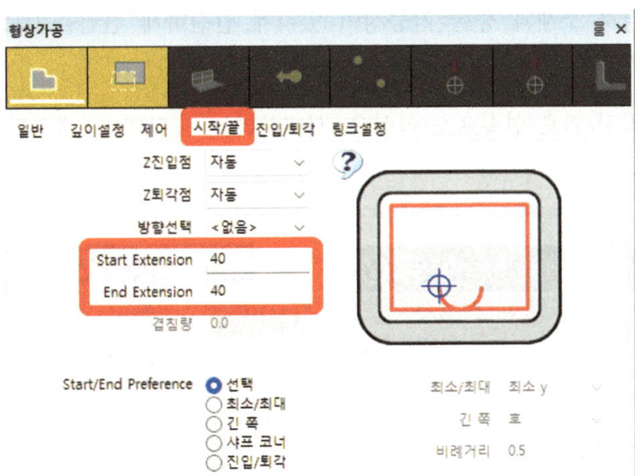

Start : 40 / End : 40

Start/End = 진입/퇴각 툴패스를 연장시켜주는 역할을 하며 진입 시 공구와 소재가 충돌 발생이 될 수 있기에 첫 진입/ 끝 퇴각을 연장 시켜준다.

- 진입/퇴각 탭으로 이동 후 좌측 그림에 맞게 입력 후 확인을 선택한다

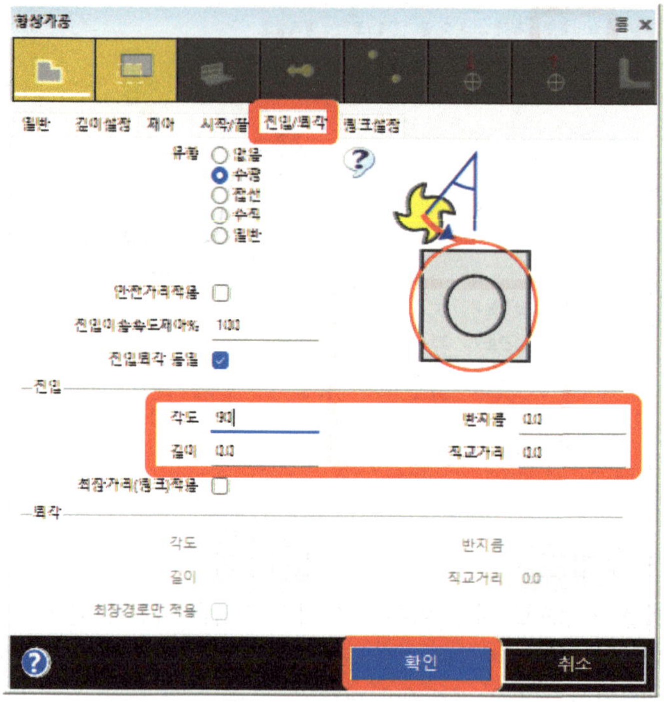

각도 : 90 / 반지름 : 0 / 길이 : 0

길이를 0으로 하는 이유 : 진입각도가 90이라는 값 때문에 진입이 90도 꺽인 상태로 연장된다, 따라서 소재와 충돌 가능성이 있기에 안전하게 진입을 0으로 바꿔 준다.

- 윤곽에서 직선/원호/연속요소/곡선을 선택하라는 도움말이 생성된다. 아래 그림에 맞게 가공할 선을 선택한다.

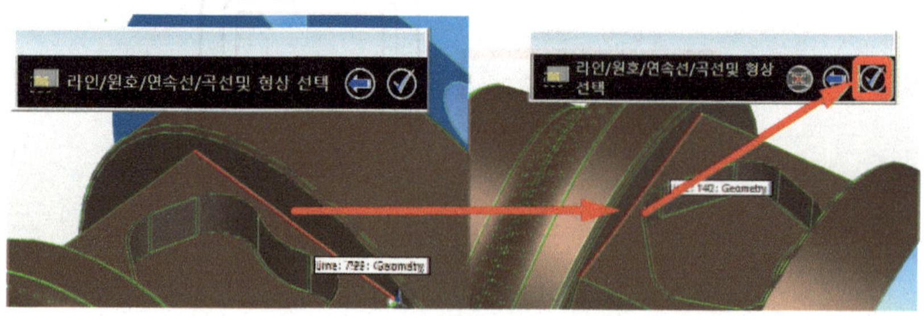

- 윤곽의 새로운 시작점을 선택하라는 도움말이 생성된다. 아래 그림에 맞게 가공 시작점이 배치가 되었는지 확인 후 다음 단계로 넘어간다.

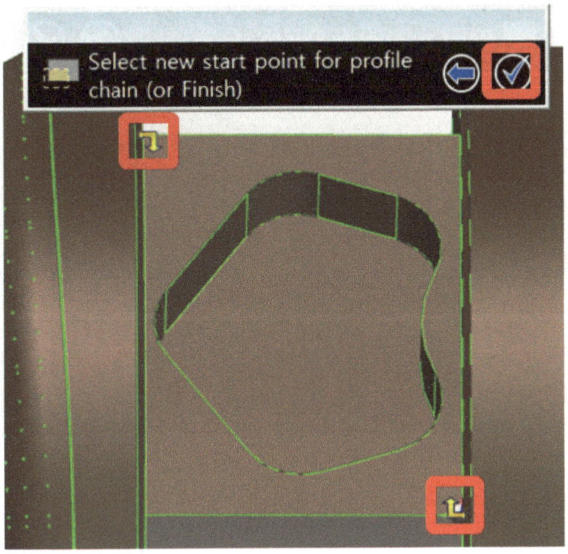

- 변경 시작/종료 지점을 선택 하라는 도움말이 생성되면 확인으로 넘어간다

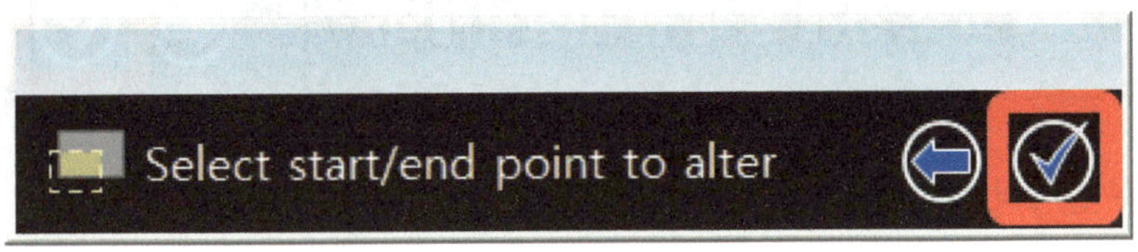

- 가공 시작 지점을 선택하라는 도움말이 생성되면왼쪽 그림과 같이 가장 높은 지점의 스톡 영역 상단 모서리를 클릭한다.

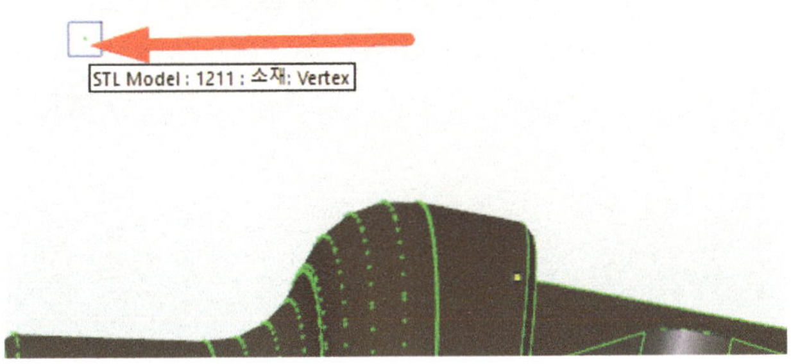

- 절삭깊이를 지정하는 점이라는 도움말이 생성되면 원점을 클릭한다.

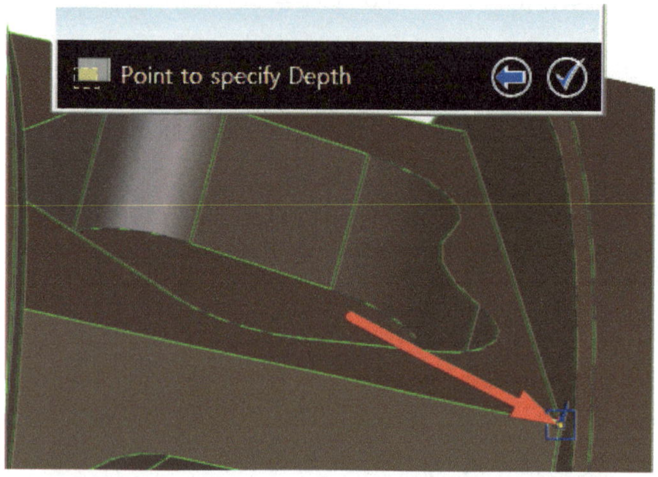

- 가공 경계가 되는 요소를 확인을 넘어간다.

- 우측 툴바의 황삭가공 아이콘을 선택한다.

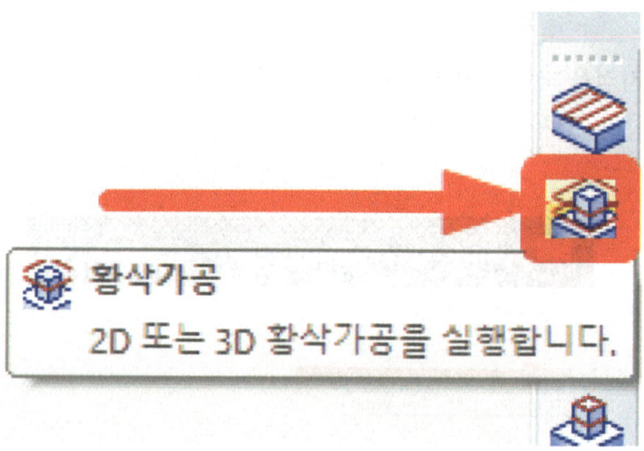

- 황삭가공 창이 실행되면 일반 탭에서 아래 그림에 맞게 입력한다.

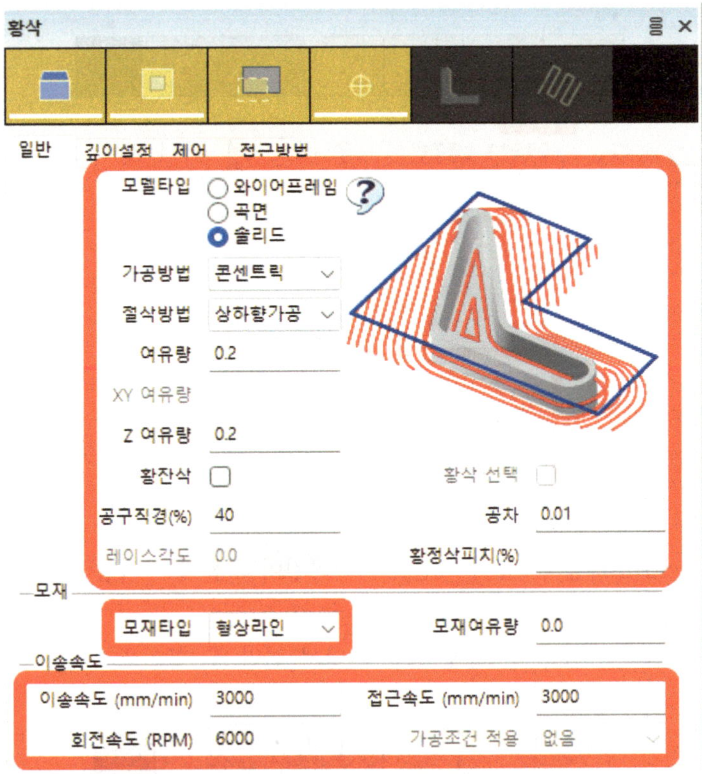

모델타입 : 솔리드 / 가공방법 : 동심형 / 절삭방법 : 상하향가공 / 여유량 : 0.2 / Z여유량 : 0.2 / 피치 : 40 / 스톡타입 : 윤곽 / 이송속도 : 3000 / Z이송속도 : 3000 / 회전속도 : 6000

- 깊이설정 탭으로 이동 후 좌측 그림에 맞게 입력한다.

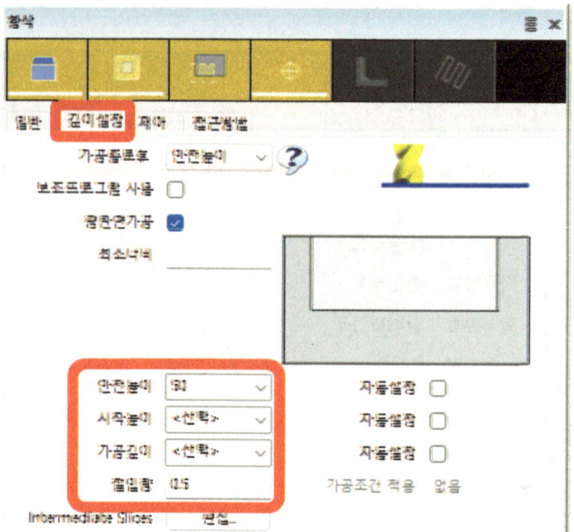

안전높이 : 50 / 가공시작높이 : 선택 / 가공깊이 : 선택 / 절입량 : 0.5

- 접근방법 탭으로 이동 후 아래 그림에 맞게 입력 후 확인을 선택한다.

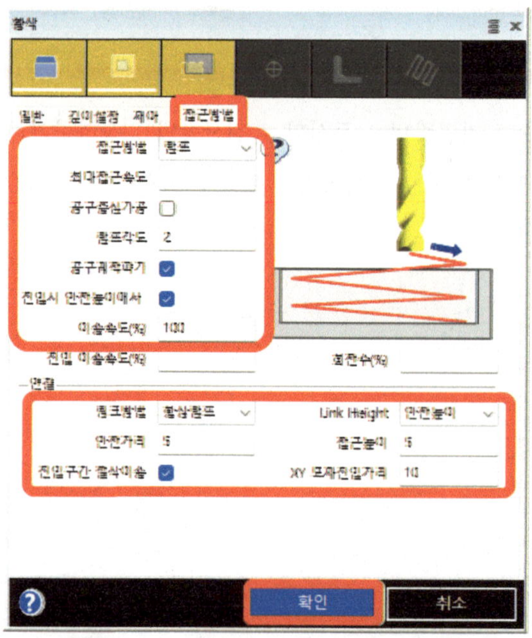

접근방법 : 램프 / 램프각도 : 2 / 진입구간 절삭이송 : 체크

램프 가공 = 지그재그 형식으로 소재를 파고 들어가는 형식

- 가공할 피쳐를 선택하라는 도움말이 생성된다. 아래 그림에 맞게 모델링을 선택 후 확인을 선택한다.

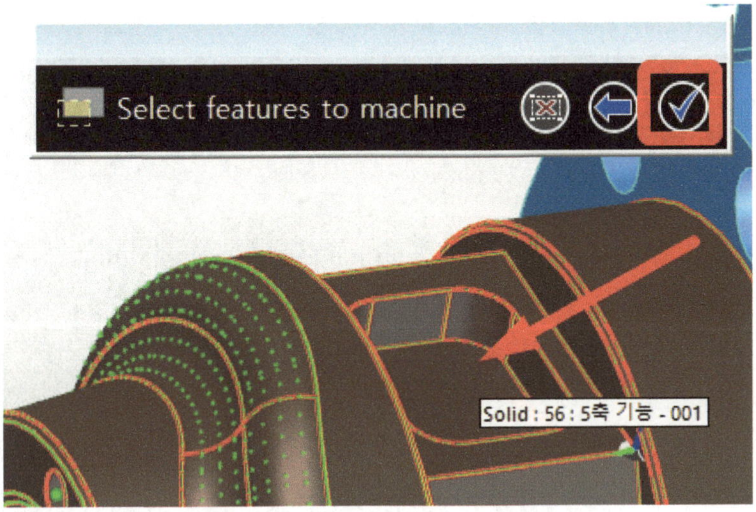

- 가공 시작 지점을 선택해야 한다. 아래 그림과 같이 원점을 클릭한다

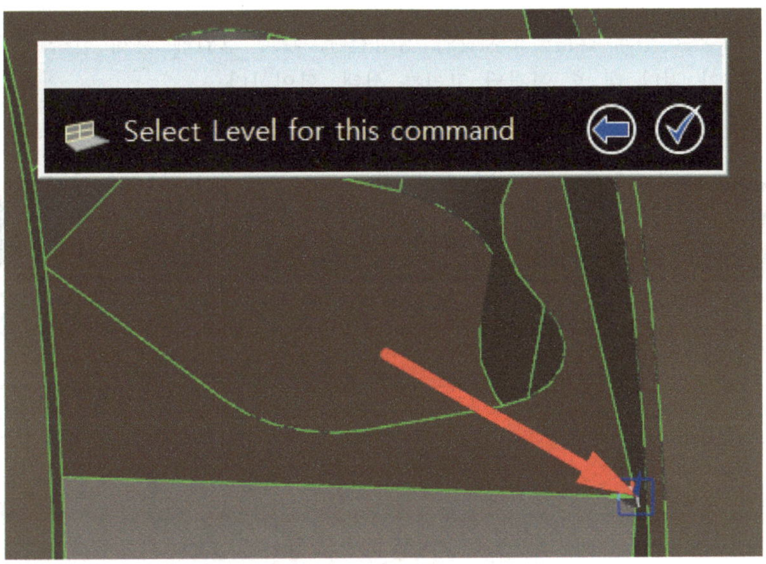

- 절삭깊이를 지정하라는 도움말이 생성된다. 최대 깊이 지점을 선택한다.

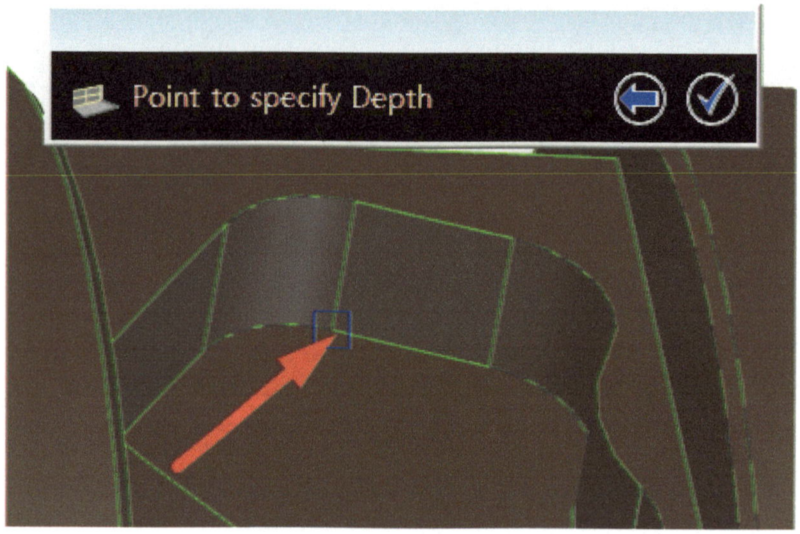

- 소재 형상을 선택하라는 도움말이 생성된다. 좌측 그림에 맞게 안쪽 포켓 라인에 마우스를 가 져다 댄 후 연결된 고리를 선택, 확인한다.

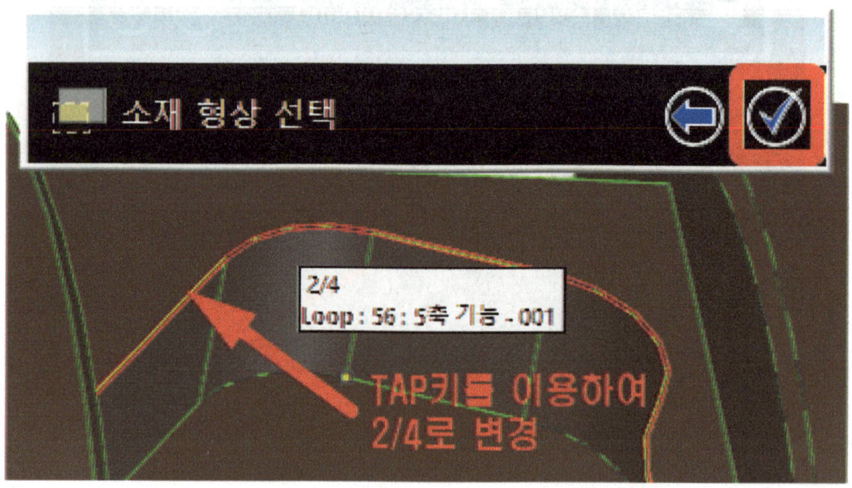

키보드 TAB를 선택하여 겹친 요소 중 닫힌 라인 을 선택할 수 있다.

- 가공 경계가 되는 요소를 확인을 넘어간다.

- 우측툴바의 평탄면가공 아이콘을 선택한다.

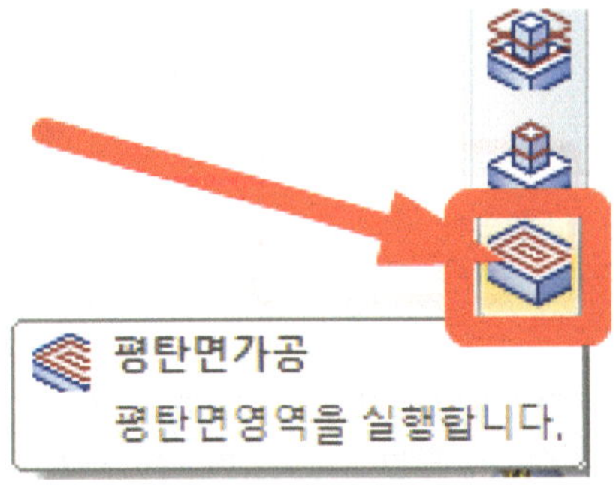

- 평탄면가공 창이 실행되면 일반 탭에서 아래 그림에 맞게 입력한다.

모델타입 : 솔리드 / 가공방법 : 동심 / 절삭방법 : 하향가공 / 피치 : 40 / 여유량 : 미입력 / 이송속도 : 3000 / Z이송속도 : 3000 / 회전속도 : 6000

- 깊이설정 탭으로 이동 후 아래 그림에 맞게 입력한다.

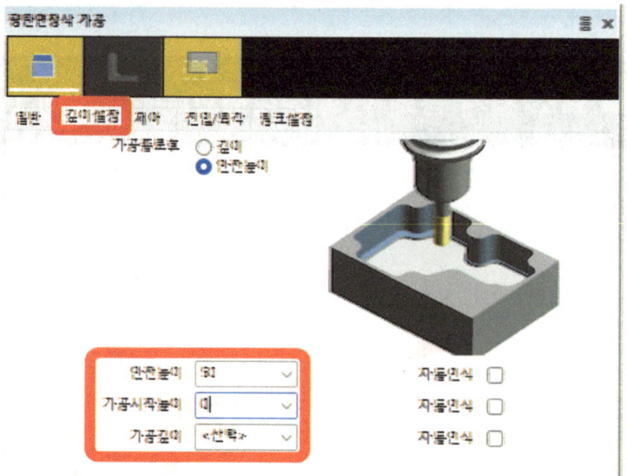

안전높이 : 50 / 가공시작높이 : 0 / 가공깊이 : 선택

- 진입/퇴각 탭으로 이동 후 아래 그림에 맞게 입력 후 확인을 선택한다.

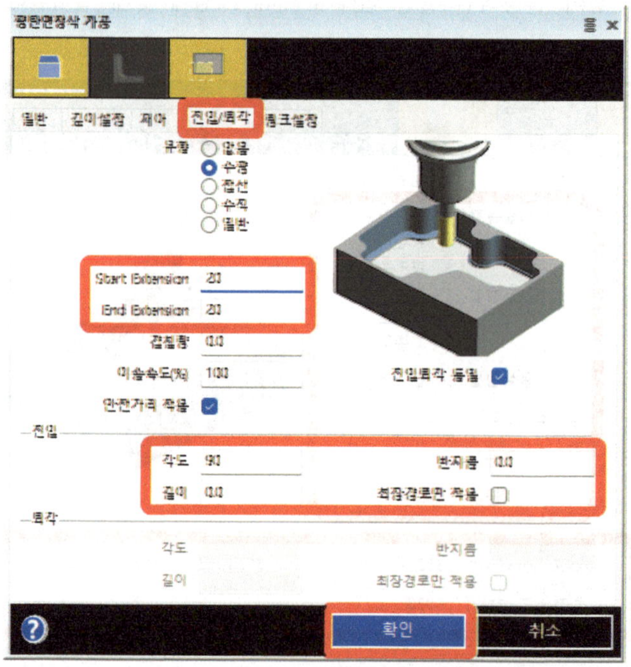

Start : 20 / End : 20 / 반지름 : 0 / 길이 : 0

- 가공할 피처를 선택하라는 도움말이 생성된다. 아래 그림에 맞게 모델링을 선택 후 확인을 선택한다.

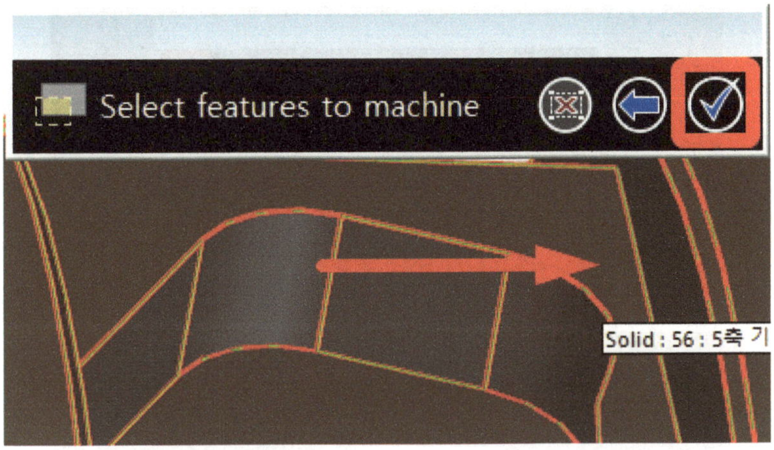

- 절삭깊이를 지정하라는 도움말이 생성된다. 최대 깊이 지점을 선택한다.

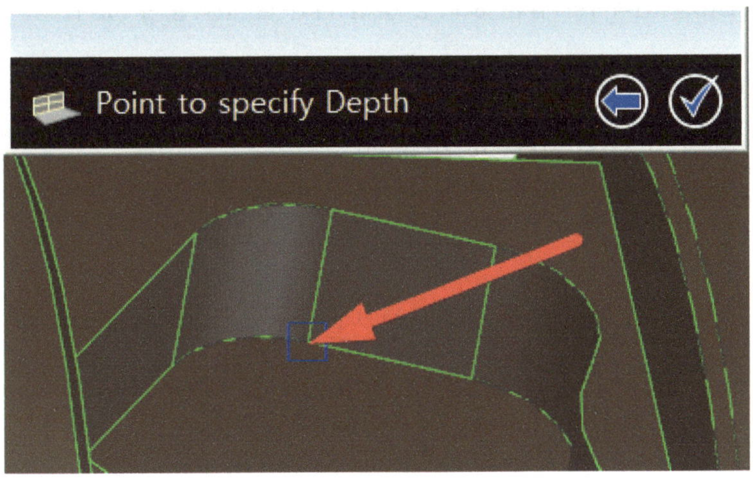

- 스톡윤곽을 선택하라는 도움말이 생성된다. 좌측 그림에 맞게 안쪽 포켓 라인에 마우스를 가져다 댄 후 연결된 고리를 선택한다.

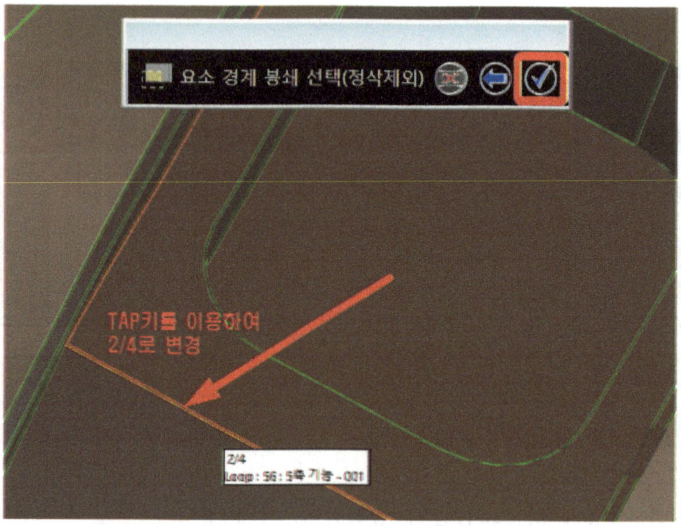

키보드 TAB를 선택하여 겹친 요소 중 닫힌 라인 을 선택할 수 있다.

(2) 각도 분할 가공(측면 3)

- 좌측상단의 공구교환 아이콘을 선택한다.

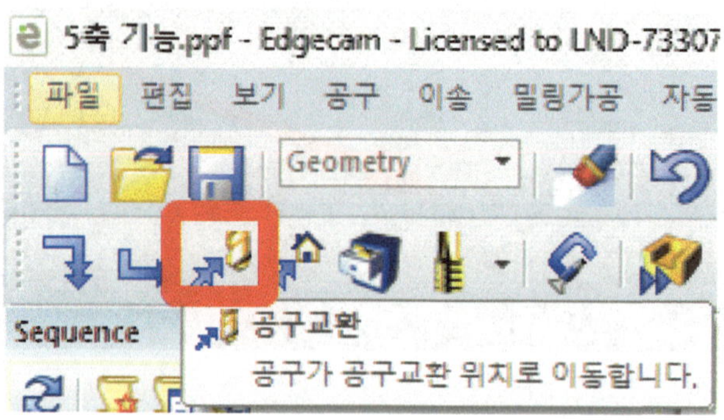

- 공구교환 창이 생성되면 처음 구동할 축을 Z로 변경 후 확인을 선택한다.

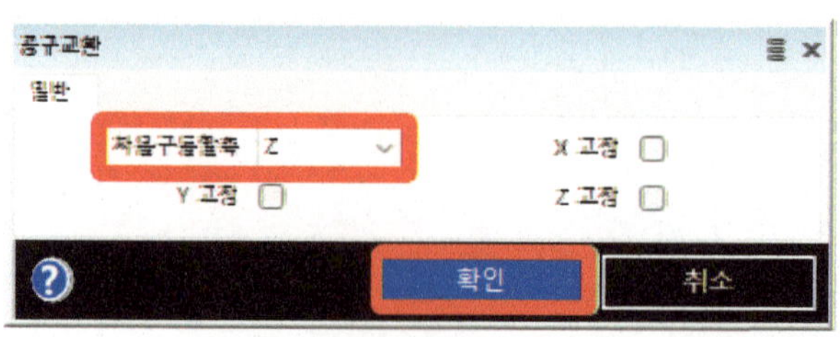

- 좌상단 이송의 인덱싱 선택

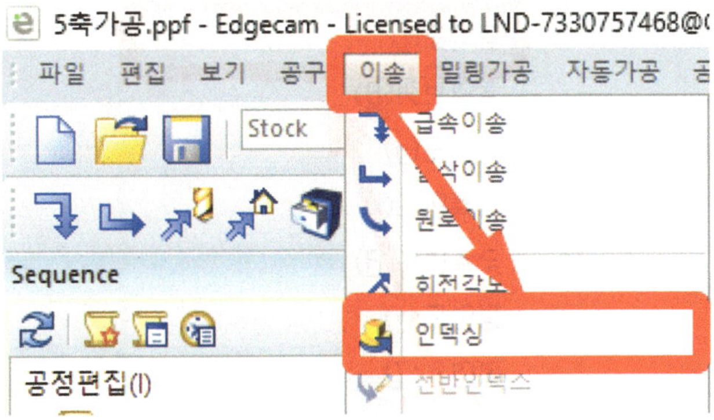

- 인덱스 창이 생성되면 아래 그림에 맞게 입력 후 확인을 선택한다.

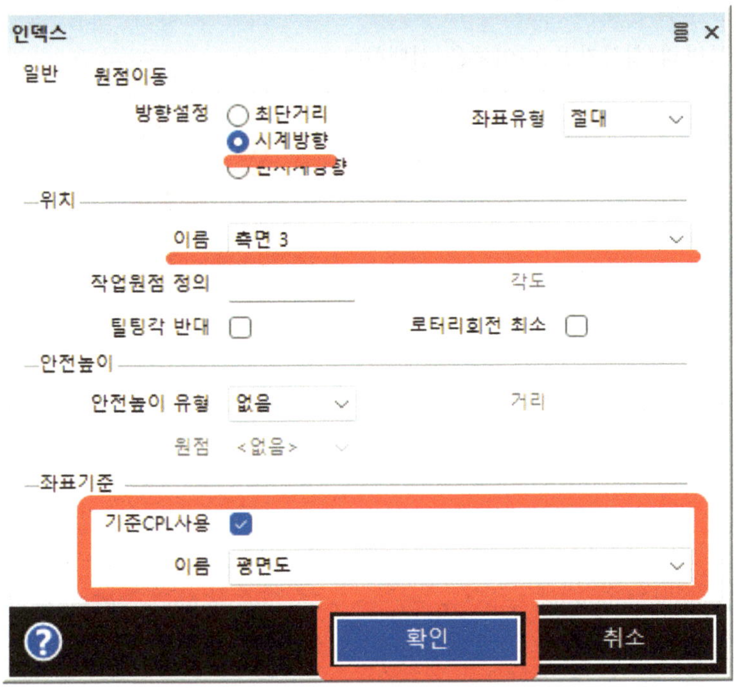

방향설정 : 시계방향 / 이름 ; 측면 2 / 기준CPL사용 : 체크 / 이름 : 평면도

인덱스 = 만들어져 있는 작업평면을 불러오는 기능이다.

- 좌하단 등각도 아이콘을 선택, CPL좌표를 선택 후 등각도를 선택한다.

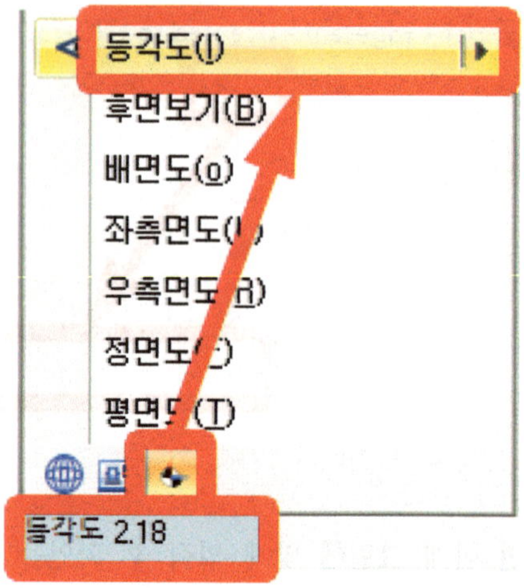

- 우측 툴바의 형상가공 아이콘을 선택한다.

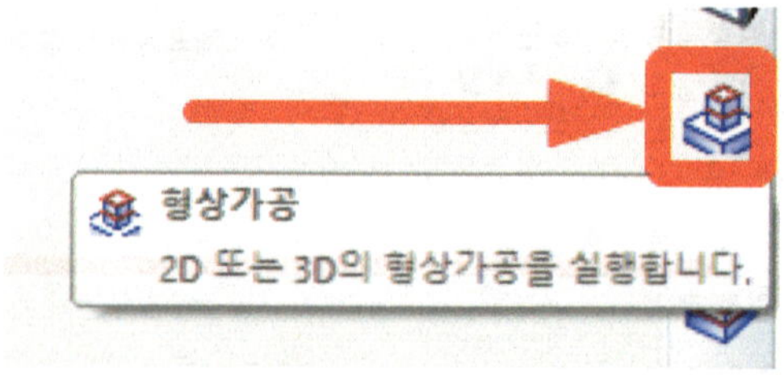

- 윤곽가공 창이 실행 되면 아래 그림에 맞게 입력한다.

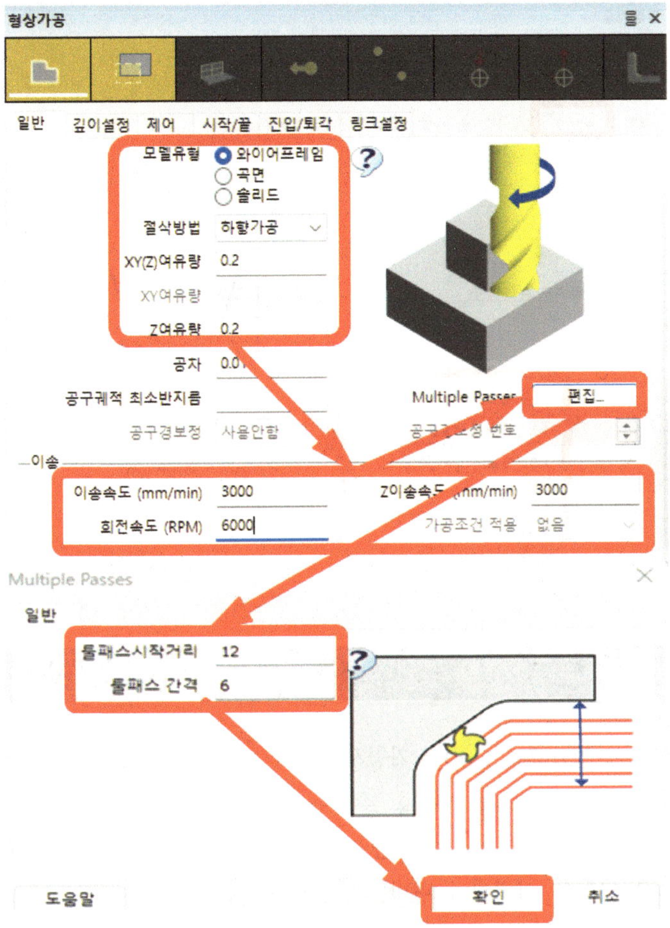

모델타입 : 와이어프레임 / 절삭방법 : 하향가공 / 여유량 : 0.2 / Z여유량 : 0.2 / 이송속도 : 3000 / Z이송속도 : 3000 / 회전속도 : 6000 / Multiple Passes : 편집 선택 / 옵셋시작 : 12 / 옵셋증가량 : 6

와이어프레임 = 2D 형식의 라인을 선택하는 기능

Multiple Passes= 옵셋시작 : 현재 나온 툴패스에서 옵셋시작(8)을 떨어뜨려 준다.

옵셋증가량 : 옵셋시작(8)에서 옵셋증가량(4)를 안쪽으로 떨어뜨려 준다. 따라서, 현재나온 툴패스에서 옵셋시작을 떨어뜨려주고 옵셋시작에서 옵셋증가량 만큼 떨어뜨려 준다.

- 깊이설정 탭으로 이동 후 아래 그림에 맞게 입력한다.

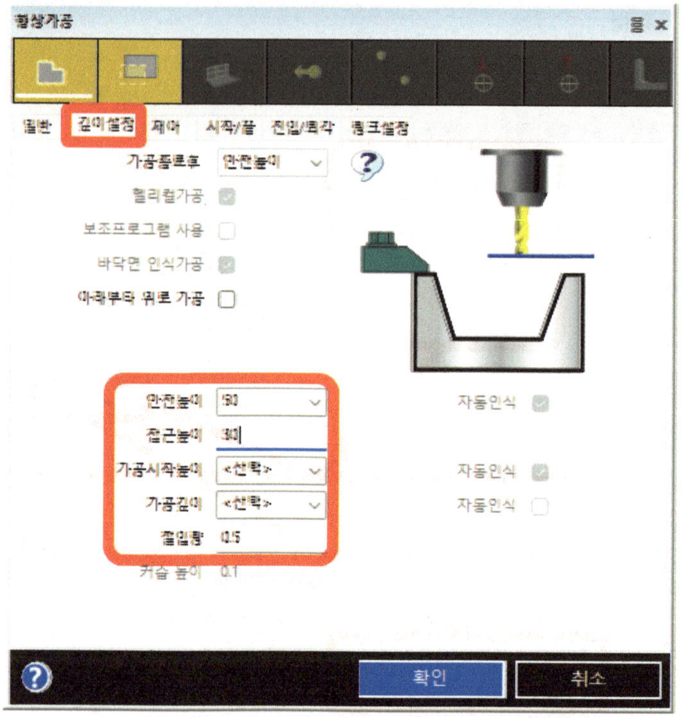

안전높이 : 50 / 접근높이 : 30 / 가공시작높이 : 지정 / 절삭깊이 : 지정 / 절입량 : 0.5

가공시작높이를 지정으로 하는 이유 = 인덱스 작업을 하면서 원점 평면이 다르게 측정된다. 따라서 현재 원점에서부터 가공 모델 상면 부까지의 거리를 파악하기 어렵기 때문에 스냅을 이용하여 지점을 선택해야 한다.

- 시작/끝 탭으로 이동 후 좌측 그림에 맞게 입력한다.

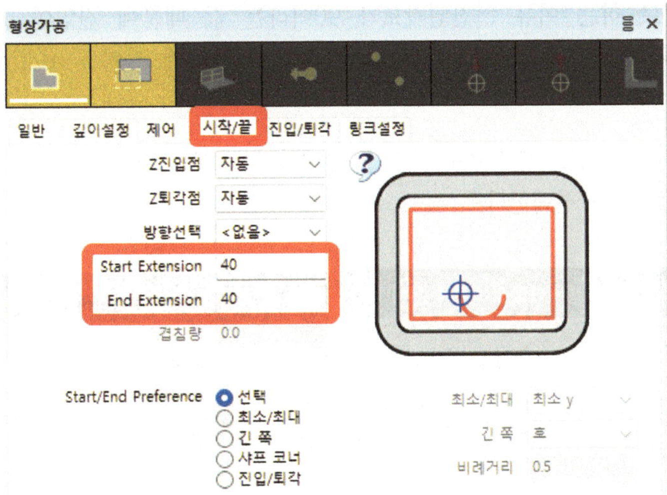

Start : 40 / End : 40

Start/End = 진입/퇴각 툴패스를 연장시켜주는 역할을 하며 진입 시 공구와 소재가 충돌 발생이 될 수 있기에 첫 진입/ 끝 퇴각을 연장 시켜준다.

- 진입/퇴각 탭으로 이동 후 좌측 그림에 맞게 입력 후 확인을 선택한다

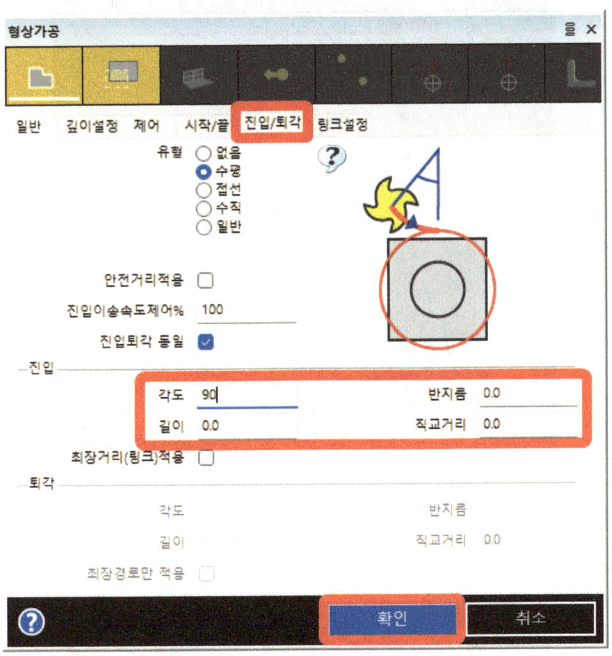

각도 : 90 / 반지름 : 0 / 길이 : 0

길이를 0으로 하는 이유 : 진입각도가 90이라는 값 때문에 진입이 90도 꺽인 상태로 연장된다, 따라서 소재와 충돌 가능성이 있기에 안전하게 진입을 0으로 바꿔 준다.

- 윤곽에서 직선/원호/연속요소/곡선을 선택하라는 도움말이 생성된다. 아래 그림에 맞게 가공할 선을 선택한다.

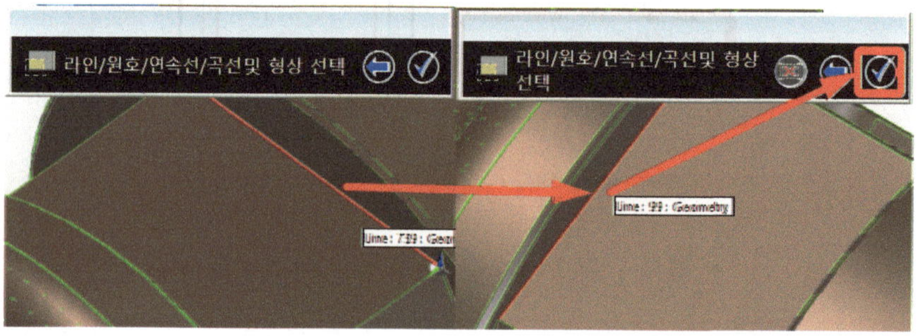

- 윤곽의 새로운 시작점을 선택하라는 도움말이 생성된다. 아래 그림에 맞게 가공 시작점이 배치가 되었는지 확인 후 다음 단계로 넘어간다.

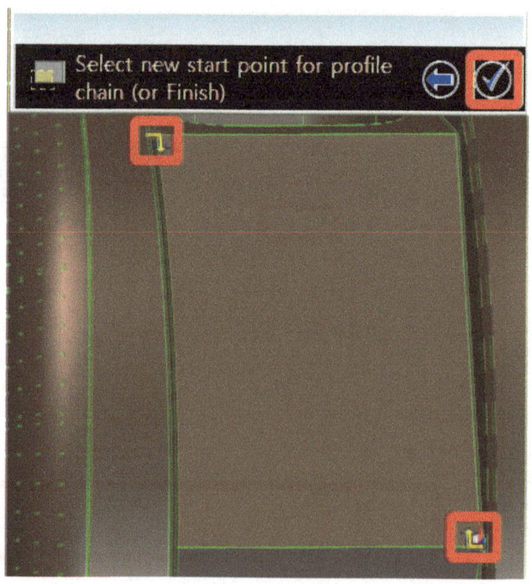

- 변경 시작/종료 지점을 선택 하라는 도움말이 생성되면 확인으로 넘어간다

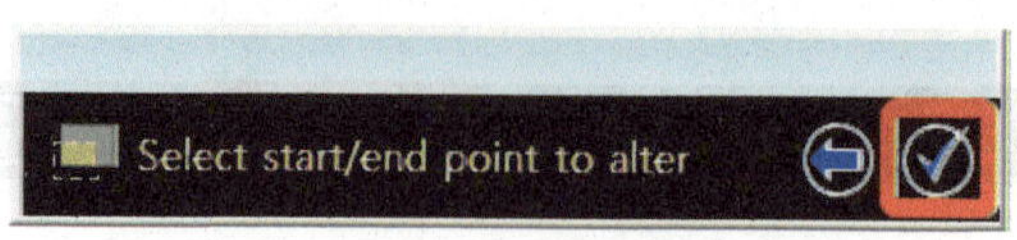

- 가공 시작 지점을 선택하라는 도움말이 생성되면 아래 그림과 같이 가장 높은 지점의 스톡 영역 상단 모서리를 클릭한다.

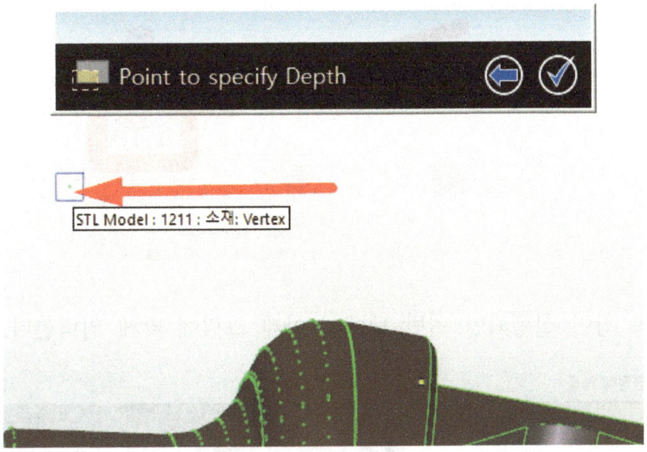

- 절삭깊이를 지정하는 점이라는 도움말이 생성되면 원점을 클릭한다.

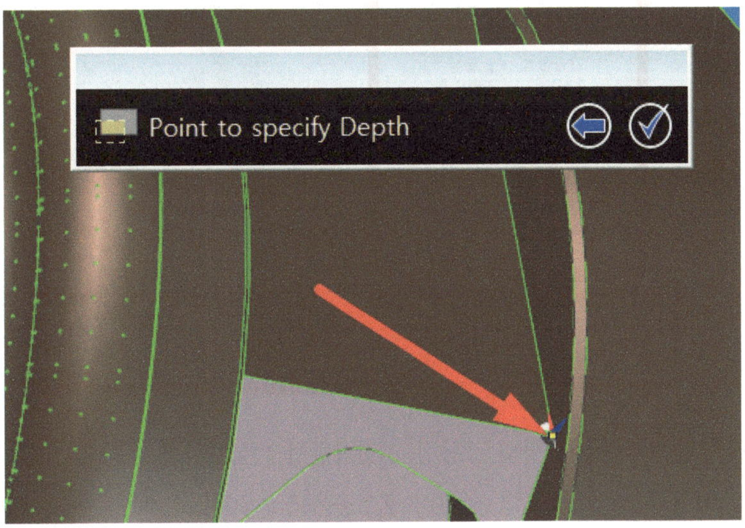

- 가공 경계가 되는 요소를 확인을 넘어간다.

- 우측툴바의 평탄면가공 아이콘을 선택한다.

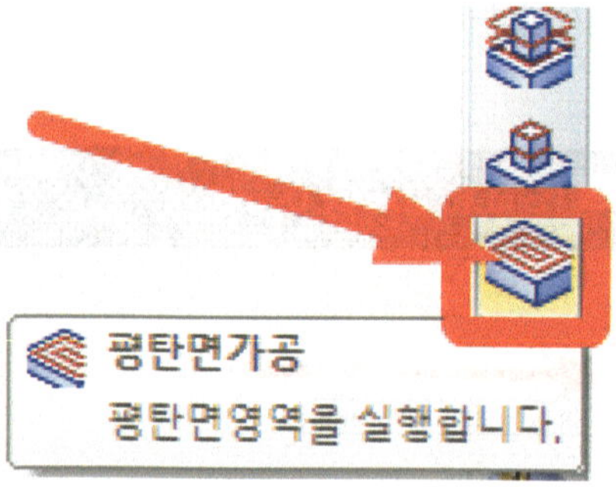

- 평탄면가공 창이 실행되면 일반 탭에서 아래 그림에 맞게 입력한다.

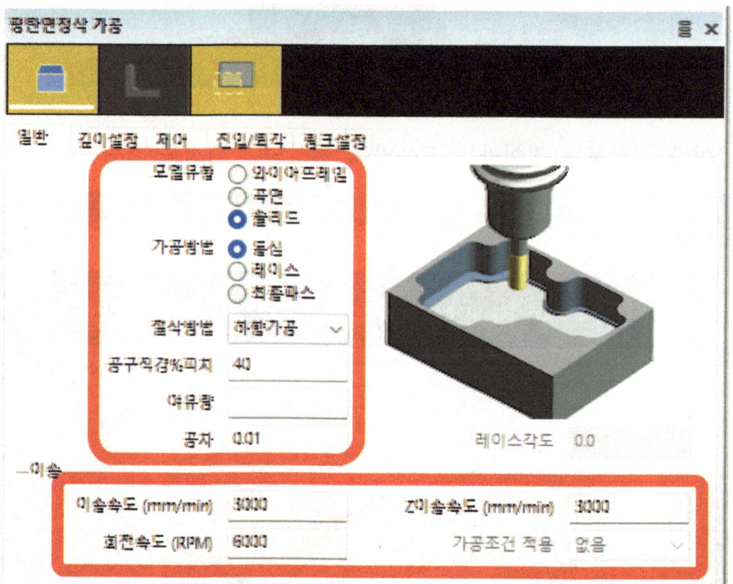

모델타입 : 솔리드 / 가공방법 : 동심 / 절삭방법 : 하향가공 / 피치 : 40 / 여유량 : 미입력 / 이송속도 : 3000 / Z이송속도 : 3000 / 회전속도 : 6000

- 깊이설정 탭으로 이동 후 아래 그림에 맞게 입력한다.

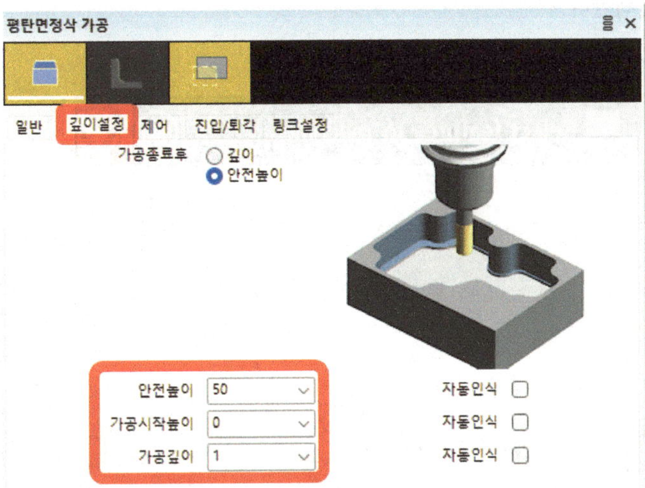

안전높이 : 50 / 가공시작높이 : 0 / 가공깊이 : 1

기존의 방식대로 지정으로 절삭깊이를 입력하는 경우 절삭깊이가 0이 되기 때문에 에러 메시지 가 출력된다. 절삭깊이에 1을 입력하여도 솔리드를 인식하기 때문에 문제없이 가공이 가능하다.

- 진입/퇴각 탭으로 이동 후 아래 그림에 맞게 입력 후 확인을 선택한다.

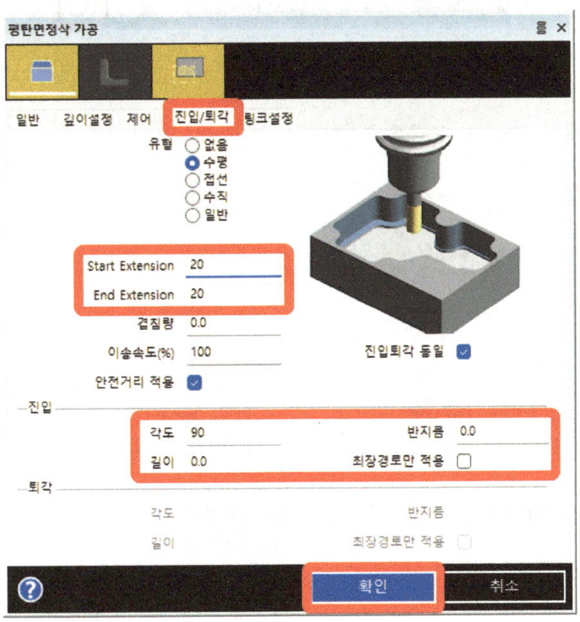

Start : 20 / End : 20 / 반지름 : 0 / 길이 : 0

- 가공할 피쳐를 선택하라는 도움말이 생성된다. 아래 그림에 맞게 모델링을 선택 후 확인을 선택한다.

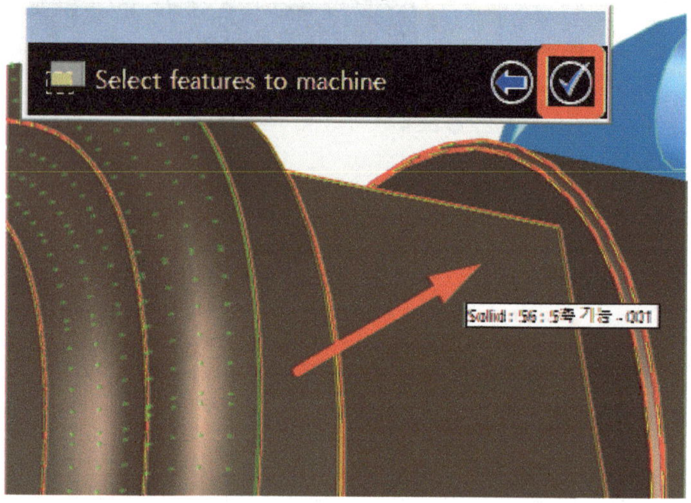

- 요소 경계를 선택하라는 도움말이 생성된다. 좌측 그림에 맞게 안쪽 포켓 라인에 마우스를 가져다 댄 후 연결된 고리를 선택한 후 확인란다.

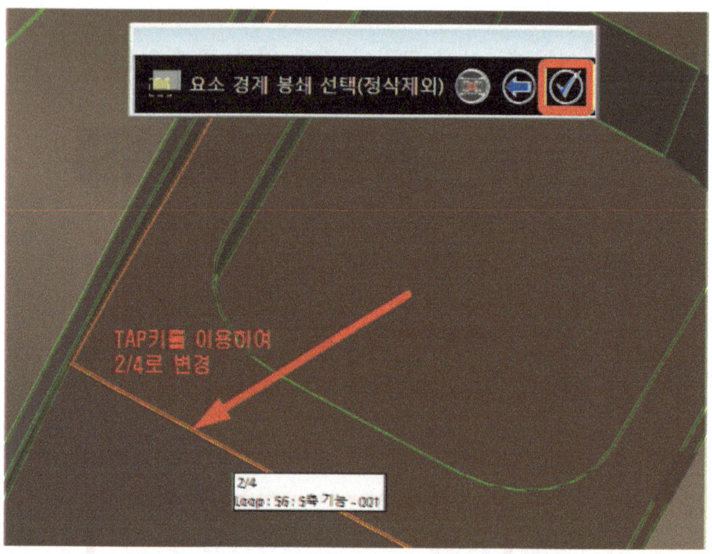

키보드 TAB를 선택하여 겹친 요소 중 닫힌 라인 을 선택할 수 있다.

(2) 각도 분할 가공(측면 4)

- 좌측상단의 공구교환 아이콘을 선택한다.

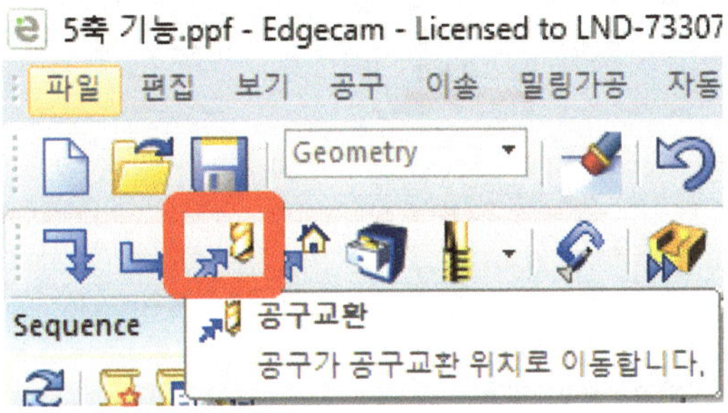

- 공구교환 창이 생성되면 처음 구동할 축을 Z로 변경 후 확인을 선택한다.

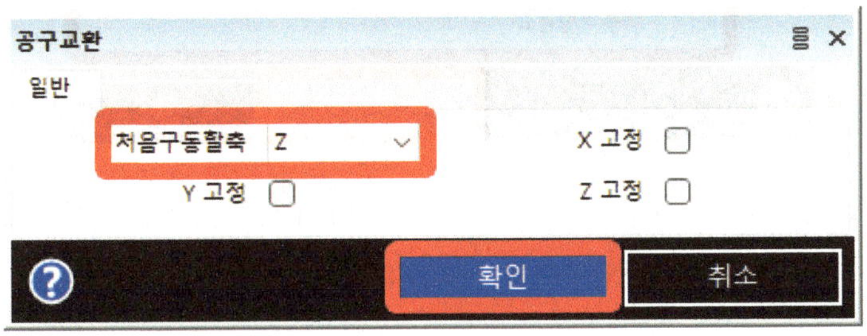

- 좌상단 이송의 인덱싱 선택

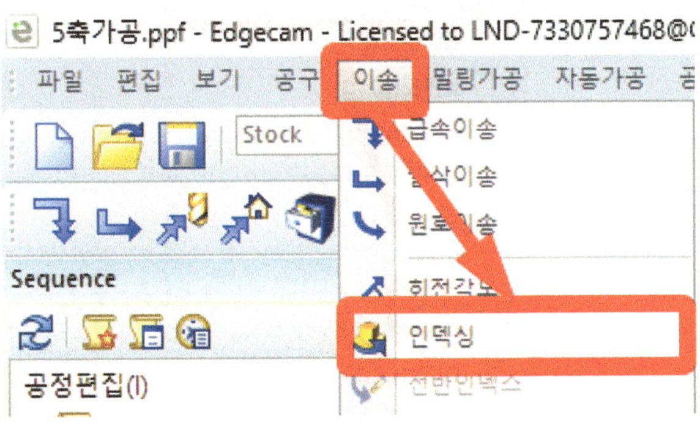

- 인덱스 창이 생성되면 아래 그림에 맞게 입력 후 확인을 선택한다.

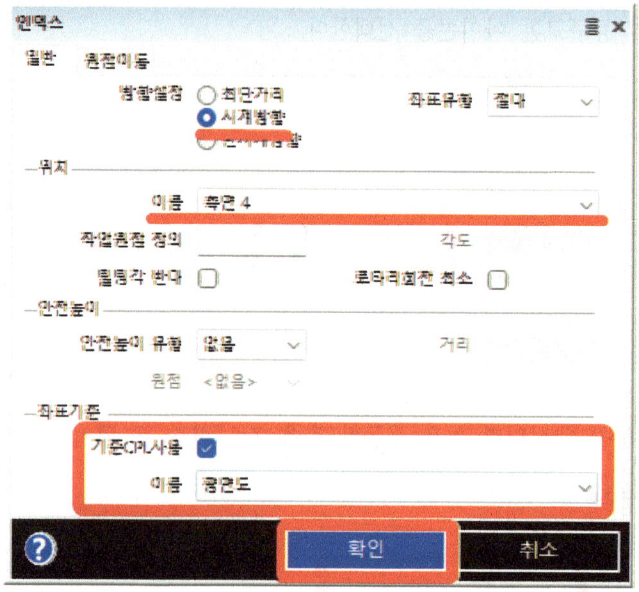

방향설정 : 시계방향 / 이름 ; 측면 2 / 기준CPL사용 : 체크 / 이름 : 평면도

인덱스 = 만들어져 있는 작업평면을 불러오는 기능이다.

- 좌하단 등각도 아이콘을 선택, CPL좌표를 선택 후 등각도를 선택한다.

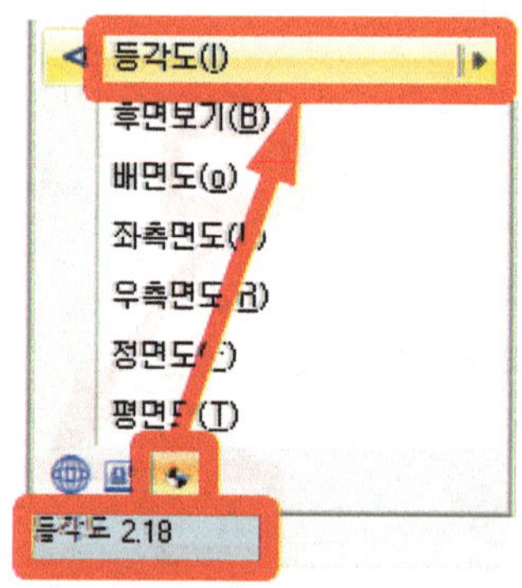

- 우측 툴바의 형상가공 아이콘을 선택한다.

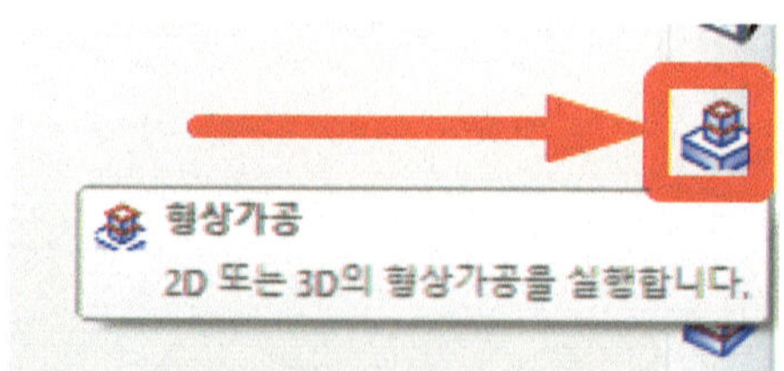

- 윤곽가공 창이 실행 되면 아래 그림에 맞게 입력한다.

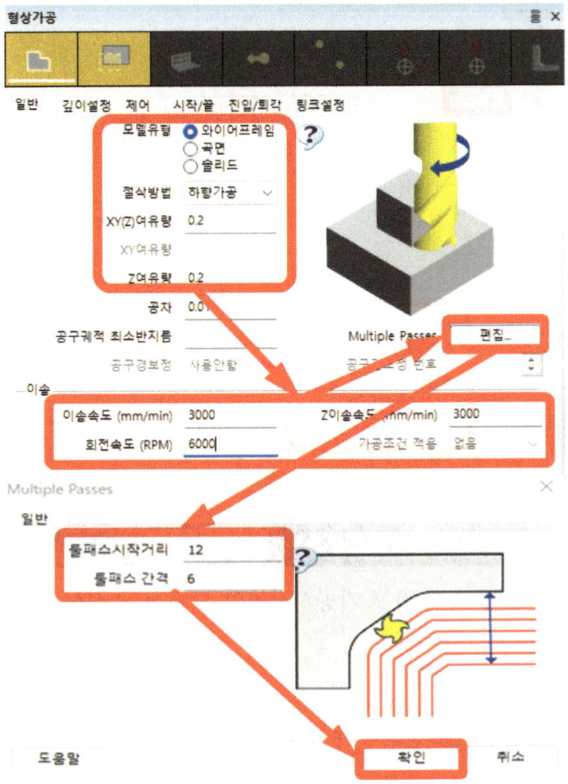

모델타입 : 와이어프레임 / 절삭방법 : 하향가공 / 여유량 : 0.2 / Z여유량 : 0.2 / 이송속도 : 3000 / Z이송속도 : 3000 / 회전속도 : 6000 / Multiple Passes : 편집 선택 / 옵셋시작 : 12 / 옵셋증가량 : 6

와이어프레임 = 2D 형식의 라인을 선택하는 기능

Multiple Passes= 옵셋시작 : 현재 나온 툴패스에서 옵셋시작(8)을 떨어뜨려 준다.

옵셋증가량 : 옵셋시작(8)에서 옵셋증가량(4)를 안쪽으로 떨어뜨려 준다. 따라서, 현재나온 툴패스에서 옵셋시작을 떨어뜨려주고 옵셋시작에서 옵셋증가량 만큼 떨어뜨려 준다.

- 깊이설정 탭으로 이동 후 아래 그림에 맞게 입력한다.

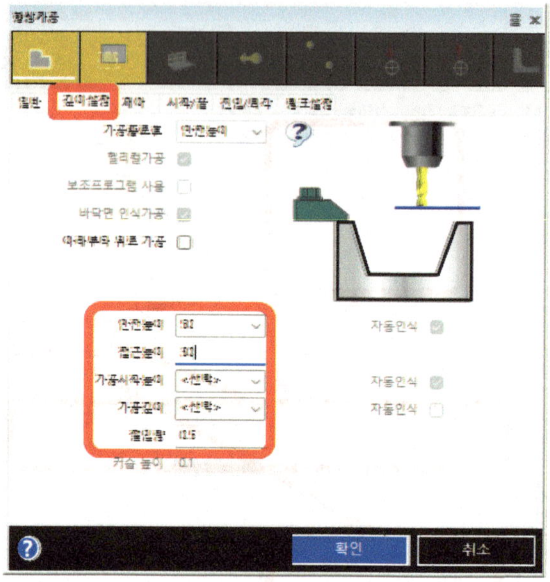

안전높이 : 50 / 접근높이 : 30 / 가공시작높이 : 지정 / 절삭깊이 : 지정 / 절입량 : 0.5

가공시작높이를 지정으로 하는 이유 = 인덱스 작업을 하면서 원점 평면이 다르게 측정된다. 따라서 현재 원점에서부터 가공 모델 상면 부까지의 거리를 파악하기 어렵기 때문에 스냅을 이용하여 지점을 선택해야 한다.

- 시작/끝 탭으로 이동 후 좌측 그림에 맞게 입력한다.

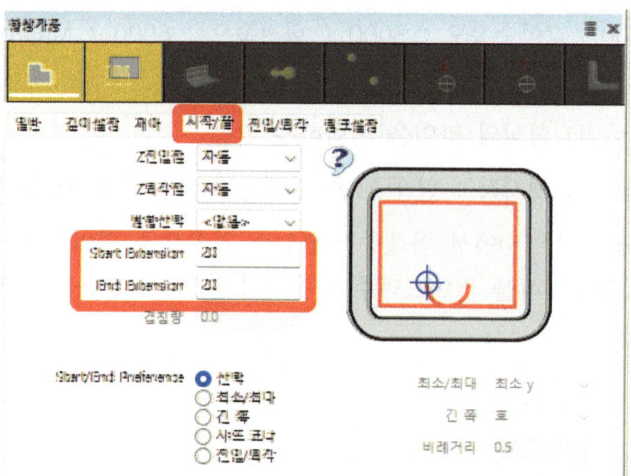

Start : 20 / End : 20

Start/End = 진입/퇴각 툴패스를 연장시켜주는 역할을 하며 진입 시 공구와 소재가 충돌 발생이 될 수 있기에 첫 진입/ 끝 퇴각을 연장 시켜준다.

- 진입/퇴각 탭으로 이동 후 좌측 그림에 맞게 입력 후 확인을 선택한다

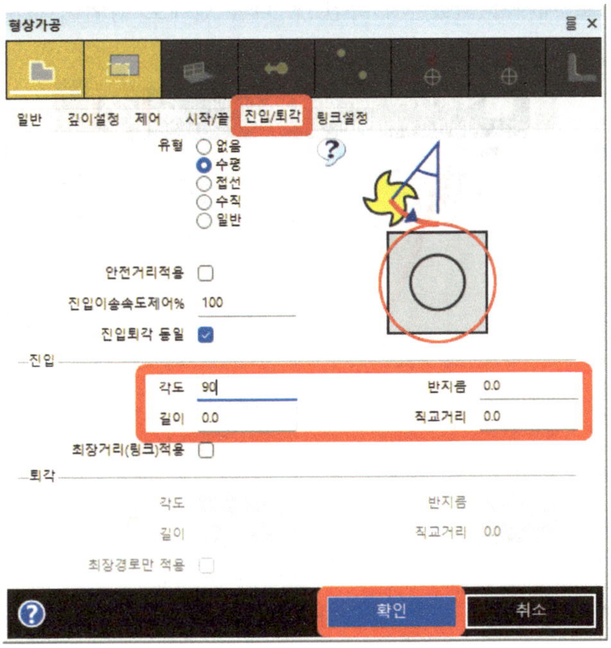

각도 : 90 / 반지름 : 0 / 길이 : 0

- 윤곽에서 직선/원호/연속요소/곡선을 선택하라는 도움말이 생성된다. 아래 그림에 맞게 가공할 선을 선택한다.

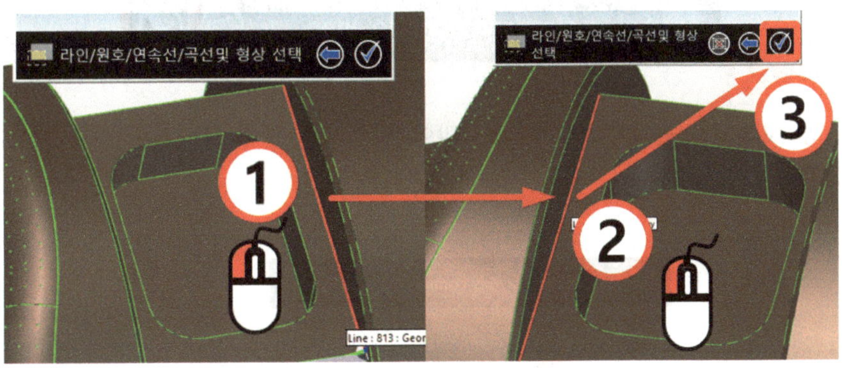

처음 선택에 따라 가공 방향이 바뀌서 적용되는 경우가 있다. 마우스로 선택한 부분에 따라 가공 시작점이 다르게 표시 될 수 있다. 하향가공이므로 마우스를 하향가공 라인 쪽으로 선택 권장

- 윤곽의 새로운 시작점을 선택하라는 도움말이 생성된다. 좌측 그림에 맞게 가공 시작점이 안쪽으로 배치가 되었는지 확인 후 다음 단계로 넘어 간다.

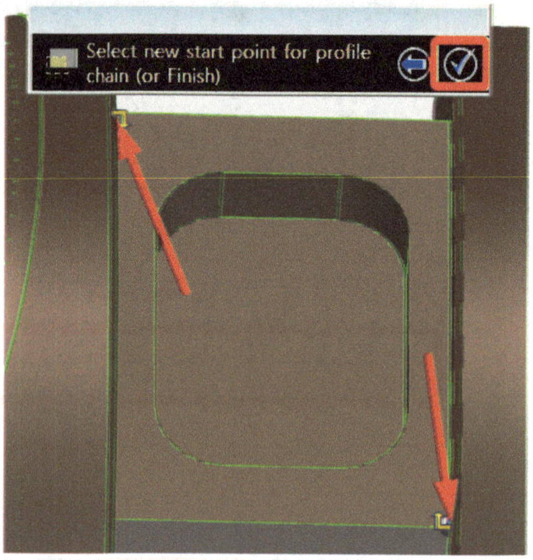

만약 가공영역 바깥쪽으로 화살표가 나왔다면 가공시 선택한 선의 반대쪽을 클릭하면 시작점 화살표의 방향이 가공영역 안쪽으로 변경된다.

- 변경 시작/종료 지점을 선택 하라는 도움말이 생성되면 확인으로 넘어간다.

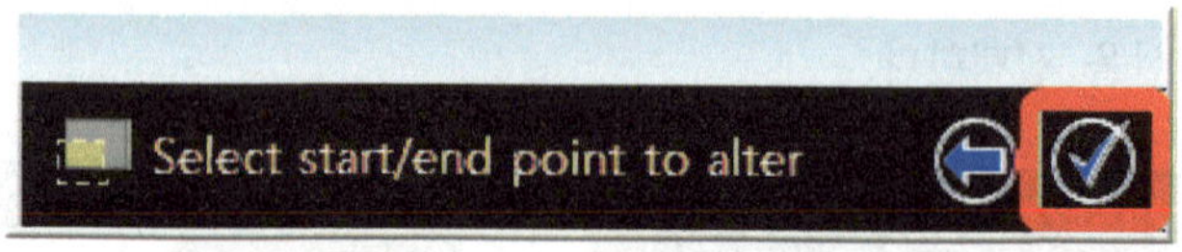

- 가공 시작 지점을 선택하라는 도움말이 생성되면 왼쪽 그림과 같이 스톡 영역 상단 모서리를 클릭한다.

- 절삭깊이를 지정하는 점이라는 도움말이 생성되면 가공하는 최고 깊은 위치를 선택한다

- 가공 경계가 되는 요소를 선택하라는 도움말이 생성되면 확인으로 넘어간다.

- 우측 툴바의 황삭가공 아이콘을 선택한다.

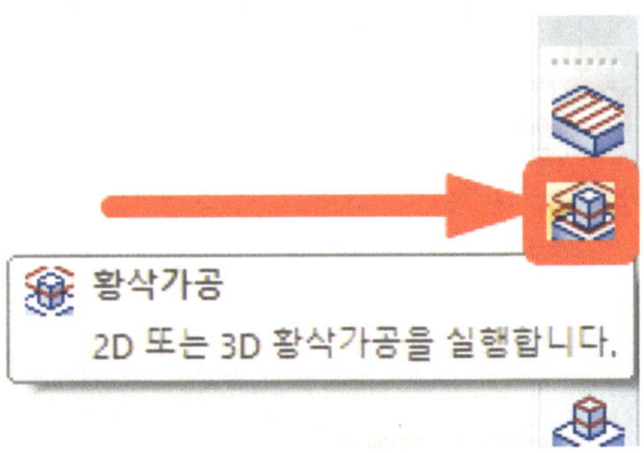

- 황삭가공 창이 실행되면 일반 탭에서 아래 그림에 맞게 입력한다.

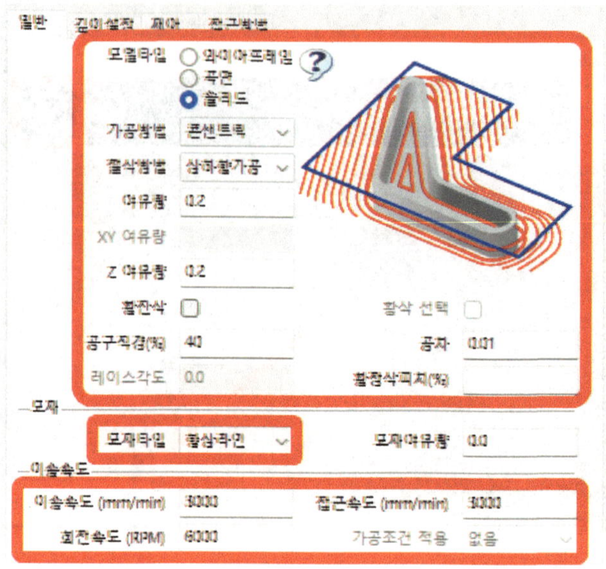

모델타입 : 솔리드 / 가공방법 : 동심형 / 절삭방법 : 상하향가공 / 여유량 : 0.2 / Z여유량 : 0.2 / 피치 : 40 / 스톡타입 : 윤곽 / 이송속도 : 3000 / Z이송속도 : 3000 / 회전속도 : 6000

- 깊이설정 탭으로 이동 후 좌측 그림에 맞게 입력한다.

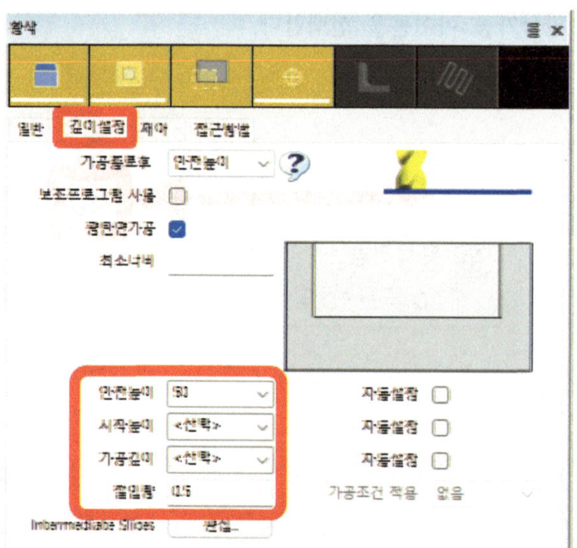

안전높이 : 50 / 가공시작높이 : 선택 / 가공깊이 : 선택 / 절입량 : 0.5

- 접근방법 탭으로 이동 후 아래 그림에 맞게 입력 후 확인을 선택한다.

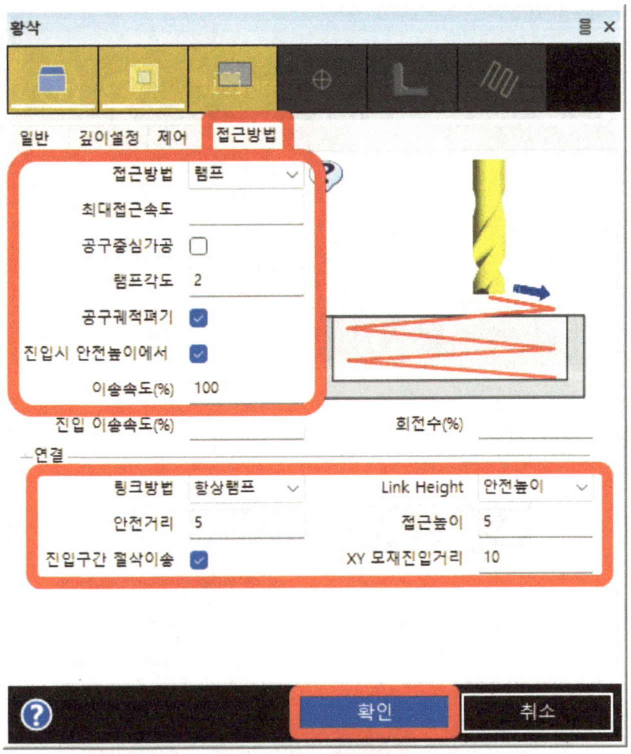

접근방법 : 램프 / 램프각도 : 2 / 진입구간 절삭이송 : 체크

램프 가공 = 지그재그 형식으로 소재를 파고 들어가는 형식

- 가공할 피쳐를 선택하라는 도움말이 생성된다. 아래 그림에 맞게 모델링을 선택 후 확인을 선택한다.

- 가공 시작 지점을 선택해야 한다. 아래 그림과 같이 원점을 클릭한다.

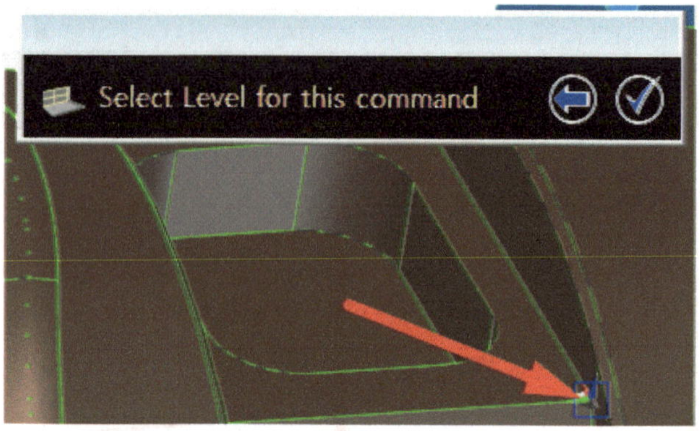

- 절삭깊이를 지정하라는 도움말이 생성된다. 최대 깊이 지점을 선택한다.

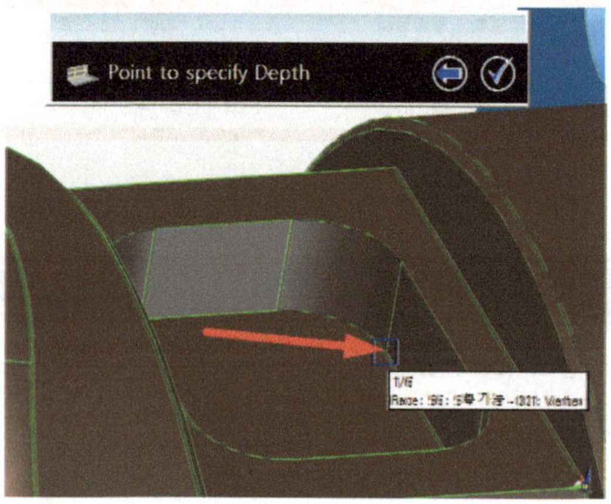

- 소재 형상을 선택하라는 도움말이 생성된다. 좌측 그림에 맞게 안쪽 포켓 라인에 마우스를 가져다 댄 후 연결된 고리를 선택, 확인한다.

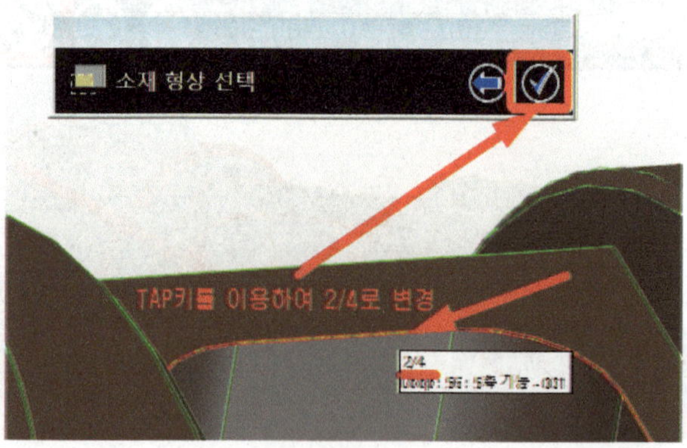

- 가공 경계가 되는 요소는 확인으로 넘어간다.

- 우측툴바의 평탄면가공 아이콘을 선택한다.

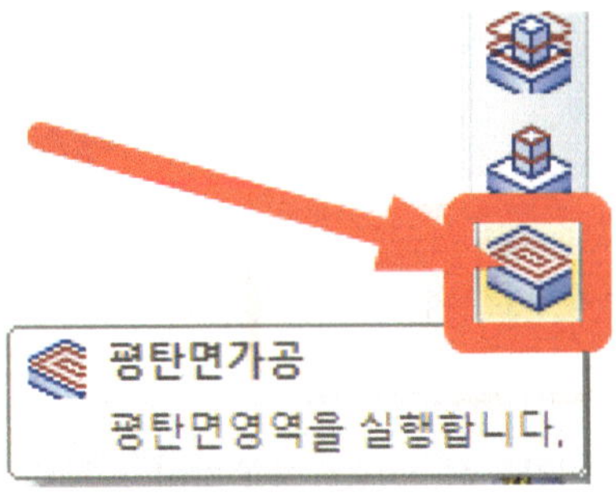

- 평탄면가공 창이 실행되면 일반 탭에서 아래 그림에 맞게 입력한다.

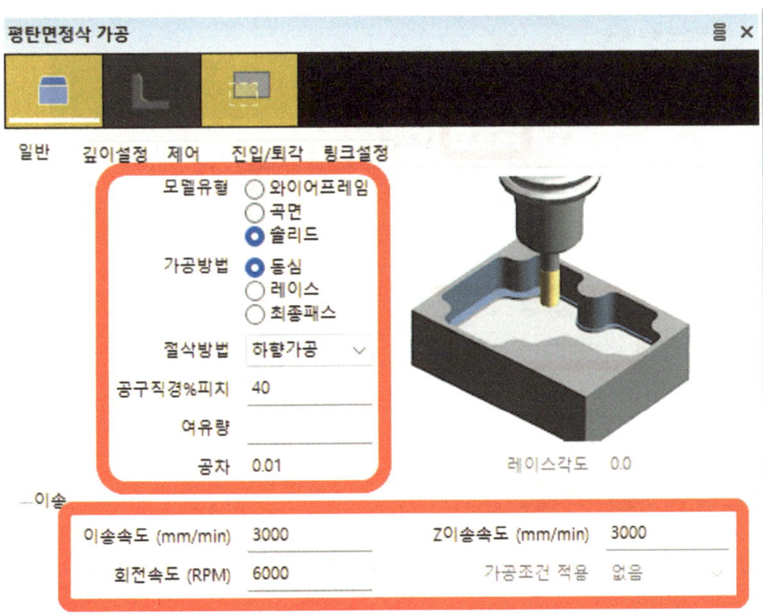

모델타입 : 솔리드 / 가공방법 : 동심 / 절삭방법 : 하향가공 / 피치 : 40 / 여유량 : 미입력 / 이송속도 : 3000 / Z이송속도 : 3000 / 회전속도 : 6000

- 깊이설정 탭으로 이동 후 아래 그림에 맞게 입력한다.

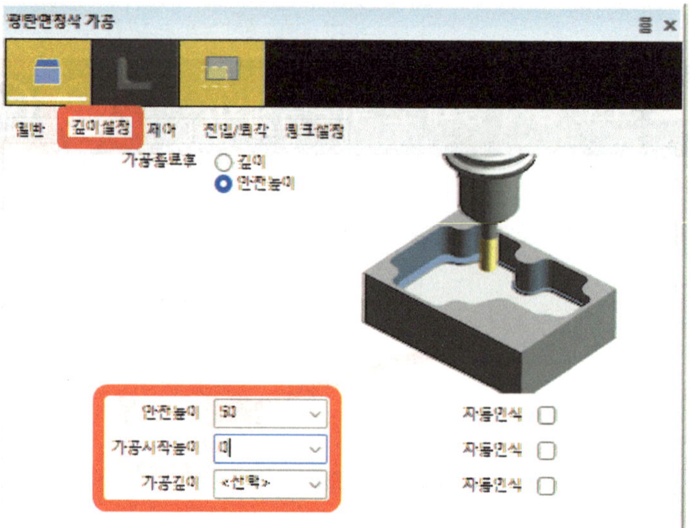

안전높이 : 50 / 가공시작높이 : 0 / 가공깊이 : 선택

- 진입/퇴각 탭으로 이동 후 아래 그림에 맞게 입력 후 확인을 선택한다.

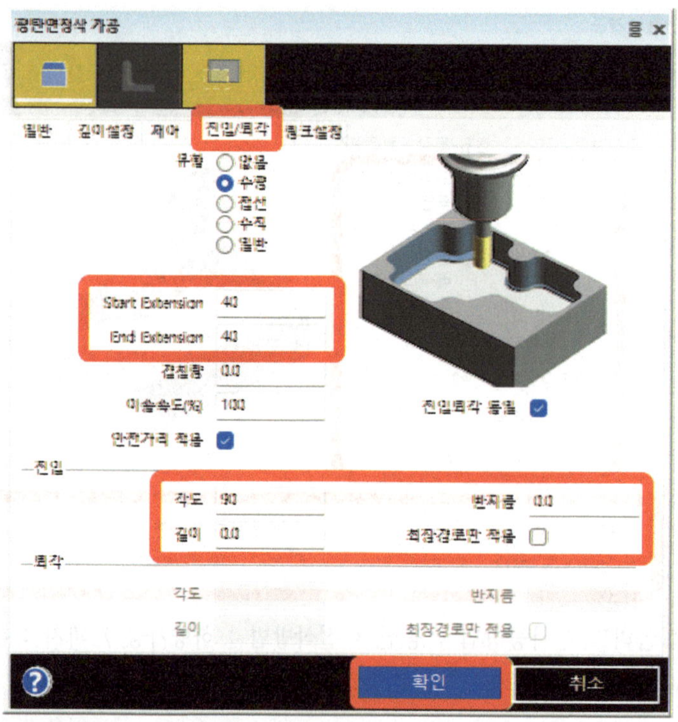

Start : 40 / End : 40 / 반지름 : 0 / 길이 : 0

- 가공할 피쳐를 선택하라는 도움말이 생성된다. 좌측 그림에 맞게 모델링을 선택 후 확인을 선택한다.

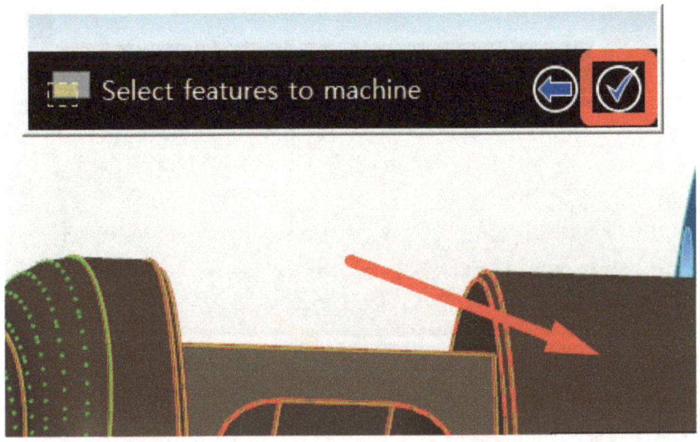

- 절삭깊이를 지정하라는 도움말이 생성된다. 최대 깊이 지점을 선택한다.

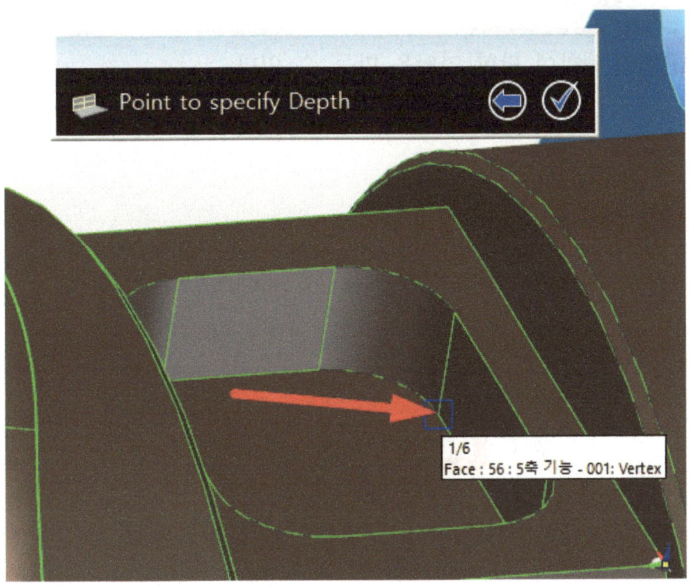

- 요소 경계 봉쇄선을 선택하라는 도움말이 생성된다. 좌측 그림에 맞게 가공할 부분만 선택을 한다.

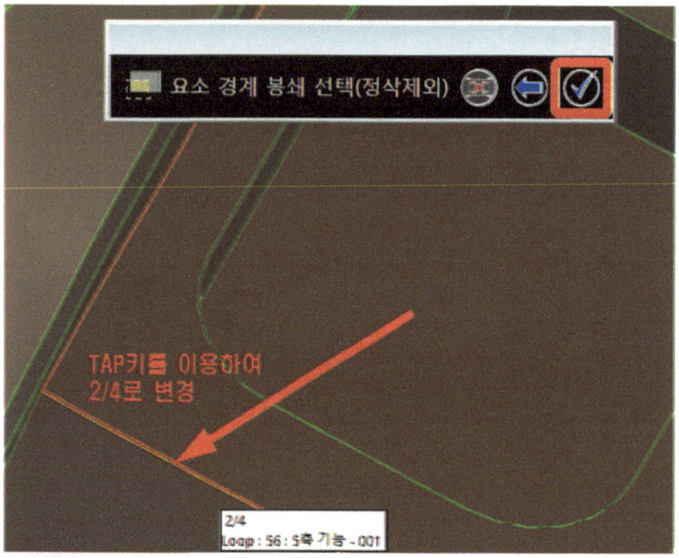

키보드 TAP를 선택하여 닫힌 라인을 만들 수 있다.

(3) 각도 분할 가공(측면 5)

- 좌측상단의 공구교환 아이콘을 선택한다.

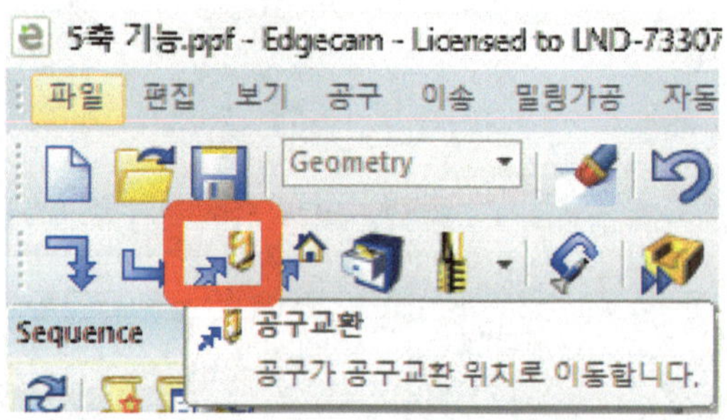

- 공구교환 창이 생성되면 처음 구동할 축을 Z로 변경 후 확인을 선택한다.

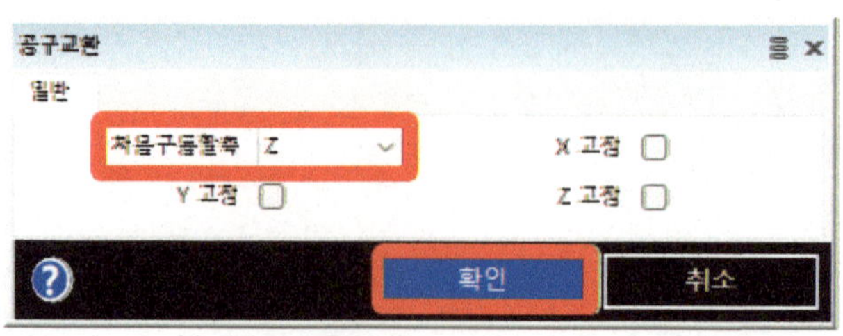

- 좌상단 이송의 인덱싱 선택

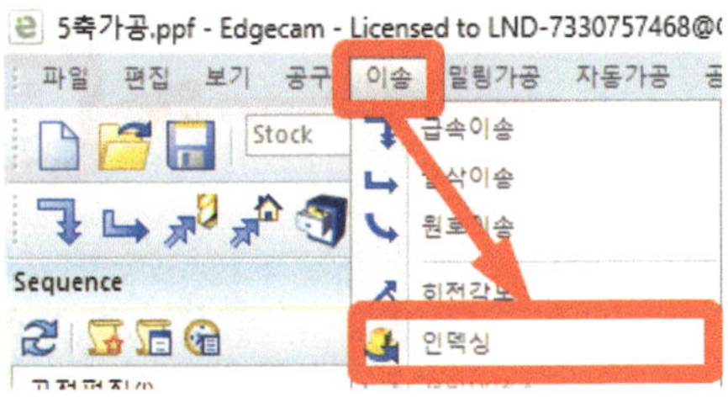

- 인덱스 창이 생성되면 아래 그림에 맞게 입력 후 확인을 선택한다.

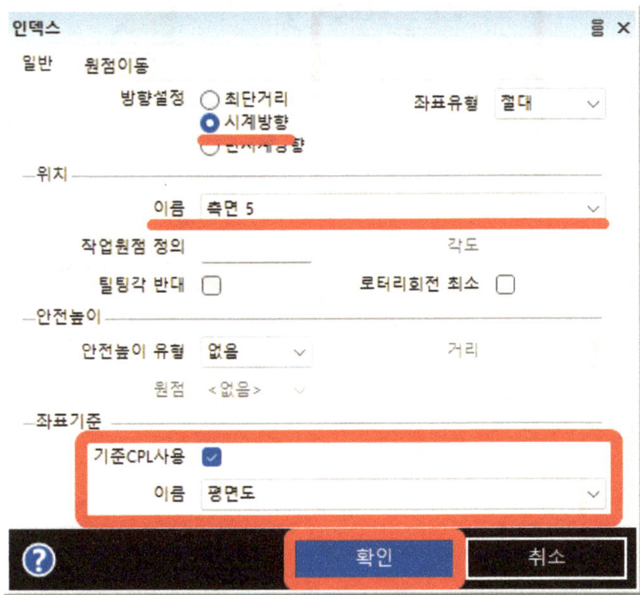

방향설정 : 시계방향 / 이름 ; 측면 5 / 기준CPL사용 : 체크 / 이름 : 평면도

인덱스 = 만들어져 있는 작업평면을 불러오는 기능이다.

- 좌하단 등각도 아이콘을 선택, CPL좌표를 선택 후 등각도를 선택한다.

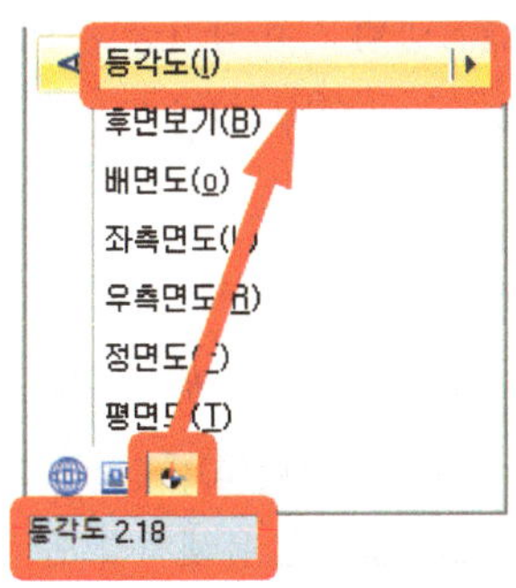

- 우측 툴바의 형상가공 아이콘을 선택한다.

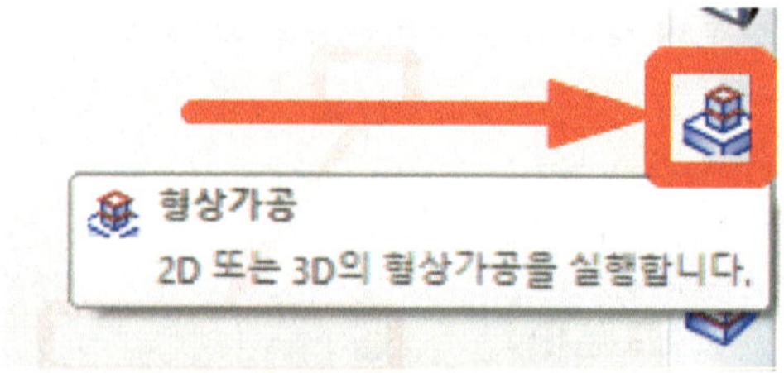

- 윤곽가공 창이 실행 되면 아래 그림에 맞게 입력한다.

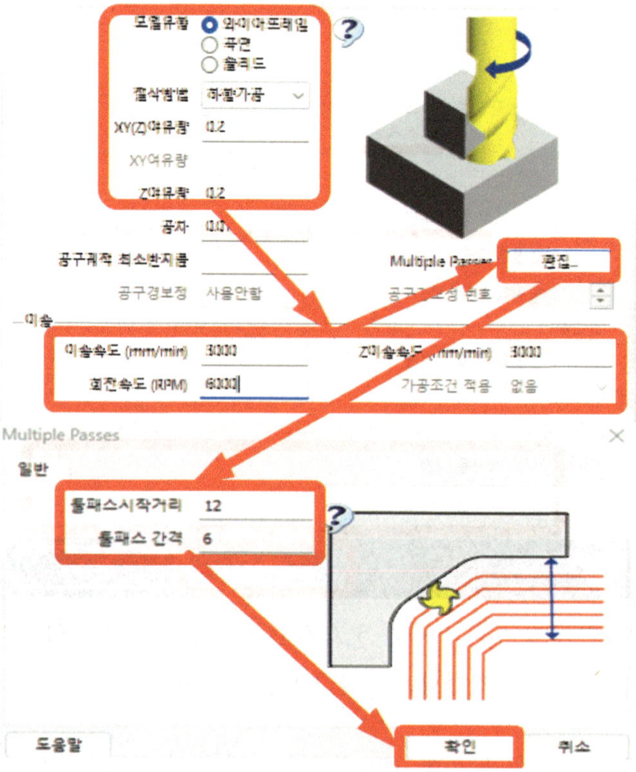

모델타입 : 와이어프레임 / 절삭방법 : 하향가공 / 여유량 : 0.2 / Z여유량 : 0.2 / 이송속도 : 3000 / Z이송속도 : 3000 / 회전속도 : 6000 / Multiple Passes : 편집 선택 / 옵셋시작 : 12 / 옵셋증가량 : 6

와이어프레임 = 2D 형식의 라인을 선택하는 기능

Multiple Passes= 옵셋시작 : 현재 나온 툴패스에서 옵셋시작(8)을 떨어뜨려 준다.

옵셋증가량 : 옵셋시작(8)에서 옵셋증가량(4)를 안쪽으로 떨어뜨려 준다. 따라서, 현재나온 툴패스에서 옵셋시작을 떨어뜨려주고 옵셋시작에서 옵셋증가량 만큼 떨어뜨려 준다.

- 깊이설정 탭으로 이동 후 아래 그림에 맞게 입력한다.

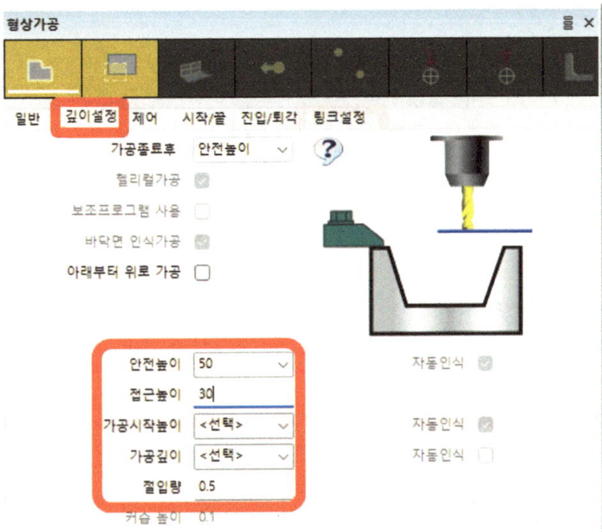

안전높이 : 50 / 접근높이 : 30 / 가공시작높이 : 지정 / 절삭깊이 : 지정 / 절입량 : 0.5

가공시작높이를 지정으로 하는 이유 = 인덱스 작업을 하면서 원점 평면이 다르게 측정된다. 따라서 현재 원점에서부터 가공 모델 상면 부까지의 거리를 파악하기 어렵기 때문에 스냅을 이용하여 지점을 선택해야 한다.

- 시작/끝 탭으로 이동 후 좌측 그림에 맞게 입력한다.

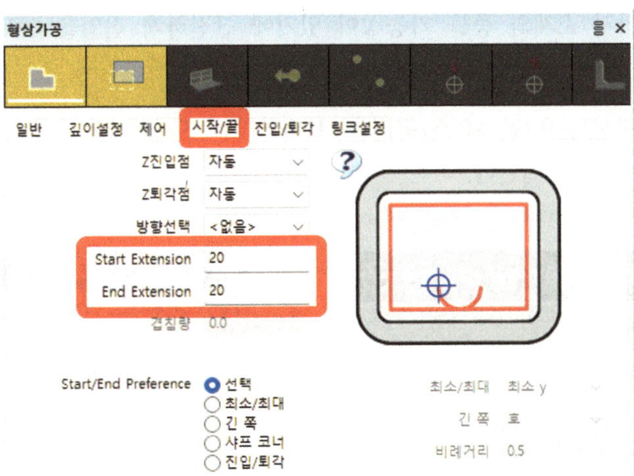

Start : 20 / End : 20

Start/End = 진입/퇴각 툴패스를 연장시켜주는 역할을 하며 진입 시 공구와 소재가 충돌 발생이 될 수 있기에 첫 진입/ 끝 퇴각을 연장 시켜준다.

- 진입/퇴각 탭으로 이동 후 좌측 그림에 맞게 입력 후 확인을 선택한다

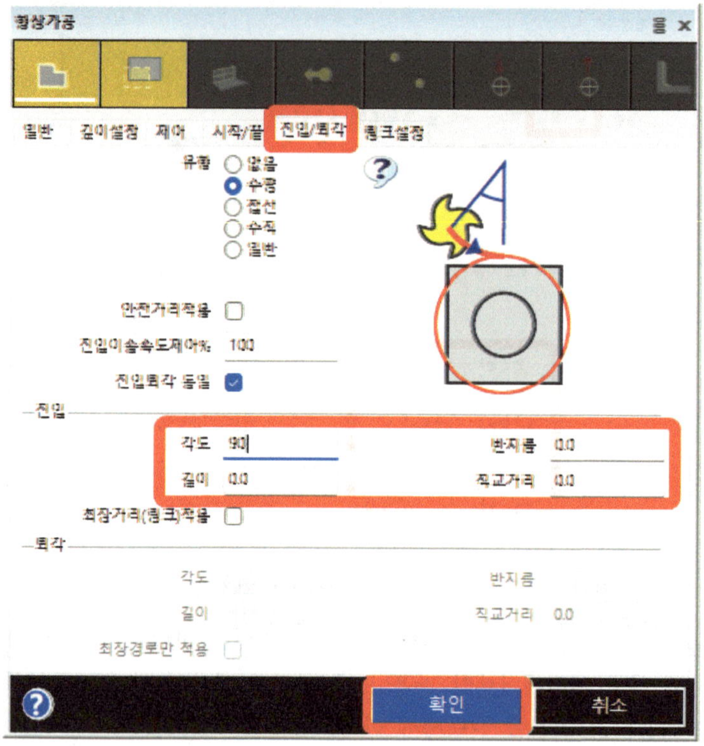

각도 : 90 / 반지름 : 0 / 길이 : 0

길이를 0으로 하는 이유 : 진입각도가 90이라는 값 때문에 진입이 90도 꺽인 상태로 연장된다, 따라서 소재와 충돌 가능성이 있기에 안전하게 진입을 0으로 바꿔 준다.

- 윤곽에서 직선/원호/연속요소/곡선을 선택하라는 도움말이 생성된다. 아래 그림에 맞게 가공할 선을 선택한다.

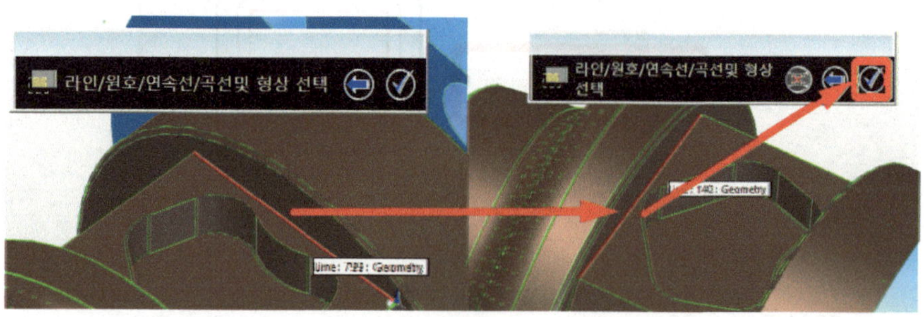

- 윤곽의 새로운 시작점을 선택하라는 도움말이 생성된다. 아래 그림에 맞게 가공 시작점이 배치가 되었는지 확인 후 다음 단계로 넘어간다.

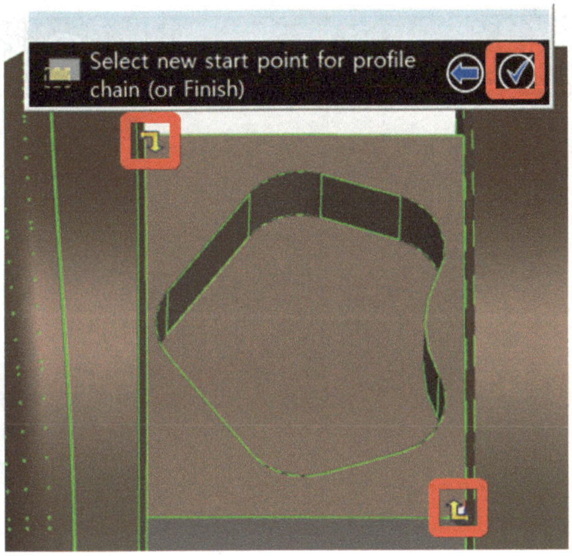

- 변경 시작/종료 지점을 선택 하라는 도움말이 생성되면 확인으로 넘어간다

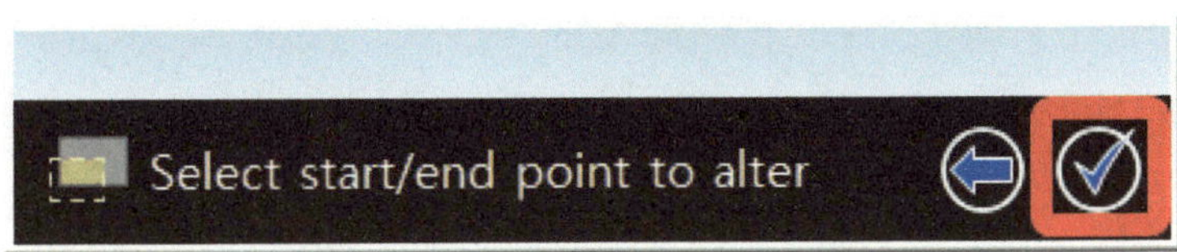

- 가공 시작 지점을 선택하라는 도움말이 생성되면왼쪽 그림과 같이 가장 높은 지점의 스톡 영역 상단 모서리를 클릭한다.

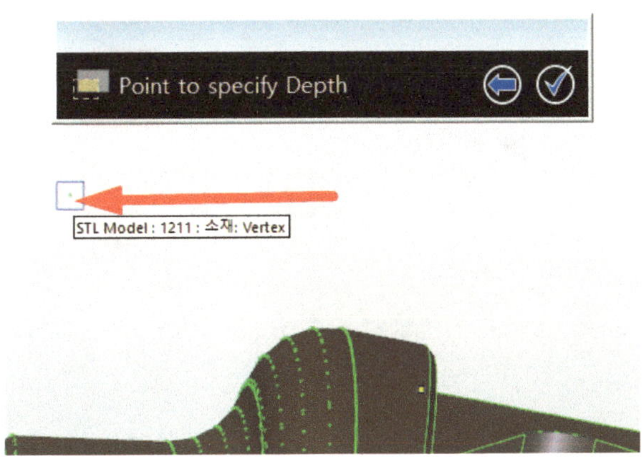

- 절삭깊이를 지정하는 점이라는 도움말이 생성되면 원점을 클릭한다.

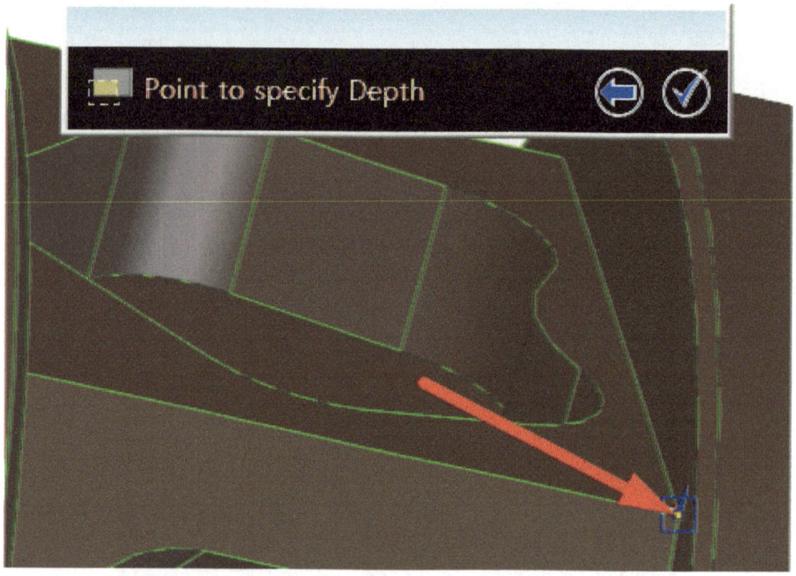

- 가공 경계가 되는 요소를 확인을 넘어간다.

- 우측 툴바의 황삭가공 아이콘을 선택한다.

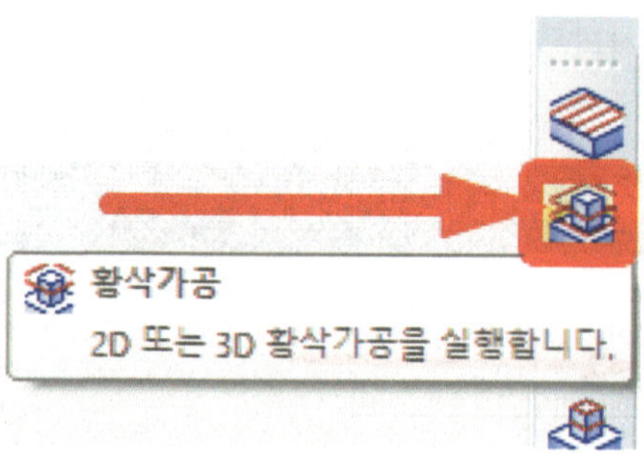

• 황삭가공 창이 실행되면 일반 탭에서 아래 그림에 맞게 입력한다.

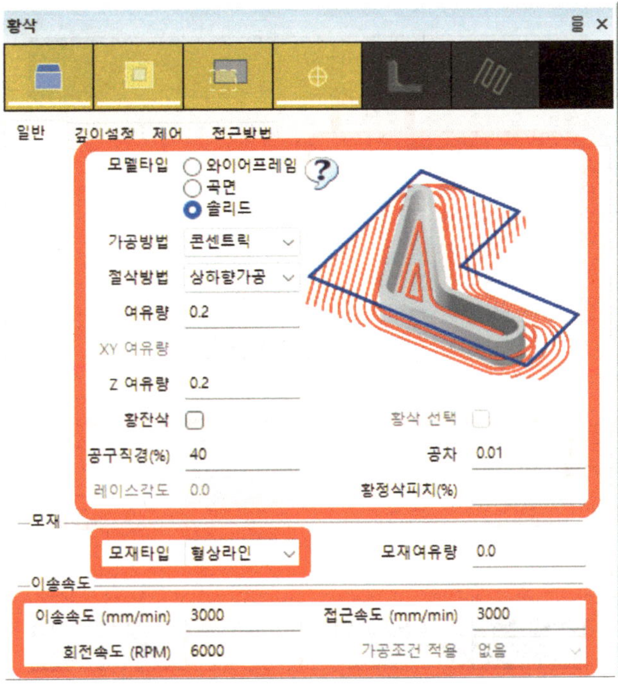

모델타입 : 솔리드 / 가공방법 : 동심형 / 절삭방법 : 상하향가공 / 여유량 : 0.2 / Z여유량 : 0.2 / 피치 : 40 / 스톡타입 : 윤곽 / 이송속도 : 3000 / Z이송속도 : 3000 / 회전속도 : 6000

• 깊이설정 탭으로 이동 후 좌측 그림에 맞게 입력한다.

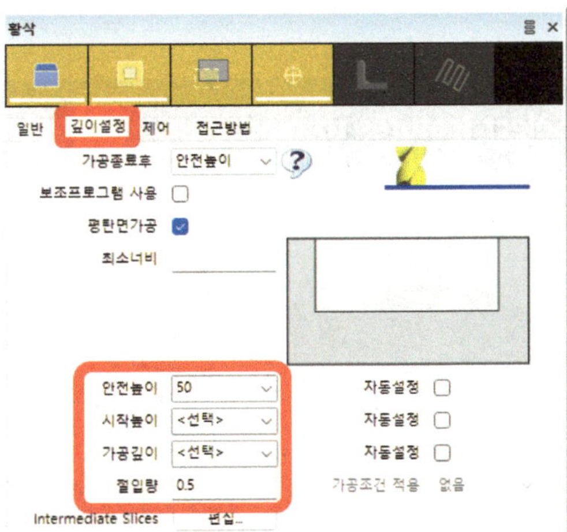

안전높이 : 50 / 가공시작높이 : 선택 / 가공깊이 : 선택 / 절입량 : 0.5

- 접근방법 탭으로 이동 후 아래 그림에 맞게 입력 후 확인을 선택한다.

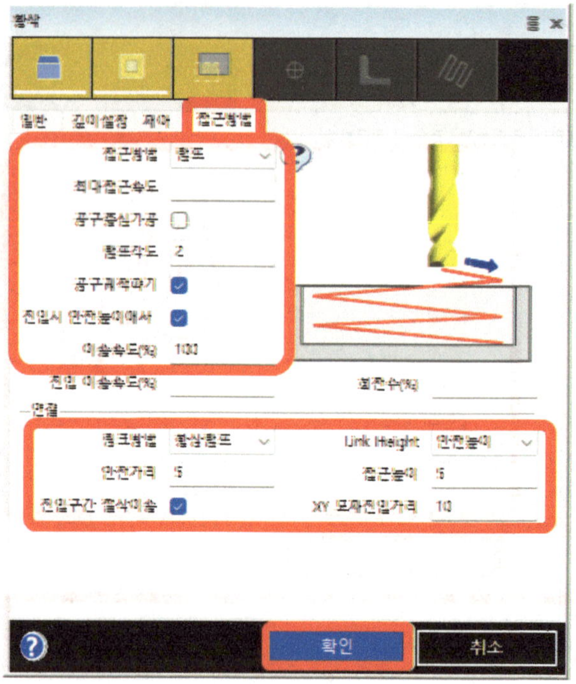

접근방법 : 램프 / 램프각도 : 2 / 진입구간 절삭이송 : 체크

램프 가공 = 지그재그 형식으로 소재를 파고 들어가는 형식

- 가공할 피쳐를 선택하라는 도움말이 생성된다. 아래 그림에 맞게 모델링을 선택 후 확인을 선택한다.

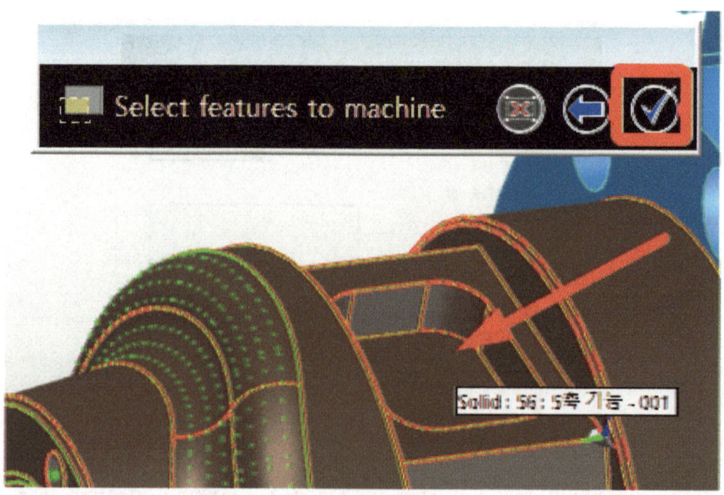

- 가공 시작 지점을 선택해야 한다. 아래 그림과 같이 원점을 클릭한다

- 절삭깊이를 지정하라는 도움말이 생성된다. 최대 깊이 지점을 선택한다.

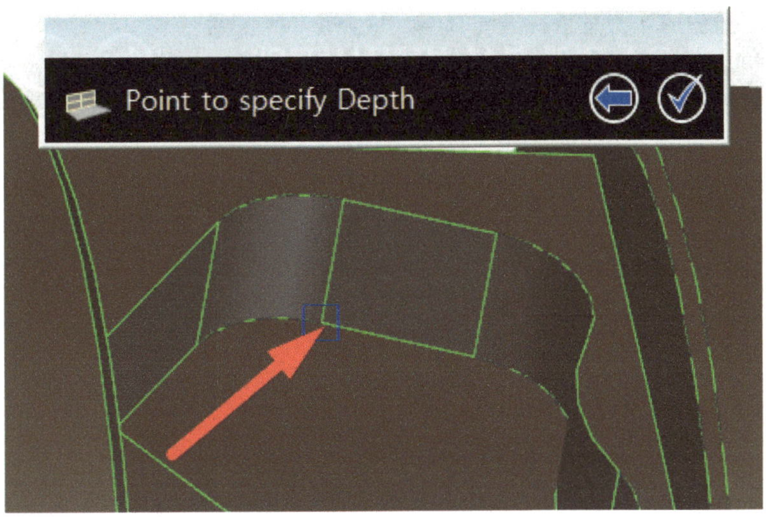

- 소재 형상을 선택하라는 도움말이 생성된다. 좌측 그림에 맞게 안쪽 포켓 라인에 마우스를 가 져다 댄 후 연결된 고리를 선택, 확인한다.

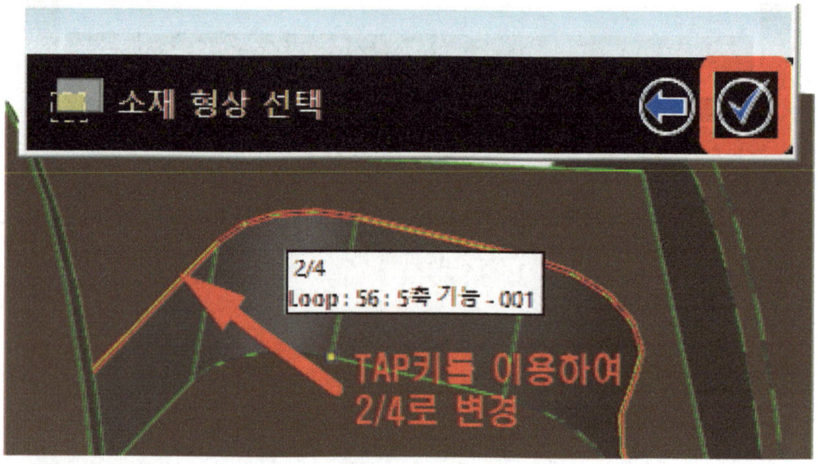

키보드 TAB를 선택하여 겹친 요소 중 닫힌 라인 을 선택할 수 있다.

- 가공 경계가 되는 요소를 확인으로 넘어간다.

- 우측툴바의 평탄면가공 아이콘을 선택한다.

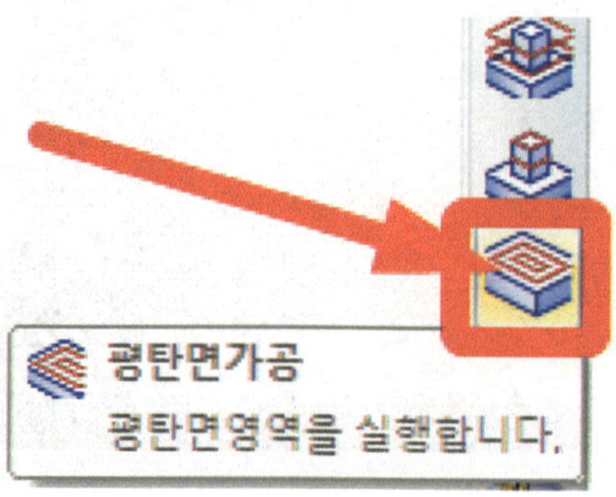

- 평탄면가공 창이 실행되면 일반 탭에서 아래 그림에 맞게 입력한다.

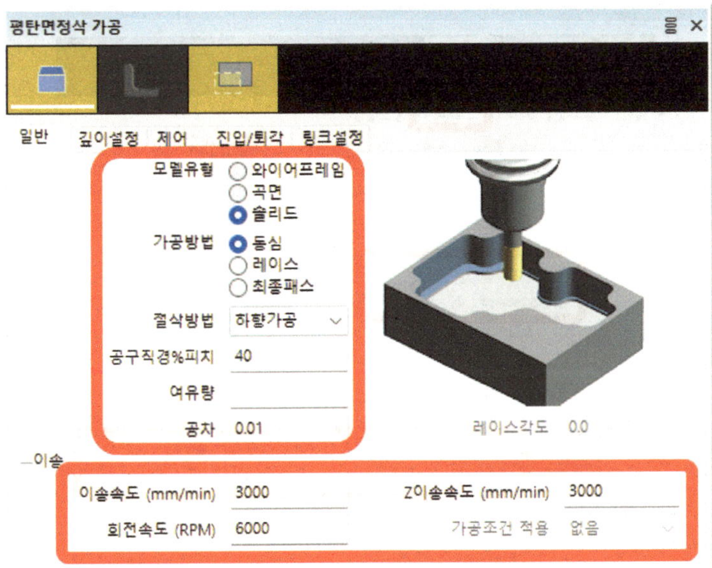

모델타입 : 솔리드 / 가공방법 : 동심 / 절삭방법 : 하향가공 / 피치 : 40 / 여유량 : 미입력 / 이송속도 : 3000 / Z이송속도 : 3000 / 회전속도 : 6000

- 깊이설정 탭으로 이동 후 아래 그림에 맞게 입력한다.

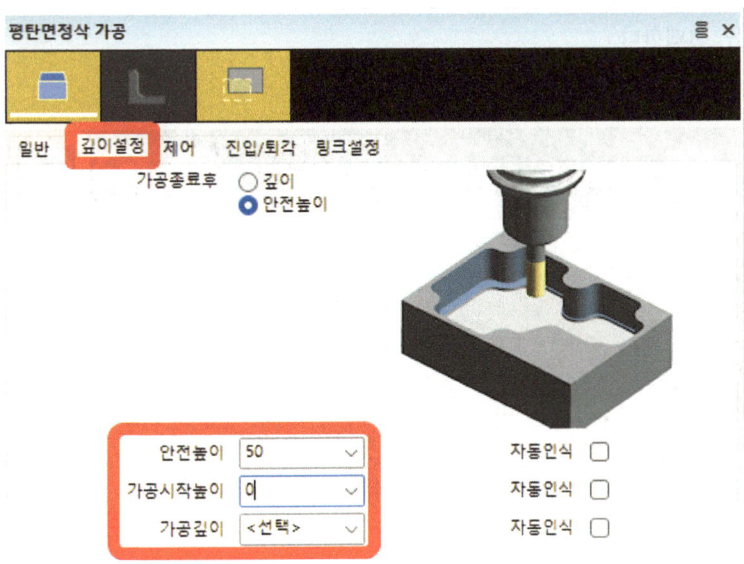

안전높이 : 50 / 가공시작높이 : 0 / 가공깊이 : 선택

- 진입/퇴각 탭으로 이동 후 아래 그림에 맞게 입력 후 확인을 선택한다.

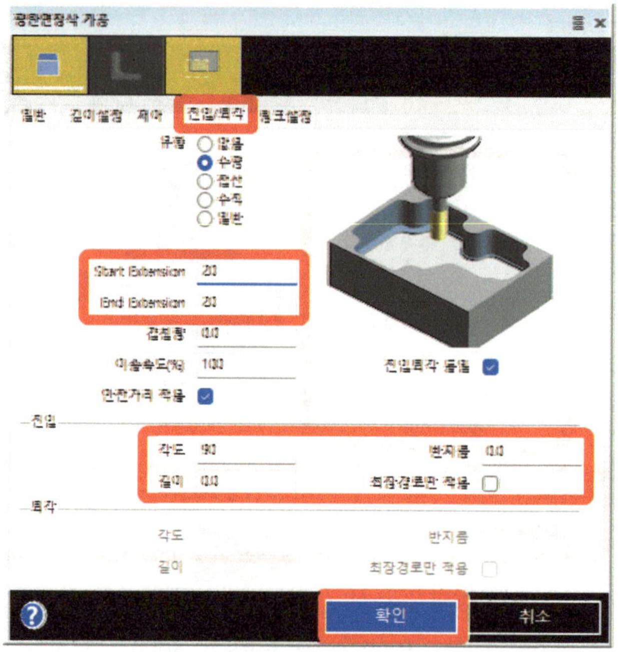

Start : 20 / End : 20 / 반지름 : 0 / 길이 : 0

- 가공할 피쳐를 선택하라는 도움말이 생성된다. 아래 그림에 맞게 모델링을 선택 후 확인을 선택한다.

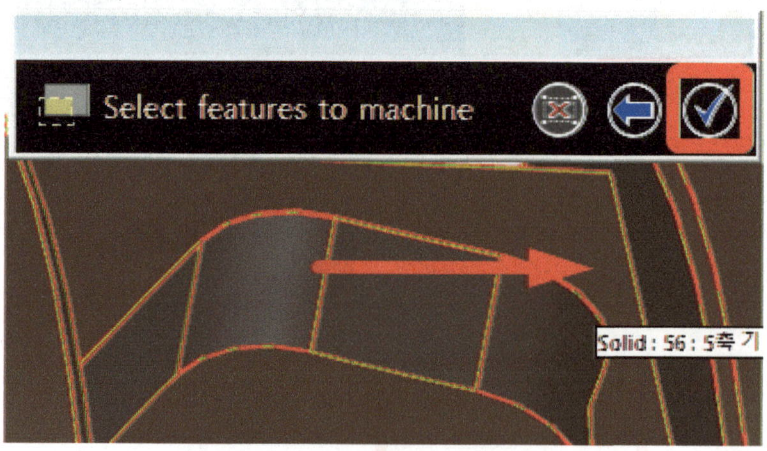

- 절삭깊이를 지정하라는 도움말이 생성된다. 최대 깊이 지점을 선택한다.

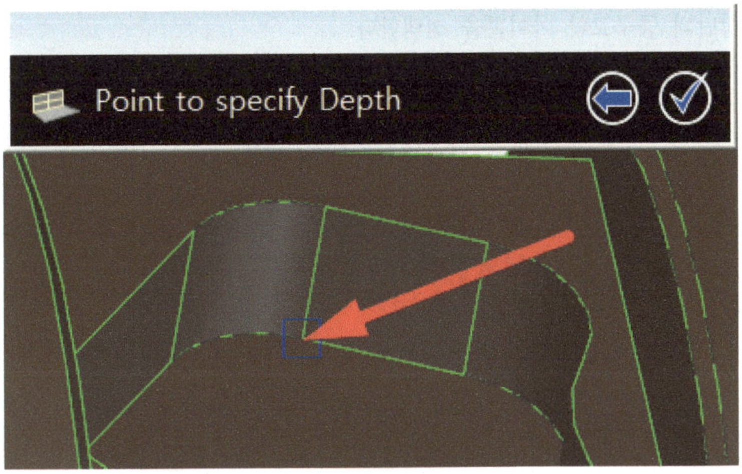

- 스톡윤곽을 선택하라는 도움말이 생성된다. 좌측 그림에 맞게 안쪽 포켓 라인에 마우스를 가져다 댄 후 연결된 고리를 선택한다.

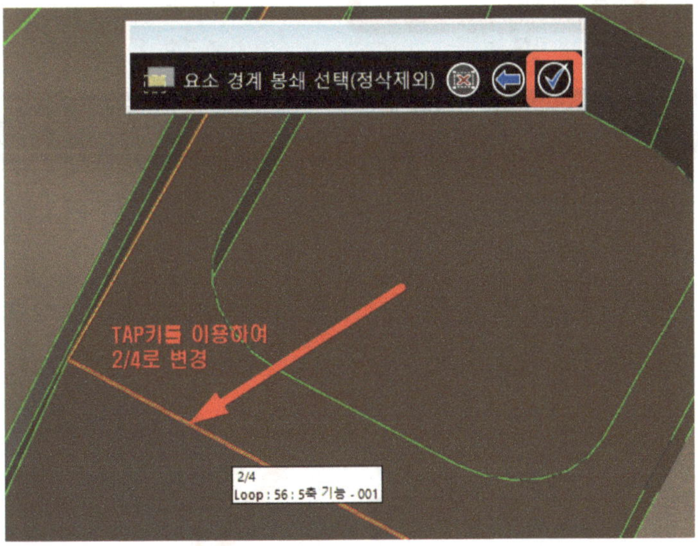

키보드 TAB를 선택하여 겹친 요소 중 닫힌 라인 을 선택할 수 있다.

(4) 각도 분할 가공(측면 6)

- 좌측상단의 공구교환 아이콘을 선택한다.

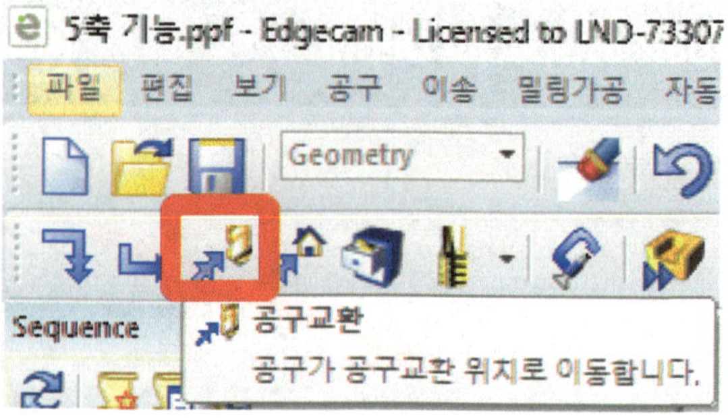

- 공구교환 창이 생성되면 처음 구동할 축을 Z로 변경 후 확인을 선택한다.

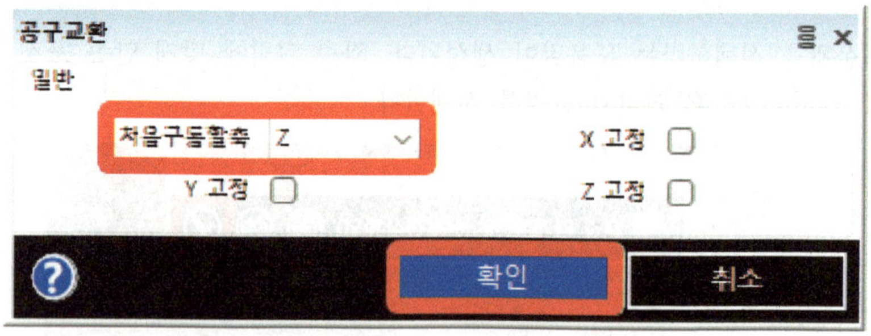

- 좌상단 이송의 인덱싱 선택

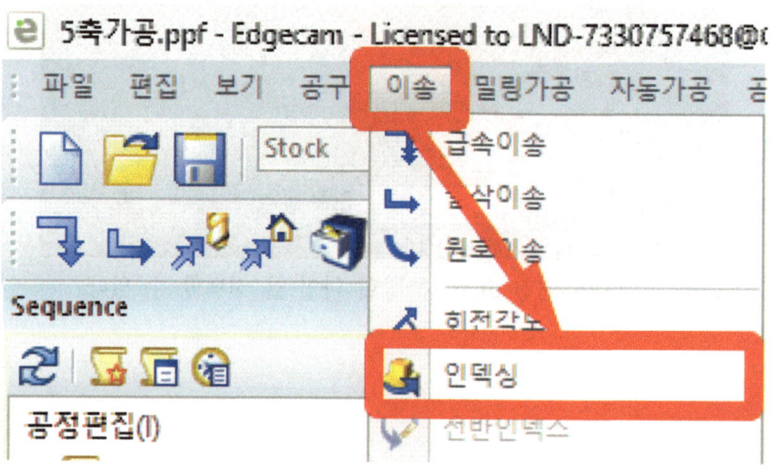

• 인덱스 창이 생성되면 아래 그림에 맞게 입력 후 확인을 선택한다.

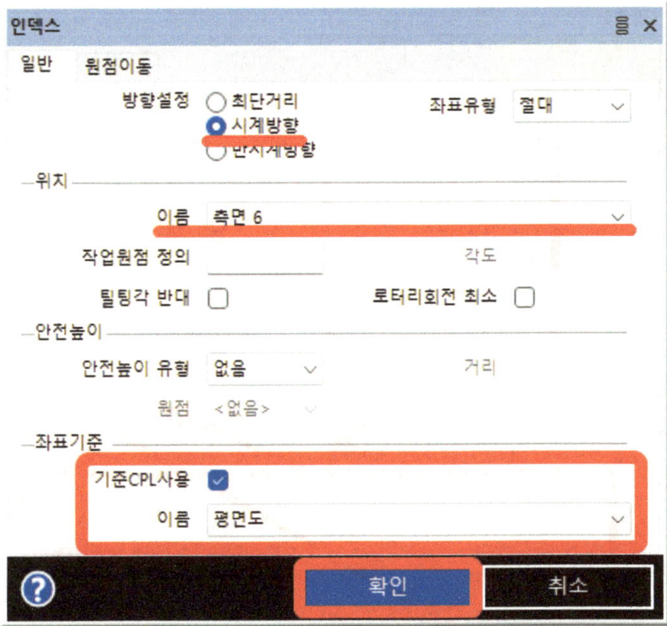

방향설정 : 시계방향 / 이름 ; 측면 6 / 기준CPL사용 : 체크 / 이름 : 평면도

인덱스 = 만들어져 있는 작업평면을 불러오는 기능이다.

• 좌하단 등각도 아이콘을 선택, CPL좌표를 선택 후 등각도를 선택한다.

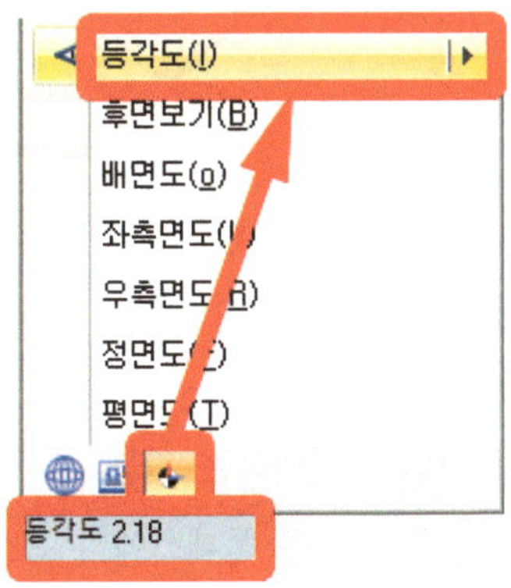

• 우측 툴바의 형상가공 아이콘을 선택한다.

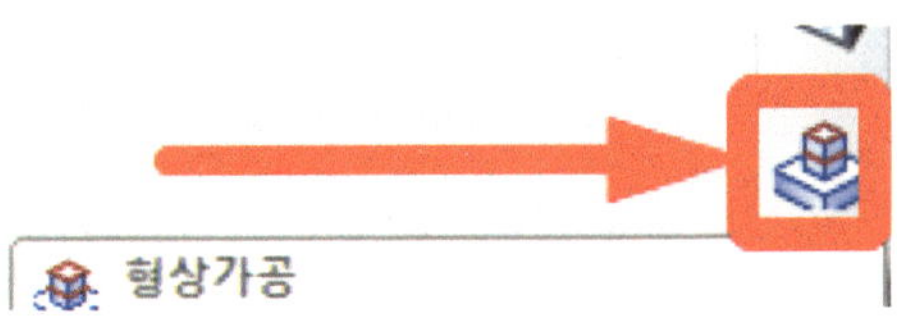

- 윤곽가공 창이 실행 되면 아래 그림에 맞게 입력한다.

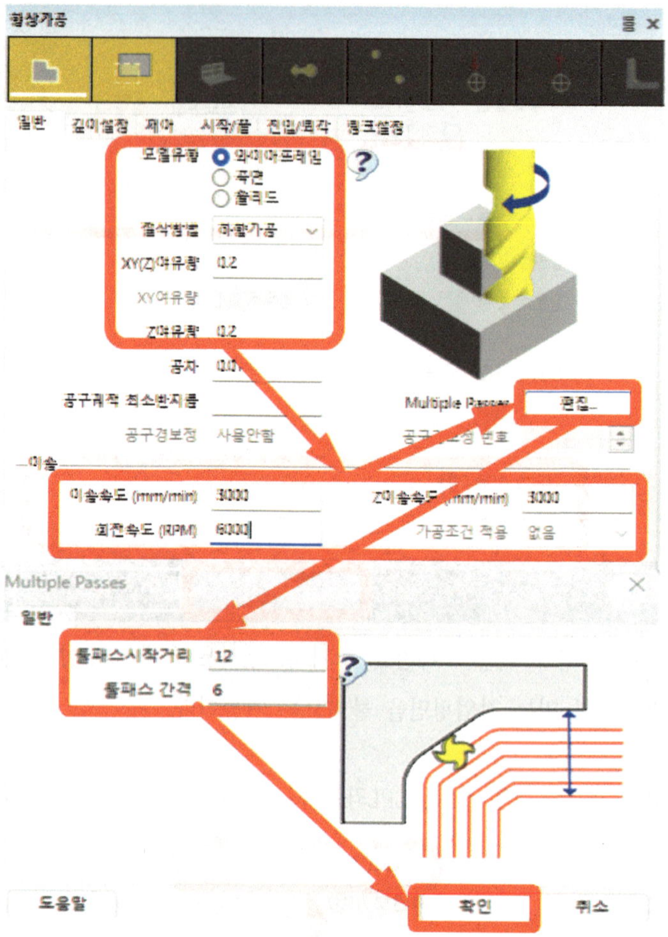

모델타입 : 와이어프레임 / 절삭방법 : 하향가공 / 여유량 : 0.2 / Z여유량 : 0.2 /

이송속도 : 3000 / Z이송속도 : 3000 / 회전속도 : 6000 / Multiple Passes : 편집 선택 / 옵셋시작 : 12 / 옵셋증가량 : 6

와이어프레임 = 2D 형식의 라인을 선택하는 기능

Multiple Passes= 옵셋시작 : 현재 나온 툴패스에서 옵셋시작(8)을 떨어뜨려 준다.

옵셋증가량 : 옵셋시작(8)에서 옵셋증가량(4)를 안쪽으로 떨어뜨려 준다. 따라서, 현재나온 툴패스에서 옵셋시작을 떨어뜨려주고 옵셋시작에서 옵셋증가량 만큼 떨어뜨려 준다.

- 깊이설정 탭으로 이동 후 아래 그림에 맞게 입력한다.

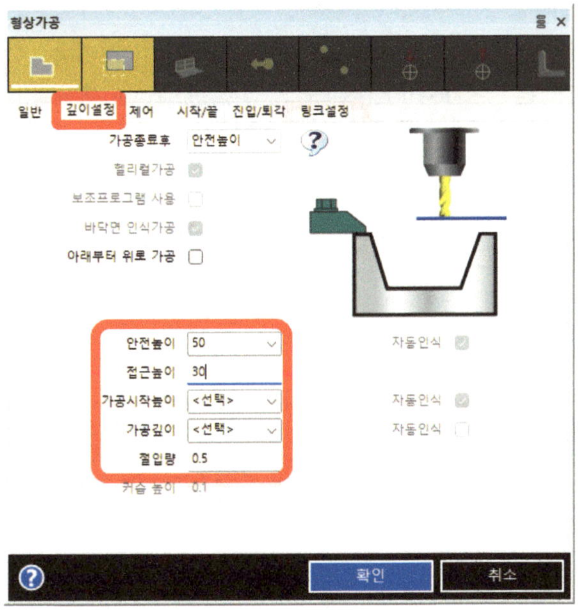

안전높이 : 50 / 접근높이 : 30 / 가공시작높이 : 지정 / 절삭깊이 : 지정 / 절입량 : 0.5

가공시작높이를 지정으로 하는 이유 = 인덱스 작업을 하면서 원점 평면이 다르게 측정된다. 따라서 현재 원점에서부터 가공 모델 상면 부까지의 거리를 파악하기 어렵기 때문에 스냅을 이용하여 지점을 선택해야 한다.

- 시작/끝 탭으로 이동 후 좌측 그림에 맞게 입력한다.

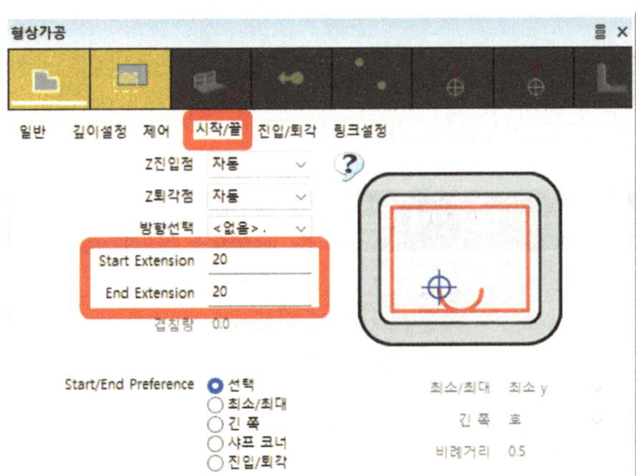

Start : 40 / End : 40

Start/End = 진입/퇴각 툴패스를 연장시켜주는 역할을 하며 진입 시 공구와 소재가 충돌 발생이 될 수 있기에 첫 진입/ 끝 퇴각을 연장 시켜준다.

- 진입/퇴각 탭으로 이동 후 좌측 그림에 맞게 입력 후 확인을 선택한다

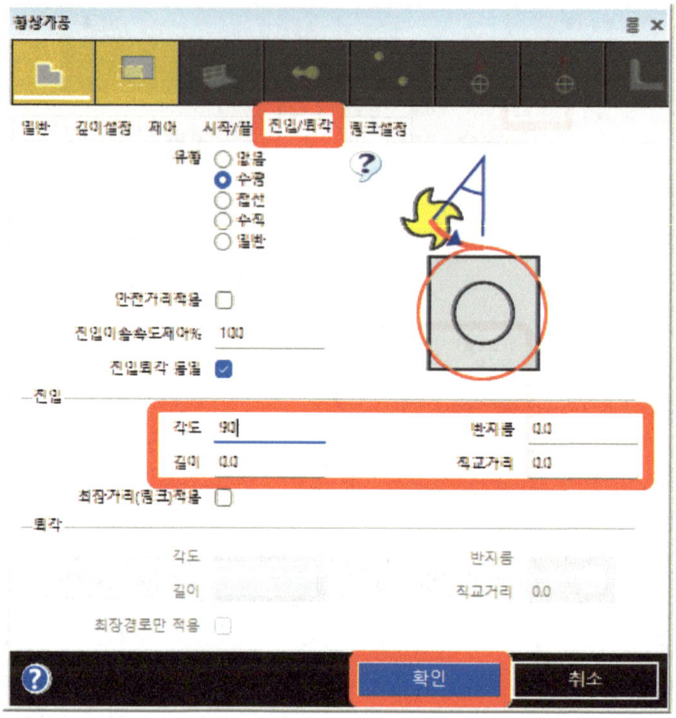

각도 : 90 / 반지름 : 0 / 길이 : 0

길이를 0으로 하는 이유 : 진입각도가 90이라는 값 때문에 진입이 90도 꺽인 상태로 연장된다, 따라서 소재와 충돌 가능성이 있기에 안전하게 진입을 0으로 바꿔 준다.

- 윤곽에서 직선/원호/연속요소/곡선을 선택하라는 도움말이 생성된다. 아래 그림에 맞게 가공할 선을 선택한다.

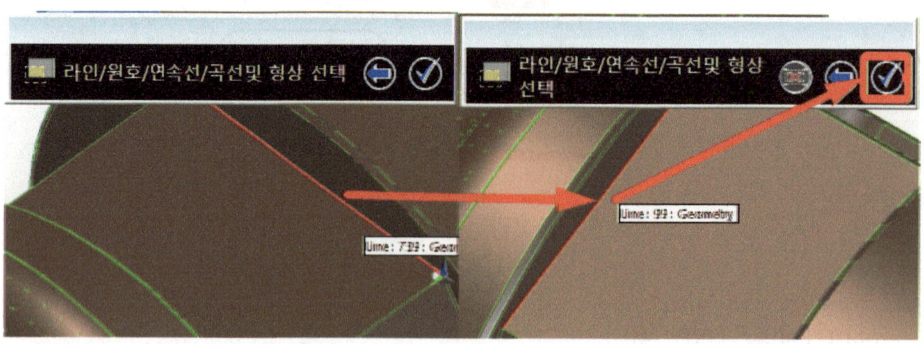

- 윤곽의 새로운 시작점을 선택하라는 도움말이 생성된다. 아래 그림에 맞게 가공 시작점이 배치가 되었는지 확인 후 다음 단계로 넘어간다.

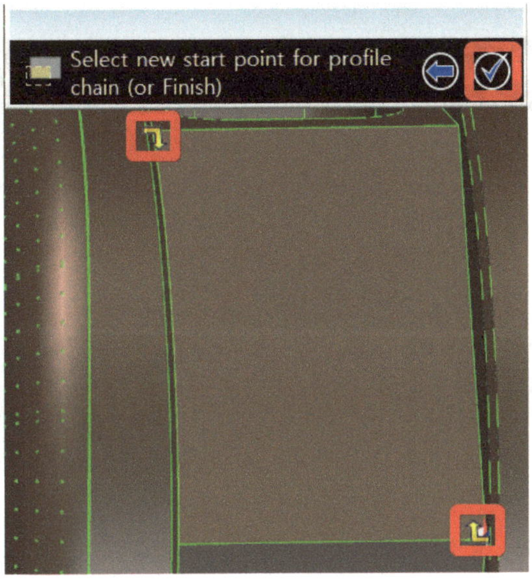

- 변경 시작/종료 지점을 선택 하라는 도움말이 생성되면 확인으로 넘어간다

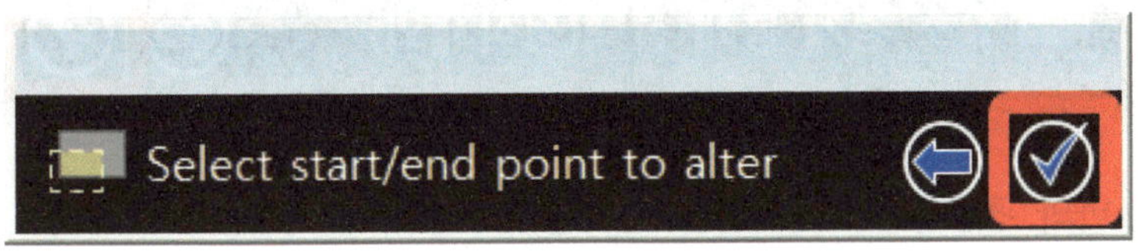

- 가공 시작 지점을 선택하라는 도움말이 생성되면왼쪽 그림과 같이 가장 높은 지점의 스톡 영역 상단 모서리를 클릭한다.

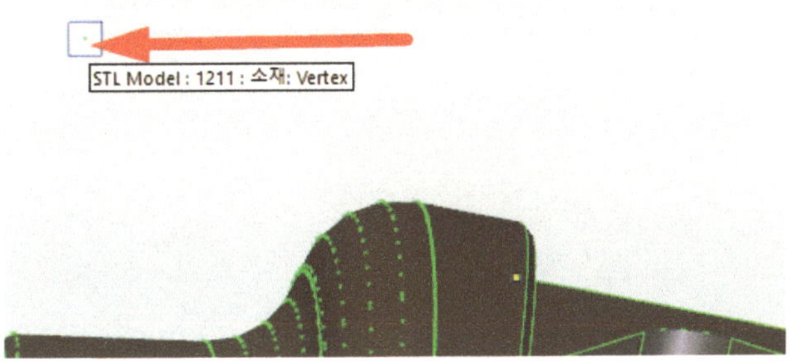

- 절삭깊이를 지정하는 점이라는 도움말이 생성되면 원점을 클릭한다.

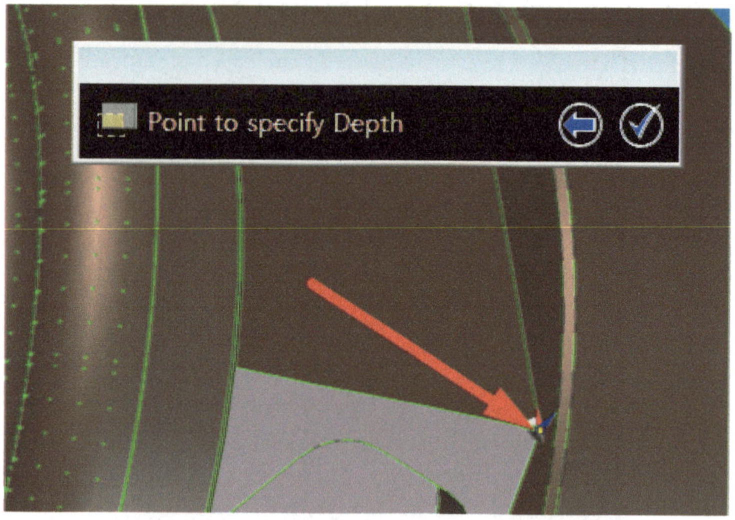

- 가공 경계가 되는 요소를 확인을 넘어간다.

- 우측툴바의 평탄면가공 아이콘을 선택한다.

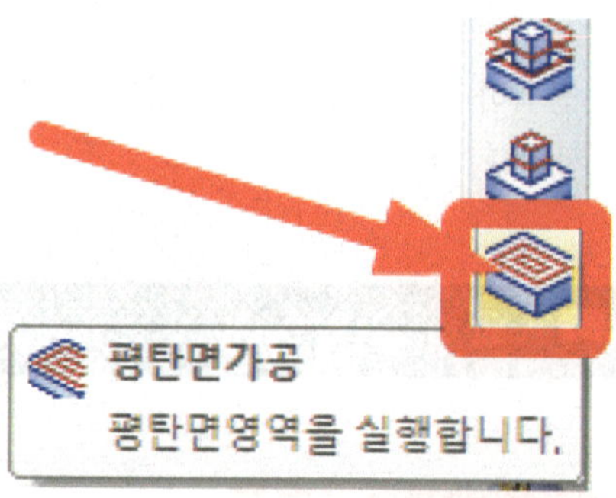

- 평탄면가공 창이 실행되면 일반 탭에서 아래 그림에 맞게 입력한다.

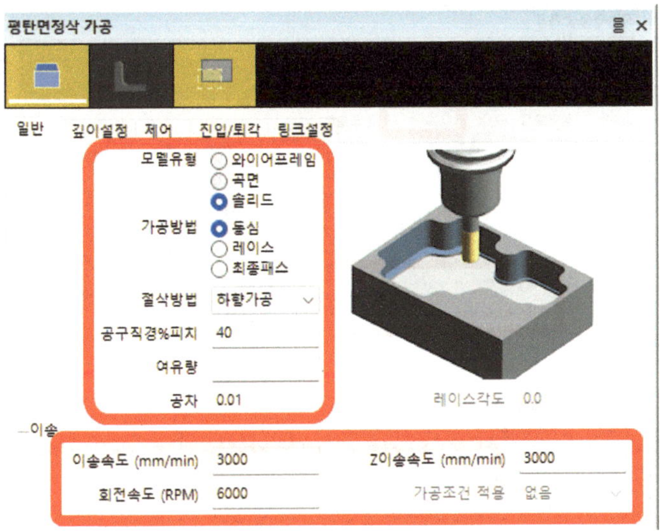

모델타입 : 솔리드 / 가공방법 : 동심 / 절삭방법 : 하향가공 / 피치 : 40 / 여유량 : 미입력 / 이송속도 : 3000 / Z이송속도 : 3000 / 회전속도 : 6000

- 깊이설정 탭으로 이동 후 아래 그림에 맞게 입력한다.

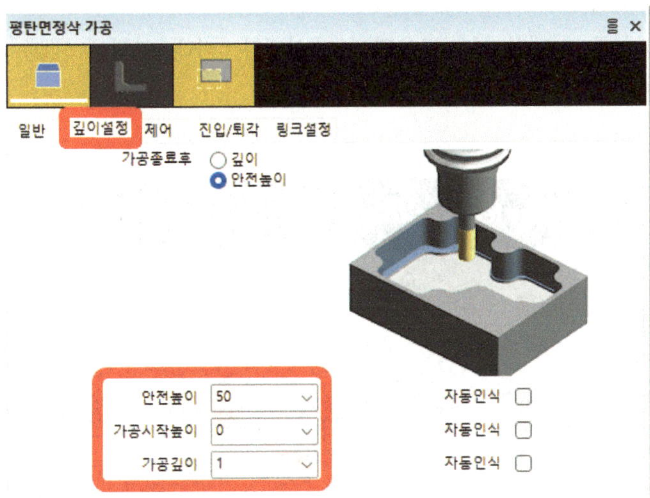

안전높이 : 50 / 가공시작높이 : 0 / 가공깊이 : 1

기존의 방식대로 지정으로 절삭깊이를 입력하는 경우 절삭깊이가 0이 되기 때문에 에러 메시지 가 출력된다. 절삭깊이에 1을 입력하여도 솔리드를 인식하기 때문에 문제없이 가공이 가능하다.

- 진입/퇴각 탭으로 이동 후 아래 그림에 맞게 입력 후 확인을 선택한다.

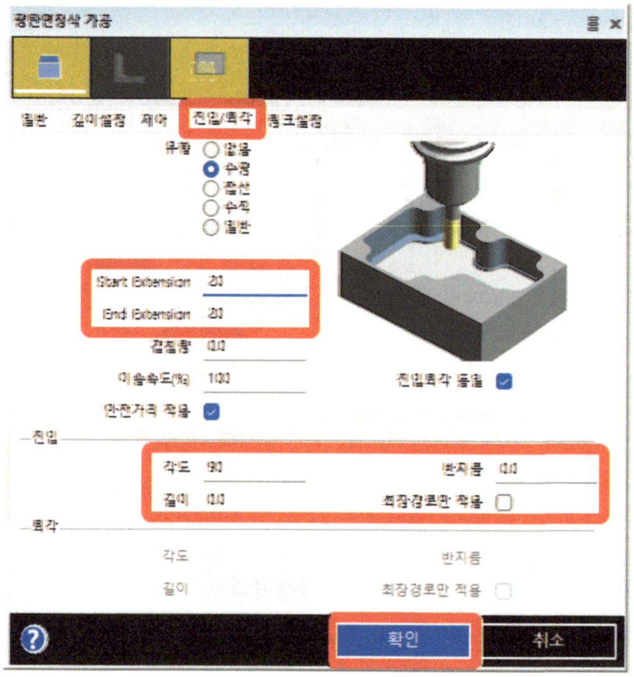

Start : 20 / End : 20 / 반지름 : 0 / 길이 : 0

- 가공할 피쳐를 선택하라는 도움말이 생성된다. 아래 그림에 맞게 모델링을 선택 후 확인을 선택한다.

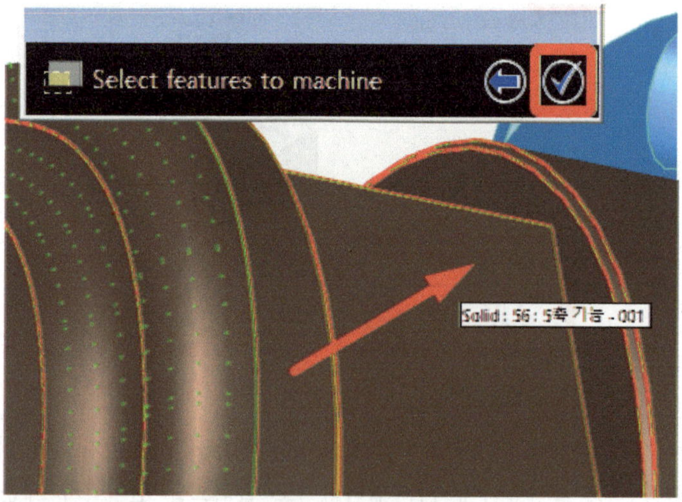

- 요소 경계를 선택하라는 도움말이 생성된다. 좌측 그림에 맞게 안쪽 포켓 라인에 마우스를 가져다 댄 후 연결된 고리를 선택한 후 확인란다.

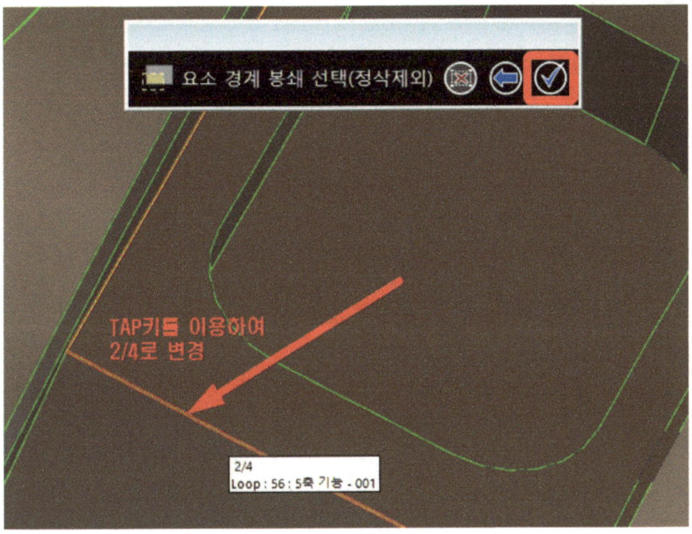

키보드 TAB를 선택하여 겹친 요소 중 닫힌 라인 을 선택할 수 있다.

6.3 4축 로터리 가공

6.3.1 4축 로터리 가공

- 좌측상단의 공구교환 아이콘을 선택한다.

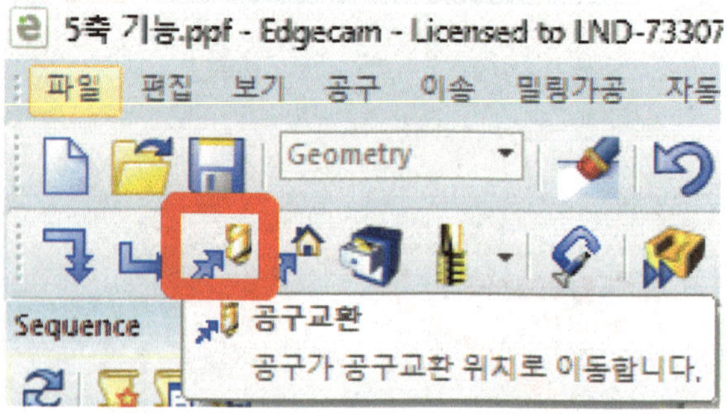

- 공구교환 창이 생성되면 처음 구동할 축을 Z로 변경 후 확인을 선택한다.

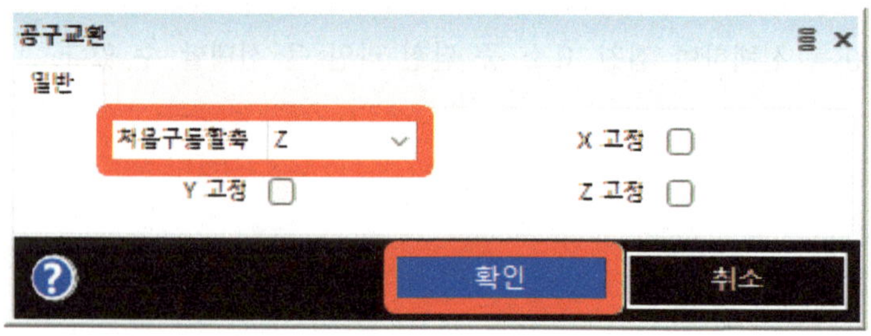

- 왼쪽 시퀀스 창에서 새로운 공정을 클릭한다.

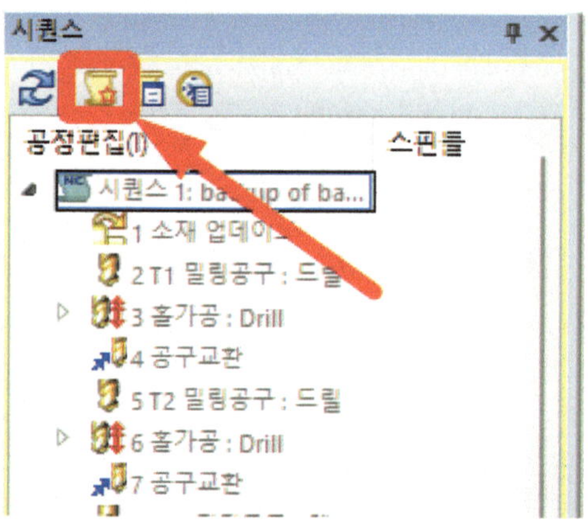

새로운 공정을 만들게 되면 기존 작업했던 가공데이터에 영향을 받지 않고 데이터를 생성 및 편집할 수 있으며 별도로 데이터를 출력하기에도 용이하다.

• 가공 시퀀스 창이 생성되면 아래 그림에 맞게 선택 후 확인을 클릭한다.

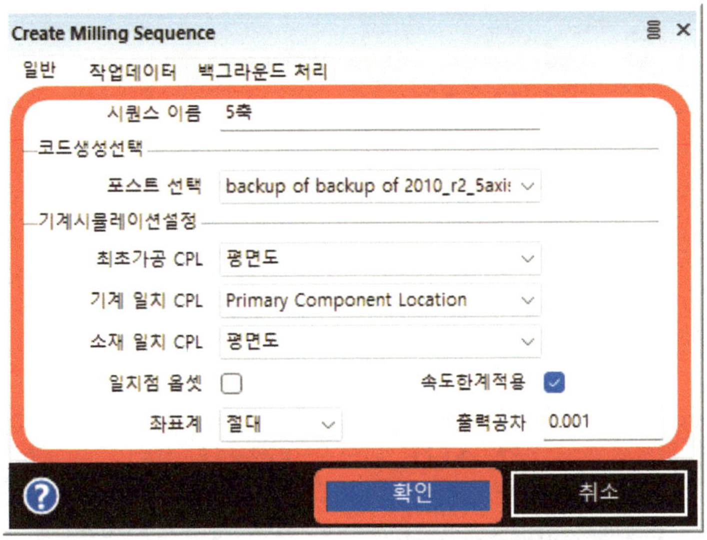

시퀀스 이름 : 5축 / 포스트선택 : backup of … / 최초가공 CPL : 평면도 /
기계 일치 CPL : backup of … / 소재 일치 CPL: 평면도

• 공정편집 탭 안에서 "5축: backup of …"을 더블클릭 또는 우측 마우스 클릭 후 편집을 선택한다.

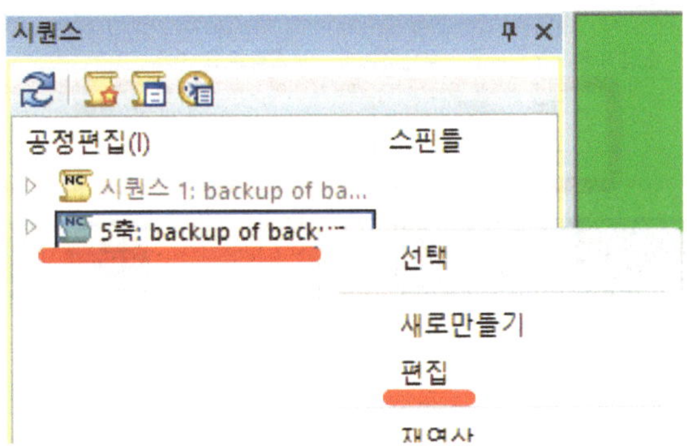

- 기계파라메터 창이 생성되면 아래 그림에 맞게 입력한다.

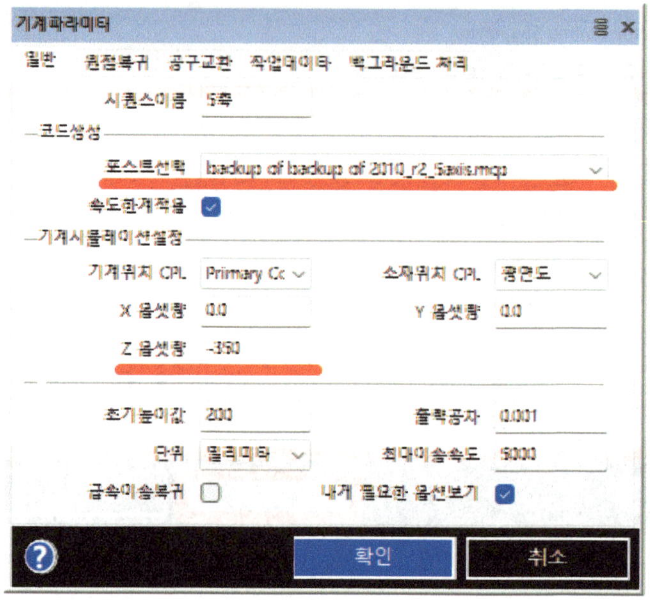

Z 옵셋량 : -350

- 공구교환으로 이동한 다음 교환값이 아래 그림과 같은지 확인한다.

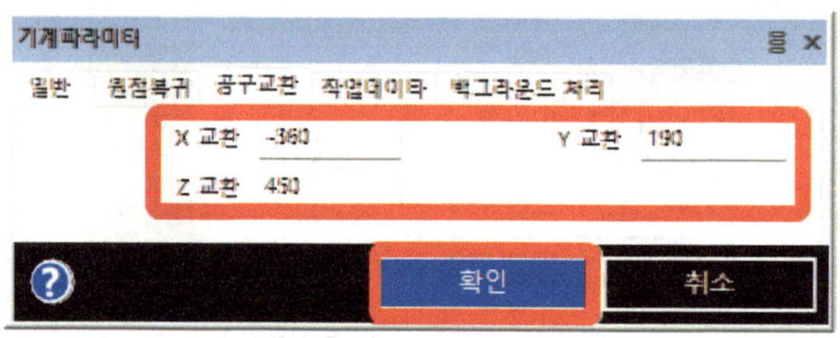

X교환 : -360 / Y교환 :190 / Z교환 : 450

- 좌상단의 공구아이콘 옆 화살표 선택 후 볼노즈 공구 아이콘을 선택한다.

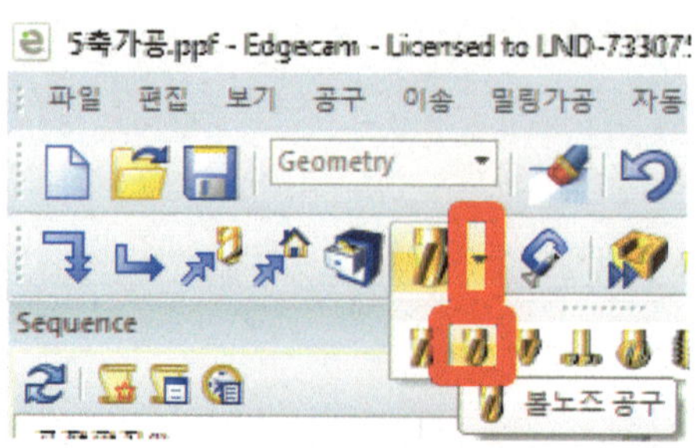

- 밀링공구 창이 실행 되면 아래 그림에 맞게 입력한다.

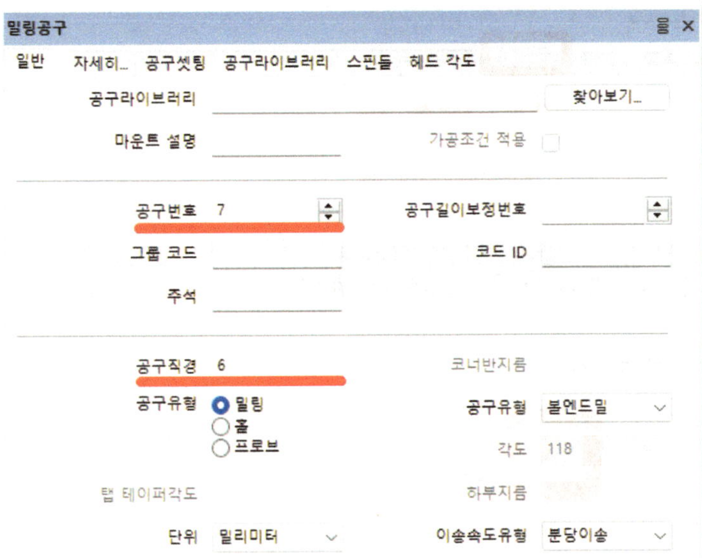

공구번호 : 7 / 공구직경 : 6

- 자세히 탭으로 이동 후 날장 : 50 / 색상 : 보라색으로 설정한다.

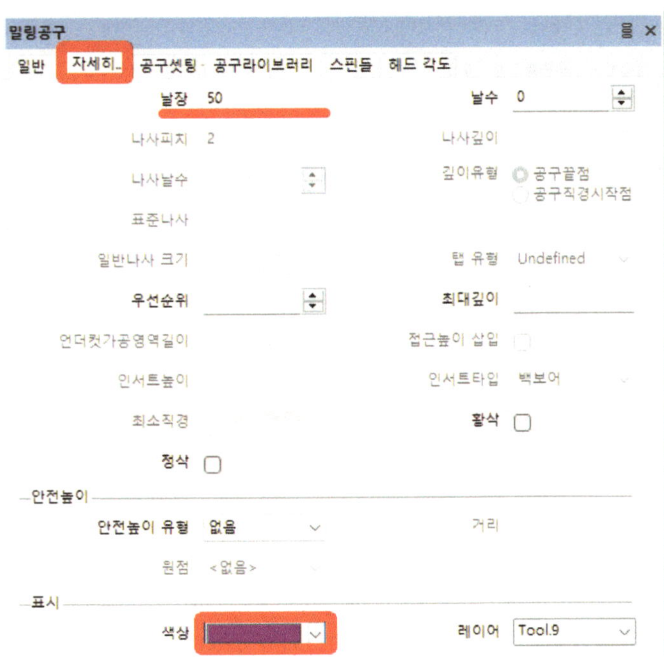

- 공구 셋팅 탭으로 이동 후 Z측정 : 50 / 길이 : 50 입력 한 뒤 확인한다..

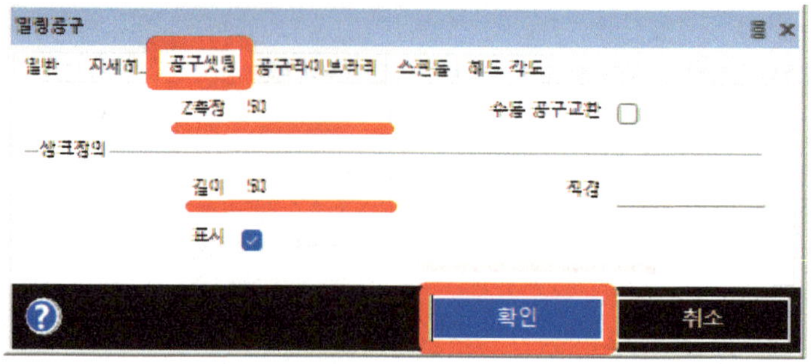

- 상단 툴바의 5축가공 아이콘을 선택한다

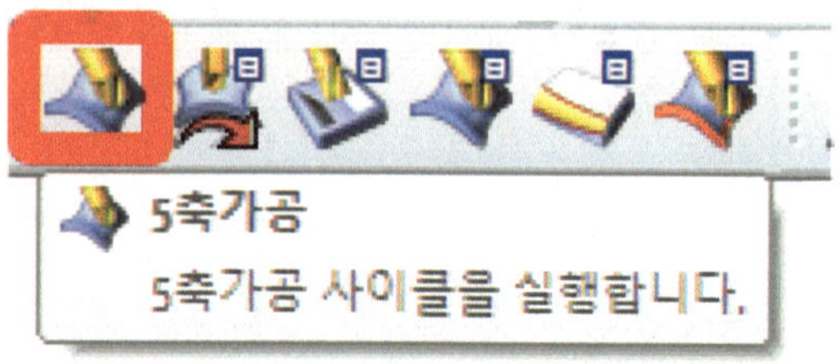

- 고급동시5축 창이 실행되면 곡면경로 탭에서 아래 그림에 맞게 입력한다.

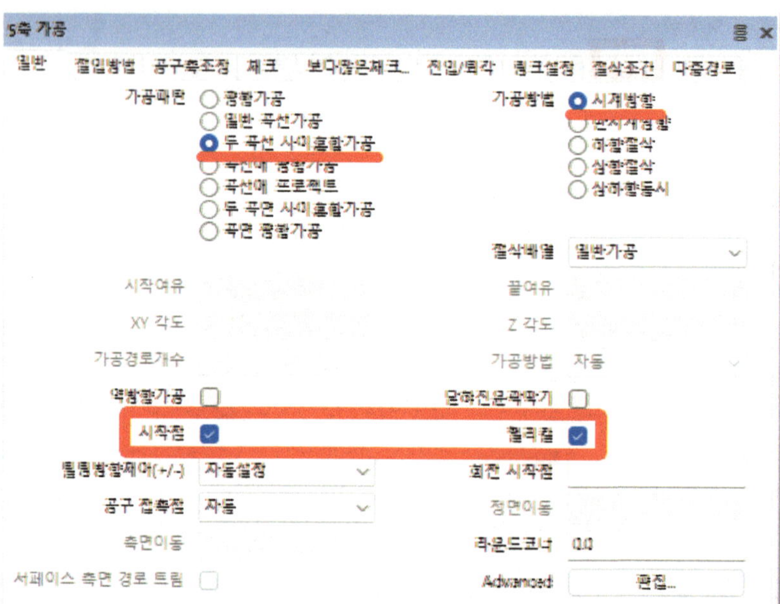

두 곡선 사이혼합가공 : 체크 / 시계방향 : 체크 / 시작점 : 체크 / 헬리컬 : 체크

- 절입방법 탭으로 이동 후 아래 그림에 맞게 입력한다.

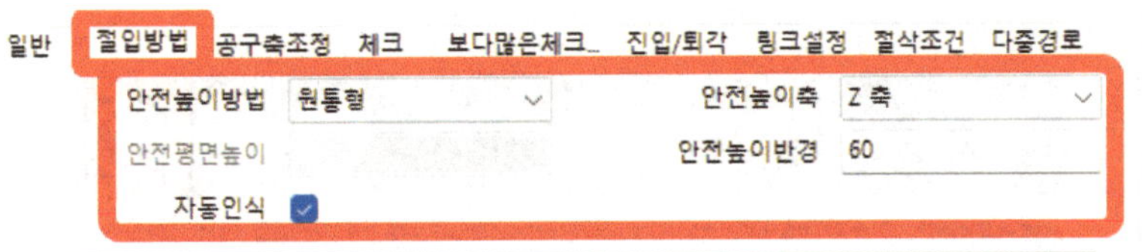

안전높이 방법 : 원통형 / 안전높이축 : Z 축 / 안전높이반경 : 60 / 자동인식 : 체크

- 공구축조정 탭으로 이동 후 아래 그림에 맞게 입력한다.

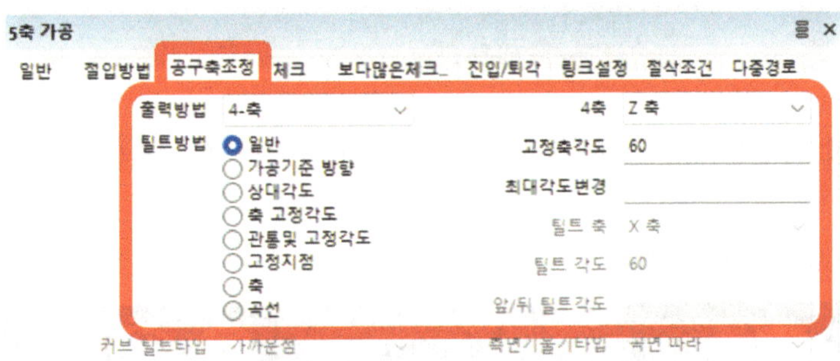

- 체크 탭으로 이동 후 아래 그림에 맞게 입력한다.

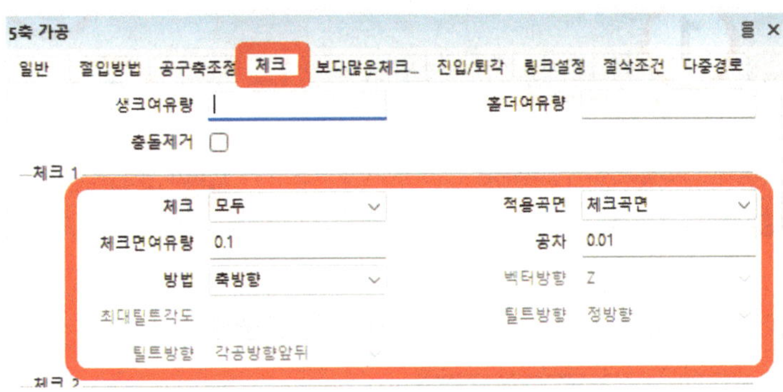

체크 : 모두 / 적용곡면 : 체크곡면 / 체크면여유량 : 0.1 / 방법 : 축방향

- 절삭조건 탭으로 이동 후 아래 그림에 맞게 입력 후 확인한다.

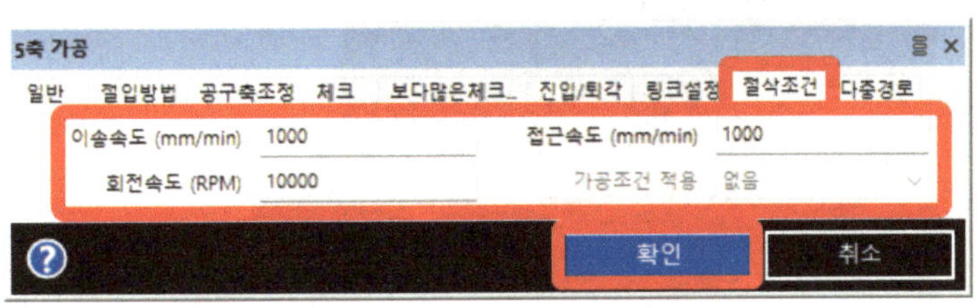

이송속도 : 1000 / 접근속도 : 1000 / 회전속도 : 10000

- 첫 곡선선택창이 실행되면 그림에 맞게 선은 선택 후 확인한다.

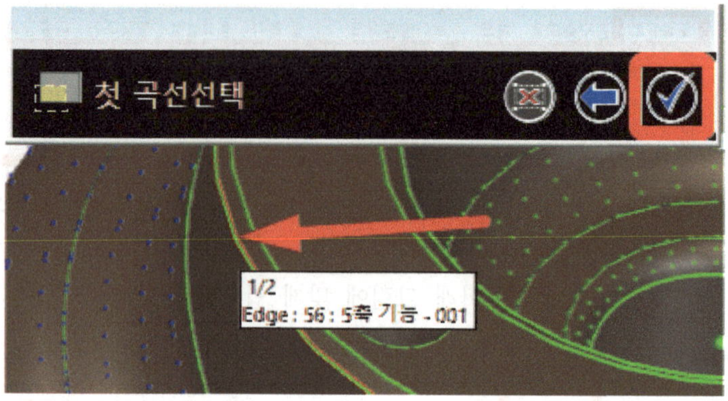

- 두 번째 곡선선택창이 실행되면 2개로 나뉘어져있는 선 2개를 모두 클릭한 뒤 확인한다.

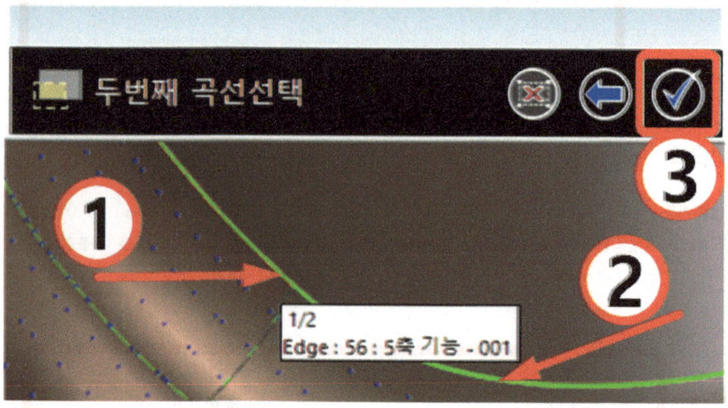

- 시작점은 선택하라는 창이 실행되면 아래 그림에 맞게 점은 석택한다.

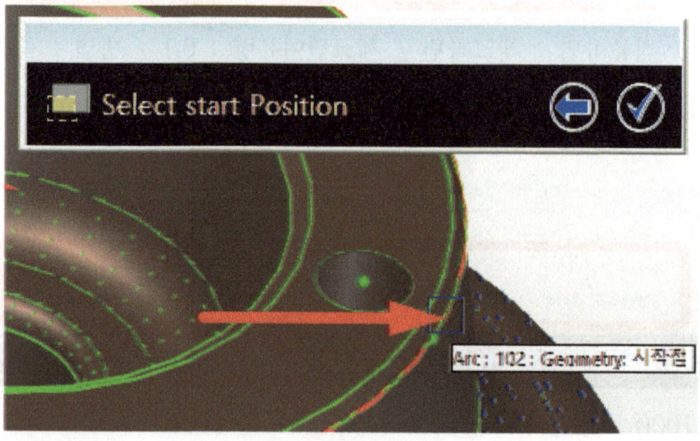

- 드라이브 곡면선택 창이 실행되면 가공할 면을 선택한 뒤 확인한다.

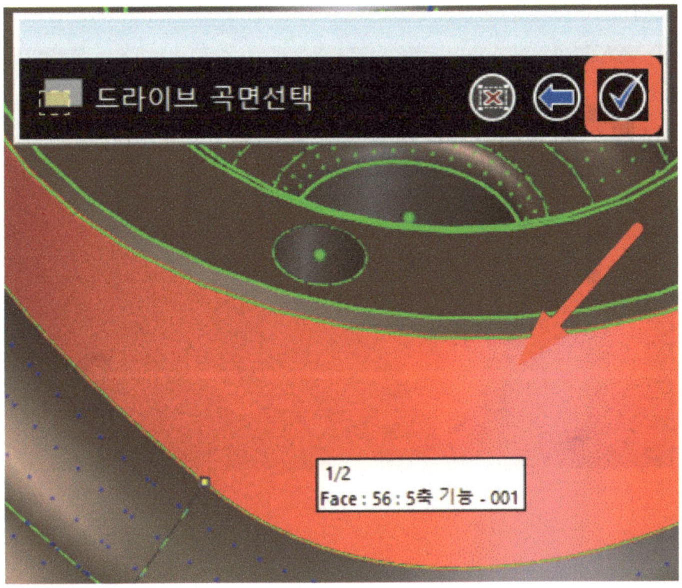

- 체크 곡면선택 창이 실행되면 아래 그림과 같이 가공 시 주의해야하는 영역을 클릭한 뒤 확인한다.

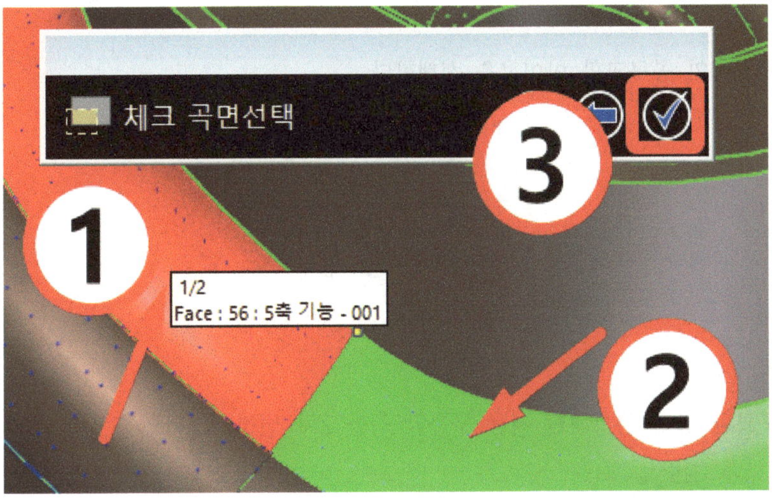

- 체크 곡면선택 창이 실행되면 아래 그림과 같이 가공 시 주의해야하는 영역을 클릭한 뒤 확인한다.

6.4 동시 5축 가공

6.4.1 동시 5축 가공

- 좌측상단의 공구교환 아이콘을 선택한다.

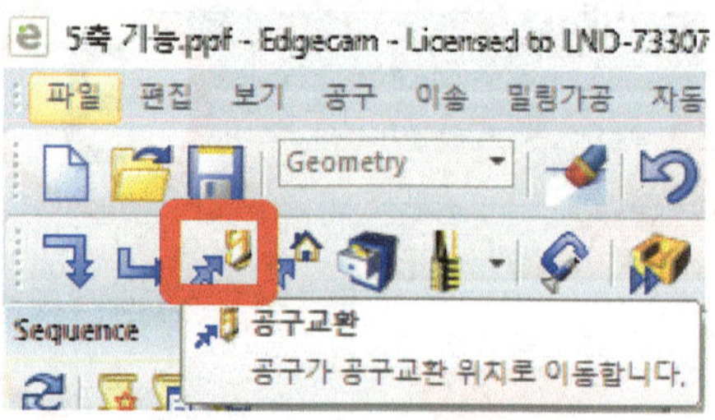

- 공구교환 창이 생성되면 처음 구동할 축을 Z로 변경 후 확인을 선택한다.

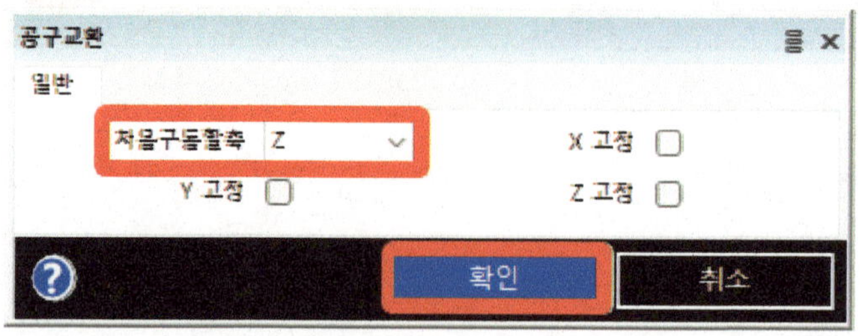

- 상단 툴바의 5축가공 아이콘을 선택한다

- 고급동시5축 창이 실행되면 곡면경로 탭에서 아래 그림에 맞게 입력한다.

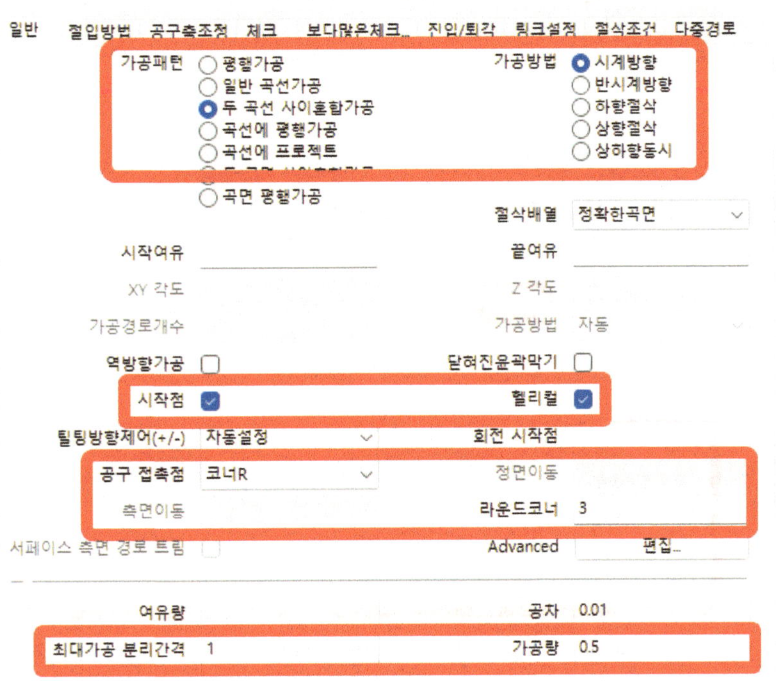

두 곡선 사이혼합가공 : 체크 / 시계방향 : 체크 / 시작점 : 체크 / 헬리컬 : 체크 /
시작점 : 체크 / 헬리컬 : 체크 / 공구 접촉점 : 코너R / 라운드 코너 : 3 / 가공량 : 0.5

- 절입방법 탭으로 이동 후 아래 그림에 맞게 입력한다.

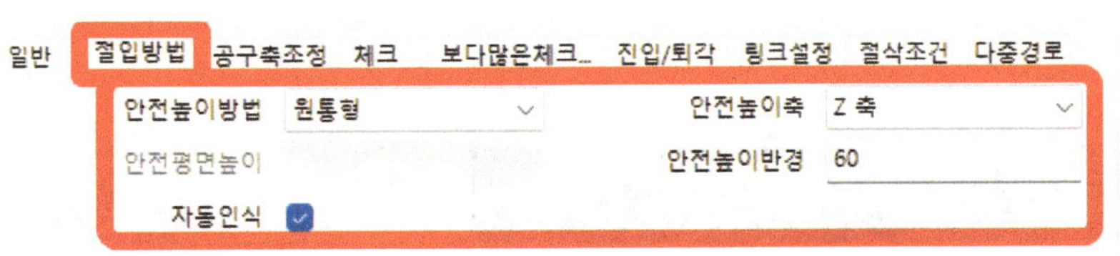

안전높이 방법 : 원통형 / 안전높이축 : Z 축 / 안전높이반경 : 60 / 자동인식 : 체크

- 공구축조정 탭으로 이동 후 아래 그림에 맞게 입력한다.

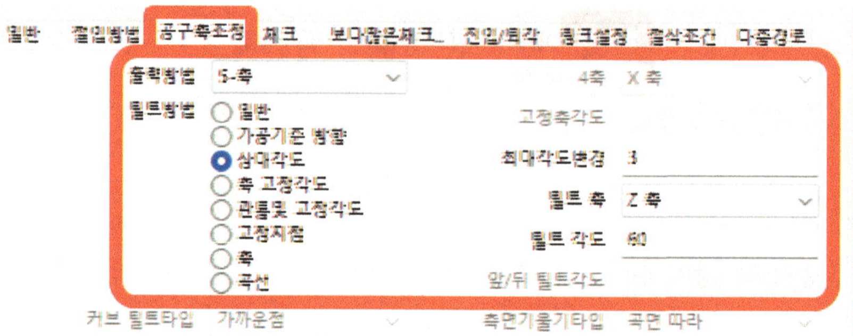

출력방법 : 5축 / 틸트방법 : 상대각도 / 최대각도변경 : 3 / 틸트 축 : Z 축 / 틸트 각도 : 60

- 상단 체크 탭으로 이동 후 아래 그림에 맞게 입력한다.

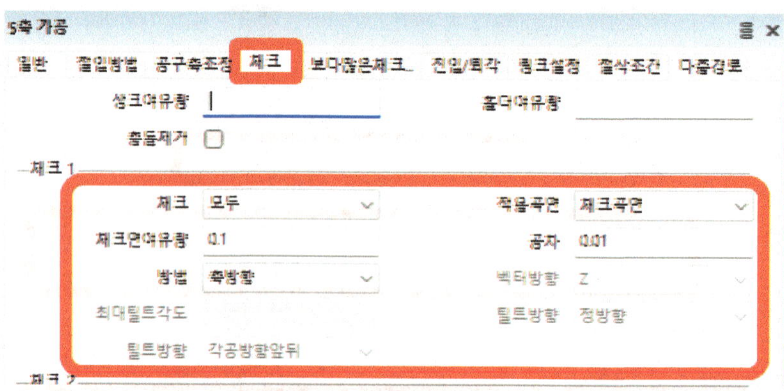

체크 : 모두 / 적용곡면 : 체크곡면 / 체크면여유량 : 0.1 / 방법 : 축방향

- 상단 절삭조건 탭으로 이동 후 아래 그림에 맞게 입력 후 확인한다.

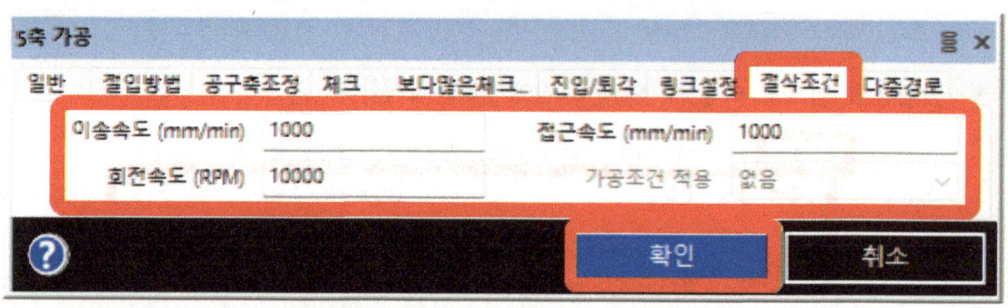

이송속도 : 1000 / 접근속도 : 1000 / 회전속도 : 10000

- 가공할 면의 첫 곡선을 선택 후 확인한다.

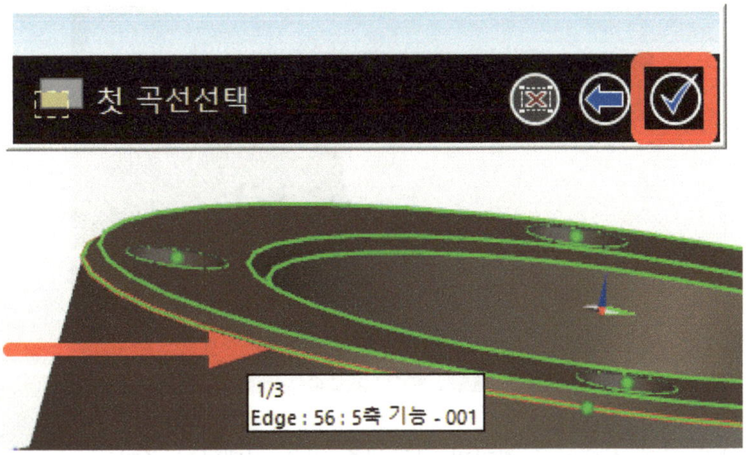

- 가공할 면의 두 번째 곡선을 선택한 뒤 확인한다.

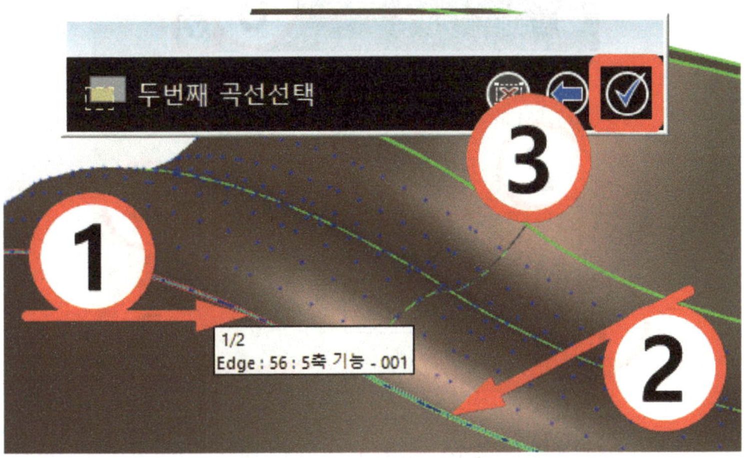

곡선면으로인해 2개로 분할되어 있어 2개의 선 모두 선택하여 준다.

- 시작점을 선택하라는 창이 열리면 소재의 위쪽 모서리 1점을 선택해준다.

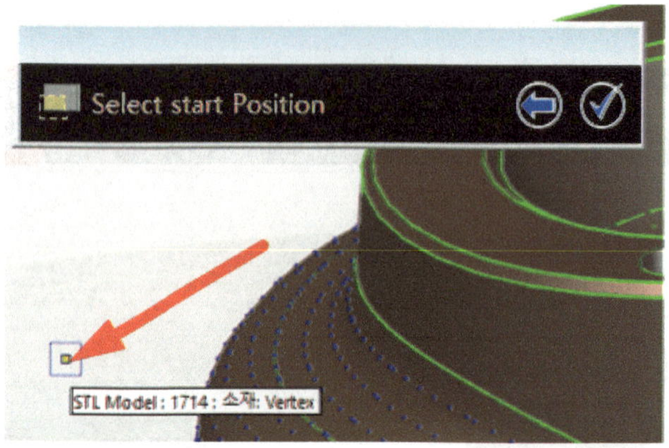

- 드라이버 곡면 선택창이 열리면 가공해줄 면을 선택하여 준다.

- 상단 체크 곡면선택 창이 열리면 가공에 주의할 면을 선택해준 뒤 확인한다.

- 좌측상단의 공구교환 아이콘을 선택한다.

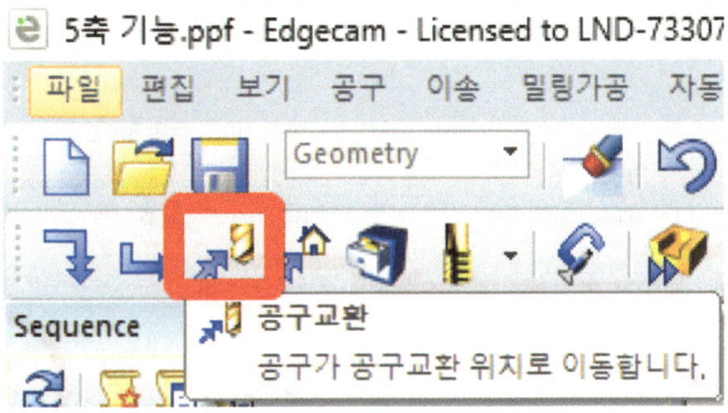

- 공구교환 창이 생성되면 처음 구동할 축을 Z로 변경 후 확인을 선택한다.

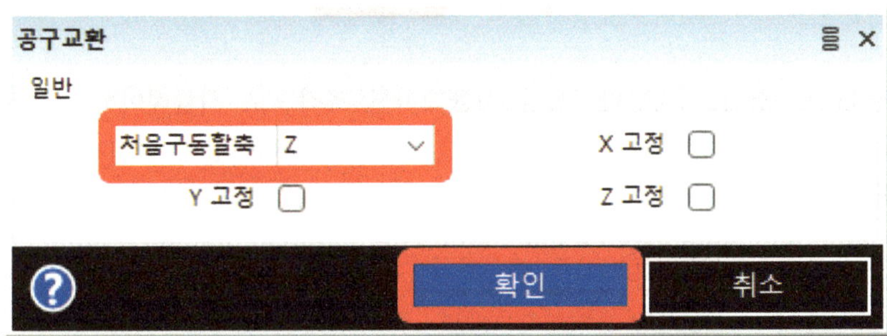

6.5 시뮬레이션 검증

6.5.1 가공시뮬레이션

- 상단 시뮬레이터 아이콘을 선택한다

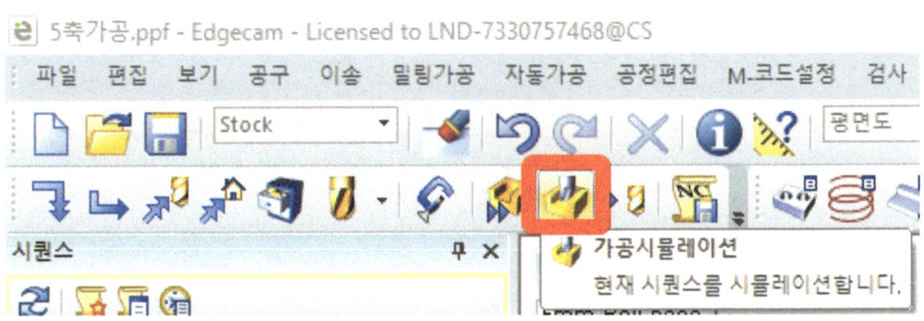

- 시퀀스가 1개 이상이기 때문에 시퀀스 선택창이 나타난다. 아래 그림과 같이 '모두취소'를 클릭 후 '모두 추가'를 클릭해준 뒤 확인한다.

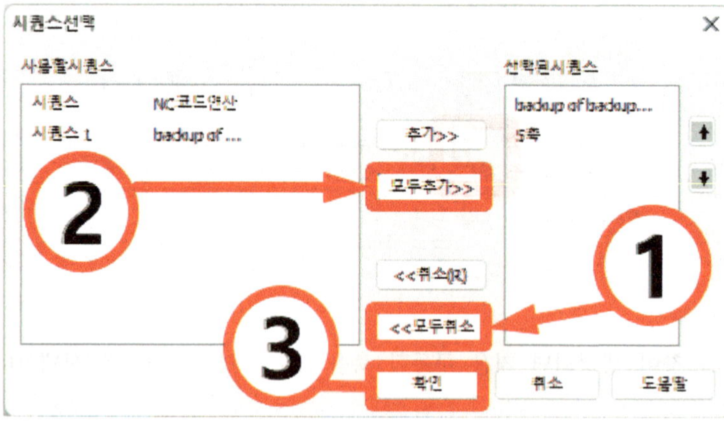

- 시뮬레이션 창이 나타난다. 상단 시뮬레이션 조작으로 시뮬레이션을 재생, 정지등의 작업 할 수 있다. 가공 데이터가 많기 때문에 시뮬레이션에 들어가는 것에도 로딩이 걸릴 수 있다.

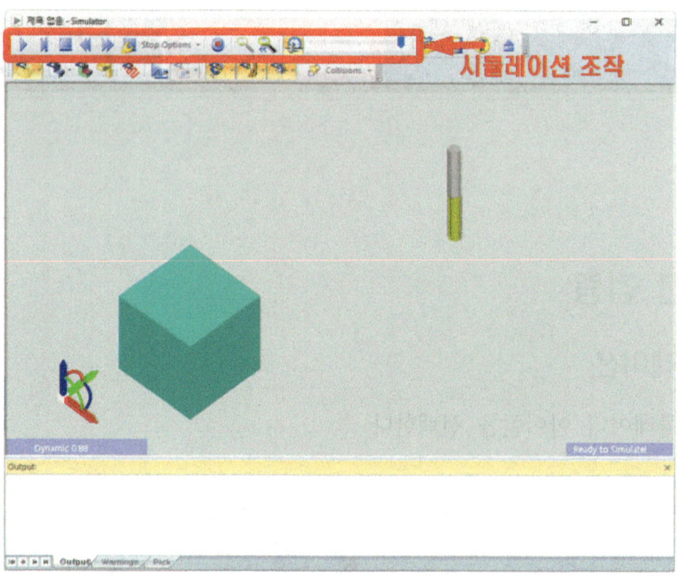

- 시뮬레이션 재생을 클릭한다. 상단의 게이지를 조절하여 시뮬레이션 속도를 조절가능하다.

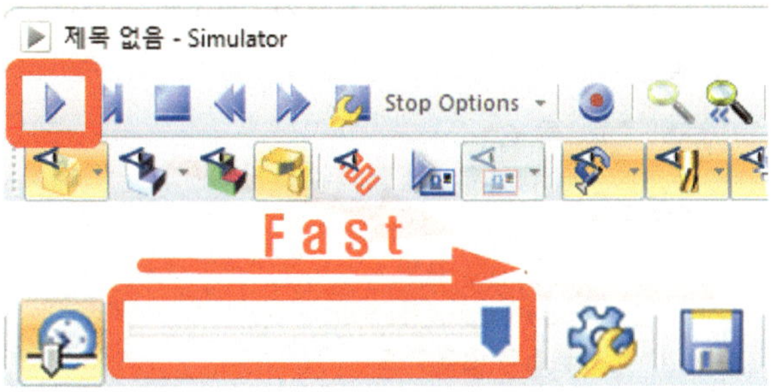

- 시뮬레이션이 완료되었다.

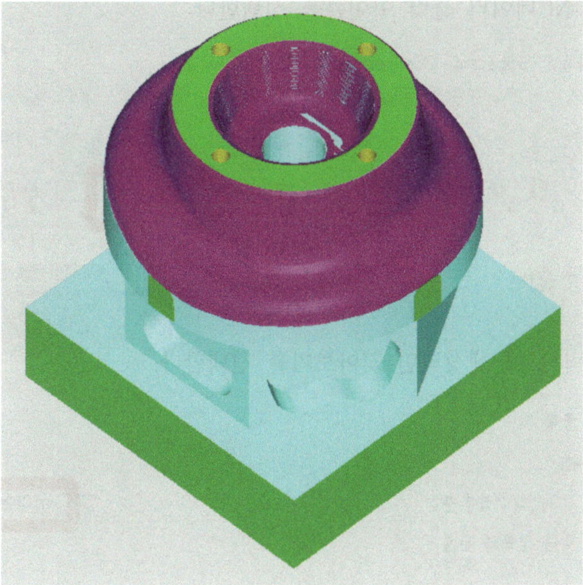

6.6 NC DATA 출력

- 시퀀스 창에서 첫 번째 시퀀스를 더블클릭하여 활성화 한다.

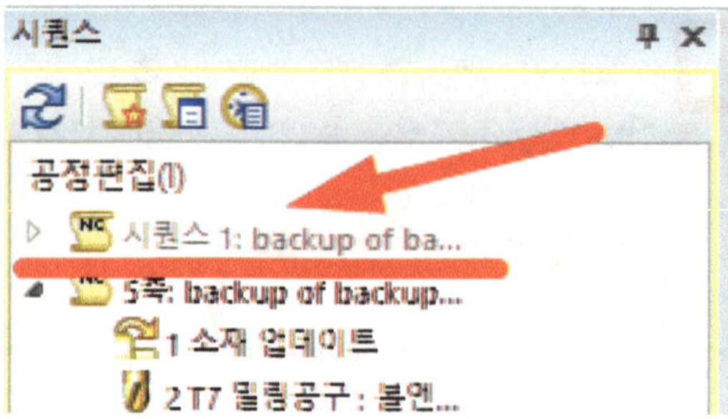

- 상단 툴바의 NC데이터 출력 아이콘을 선택한다

- NC데이터출력 창이 생성되면 찾아보기를 선택한다.

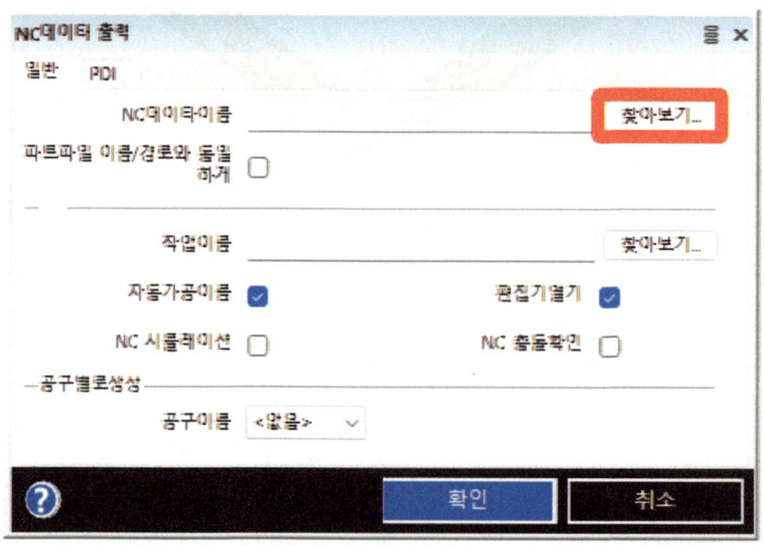

- 다른 이름으로 저장 창이 생성되면 바탕화면 -> O0001(프로그램번호) -> 저장

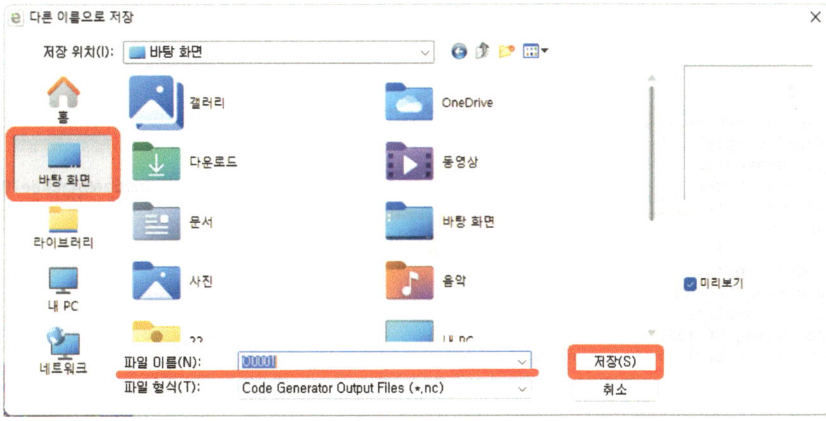

- 공구선택 : 없음을 확인한 후 확인을 선택한다. 공구선택에서 공구를 선택하는 경우 선택한 공구를 사용한 NC데이터를 출력할 수 있다. 없음을 선택하면 시퀀스의 모든 공정이 한번에 출력된다.

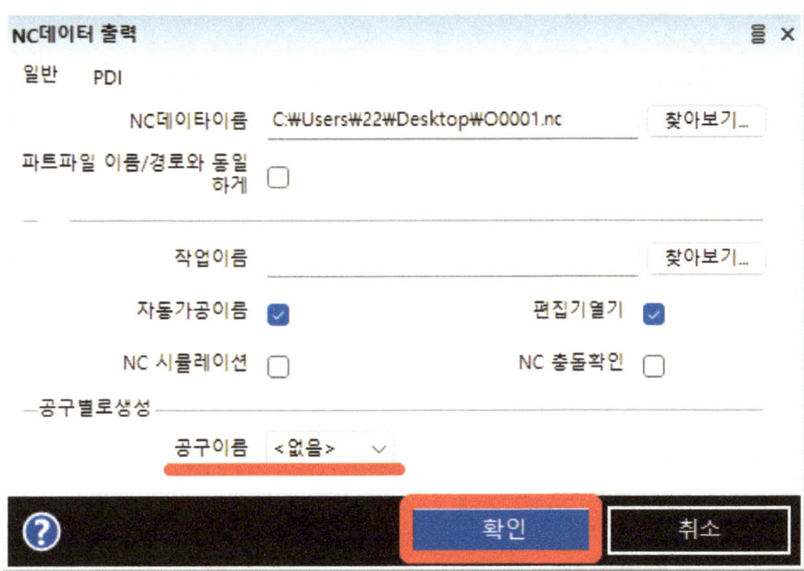

- Code Generator 창이 열리면 코드넘버 0001을 입력 후 확인한다.

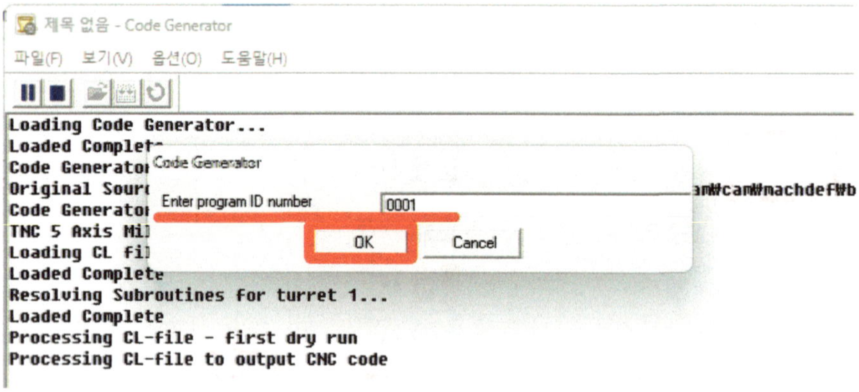

- NC데이터가 출력된 것을 확인한다

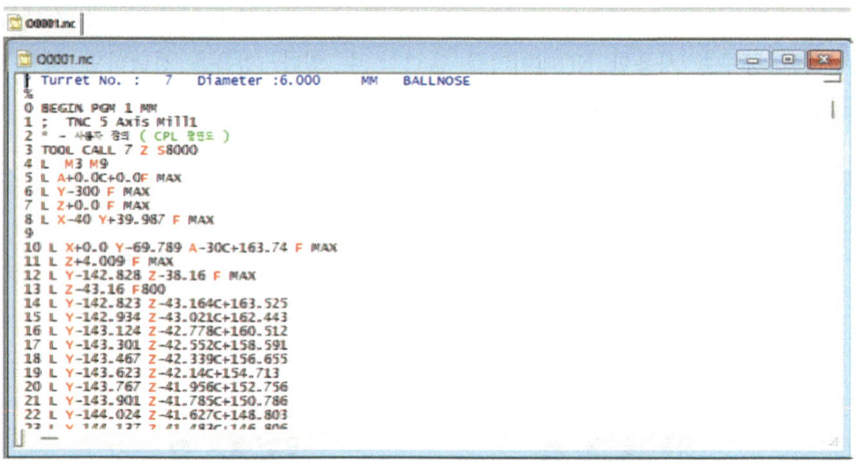

- 시퀀스창에서 5축 시퀀스를 더블클릭하여 활성화 시킨다.

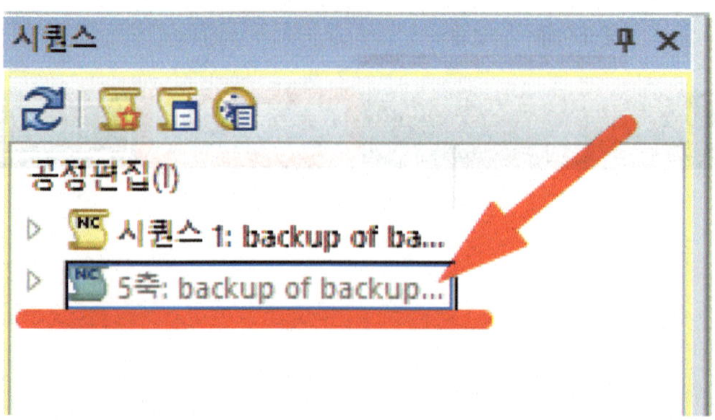

- 상단 툴바의 NC데이터 출력 아이콘을 선택한다

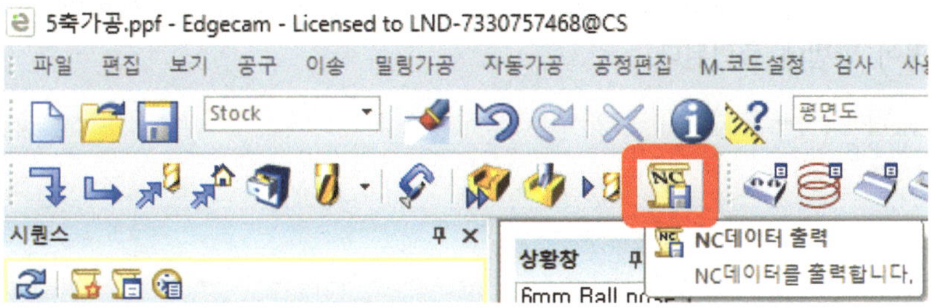

- NC데이터출력 창이 생성되면 찾아보기를 선택한다.

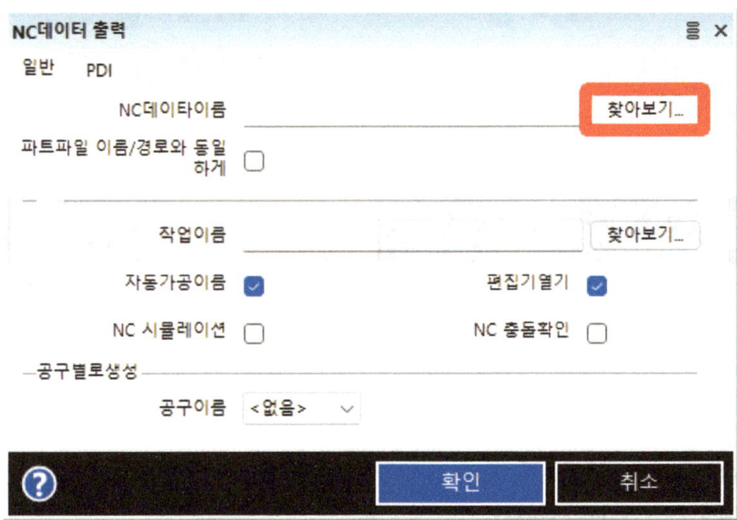

- 다른 이름으로 저장 창이 생성되면 바탕화면 -> O0002(프로그램번호) -> 저장

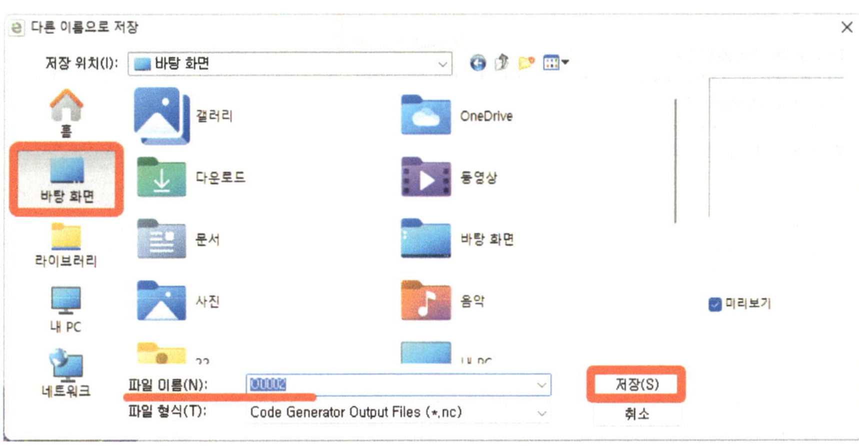

- 공구선택 : 없음을 확인한 후 확인을 선택한다. 공구선택에서 공구를 선택하는 경우 선택한 공구를 사용한 NC데이터를 출력할 수 있다. 없음을 선택하면 시퀀스의 모든 공정이 한번에 출력된다.

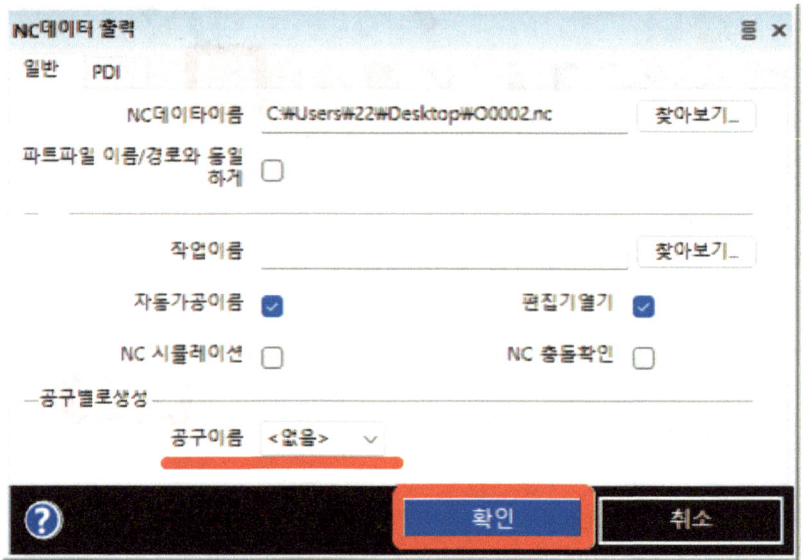

- Code Generator 창이 열리면 코드넘버 0002을 입력 후 확인한다.

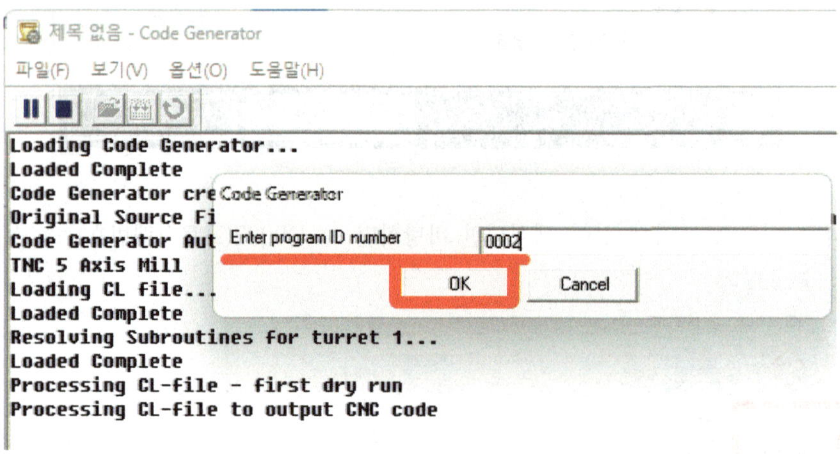

- 5축 NC데이터가 출력된 것을 확인한다

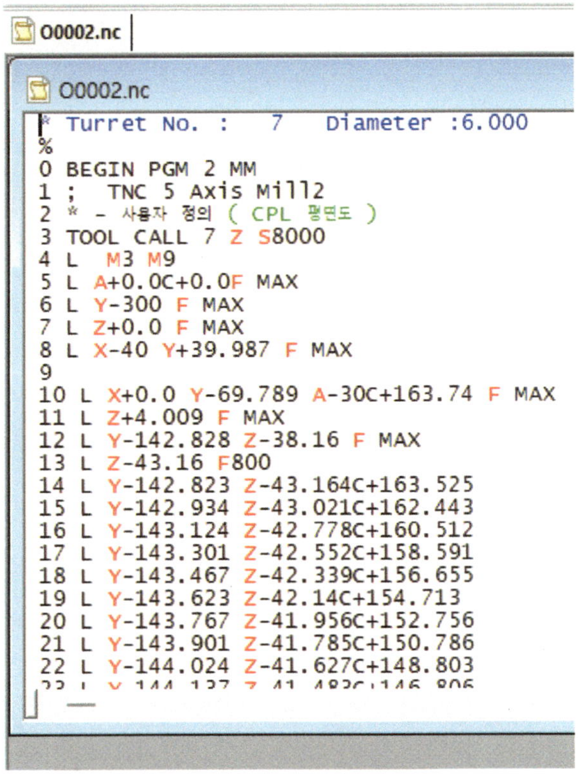

```
O0002.nc
* Turret No. :   7   Diameter :6.000
%
0 BEGIN PGM 2 MM
1 ;  TNC 5 Axis Mill2
2 * - 사용자 정의 ( CPL 평면도 )
3 TOOL CALL 7 Z S8000
4 L  M3 M9
5 L A+0.0C+0.0F MAX
6 L Y-300 F MAX
7 L Z+0.0 F MAX
8 L X-40 Y+39.987 F MAX
9
10 L X+0.0 Y-69.789 A-30C+163.74 F MAX
11 L Z+4.009 F MAX
12 L Y-142.828 Z-38.16 F MAX
13 L Z-43.16 F800
14 L Y-142.823 Z-43.164C+163.525
15 L Y-142.934 Z-43.021C+162.443
16 L Y-143.124 Z-42.778C+160.512
17 L Y-143.301 Z-42.552C+158.591
18 L Y-143.467 Z-42.339C+156.655
19 L Y-143.623 Z-42.14C+154.713
20 L Y-143.767 Z-41.956C+152.756
21 L Y-143.901 Z-41.785C+150.786
22 L Y-144.024 Z-41.627C+148.803
```

※하이덴하인 컨트롤러를 사용하는 장비의 경우 확장자가 O0001.nc가 아닌 O0001.h로 되어 있어야 장비에서 인식 가능하기 때문에 확장자를 .h로 변경해주어야 한다.

소부장 국산화를 위한 공작기계 기반 스마트 정밀가공 교육

2025년 2월 25일 인쇄 발행

저 자	이상태.황종대.황승국
발 행 인	송기수
발 행 처	도서출판 GS인터비전
편 집 처	도서출판 GS인터비전
편 집 인	한아름
표지디자인	GS인터비전
인 쇄 처	트윈벨미디어
등 록 번 호	제 25100-2016-000050호
I S B N	979-11-5576-499-2(93560)

주 소	서울 은평구 증산로 15길 69, 2층
전 화	02-976-7898, 02-3272-7898.
팩 스	02-6468-7898
홈페이지	gsintervision.kr
E-Mail	gsinter7@gmail.com

정 가 45,000원